U0023180

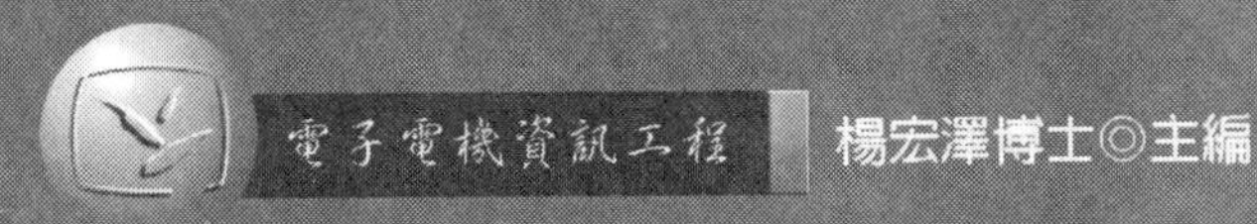

新興的資訊科技

Kenneth E. Kendall ◎著　黃雲龍．郭佳育◎譯　尚榮安博士◎校閱

▶▶ 本書介紹一些目前正在發展中的資訊技術，這些技術目前正處於技術創新之生命週期的第二階段，即正處於浮現的過程中。書中各類的技術範例，說明了影響此一階段之技術應用的因素。

EMERGING INFORMATION TECHNOLOGIES

Kenneth E. Kendall

ISBN 957-0453-44-3

Printed in Taiwan, Republic of China

目 錄

作者序

檢視新興科技的兩個觀點

雖然我們可以從許多不同的角度來檢視新興的資訊科技，本書選擇以兩種不同的方式交替，盡可能地將其最豐富、最繽紛的面貌提供給讀者。我採用「科技發展的生命週期」爲第一種方式，而以「新興資訊科技之應用」爲第二種方式。

科技發展的生命週期有五個階段：科技的起源、科技的興起、科技的認同、科技的昇華、科技的過剩。本書各章的作者都是針對第二階段：科技的興起，來做討論。

我們可以藉由電燈的發明與應用的簡史，來瞭解如何以科技發展的生命週期的方式，認識新興的資訊科技，茲述於下。

第一階段：科技的起源。雖然1865年德國化學家Herman Sprengel發明了第一個眞空管式的燈泡，但眞正可用的燈泡卻是在1878年才由英國化學家Joseph Swan製造出來。11個月之後，Thomas Edison製造出白熱燈泡，並且取得專利權，也因此奠定他在歷史上的地位（Trager, 1994）。

第二階段：科技的興起。1882年時，電燈照亮了倫敦（30棟建築）與紐約一部分的地區；但是在發電機與標準化的燈座普及之前，世界上其他地區仍然是以煤油燈、蠟燭與鯨魚油爲照明之用。白宮也在1889年裝設了電燈，不過「哈里遜總統夫婦從來不碰開關，每晚會有人將電燈打開，一直持續到第二天員工回來上班時才將之關掉」（Trager, 1994）。

第三階段：科技的認同。到1901年時，一般大衆開始瞭解白熱燈泡之美與其無窮的潛力，同時水牛城的泛美博覽會也選定電力爲其中心主題。4萬顆燈泡的電力塔與20萬顆燈泡的大廣場，將博覽會場化爲一件令人目眩的藝術品。電燈的費用一直降低，1903年時，新的吹管機器出現，燈泡因此能夠大量生產，促成了電燈的廣泛使用（Trager，1994）。

第四階段：科技的昇華。在20世紀的前半，社會大衆不僅僅接受了電燈這項科技，甚至還十分在乎它。Nye（1996）在他的書「美國的科技昇華」中指出「在第一次世界大戰時，電燈照亮的夜空成了大都市的特色之一，也成了市民驕傲感的來源」（第189頁）。

第五階段：科技的過剩。大衆視電燈照明爲免費服務，電燈變得無所不在。20世紀中期，電燈照明的「按鈕時代」降臨。各種商業用途也興起，電燈出現在拉斯維加斯或是迪士尼的夢幻世界中，帶來正負兩面的影響。

前面我們提到，本書的作者都是針對資訊科技的第二階段（科技的興起）來討論，因此讀者在閱讀各章時，可以將該章提到的科技發展與電燈照明的發展相對照來思考。科技從一個階段到下個階段發展的過程之中，會有什麼樣的轉變呢？這值得我們好好深思。

另一個能有效分析本書所涵蓋的資訊科技的方式，就是其應用方式。因此，本書分爲三大部分：決策支援式科技、團隊合作科技，與資訊基礎建設促成科技。

決策支援科技。第2章至第6章的主題是決策支援式科技。第2章作者是Stohr與Viswanathan，他們會帶領我們談談建議系統（recommendation systems）。第3章作者Gonzalez與Kasper則探討決策支援的動畫應用。Ramarapu、Frolick、Wilkes與Wetherbe在第4章討論超本文（hypertext）與問題求解之用途。第5章中Gary敘述了資料統整的成長現況並強調其商業價值。這一部份的最後一章，第6章，

Ein-Dor會談到以人工智慧作爲決策支援科技的發展現況。

團隊合作科技。本書的第2部分，範圍從第7章至第10章，則是探討團隊合作的科技。第7章中，King與Xia檢視了媒體的使用與選擇。第8章的William跟Wilson探討群體支援系統（GSS）與組織背景之議題。Rai與Bajwa在第9章中則討論到高階主管資訊系統（EIS）的使用與建置。最後一章，第10章，Warkentin、Sayeed跟Hightower研究網路會議（web-based conferencing）以瞭解實際與虛擬團隊之差異性。

資訊基礎建設的促成科技。本書的最後一部分包括了第11章至第14章，爲資訊基礎建設的促成科技提供深入剖析。第11章中，Kendall仔細分析了資訊傳遞系統（IDS），其爲包含推與拉式（push and pull）科技的網站資訊系統。第12章作者Zwass解釋了電子商務的興起與其價值。Guimaraes與Igbaria在第13章中研究主從式系統（client/server system, CSS）以探討其建置的成功因素。第14章，Davis與Naumann討論了知識工作產能系統。

以上就是我所介紹的兩種方式，科技發展的生命週期，以及新興資訊科技的應用面。衷心希望讀者在分析本書所提新興科技的內涵之際，這兩種方式能派上用場。

在此我要感謝我的編輯Harry Briggs的鼓勵，也要感謝決策科學機構（DSI）委員會對我這些努力的認同。我也特別要感謝以下這些人的協助：Notre Dame大學的Lee Krajewski教授，DSI的Carol Latta先生，與「決策科學」期刊的Marian McCreery先生；他們的協助與支援對於這個專案非常重要，可以說沒有他們就不會有這本書的誕生了。

編輯　Kenneth E. Kendall

Rutgers大學

第一章

新興資訊科技

所有能協助決策形成、促進團隊合作、實現資訊基礎建設的資訊科技皆屬之。

KENNETH E. KENDALL

我們常會著迷於一些新科技的發明，想像這些資訊科技許多可能的好處，而且通常也很想趕快嘗試這些最新的科技。樂觀的人更會開始想像這項創新如何能讓我們的生活更有意義、更便利、或者更樂在其中。

從另一個角度看來，不少人曾列舉出科技許多的黑暗面，以及以不夠謹慎的態度面對新科技時所產生的悲慘下場。（Dery, 1996；Slouka, 1995；Stoll, 1996）。Negroponte（1995）在數位革命（Being Digital）一書中，倒是為「數位化生活」可能帶來的衝擊提供了較令人振奮的想法。

遺憾的是，在新科技的發明或發現後，總要延遲一段時間，才會開始其實際的應用。例如，1960年美國的梅西百貨開始出售「不沾鍋」之後，鐵氟龍（Teflon）這項材料技術的運用才開始興起。杜邦公司化學家Roy Joseph Plunket早在1938年就意外發現鐵氟龍，但是一直到美國的消費大眾開始接受這項技術之前，它都未受重視。當然，現在鐵氟龍已經憑藉其優異的電氣絕緣特性、溫度穩定性、及超高抗蝕性，被廣泛地應用在無數的產品上。因此對於鐵氟龍的特性，我們再熟悉不過，所以當大衆媒體用比喻的方式使用這個名詞時，我們馬上就能瞭解：鐵氟龍－即使是政客們最被廣爲宣傳的愚蠢錯誤，也「沾」不上它！

爲了便於討論，我將科技生命週期分成下列五個階段來描述，有些階段在進展時，會有一些重疊的狀況產生：（a）科技的發明或發現、（b）科技的興起、（c）科技的認同、（d）科技的昇華，與（e）科技的過剩。「昇華」一詞有十分正面的含意，事實也的確如此。這是該科技被充分瞭解、體會，並應用在最佳用途的階段。

本書的目的是匯集並檢視一些研究報告，用以探討科技生命週期第二階段中關於新興資訊科技的研究。「新興」表示「由晦澀不明之處顯露出來」（The American Heritage英文字典，1992）。本書中提到的所有科技都已經問世一段時間，而且研究人員也都充分瞭解。但是，決策者及使用者卻可能還不太清楚這些科技的細節、可能提供的協助及運用方式，而這就是「新興」的本意。

研究人員爲什麼要學習及發表這些新興科技呢？基本上的可能原因是爲了要：（a）改善、推廣該科技，以增加認同感與使用度；（b）將該科技散播到更多的終端用戶上；以及（c）學習如何實行、應用及評估該科技。這些可能的原因分別與前述的科技認同、科技過剩、科技昇華等階段相呼應。

研究新興科技的第一個理由，是要改進科技以增加接受度；以此爲主題的文章可能比較適合放在科學或商業的出版品上。而第二個理由則是要多瞭解該科技，將之推廣給更多的終端用戶。第三個理由是要學習及研究如何實行、應用及評估一項科技；而研究新興科技有助於第四階段：科技的昇華。本書所有章節都是爲了建立「科技的興起」到「科技的昇華」之間的橋樑而做準備。

在科技的興起階段，管理者學習如何充分的運用科技。包含使用決策支援模型、電腦化程序、以及促進溝通的技術。

在這樣的過程中，管理者除了自己學習，也訓練其他人運用資訊科技（Information Technology, IT）。此外，管理者也要學習如何規劃IT，以及如何避免因採用新科技而產生特定的組織問題。Benamati、Lederer及Singh（1997）對IT管理者與科技變革有更進一步的研究，他們列出此階段中IT管理者最常碰到的問題。此外，他們也將管理者因應這些問題所採取的措施加以分類描述，包括：「教育及訓練、無為之治（inaction）、內部支援、供應商支援、新程序與信仰（persuasion）」（P.275）。

我依照各章節所討論的新興科技，將接下來的13個章節分為決策支援科技、團隊合作科技、與資訊基礎建設的促成科技三大部分。從下一章開始，我們就可以開始來拜讀各個作者的大作。

科技發展的五階段

如前所述，科技的生命週期由以下五個稍有重疊的科技發展階段所組成：

1. 科技的起源
2. 科技的興起
3. 科技的認同
4. 科技的昇華
5. 科技的過剩

第五個階段可能的結果是科技的持續使用，或甚至過於濫用（例如，輪子與過多的交通工具）；也可能由於科技改進而中止或減少使用（如原子筆取代自來水筆）。本書其他篇幅皆研究、報導新興科技

（第二階段）。接下來，各節將分決策支援、團隊合作、與資訊基礎建設等三大類來探討這13篇文章。

資訊科技研究之分類

本書以下所有章節均用來探討第二階段。現在該是分辨其差異處的適當時機了。這些章節以其取向來做分類：有些是決策支援類，探討哪些科技能讓工作更有效率、決策更具效力；另一類是團隊合作類，這類科技能促進溝通與合作；最後一類則是資訊基礎建設實務類，讓我們能更有效率地運用所擁有的資訊資源。

決策支援類科技

某些技術的目的就是要解決問題。所謂決策支援科技即是意味著這項新科技會直接影響個人、組織、團隊的決策能力，包括是否能有效建構決策模型、做出更具效力的決定、或是找出替代方案與解決方案。此一類技術的發展與使用是導因於人們對提高生產力的需求、對於將方法合理化的需求、瞭解如何利用決策支援技術來延伸人們對於合理化措施的設計與發展。決策支援類科技的典型元素有：GUI介面（增進使用者與決策系統的互動）、語音辨識（讓資料輸入更有效率）、以及超本文（更有效地組織、取得資訊）。運用決策支援類科技將能使你做出更有效力的決策，對客戶服務更週到，並更有效率地管理你的資訊。

團隊合作類科技

團隊合作的技術可以促成、增強、擴展多位使用者（例如部門成員）之間的互動合作，以利執行企畫、設計、決策等各種工作。團隊合作技術的使用導因於個人能力的有限，以及溝通協調所需要的高成本。有時候，科技可以協助我們突破地理與時間的限制。團隊合作技術包括管制技術及合作技術：前者可用以執行規則、政策、或決定開發活動與資源的優先順序（Orlikowski, 1991）；而後者則能改善資訊共享與交換之效率，進而影響資訊系統（IS）開發的概念、流程與產品（Chen, Nunamaker與Weber, 1989）。茲舉相關數例：團隊支援系統（合作）、行政資訊系統（管制、合作、企畫）、電子郵件（溝通）、以及視訊會議（合作）。運用團隊合作技術可以讓管理企畫工作與團隊決策品質更上層樓。

基礎建設實踐類科技（Infrastructure-enabling Technology）

此類技術的目的，就是要將所有相關活動整合為一體。它將制訂程序、標準、與慣例，為決策支援技術與團隊合作技術的實際應用，創造一工作環境。這類技術是為了要增加有效性與可見度，並引入因組織與社會行為標準化後所帶來的效率性。基礎建設實踐類技術包括了提供使用者協助的支援功能（超本文說明系統），進行國際化、個人化業務的方式（電子商務），搜尋與儲存資訊的方法（使用搜尋引擎）與支援個人或組織的工作利器（更佳的辦公室自動化）。運用基礎建設實踐科技，不論個人、組織部門、或是整個社會，都將能更有效力及效率地完成例行工作。

新興決策支援科技研究之文章

我們首先考慮那些能被歸類為決策支援科技類的研究。此類包含以下五篇文章：第一篇作者為Stohr與Viswanathan，探討建議系統（recommendation systems）之運用；第二篇作者Gonzalez與Kasper，探討決策支援系統（DSS）使用者介面的動畫應用；第三篇作者

Ramarapu、Frolick、Wilkes與Wetherbe，研究超本文在學習上之應用；第四篇作者Gray，探討資料倉儲的特性；第五篇作者Ein-Dor，則討論人工智慧（AI）。以上這些文章摘列於表1.1。

整體而言，我們可以看出建議系統、動畫、超本文、資料倉儲、

表1.1　新興決策支援科技研究之文章

作者	新興科技	文章摘要
Stohr Viswanathan	建議系統	作者說明了建議系統可以協助使用者下重大決策，如機器設備之採購、個人或公司的大筆採購案。他們根據建議形成的專業來源，提出了建議系統的新分類法。
Gonzalez、Kasper	動畫	平行互動引導下的決策品質，較之在循序互動引導下者為佳；影像實體化或抽象化，影像轉換效果等都需要進一步研究。
Ramarapu等	超本文	在處理感知性（perceptual）問題時，使用超本文或非線性系統者的決策較快且較精準；這也就是說問題解決更佳，滿意度也更高。
Gray	資料倉儲	Gray舉出了資料倉儲的9大性質：資料是主題導向的、整合的、非揮發性的、連續時間而非現狀的、彙總的、與時俱增的、非正規化的（not normalized）、中介資料（metadata）（描述資料的資料）、且部分資料來自於老舊（legacy）資訊系統。
Ein-Dor	人工智慧	作者討論了兩種重要且正流行的議題：神經網路與遺傳演算法。文章仔細地討論與評估人機介面、專家系統之發展、各種智慧型自動化機器、及資料挖掘（data mining）未來等最先進的應用對於AI領域發展的可能影響，及其可能協助人類的潛力。

與人工智慧中所包含的技術範圍非常廣。我們可以利用這些技術來設計新支援方式，以此方式來改變使用者原本處理各式不同工作的方法：廣泛搜集資訊的建議系統可以協助產生決策，使用動畫式介面做出決策，以超本文方式解決問題，參考資料倉儲中精選的高品質資料，並在專家系統中使用人工智慧來解決組織問題。

建議系統

Stohr與Viswanathan帶領你深入綜觀其所謂的建議系統，點出其在資訊新經濟中逐漸吃重的角色。他們企圖為此系統在電子商務的決策支援中找到一個適當定位，並繼續探討建議系統的技術面基礎，向管理者提出新的應用建議，並提出許多關於這系統如何在組織裡配置、採用等重要議題。

作者區分了定義較狹隘的「建議者系統」（recommender system）與其所偏好的用語「建議系統」（recommendation system）之不同；後者所指的是可以用任何方式做出建議的系統，不論是由個人或是自動化的方式（全自動或半自動）皆可以。Stohr與Viswanathan告訴我們為什麼建議系統不應該被降格到只用於選擇電影、餐廳、書本等的決策支援上，他們清楚地說明了建議系統是可以協助使用者做更重大的決策，例如機器設備之採購、個人或公司的大筆採購案等。文中並根據形成建議方案的專業知識來源，提出了建議系統的新分類法：效用式系統（utility-based systems）、內容式系統（content-based systems）、合作系統（collaborative systems）、與專家諮詢（expert consultation）。在千變萬化與快速萌芽的電子商務需求中，作者們看到了建議系統的巨大潛力：一方面蒐集分析使用者的喜好與需求，另一方面又為產品與服務品質提供參考的指標。

應用動畫於決策支援

Gonzalez跟Kasper極富想像力地將新的動畫技術與DSS使用者介面連結在一起。這至少在以下兩個重要的考量上是全新的嘗試：其一是開啓了在DSS介面上應用動畫技術的未知領域，其二是在此新架構的發展與測試過程中，系統性的探討了動畫對決策品質的影響。Gonzalez與Kasper爲動畫在DSS介面的應用作了以下的定義：「隨使用者主導而改變的動態影像，用以提供決策支援，進而改進其決策品質」。

作者進行了一項實驗以比較決策品質的差異：抽取89個學生，讓他們使用不同動畫設計的DSS介面來完成兩項不同性質的決策工作。根據這項結果，作者檢定了三個關於此新架構的假設。

Gonzalez與Kasper因此得到了一些不錯的結果，進一步證實決策品質的確會受動畫設計的影響。他們探討互動性（平行或是循序引導），發現平行引導幾乎是高決策品質的同義詞；也探討了影像抽象度這項變數，也就是DSS呈現給決策者的影像應該更具體或是更抽象一在大部分的決策工作種類裡，具體的影像會較有幫助。Gonzalez與Kasper更研究了影像的轉換應該以漸進（gradual）或是切換（abrupt）方式，結論是在決策品質重要時，最好使用漸進的動畫轉換方式（雖然建議結果會隨決策任務結構不同而變，而且有時候會很難令人信服）。

超本文應用於問題求解

Ramarapu等人實際地探討了在問題求解（problem solving）中使用非線性的超本文連結是否能較使用傳統、線性連結方式者有較佳的效果。他們的成果證實了部分我們先前的直覺。

Ramarapu等人請64位商科研究生做實驗，以瞭解到底在線性或是非線性的問題求解實驗設計下，何者的求解過程與使用滿意度較高？分析性與概念性的問題都包括在內。有趣的是，實驗指出超本文（非線性系統）的方式等同於高品質問題求解，等同於高使用者滿意度，並較線性系統的表現好的多。在非線性系統之下，求解概念性的問題會更快更精準。

處理分析性的問題時，非線性系統可以較快速的解決問題，然而其解決問題的正確度（Accuracy）則與線性系統相同。

作者進一步引導我們質疑WWW的超本文結構對問題求解的重要性何在，也引出了「評估決策種類（分析性、概念性、或混合式）以決定採用超本文或線性系統來支援的重要性」等相關問題。

資料倉儲

Gray認爲資料倉儲是1990年代資訊系統發展的重大事件之一。他使用一原創性的歷史式／批評式觀點來定義資料倉儲的意義，並討論資料倉儲如何運作、如何應用在決策支援系統、資訊挖掘、與資料庫行銷之上。另外，他也提供了管理者一套深入評估資料庫重要性的方法。

Gray指出，資料倉儲是爲了要改進DSS與高階主管資訊系統（EIS）所使用的資料而來的。資料要置入資料庫前需要合乎高品質的標準，它必須對許多管理與策略決策系統有用才行。這些資料必須要簡單、有效、且經過整理。Gray找出資料倉庫的9大性質一資料是（a）主題導向的、（b）整合的、（c）非揮發性的、（d）連續時間而非現狀的、（e）彙總的、（f）與時俱增的、（g）非正規化的、（h）中介資料（metadata）（描述資料的資料）、且（i）且部分資料來自於老舊（legacy）資訊系統。Gray並深入剖析資料倉儲產業，他指出目前此產業的全球市場約在60到80億美元之間。也分析了三個熱門的資料倉儲應用，本章最後以管理者角度，詳細說明了部門組織的資料倉儲使用與未來。Gray也力促讀者儘速發揮資料倉儲在組織的商業價值，不要只是關心技術層面而已。

人工智慧

Ein-Dor將給你一趟人工智慧歷史的驚奇之旅。他清清楚楚的依年代列出了許多與AI相關的重要事件。他將AI領域歸爲新興科技，並指出了未來AI發展的主要關鍵。

另外，Ein-Dor也討論了兩個重要且正熱門的議題：類神經網路與遺傳演算法。文章仔細地討論與評估了如人機介面、專家系統之發展、各種智慧型自動化機器、及資訊挖掘的未來等最先進的應用，對於AI領域發展的可能影響，及其可能協助人類的潛力。作者大膽預測了未來的某些情形，包括網際網路上將廣泛使用軟體機器人（Softbots）與非移動式機器人（immobots）、即時視覺系統（Real-Time Vision Systems）、與處理各專門領域的自然語言系統。Ein-Dor並將他的預測置於一時間框架之中，讓我們能輕易的將AI領域的發展與其他資訊科技的未來預測做一比較對照。

新興團隊合作科技研究之文章

第二部份可以歸類於探討團隊合作科技的文章。其強調的是能支援多位使用者，透過互動而增強其能力。團隊合作科技的範圍包括管制功能一能要求使用者遵守組織的政策與流程，並以支援組織的利益爲目標努力工作。此四篇文章分別爲：第一篇作者King與Xia，探討不同溝通媒介的使用方式；第二篇，Williams與Wilson，討論團隊支援系統（GSS）；第三篇，Rai與Bajwa，討論EIS；最後一篇Warkentin、Sayeed與Hightower研究以網頁爲基礎（Wed-based）的會議系統。各文章摘要列於表1.2。

這四篇團隊合作科技的文章告訴我們：電子郵件、語音郵件、傳眞等多種溝通媒介，團隊支援系統，高階主管資訊系統，Wed-based會議系統等技術，都能夠提供個人與團隊群力合作或管制的功能。整體而言，這些研究結果也反映出：研究團隊合作科技與功能，對於我們進一步瞭解目前它們的使用狀況是非常重要的。此外，這類研究也透露出未來團隊合作科技的改進方向。它們不只能夠提供個人或團隊必要的支援與功能，以達到目標，也能爲達成目標的過程建立關聯模式。團隊合作科技更能夠協助建立組織回應機制（通常散落在政策、慣例、策略、戰術之中），以利於學習、計畫之實踐、與新興資訊科

表1.2 新興團隊合作科技研究之文章

作者	新興科技	文章摘要
King與Xia	溝通媒介	個體差異與個人對溝通媒介的經驗，將比現今主流的理性及媒介合適性理論更能解釋媒介選擇的現象。
Williams與Wilson	團隊支援系統（GSS）	GSS在組織中扮演了一個平衡個人權力與影響力的角色。GSS增加了使用者參與組織決策過程的程度，似乎藉著拉近個人與資訊及人與人間的距離，增強了其對組織中其他人意見的影響力。
Rai與Bajwa	高階主管資訊系統（EIS）	採用EIS的組織具有下列特色：會面對更多環境的不確定性、組織異質性更高、且比起未採用EIS者明顯的較不友善（hostile）。
Warkentin、Sayeed、Hightower	Wed-based會議系統	使用這種Wed-based的電腦媒介通訊系統的團隊在解決問題時，表現並不能超越面對面做溝通的團體。團隊緊密度難以發展，一般組織中用以管制團隊成員的方式無法適用於虛擬的空間中，成員的流失可能會成為常見的問題。

技之使用。

溝通媒介選擇

一個組織要如何協助其員工瞭解採行新資訊科技的好處？面對此一複雜的議題，King與Xia的回應是，探討9種不同溝通媒介（電子會議系統[electronic meeting systems, EMS]、電子郵件、語音郵件、傳眞、電話、會議、面對面溝通信件、與便條留言）的學習經驗如何影響對媒介選擇合適性（media appropriateness）的認知。他們發現：要想得到新資訊科技的好處，組織不能單單只「採用」一項科技就行，他們還必須要提供成員學習使用新溝通媒介的機會。

此外，King與Xia的文章，對於許多採用「媒介豐富性」（media richness）或「社會出現度」（social presence）相關主流理論來進行IS或溝通研究的的人而言十分有幫助。King與Xia認爲，個體差異與個人對溝通媒介的經驗，將比現有的理性及媒介合適性理論更能解釋媒介選擇的現象。因此，本章對改變媒介選擇的研究可能會有很大的影響。

King與Xia進行了一項實驗性質的研究，請295位MBA學生回答「個人對媒介合適性的認知是否會隨經驗改變而改變」。媒介合適性是由抽象的工作設計來衡量的，而自我報告的方式則被用來捕捉個人的媒介經驗。作者發現學習經驗會影響個人對媒介合適性的認知，在使用新媒介時尤其如此。也發現舊媒介的使用會隨著新媒介的使用而減少。最後的結論是：在引入新的溝通科技時，組織可藉由提供個人系統化的訓練與經驗，來有效地促進該科技的使用。

團隊支援系統

Williams與Wilson在探討團隊支援系統時，採用深入訪談、觀察、與相關文章來瞭解GSS使用者眼中的組織環境問題。他們的成果凸顯了目前有關GSS使用、組織中權力與影響力等研究付之闕如的問題。文章的開頭便強調了文獻的缺乏。

作者特意從一家專門開發桌上型電腦商業軟體工具的美國軟體開發公司某部門中，挑選了15位使用者，做爲全公司GSS使用者之抽樣。其豐富的成果爲未來的研究指出了許多大方向，包括在數量相關模型（Quantitative Correlation Model）中設計組織的變數等。

Williams與Wilson證實了某些使用者的想法：早期的GSS開發者曾希望能推廣GSS的發展。他們發現使用者察覺到團隊支援系統增加了使用者參與組織決策過程的程度，似乎也拉近個人與資訊及人與人間的距離。GSS使用者也認爲GSS增強了其對組織中其他人意見的影響力。GSS在組織中扮演了一個平衡個人權力與影響力的角色。只有在組織中所有成員對GSS都有相同的認知下，GSS的效益才能展現出來。

高階主管資訊系統

Rai跟Bajwa發展了一個理論模型，來探討一組環境因子如何影響組織對高階主管訊系統（EIS）的選擇與實行情形。其結果證實了不少我們在系統建置中獲取的經驗，也反映出不少我們在其他資訊科技處成功的建構經驗。文章也提供了給欲採行、建置此新科技的組織一些實際的參考原則。

Rai跟Bajwa採用某種調查方法，自210個組織中蒐集資料。整體來說，他們發現在這些組織中採用EIS的並不多見，且對於不同管理功能，應用的深度也隨之改變。他們探討了這些案例中低階EIS的應用情形，發現只要環境與組織性的複雜性夠高，EIS就會被用來執行管理功能，如溝通、協調、控制與規劃等等。

作者認爲將焦點置於高階主管資訊上，將能使開發人員在開發系統時以更佳的方式滿足迫切之需求，但是對於何謂「提供高階管理者資訊」可能需要更進一步的研究。

EIS這項新興科技的威力在此受到了限制。這些組織裡只有三分之一採用EIS，而其中最多的管理支援應用只爲了促進溝通而已。作者發現採用EIS的組織具有下列特色：面對更多環境的不確定性、組織異質性更高、且比起未採用EIS者明顯的較不友善。

Wed-based會議系統

Warkentin、Sayeed與Hightower採用CitySource公司開發的Meeting WebTM軟體來進行對Wed-based會議系統的探討研究。結果使用這種Wed-based的電腦媒介通訊系統（CMCS）的團隊在解決相同問題時，其表現並不能超越面對面溝通的團體。

且不論此一結果，作者們在增進我們對眞實與虛擬的團隊瞭解上，有非常重要的貢獻。他們質疑虛擬團隊的好處（效率性、時間彈性、自動化文件、突破地理限制、避免[非必要的]繁文縟節）是否能夠彌補本次研究中凸顯的許多嚴重缺點。可能難以發展團隊內聚力（Cohesion），虛擬團隊成員間也可能無法產生更有力的連結以改善團隊的溝通情形。他們也指出一般組織中用以管制團隊成員的方式無法適用於虛擬的空間中，成員的流失可能會成爲常見的問題。

Warkentin等人認爲虛擬團隊的溝通模式將改變我們現在的溝通模式。所幸虛擬團隊成員彼此之間的關係可以藉由公司支援而進一步強化。本研究的衆多建議之一，是在不同的關係階段融入一些互動性的媒介。例如，在正式會議的前期階段，多鼓勵虛擬團隊成員彼此見面以建立隱性或顯性的規範，溝通對此案的期望，並開始合作來建立彈性的關係，以應付虛擬會議中意料之外的事件等。

新興基礎建設實踐科技研究之文章

第三類的文章則是關於基礎建設實踐類科技。此處討論的科技，著重於提供多位使用者（如組織成員）在執行規畫、設計、決策或建置等工作時，能有更頻繁、更密切的互動。這四篇文章包括：第一篇Kendall與Kendall論資訊傳遞系統（information delivery systems, IDS）；第二篇Zwass談電子商務（E-commerce）；接下來Guimaraes與Igbaria探討主從（Client/Server）架構技術；而本書的最後一章則由Davis與Naumann以知識工作產能系統（knowledge work productivity systems）為結束。文章摘要簡列於表1.3。

瀏覽完這四篇關於基礎建設實踐科技的文章後，我們可以清楚地瞭解科技所帶來的偉大力量—擁有搜尋引擎以尋找、儲存資訊的資訊傳遞系統（IDS）；使用者賴以完成個人化、國際化交易的電子商務系統；能規劃、建置現有系統的主從式架構技術；以及能提高個人與組織效率的知識工作產能系統。

資訊傳遞系統

Kendall與Kendall發明了這個新名詞「資訊傳遞系統」（IDS）以代表所有的Web-based新興資訊系統，包括「推」（push）與「拉」（pull）式技術。提供這些科技的人無非是想讓使用者以對個人或公司有益的方式，來接收、存取、分析、處理如新聞、影音、音樂等的網際資訊。作者將IDS科技分類歸為8種：alpha-pull、beta-pull、gamma-pull與delta-pull等4種與alpha-push、beta-push、gamma-push與delta-push等四種。每一類都代表了不同程度的推、拉技術層次。

Kendall與Kendall不僅只是命名而已，他們也描述了技術的內容，提供該科技的流行用語，並指出何種使用者會需要它。每一層次

表1.3 新興系統實踐科技研究之文章

作者	新興科技	文章摘要
Kendal與Kendall	資訊傳遞系統(IDS)	作者將IDS科技分類歸為8種（4類「推」與4類「拉」式技術），並預言「拉」式技術將採用進化式的代理程式，「推」式技術則需要使用資訊挖掘的方法來傳遞使用者所需。同時也描述了可能克服某些使用者困擾的未來IDS技術。
Zwass	電子商務系統	作者發展了一套新的層級架構，以協助讀者了解所謂的電子商務。這套層級是由三個概念層組成：系統、服務、產品與結構，而其中又可細分為七個功能層。
Guimaraes與Igbaria	客端／伺服器系統	以使用者觀點而言，開發人員的技術能力與組織的支援程度，是影響主從架構系統能否成功建置最重要的因素。CSS開發人員的技術能力似乎對於終端用户的滿意度影響最大。
Davis與Naumann	知識工作產能系統	個別知識工作者須獨力應用生產力原則並訓練技術能力以增加自我生產力。對組織來說，在可採用新資訊科技並能將之整合到組織內部之處，組織有管理責任要提供適當的技術基礎架構。同時建立組織形式與合宜之教育訓練及協助機制，以使新的資訊科技能被瞭解、並融入組織文化之中。

的推、拉技術都配合一個由網站廠商提供的實例。

早期IDS技術讓使用者以瀏覽網站（拉式技術）來尋找資訊，接下來網路廣播以頻道、註冊、串流視訊、與事件重現（推式技術）的方式傳遞內容。早期的推、拉技術並不令人滿意一使用者既不能輕鬆找到（拉）所需的資訊，也不覺得送到眼前（推）的資料符合所需。

Kendall與Kendall預言，未來的資訊傳遞系統將會更進一步地發展。Delta-pull技術將採用進化式的代理程式（evolutionary agent）來觀察使用者的決策行爲，並找出他眞正需要的資訊。Delta-push技術則需要使用類似資訊挖掘的技術，讓網路廣播業者能傳遞用戶眞正需要的資訊。

因爲對於未來技術克服目前IDS困境的信心，目前企業對推拉技術的應用，或是高層次IDS在管理上、社會上的新啓示，都顯的更有價值、更有機會。

電子商務

Zwass充分地探討了電子商務這個主題，他將之定義爲：以電傳網路（telecommunication network）來分享商業資訊、維持商業關係、及進行商業交易。

Zwass認爲1993年以來網際網路透過網站興起而商業化，是電子商務興起最重要的關鍵。他分析了目前電子商務的架構，也爲未來的發展做了解說。Zwass發展了一套新的層級架構，以協助讀者瞭解所謂的電子商務。這套層級是由三個概念層組成：系統、服務、產品與結構，而其中又可細分爲七個功能層：從廣域電傳基礎建設到電子市集與電子階層等。電子商務的「產品與結構層」包含了三類電子商務：消費者導向商務、企業對企業式（B2B）商務、及組織內部業務。Zwass指出了電子商務在網站上的先天發展限制，並且仔細地思考電子商務現在所進入的高速持續成長階段。

主從架構系統

Guimaraes跟Igbaria則研究主從架構系統（CSS），發展了一套模型來檢驗CSS建置的成功度。他們認爲成功建置資訊系統的舊模型，應該以新主從架構技術爲重點來測試。Guimaraes跟Igbaria的模型以人與主從架構系統的互動爲中心，以三項稱之爲「終端用戶滿意度」、「系統使用」、與「對終端用戶工作之衝擊」的系統成功衡量指數，來測試在CSS開發過程中管理階層支援、終端用戶特質、開發者技術、與終端用戶參與度彼此之間的關係。

Guimaraes跟Igbaria使用問卷的方法來進行，問題包含之前的驗證系統中，個人因素對資訊系統建置的影響。問卷寄交500位IS研討會參加者，其中回收的148份有效問卷，來自於曾參予主從架構系統專案且啓用超過一年的IS經理與終端用戶部門經理。作者使用結構方程式模型來檢定這些變數間關係的假說。

Guimaraes跟Igbaria發現，開發人員的技術能力與組織的支援程度，是影響主從架構系統能否成功建置最重要的因素。CSS開發人員的技術能力似乎對於終端用戶的滿意度影響最大。作者預估其結果的重要性，將伴隨著越來越多組織採用「拉式資訊」應用的Web-based系統，而變的更加重要。

知識工作產能系統

Davis與Naumann描述了知識工作領域中的生產力問題，指出個人之間產能的巨大差異，而知識工作層級比例的增加更進一步放大這項差異。他們討論了如何使用更有效率及效力的策略以增加組織知識工作的生產力。有多種資訊科技都能改進、支援知識工作，包括增強個別知識工作者生產力的工具、系統管理應用軟體、與團隊導向的軟體等。作者討論了各種支援知識工作活動的資訊科技的功能特色，並將之與改進知識工作效率的各種策略做一對照。

Davis與Naumann指出知識工作產能對於個人、組織有非常重要、廣泛的影響。個別知識工作者須獨力應用生產力原則並訓練技術能力以增加自我生產力。而對組織來說，在可採用新資訊科技並能將之整合到組織內部之處，組織有管理責任要提供適當的技術基礎架構。同時建立組織形式與合宜之教育訓練及協助機制，以使新的資訊科技能被瞭解、並融入組織文化之中。

結論

在您逐章閱讀本書之際，將會發現每一種新興資訊科技似乎都有不同的障礙待跨越，而每一個障礙也指出了未來的研究方向。當所有的障礙都克服之後，我們就可以說這項科技已經進入「科技昇華階段」。Nye（1996）簡潔地點出了這一個階段的衝擊：

> 「昇華將造成人們對科技的熱誠。當大部份的人們都感覺昇華可融合整個社會時，這是人類最有力的情感之一。在昇華之際，人類將暫時拋棄彼此之間的歧異。」

前進到科技昇華階段的過程中，設想最主要的障礙可能是：對新興資訊科技評價的不確定性：對科技使用的排斥或困難；以及系統建置的複雜度一如圖1.1所示。本書中提到的每一項新興科技要從興起階段前進到科技昇華，一路上無可避免的會遇上這類阻礙。

平心而論，我們科技進展的過程從來就不是一路順暢。走走又停停，充斥令人沮喪的挫折與歡欣鼓舞的大突破，我們以資訊系統研究者的角色努力思索其本質、原因與過程。每當煩惱誰應該參與此一前進科技昇華階段的過程之際，我們總會問：「誰會在走向資訊科技下一波的複雜過程中受到牽連呢？」。見證前人甚至未曾想像過的科技爆炸，我們不停地發問、不停地懷疑，憂心該如何扮演好自我的角色一是研究人員、是組織成員、還是人類社會的一份子？

研究回應了我們的答案：我們就是那些得要瞭解如何建置新資訊科技的人；我們必須要決定如何對其評價。雖然新科技的發掘與創新似乎帶著些許無可避免的意味，但是研究者的回應與創造力卻不應受

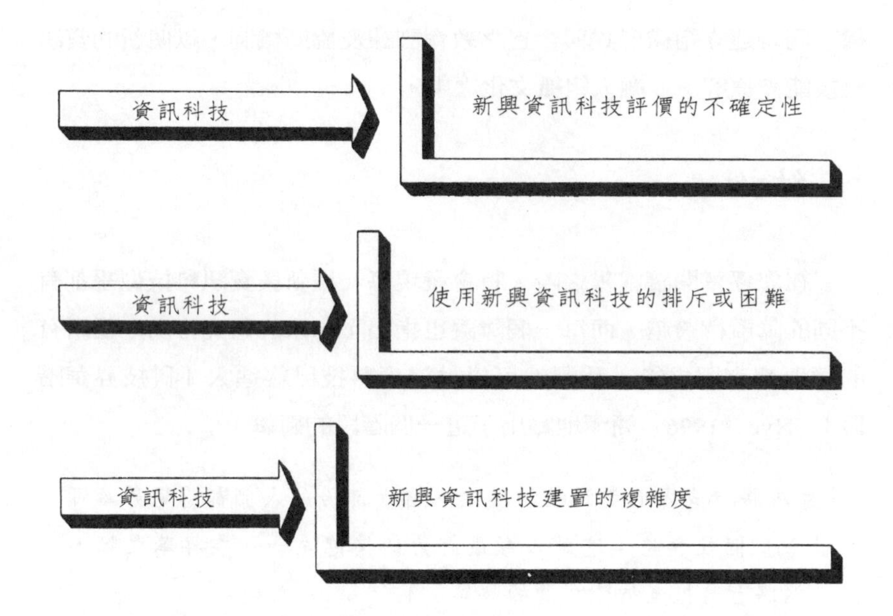

圖1.1 新興的資訊科技必須面對的障礙

限制。

事實上，這些作者並不滿足於只是旁觀資訊科技的發生，而不去分析、不去探討。他們的文章已經為進一步討論新興資訊科技種下種子。Derry跟Williams（1993）在他們的書「科技簡史」（A Short History of Technology）中對於目前人類的科技進展表示審慎而樂觀：

> 「對於更進一步的問題，問到就整體科技進步而言是否對於個人幸福有正面效果，我們頂多只能提供有條件的肯定答案，而拒絕為科技無可衡量的未來作背書。」

不過即使認同這樣謹慎的說法，我們現在的確更有能力提出深入的問題、修改我們的假設、重建我們的樣本、強化我們的方法，並以充分的信心檢驗結果，相信得到的答案將會把未來帶向對整個社會更好的道路上去。這是非常重要的，一如Harrington（1962）的觀察：「如果科技進步而沒有伴隨社會的進步，那麼幾乎可以預言人類的不幸與困厄將隨之而起。」資訊系統研究者將可以在社會相對應的發展下，爲前進科技昇華的過渡時期做好最佳準備。

參考書目

The American heritage™ dictionary of the English language. (3rd ed.). (1992). Boston: Houghton Mifflin. Electronic version licensed from InfoSoft International, Inc.

Benamati, J., Lederer, A. L., & Singh, M. (1997). Changing information technology and information technology management. *Information & Management, 31,* 275-288.

Chen, M., Nunamaker J., & Weber, S. (1989, Spring). Computer-aided software engineering: Present status and future directions. *Data Base, 1,* 7-13.

Dery, M. (1996). *Escape velocity: Cyberculture at the end of the century.* New York: Grove.

Derry, T. K., & Williams, T. L. (1993). *A short history of technology: From the earliest times to A. D. 1900.* New York: Dover.

Harrington, M. (1993). The other America. In *The Columbia dictionary of quotations* (Appendix, sec. 1) [CD-ROM]. New York: Columbia University Press.

Negroponte, N. P. (1995). *Being digital.* New York: Vintage.

Nye, D. E. (1996). *American technological sublime.* Cambridge: MIT Press.

Orlikowski, W. (1991). Integrated information environment or matrix of control? The contradictory implications of information technology. *Accounting, Management and Information Technologies, 1*(1), 9-42.

Slouka, M. (1995). *War of the worlds: Cyberspace and the high-tech assault on reality.* New York: Basic Books.

Stoll, C. (1996). *Silicon snake oil.* New York: Anchor/Doubleday.

[illegible]（Harrington, 1962）[illegible]

參考書目

The American heritage® dictionary of the English language (3rd ed.). (1992). Boston: Houghton Mifflin. Electronic version licensed from InfoSoft International, Inc.

Benjamin, [illegible] (1990). Changing information technology and information technology management. *Information & Management*, [illegible], 275-286.

Chen, M., Nunamaker, J., & Weber, S. (1989, Spring). Computer-aided software engineering: Present status and future directions. *Data Base*, 7, 7-13.

Dery, M. (1996). *Escape velocity: Cyberculture at the end of the century*. New York: Grove.

Derry, T. K., & Williams, T. I. (1993). *A short history of technology: From the earliest times to A.D. 1900*. New York: Dover.

Harrington, M. (1962). The other America. In *The Columbia dictionary of quotations* [illegible] (CD-ROM). New York: Columbia University Press.

Negroponte, N. P. (1995). *Being digital*. New York: Vintage.

[illegible], D. E. (1990). [illegible]. Cambridge: MIT Press.

Orlikowski, W. (1991). Integrated information environments or matrix of control? The contradictory implications of information technology. *Accounting, Management and Information Technologies*, 1(1), 9-42.

[illegible], M. (1995). *War of the worlds: Cyberspace and the high-tech assault on reality*. New York: Basic Books.

Stoll, C. (1995). *Silicon snake oil*. New York: Anchor/Doubleday.

Part

決策支援科技篇

第二章

建議系統

資訊經濟的決策支援

EDWARD A. STOHR
SIVAKUMAR VISWANATHAN

往後五年，將是另一全新紀元的開始。全球資訊網（World Wide Web）的使用者將成長至五億人，而數十億的軟體代理程式（software agent）亦會於其上活動。世界上大部分的經濟活動將於線上完成。許多組織以網路相連，而彼此間的關係錯綜複雜且不斷改變（這些關係有些變化迅速，有些則緩慢改變）。在這樣的環境中，聰明而靈敏的企業具有較強的競爭力，這些企業精通管理上的藝術，能發現有價值的新事業，培育良好的顧客關係，並且迅速而完美的發揮其核心能力。

世界眞的會變成這樣嗎？由目前指數成長的趨勢簡單推斷，即可得知上述網際網路使用人口與軟體代理程式的數目並不誇張。然而，此遠景的可行性須依賴系統的穩定性與使用者可獲得的效益。亦即，在每分鐘進行數百萬個決策、每天執行數十億筆交易並轉帳數以兆計的金額的情形下，電子化的經濟體系是否仍能保持穩定？或者，是否可能發生電子化的世界性金融危機，而使先前的亞洲金融風暴相形見拙？發展出的電子社會是否對人類有利？這樣的經濟體系，是否會產生一群優秀的菁英鉅富，掌控大部分的電子金融資源，然而佔多數的下層階級卻沒這麼富有也較不具能力？我們經歷了一場幾乎不能抵抗的資訊與通訊氾濫潮流，耗掉我們大部分的時間（但也使得這些時間耗的更有價值，使我們更難覓得一絲空閒時光）。我們直覺感受到生產力提升的好處，但我們如何直覺的認為這樣的好處可由資訊革命所提供？

電子商務造成許多紊亂，但也發展出新的市場、組織形式與生活型態，而上一段的問題大概也只能由這些新的市場、組織形式及生活型態的實務情形來解答。本章中，我們的主題在於：個人與企業都需要新的科技來應付成形中的資訊生態（以這些新科技來管理那些會產生「資訊」的科技，若不詳加檢視這些會產生資訊的科技，則其可能成為無用的科技）。而資訊科技有關的學術研究與實務工作，皆應將重點由產生資訊移至控制與管理資訊。亦即，重點應該是以更有用或更易存取的格式來表示資訊、壓縮資訊、除去雜訊、搜尋資訊中符合需求的寶藏、分析這些寶藏並創造出新的知識（以我們所能控制的任何方法使得各種資訊更友善、更易被了解且更有用處）。能促進這種情形的科技著實令人興奮，卻也深具挑戰性。這些科技有些已在電腦及管理科學的領域中發展出來，而有些則是為因應現在的電子化世界而發展的。

這些科技可分為四組（見圖2.1）。第一組包括用來搜尋資訊的科技：搜尋引擎（search engine）、目錄服務（directory）、電子市場及電子拍賣。第二組則包括用來控制及限制我們感興趣的資訊潮流：過濾與預警系統（filtering and alerting system）。第三組則是用來瞭解資訊的科技：知識表示、視覺化技術（visualization）、資料挖掘（data mining）以及統計與管理科學上的工具。最後，第四組科技則包含了各種輔助決策的工具：建議者系統（recommander system）與「電子

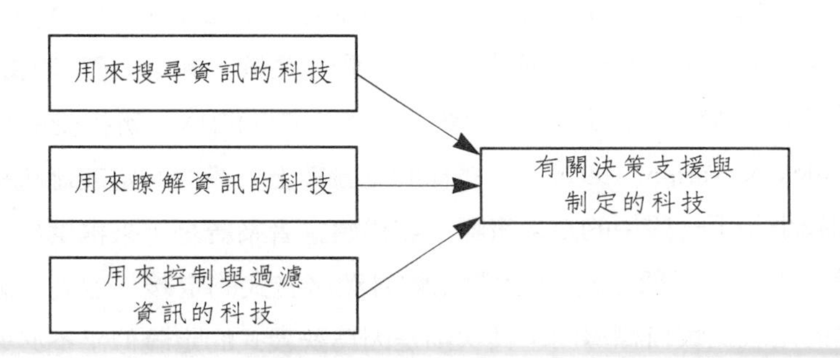

圖2.1 用來因應資訊爆炸的科技之分類

管家」系統（electronic butler system）（Tuzhilin, 1998）。前三組科技—用來找尋、控制與理解資訊的科技—可支援第四組科技—有關決策支援與制定的科技。

本章中，我們將只專注於第四組中一項稱爲建議者系統的科技。我們希望爲建議者系統的內容及其於資訊經濟中所扮演的角色做一概略性介紹。對這些於電子商務中用來支援決策的科技，我們將觀察其技術上的基礎、管理上的意涵，以及佈署與採用這些科技時應重視的相關議題。

建議系統在決策科技上的應用

建議系統可提供有用的資訊，幫助我們瞭解各項行動方案的相對優點。在日常生活中，當我們面對缺乏適當的資訊選擇時，我們常會尋求一些指引，如消費者指南（Consumer Choice Magazine）、Zagat的餐廳指南（Zagat's restaurant guide）、博學廣識的朋友，以及專家等等。這些指引的目的即在提高我們對決策結果滿意的機率。而建議系統便是這些日常生活指南的電子化版本。

在建議系統的定義上有一個微妙的議題。正如原先所認爲的，一般所使用的建議者系統一詞是指一種自動化系統，其以人們（建議者）的建議作爲輸入，並彙總這些建議而將其導向能爲人所接受的建議（Resnick & Varian, 1997）。但這樣的定義與上一段中的定義比起來，範圍較小。上一段中的定義實際上認爲建議者系統是用來提供建議的系統（不論以何種方式）。我們比較喜歡廣義式的定義（首先，因爲這樣的定義比較目標導向，其次則是因爲狹義式的定義似乎不必要地限制了建議者系統的涵義。例如，嚴格來說，狹義的建議者系統便不包括建議者是智慧型軟體代理程式（intelligent software agent）的建議系統，也不包括使用內容分析（分析企業文件內容所呈現的資訊來瞭解使用者的偏好）來提供建議的資訊過濾系統（information filtering system）。更糟的是，許多建議者系統實際上同時具有人類及非人類的建議來源（例如，合作過濾與內容分析），而是一種混合形式的建議系統。爲了分辨建議者系統廣義及狹義式的定義，我們稱前者爲建議系統（recommendation system）。因爲這是電腦支援的一個新領域，多花一些工夫來將其定義清楚應是值得的。接著我們將由淺入深來介紹這種系統（見圖2.2）。

一般來說，決策科技的目的是爲了克服人類有限理性（bounded rationality）的先天限制（以幫助我們制定更好的決策，且使決策過程更快速而不費力。決策科技將決策過程自動化，並除去其中關於人的要素。自動存貨系統便是一個好範例。不久前，Tuzhilin（1998）提出其學說，認爲決策自動化的範圍應延伸至日常生活中的活動，如購物等。他提出一種「電子管家」服務，以使用者過去的購物歷史來推論出一部份使用者所要購買的物品，並自動進行採購而不須使用者的介入。

決策支援系統（decision support system, DSS）原先被認爲是一個需要人類輸入的電腦化決策系統。也就是說，當決策情境結構化（可

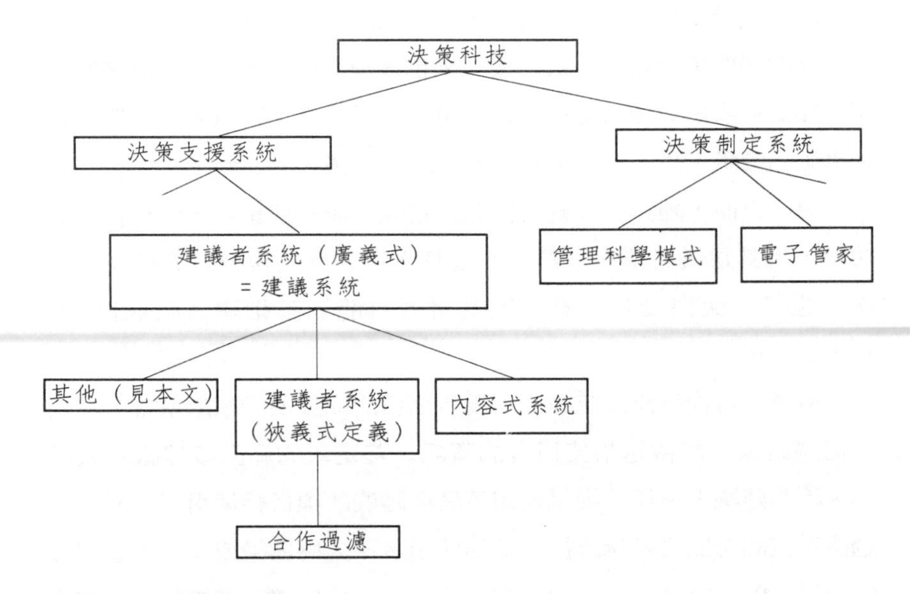

圖2.2　決策科技的部份分類

程式化）程度不高，而需要人類的直覺與判斷參與時，便是DSS的使用時機（Gorry & Scott Morton, 1971）。在這樣的情況下，電腦於決策過程中所扮演的角色是經由資料庫或模式庫提供資訊給決策者（Alter, 1977）。新的資訊經濟產生一個有趣的結果，當資訊供給過剩而決策時限卻愈來愈短時，決策情境也會變得非結構化。故此時使用者便需要電腦的支援，不僅是因爲決策問題的複雜性（DSS的原始概念），更因爲決策者的決策速度不夠快速，且需要制定的決策及相關資訊的數量也超過決策者的能力負荷。

建議系統，一種用來評估選擇機會的系統，便屬於這類決策支援。建議系統的典型用途是提供決策者所需的資訊（過濾系統），或將電影、餐廳、書籍等加以評等[1]。雖然這些應用都是較小型的決策問題，但許多小問題合起來也會相當吃力。然而，這並不意味著我們意圖限制建議系統的功能，將其定義成只能對個人或組織中一些重要性不高的問題提出建議。我們接下來也會提到一些輔助重大決策的系統，如公司設備與個人房地產或汽車等採購決策。建議系統可使用各種來源的資訊，以不同的演算法來形成其建議。

另一方面，建議者系統（狹義式定義）雖與建議系統執行相同的功能，但其建議者須為人類。此建議者可明確的與資訊的接受者合作，也可不與接受者互動，因其雙方可能互不相識（Resnick & Varian, 1997）。

最後，合作過濾系統是一種為特別目的而發展的建議系統，其功能為過濾或限制傳送給使用者的資訊。其定義的範圍較建議者系統小，因為建議者系統可提供使用者感興趣的新項目給使用者，而合作過濾系統的功能僅是過濾掉其認為使用者不太感興趣或完全不感興趣的項目（Resnick & Varian, 1997）。通常，合作過濾系統被用來過濾來自網際網路Usenet群組的資訊（如Grouplens; Konstan et al., 1997, 中所述）、提供有關書籍的建議（如Amazon.com）等等。合作過濾技巧在實作及方法上可能有所不同，但都集合許多個體而由這些個體對各種選擇加以註解或對他人提出建議。當然，這些個體在不同的時間內可分別扮演建議者或接受建議者。

電子商務架構中的建議系統

全球資訊網使得使用者所能接觸到的資訊大量增加，但這些資訊大部分沒有太大用處或品質相當粗劣。因為這些資訊的內容相當廣泛且多樣化，許多我們熟悉的搜尋引擎，如Lycos、雅虎以及Alta Vista等，其成效皆不甚理想。通常這些搜尋引擎是利用一個傳統的資訊檢索（information retrieval, IR）模式來達成，而此資訊檢索模式是由一個軟體代理程式（蜘蛛式搜尋軟體，spiders）擴充而成，spiders會不斷檢視及排序數百萬個網站的內容，使搜尋引擎得以發揮其功能。全球資訊網正由一個電子圖書館（其重點在於檢索）轉變成一個電子市集（此時重點則在進行交易），而這樣的轉變過程則改變了遊戲的規則，需要人們以嶄新的視野與許多新的能力、制度與控制機制來面對。底下的架構提供了一些關於未來方向的指標，並對資訊經濟中建議系統所扮演的角色予以深入的剖析。

這個架構的基礎是以經濟體系中仲介（intermediation）的概念發展。如同傳統的經濟體系中有各式各樣的實體仲介者來促進交易的發生，資訊經濟體系也需要「電子仲介者」於網路上扮演類似的角色[2]。仲介者，其專業的本質即在幫助交易雙方，減少於傳統的經濟體系中進行交易時所承受的風險與不確定性。而且，仲介者能藉著從事可降低協調成本或提供經濟規模的活動，而增加其價值。同樣的，這些能促進交易進行的仲介者也可以使資訊經濟獲益。

圖2.3中的架構是由Kambil（1997）的學說修改並擴充而成。此架構提出10個層次的功能階層。其中某些層次的功能著重顧客的需求，而某些層次的功能則著重於供應商或製造商的需求。須注意的是，這些功能層次在觀念上並不需要這麼階層分明，亦即，這不意味著較高層次的功能所增加的價值就會大於較低層次的功能。雖然較高層次的功能可能產生較大的利益，但這些功能實做與執行的複雜度也較高，且需要人類的介入及各參與者的協調。較高層次的功能本質上便較複雜，故其發展速度較慢。因此，我們可將此架構中的各個功能層次看作是電子商務的系統發展進程會經歷的各個階段。

全球資訊網上的代理程式通常會著重此架構中的一或多個功能，並致力於提高這些功能的效率。此架構更完整的解釋可見於Stohr與Viswanathan（1998）的著作，其中並說明了此架構對網路代理程式的設計及一般電子商務的意涵。

圖2.3中的架構亦強調了建議系統於電子商務中所扮演的角色。

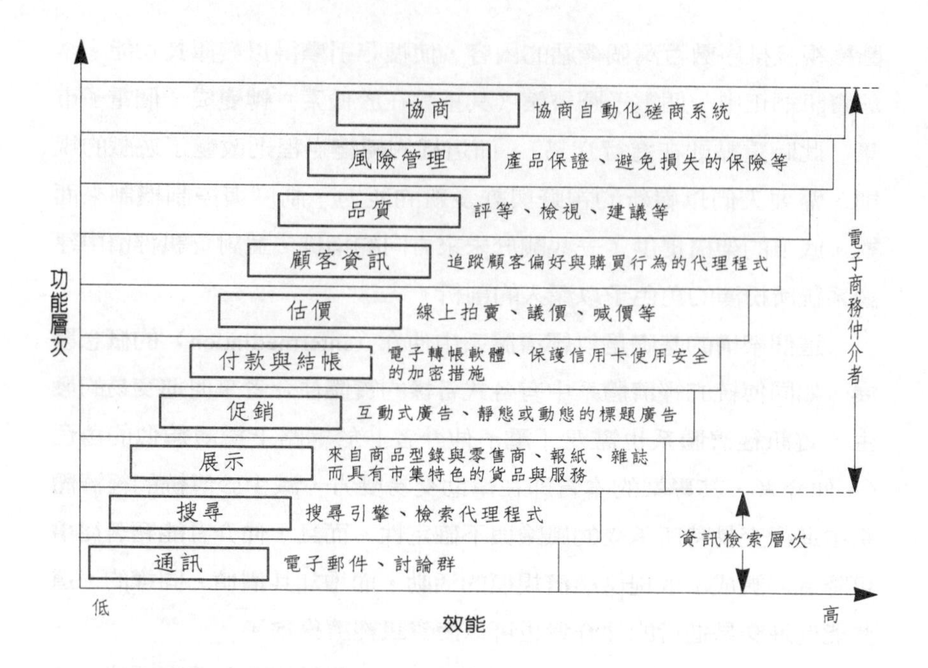

圖2.3　全球資訊網上代理程式的價值架構

建議系統是一種整合的軟體代理程式，而這三種功能分別是搜尋與檢索、探索顧客資訊，以及標示品質。而且，正因為建議系統可以傳遞有關品質的資訊，故其可降低消費者於網路上進行交易的風險。

結合建議系統的三種功能：搜尋與檢索、探索顧客資訊，以及標示品質，使得建議系統非常適合應用於一對一的行銷。一對一行銷就是公司企圖認知並滿足每個顧客個別的獨特需求（Pine, Joseph, & Rogers, 1995）。例如，Individual公司的First!服務便使其得以與連線、剪輯（報章雜誌）及資訊檢索等服務相競爭（http://www.individual.com/）。其客戶如MCI Telecommunications、McKinsey & Co.及Avon等皆使用此服務，而此服務可經由傳真、電子郵件、Lotus Notes或企業內部網路將符合個別需要的資訊傳送給企業的主管。首先，這些主管必須簡單描述其感興趣的資訊種類，接著系統讓這些主管評比一些文章，將這些文章與這些主管的興趣的相關性分為高、中、低三類，以便調整使用者的概況資料（user profile；包括資訊需求特徵、偏好、瀏覽行為……）。而經過一段時間的使用後，根據報告，這些主管所收到的文章之中，具有中或高度相關性的文章可達全部文章的80%（Pine et al., 1995）。Firefly （http:// www.firefly.com/）則是另一個可促進一對一行銷的商業性建議系統的例子。Firefly軟體能讓企業產生顧客導向的應用程式與服務，並可藉著維護使用者的概況資料而使個別使用者得到個人化的服務。例如，Filmfinder（http://www.rilmfinder.com/），一個推薦電影的網站，其功能便是Firefly所促成的。其他已與Firefly建立商業夥伴關係的企業尚有邦諾書店（Barnes & Noble）、Virtual Emporium，以及雅虎。

建議系統於全球資訊網上的其他應用包括：個人化的網址建議系統、Usenet文章過濾系統、限制網站存取、銀行業的一對一行銷，以及有關音樂、影片與書籍的購物服務等（Resnick & Varian, 1997）。稍後我們將對上述應用的一部份進行討論。在組織中，建議系統於組織學習方面的應用也會逐漸增加，亦即，員工們可藉著評論或評比公司的產品、銷售業績及業務活動等，來分享彼此的知識 （Stein & Zwass, 1995）。

資訊檢索：建議系統的基礎科技

要瞭解建議系統，須先將建議系統與其發展的基礎（資訊檢索系統做比較。本節中，我們將對IR作一概略性介紹，以作為下一節中探討建議系統發展架構的背景知識。

資訊檢索系統的目的在幫助使用者尋找能滿足其資訊需求的文件，或幫助使用者自特定知識來源尋找解決問題所需的資訊（Belkin

& Croft, 1992)。資訊檢索一詞基本上與文字檢索有關。圖2.4顯示資訊檢索的三個主要研究領域：表示出個人的資訊需求、文章或文件所代表的意義，以及找出上述兩者最佳的配對組合。

- 資訊需求的表達：使用者的資訊需求通常以查詢句（query）的方式表示，而查詢句可由一個簡單詞語或是一組詞語組成。查詢句的詞語通常是與布林表示式（Boolean expression）有關的關鍵字（keyword）或詞組。然而，因為自然語言過於豐富而複雜，查詢句的詞語往往無法準確地表示出使用者對資訊需求的概念。
- 文件的表示：將不同來源的文件或文章排序（手動或自動），以摘錄出最能代表這些文件的詞語。與查詢句的情形相同，這些文件的詞語亦不能完整描述出文件真正的涵義。已有許多排序的技術被發展出來（例如，機率排序及TF-IDF：Salton & Buckley, 1988），意圖更精確地描述資訊的內容或文件的涵義。
- 檢索技巧：第三個研究領域則是比較查詢句詞語與文件詞語間的相關性，此為找出相關文件的基礎。主要的IR模式大部分都著重於這個領域。

圖書館爲文件資料庫所做的索引是爲一般讀者提供服務，所以，要用這種索引方式來滿足特定使用者的需求本來就非常不容易。以機率、統計、集合理論，以及邏輯（例如，布林邏輯模式、向量空間模式以及機率檢索模式）爲基礎的組合式搜尋技巧（Robertson, 1977）促成了一些檢索方式，而這些檢索方式能找出接近使用者查詢句的文件。這些檢索方式根據對使用者需求的相關程度來爲文章訂定等級，並以這些系統所定義的等級來縮小文章的搜尋範圍。此外，更採用相關性回饋技巧（relevance feedback techniques），要求使用者爲其需求與檢索結果作相關性評定，進而不斷改善系統搜尋品質的技巧，亦可大幅增進IR系統的績效。提供相關性評比的IR系統，正如我們之前所定義的，是建議系統的一種特殊形式。

目前的IR系統以「最佳吻合度」原則爲基礎，亦即，給定一個查詢句，系統最好的回應是與此查詢句吻合度最高的文章（Belkin, Oddy, & Brooks, 1982）。最佳吻合度原則：若代表文件中的詞語與代表使用者需求的詞語相同，則此文章應能滿足使用者的需求。最佳配合度原則首先尋找與需求所表達的意思完全相同的文件（意即，與使用者需求在功能上是相同的；Belkin et al., 1982）。若我們明確的知道使用者想要什麼，且知道哪一份文件最符合這份需求，則此問題便可簡化成簡單的配對過程。不幸的，IR的每個部份（見圖2.4）都會有「雜訊」。使用者通常無法清楚描述其解決特定問題時所需的資訊；而文件的詞語也沒有辦法清楚描述該文件所代表的意義；而且，雖然已有許多演算法被提出，檢索過程本身仍無法令人滿意。

精確率（precision）與檢出率（recall）是兩種典型的IR效能衡量指標。精確率的定義是：在一次查詢中，檢索結果與查詢需求的數目佔所有檢索結果的比率，而檢出率則是指在一次查詢中，檢索結果與查詢「相關」的數目佔所有檢索結果的比率（意即，不一定吻合）的比率。雖然我們希望IR系統於這兩項衡量方式上都能有不錯的表現，但這兩者卻有本質上的互斥（相關數目越多則檢索數目增加，吻合度比率則越小）而須有所取捨。且相關性的觀念本身就是問題的來源之一。雖然目前對於此觀念仍無共識，一個針對相關性的系統觀點卻已在IR研究領域佔有重要的地位。如Saracevic（1975）所述，

> 相關性的系統觀點來自於一個想法（相關性受系統的內部層面與操作過程影響最深。循序由排序、編碼、分類、語言上的操作、檔案結構、問題分析以及搜尋策略的觀點來思考相關性，

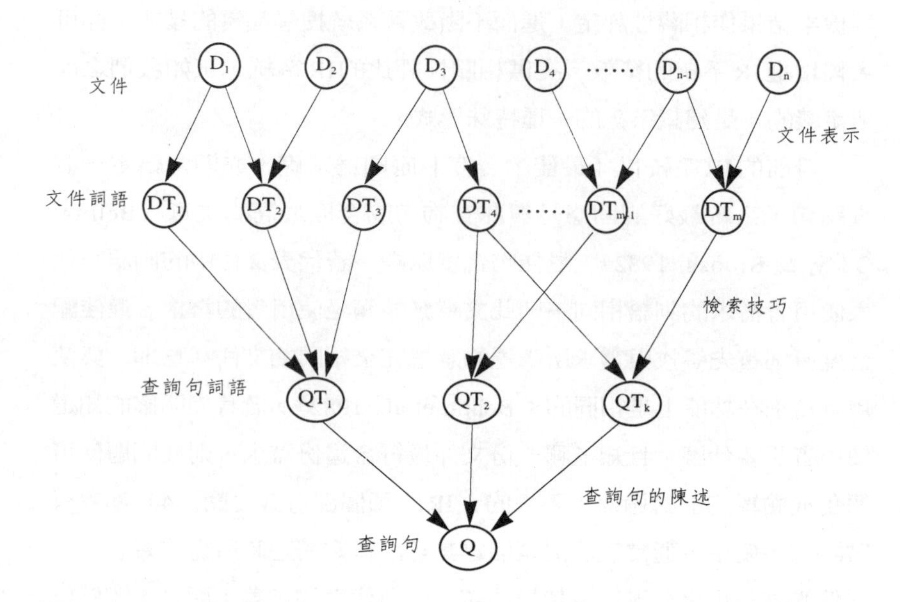

圖2.4　基本推論網路

如此的思考方向促成了許多解決方案的發展，並將大家的注意力都導向輸入的處理與操作，幾乎排除了對其他層面的注意。

Saracevic強調，須特別重視相關性的觀點，而相關性觀點包括了下面的觀念：重視檢索結果的實質用處，也就是檢索結果須能「切合」使用者的需求。

當我們將焦點轉移到全球資訊網上的商業領域時，IR系統的限制便成爲一個棘手的問題。早期全球資訊網上大部分的資訊檢索服務（例如，搜尋引擎及目錄）皆以IR的模式爲基礎，而現實狀況是這些系統執行效果僅在小領域中較好，因爲小領域中的資訊較結構化且同質性高。然而，全球資訊網包含許多不同的資訊，這些資訊不論在結構、數量及內容上的品質皆有相當大的差異。特別是，由於電子商務對消費產品及資訊商品同等重視，故需要更高層次的功能及一個完全不同的相關性觀點。

建議系統架構

圖2.5描繪出建議系統架構主要的組成部份，並說明其與傳統IR系統於觀念上的差異。虛線所包圍的部份是IR系統關心的部份（見圖2.5）。

IR系統與建議系統主要的差異有兩點，首先，建議系統感興趣的

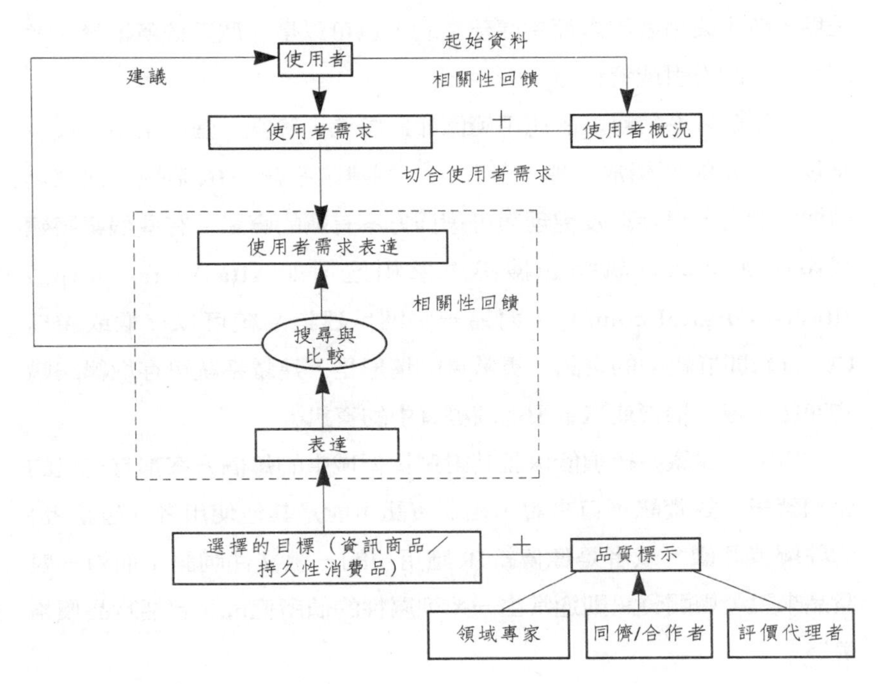

圖2.5　建議系統架構

物件可以是一般項目（貨物）或資訊項目；再來，建議系統非常重視檢索所得的項目與使用者實際需求（效用）的相關性或適切程度。而這兩點正是IR系統所缺乏的能力。

回到先前的討論，我們認為建議系統可提供有用的資訊，以幫助我們瞭解各選擇方案的相對優點。供選擇的物件可以是資訊性的，諸如文章、書籍或網站等。在這種情形時，建議系統可能像IR系統一樣，以使用者的查詢句為所找尋的物件產生一個相關性等級，或者像過濾系統一樣，由許多資訊項目中選擇出對使用者重要性較高者。同樣的，供選擇的物件也可以是持久性消費品，如汽車與房屋等，也可以是消耗品，如戲劇、電影及音樂會等，或是一些抽象的東西，如股票及其他投資媒介。因此，這些建議系統所考慮的各式各樣的替代方案，便構成此建議系統的選擇領域（choice domain）。選擇領域可以是為了特定使用者需求而匆促建立的，也可以是一個系統所維護、並即時更新的索引或資料庫。

由於建議系統可能的應用範圍如此廣大，檢視一個建議系統最少應包含的功能便相當有趣。首先，一個建議系統和IR系統一樣應具備搜尋能力，以存取及處理與可選擇方案有關的資訊。有些個案將建議系統與全球資訊網的搜尋引擎相連，如Alta Vista（http://altavista.digital.com/）；而另一些則是建議系統可以存取或處理Usenet新聞群組中的資訊。更常見的情形是，建議系統可存取網路購物商店、線上拍賣或汽車製造商網頁中的資訊。

再來，建議系統須能保證其對選擇領域中的每個方案都有充足的相關資訊。對資訊項目來說，相關資訊可能是其他使用者（建議者）的註解或評價，或者是像傳統IR應用中的一組文件詞語；而對一般貨品來說，相關資訊則通常由一系列屬性的值所組成，包括貨品價格等等。

第三，評價系統須包含一些與使用者偏好有關的觀點。大部分的系統會要求使用者評比一些典型的方案或描述其需求與偏好（例如，對某種事物），以產生使用者的概況資料，且這些概況資料會以相關性回饋技巧不斷地更新。而其他系統則使用評價代理程式（rating agency），因其在策略上假設專家對品質的評價可反應出使用者本身的偏好，而以這些評價代表使用者的偏好。

第四點，建議系統應能對其選擇領域內的方案評分，以反應出使用者對這些方案的滿足程度。這些用於建議系統中的評分機制與專家評定這些方案時的情形不同，如下節所述。

最後，建議系統應能以容易瞭解且方便性高的格式將結果展示給使用者。同樣的，資訊的展示可有多種方式，視其所使用的評分系統及其應用領域而定。例如，IR系統常以資訊項目對詢問句的相關性來爲資訊項目作評比（而這可能是IR系統所提供、唯一與選擇有關的資訊。然而，系統也可以提供更精細的資訊給使用者，特別是合作系統。例如，於Amazon.com中，使用者可閱讀其他讀者對書籍所作的評論。

這五種功能是任何建議系統皆須具備的。亦即，建議系統須能找出使用者所有可能的選擇方案、產生並維護此選擇領域中所有方案的相關資訊、導出或推論出每位使用者的偏好概況、以使用者的概況資料評估這些方案，並將其建議展示給使用者。雖然每個建議系統都有這些功能，但個別建議系統達成這些功能的方法還是有所差異的，我們接下來將描述這些方法的差異。

建議系統的分類與範例

專業知識是建議系統建議的基礎，而建議系統便可依據其專業知識的來源來分類。表2.1列出建議系統幾個主要的分類，並舉例說明其個別的應用領域與實際系統。和日常生活中一樣，常見的專業知識

表2.1 建議系統的方法

建議系統技巧／原理	系統專業知識的來源（誰是建議者？	選擇範圍範例	系統範例
效用評價	使用者自省	高價項目，如房屋或汽車	未有已知範例
內容導向或規則導向式分析	描述替代方案及使用者愛好的相關資訊；將替代方案概況資料與使用者概況資料予以配對	資訊項目—資訊檢索或過濾	Syskill & Webert（Pazzani, Muramatzu, & Billsus, n.d.）[http://www.ics.uci.edu/pazzani/] News Weeder（Lang, 1995）
合作系統—向同儕請求諮詢	類似的同儕團體的判斷或意見	與喜好有關的選擇；通報與過濾系統	Phoaks（Terveen, Hill, Amento, McDonald, & Creter, 1997）[http://phoaks.com/phoaks/]
評價代理程式—向領域專家請求諮詢	此選擇範圍的一個或多個專家的判斷或意見	組織學習應用中的問題；重要性高的議題	Referral Web（Kautz, Selman, & Shah, 1997）Argus Clearing House [http://www.clearinghouse.net/]

來源有四種：使用者本身（效用法）、與使用者偏好以及選擇方案有關的資訊（內容導向的方法）、同儕團體的建議（合作系統），以及專家或評價代理程式的意見（第三者的專家）。全球資訊網上許多現存的系統便結合使用內容導向式及合作式的方法（混合系統）。本節中，我們將討論以上的方法，舉例說明之，並概述其優缺點。

效用式技巧（Utility-based Techniques）

使用這類技巧的系統，其專業知識（對於使用者需求來說）僅存於使用者本身。系統與使用者交互作用，以使用者所選擇的方案的特色（屬性）建構出一個明確的使用者效用函數。效用評估技巧適用於選擇非常昂貴的項目，如選購汽車或房屋時，因爲這些項目的屬性值如售價等較容易獲得，但最後的選擇權應留給使用者。例如，Prefcalc系統（Jacquet-Lagrèze & Siskos, 1982）[3]要求使用者評價一組選擇方案中的數個項目（五或六個），而以此評價的結果來建構使用者的additive piecewise linear效用函數。若以汽車爲例，給定每個可能的選擇方案的屬性值（如售價、尺寸、速度、及耗油量等）之後，即使使用者不具備相關的先決知識，我們亦能以此效用函數輕易地對所有選擇方案進行評價。以同樣的邏輯，我們可以互動的方式逐漸明瞭各種可能的選擇方案對使用者的效用，而此與多標準決策技巧（multicriterion decision-making techniques）的原理相同（Zionts & Wallenius, 1996）。雖然以效用理論爲基礎的評價方法在理論上是可能的，且在某些情況下更是必須使用的，然而就我們所知，於全球資訊網上，直至目前仍未有意圖以古典的決策理論來評估使用者效用函數的建議系統。

內容式系統（Content-Based Systems）

此法中用來評價選擇方案的專業知識來自兩種資訊的組合，一是用來描述方案本身的資訊（例如：文件語句或屬性值），另一則是明確的使用者概況資料（profile）（例如：指出使用者愛好的關鍵字，或使用者先前所作的選擇）。內容導向（或規則導向）法源自於資訊檢索領域（Balabanovic & Shoham, 1997）。

用於全球資訊網文件上的全文檢索技巧便與IR的方法相似。想

Syskill & Webert是一個使用內容導向法來建構其建議系統的軟體代理程式（Pazzani, Muramatzu, & Billsus, n.d.）。Syskill & Webert先探得使用者的興趣及偏好，再以Lycos（全球資訊網上的搜尋引擎）來檢索滿足使用者概況資料的網頁。通常這些網頁僅屬於一個相當狹小的領域之中。接著，使用者對檢索所得的網頁加以評比，再將使用者偏好存於使用者概況資料中，而此概況資料會隨使用者的評比資料增多而更新。使用一個簡單的貝氏分類器（Bayesian classifier）來決定使用者喜歡某網頁的機率。此系統並使用一個布林向量空間模式（Boolean vector space model）來儲存用來區別感興趣和不感興趣的網站的特色（文件詞語）。

要使內容導向法的績效超越傳統資訊檢索方法的關鍵在於使用包含使用者偏好、興趣資訊的使用者概況資料。使用者概況資料可由問卷明確導出，或觀察使用者與全球資訊網間的互動及追蹤使用者的行爲來逐漸建構。而相關性回饋－內容導向法的一個重要構成要素，則用來更新使用者概況資料。上述的IR模式，有些可用來衡量某單字代表一文件或文章的能力。同樣的，其中也有一些模式可用來更新使用者概況資料。

內容導向法以IR模式爲基礎，故繼承了IR模式的一些限制。特別是因爲全球資訊網上的資源種類相當分歧，使得非常適用於文字導向文件的傳統IR排序技巧並不能妥善處理所有的全球資訊網文件。再來，由於內容導向法過於依賴使用者的回饋，使得系統只能在使用者過去已經評價過的狹窄範圍內有良好的績效，而使其應用領域的限制性過高（Balabanovic & Shoham, 1997）。第三，取得使用者檢索所得項目的回饋相當費時，且結果時常令人失望。因為使用者的知識與經驗過少，故往往得實際瀏覽過所有的網頁才能確認什麼樣的文件最能滿足其需求。更重要的是，使用者通常並不具備妥善評價其檢索所得項目的品質的能力。合作過濾系統克服了內容式系統的一些限制，但其本身也有一些其他的缺點。

合作系統（Collaborative Systems）

在合作法中，與使用者有相同喜好或興趣的人的意見，便可作為建議的基礎。而這也就是建議者系統（狹義式定義）與合作過濾系統的基本原理。「合作法並不計算項目間的相似程度，而是計算使用者的相似程度」（Balabanovic & Shoham, 1997, p. 67）。於合作系統中，使用者概況資料並不代表使用者對選擇方案的偏好，而是用來幫助判定使用者與建議系統其他使用者的相似程度。此種系統以與某使用者具有相同概況資料的其他使用者的選擇為基礎來提供建議。例如，一使用者可僅指定一組指出其興趣的關鍵字，系統便會提供一些與此使用者有相似概況資料的其他使用者所評定的等級。此法中，軟體代理程式先尋找與使用者有相似概況資料的其他使用者，再以這些使用者所喜歡的項目作為其建議。系統會先檢視各使用者先前對選擇領域內各項目評價之間的相關性，以確認出有相似偏好的使用者群組。然而，使用者必須評價過相同的項目才可以進行比較，故一些未評價過的項目的評分是參考同一群組中最相近的使用者的分數而得的（Balabanovic & Shoham, 1997）。

合作法可建議許多項目，而不只是使用者個人評價過的項目而已。合作系統最明顯的優點之一即在個人不必有太多貢獻即可檢索相關文件，因為此法較不著重個人的評價，而較著重於其他有相近興趣的使用者的評價。然而，這種系統成功的關鍵，則在於系統須有大量的評論使用者，而這些使用者願意貢獻其評價，且其評價具備一定的

PHOAKS（People Helping One Another Know Stuff）是一個用來找出Usenet新聞群組中提到的網頁（URL）的合作建議系統。經過一連串的測試，系統會將這些網頁分門別類而形成多種建議（Terveen et al., 1997）。過程中使用了一些與IR系統相似的搜尋、分類及過濾技巧。系統會自動刪除掉重複投寄至多個新聞群組，或是包含了廣告、促銷文字的URL。而推薦者多的網站確實較推薦者少的網站有較高的品質。FAQ（常問問題，Frequently Asked Questions）資料庫中的額外資訊則可用來衡量或增進系統所作建議的品質。PHOAKS系統的限制之一在於其並不區分使用者評價的效力，所有使用者的評價皆有相同的重要性，而不考慮其可信度。

可信度。因為由此種系統獲益的使用者之中有些並沒有貢獻其評價的動機，若放任其自由瀏覽則會使系統無法發揮其效能。目前已有學者提出利用行銷機制與定價系統的方式來解決此問題（Resnick &Varian, 1997）。

第三者專家（Third-Party Expertise）

第四種產生建議的方法是利用某領域專家的諮詢作為建議的來源。此法可用於有重大影響力的問題或議題上。參考網站（referral web）（Kautz et al., 1997）便採用這種方法，將使用者連結到領域專家的團體之中。

在某些需要特殊領域專業知識的情況下，評價代理程式第三者專家便可提供中肯而實用的建議。但此法的缺點是其產生的建議通常不能針對特定使用者而個人化。

The Argus Clearinghouse（http://www.clearinghouse.net/）是一個時事問題指南的交換所（clearinghouse），而這些時事問題指南可用來確認、描述並評估網際網路上的資訊來源。這些時事問題指南可以下列五項基準評判：（a）對資源的描述水準（內容、即時性、存取、技術績效等）；（b）對資源的評估水準（主題品質指標、作者資訊、文件版面設計、圖形等）；（c）指南的設計（影像、版面配置、瀏覽時的輔助等）；（d）指南的組織結構；（e）指南中的資訊量。表現特別好的指南更頒予數位圖書館員獎（Digital Librarian's Award）。因此，評價代理程式（或交換所）可作為許多不同領域的建議來源。

混合式系統（Hybrid Systems）

大部分現存的建議系統皆混合使用內容導向分析法與合作過濾法。先前提到的邦諾書店（Barnes & Noble）所實作的Firefly軟體即混合使用規則導向法與合作過濾法。

混合式系統克服了一些內容式系統所面對的問題。藉著使用群組式的回饋，我們可以較短的週期，而產生高水準的個人化程度（Balabanovic & Shoham, 1997）。而且，由於群體可較個人評價更多的項目並提供不同的觀點，個人更可由此獲益。

表2.1中所列的應用領域僅是為了說明方便，實際上每一種技巧皆可應用到多種領域之中。這可由表2.2說明，針對某些特定的應用領域將適合所描述的資訊整理出來（表中的第三列列出每種問題領域可選用的方法）。

FAB系統，史丹福大學電子圖書館專案的一部份，為一種混合式的建議系統（Balabanovic & Shoham, 1997）。其包含三個主要部份（蒐集代理程式（collection agents），用來尋找某特定主題的網頁；選擇代理程式（selection agents），用來為某特定使用者尋找網頁；以及中央路由器（central router）。當某些項目獲得相當高的分數（以使用者的概況資料為判斷根據），或與此使用者概況相似的其他使用者給某些項目相當高的評價時，這些項目便會被傳送給此使用者。蒐集代理程式的概況資料代表目前的主題，而選擇代理程式的概況資料則以某個別使用者的評價為基礎來代表此使用者的興趣。中央路由器則以各使用者的概況資料為基礎將網頁由蒐集代理程式分別傳送給各使用者，而這些使用者概況資料則分別儲存於其個別的選擇代理程式中。蒐集代理程式適用於較狹窄的領域，並能適應成動態變化的使用者族群。FAB系統使用全球資訊網導向的全文檢索搜尋引擎來存取符合使用者概況資料的網頁。這種系統成功的關鍵在於使用者概況資料是否能真正反應出使用者的偏好。

管理上的意涵

由企業的觀點來看，建議系統有兩種用途：首先，可作爲行銷的工具，對消費者的感受與偏好產生正面的影響；第二種則是作爲知識管理與組織學習的工具。表2.2對這兩種用途分別顯示了一些可能的應用領域。前兩列列出各種選擇領域及建議系統所要解決的問題，第三列則指出可能的建議來源，而最後一列則描述系統能提供給使用者的價值。

表2.2 問題領域、可用的方法以及其增加的價值

	電子商務		
建議的對象是什麼？	持久性消費品——已知屬性值（諸如售價等）	消耗品——評價很重要	知識管理——知識產品的連續流動（例如，資訊）
典型的選擇領域	汽車、房屋、假期	藝術、電影、書籍、CD	新聞輸入、Usenet網路、問題資料庫、組織學習
問題類型	由一些相對較少的貴重項目中做出最佳選擇	由許多低價項目中選擇	過濾、避免資訊負荷過重、將注意力移至重要議題上
建議者是誰？	(a) 效用導向（使用者＋決策輔助） (b) 評比代理程式	(a) 內容導向（規則＋個人概況資料） (b) 合作式（同儕團體） (c) 評比代理程式	(a) 內容導向（規則＋個人概況資料） (b) 合作式（同儕團體） (c) 專家
建議系統的附加價值	資訊蒐集與展示、資訊與個人偏好的一對一配對	資訊蒐集與展示、資訊與個人偏好的一對一配對、節省抽樣的時間與成本、利用他人的意見	資訊過濾、評估與展示、新議題與構想的提醒、配合個人資訊需求、只閱讀感興趣的項目以節省時間

正如我們所預期的，不同的建議系統設計方式與採用方式充分反應出不同應用領域所關心的重點。第二欄與第三欄說明了電子商務中兩種對比的決策情境，第一種是高價值、一次性的決策，個人偏好是這類決策最重要的決定因素；另一類則是低價值的決策，使用者興趣與評價則是這類決策最重要的決定因素。這兩種決策情境需要的可信

度、風險性、正確性與績效於程度上都相當不同。例如，如表中第三列所建議的，高價值決策的決策過程最好大部分操於使用者手中，而低價值決策則可以自動化方法來進行。

因爲組織多已深爲資訊爆炸所苦，且變得愈來愈知識密集，故組織中的組織學習及知識管理便愈有其重要性。而使用上述技巧的建議系統便成爲企業在這些領域中可使用的工具。表2.2中的第四欄列出了一些過濾資訊的應用，其目的在於，只讓員工注意到其感趣或嶄新的項目（以接受者的觀點），並除去其不感興趣或不重要的項目。

有關建議系統使用的議題

由於篇幅限制，我們無法討論一些與如何成功建置一個建議系統有關的有趣議題。很明顯的，這些議題的範圍包括先進軟體科技的發展和顧客的培養。對建議者系統的發展者而言，更須關心如何培養一個願意對相同議題（common good）做出貢獻的社群。本節中，我們將簡要討論兩個問題：爲什麼使用者會接受一個建議系統的建議？以及，應如何衡量此種系統的價值？

使用者對建議系統的接受程度與使用情形有關的主要因素列於表2.3。與可信度、正確性、隱密性以及風險性有關的議題是建議系統被使用者接受的先決條件，但建議系統成功的最大關鍵因素則在於其績效（其提供給使用者的效用）。

可信度

因建議系統擁有者或使用者個人偏好而產生的可能偏差是建議系統一個主要的議題，尤其對合作建議系統來說這議題更是顯著。「如果任何人都可以提出建議，則內容的所有人便會爲其本身的作品（Materials）提出大量的正面評價，而對其競爭對手的作品則會提出

表2.3　影響建議系統接受度的因素

可信度	建議來源的可信賴程度（建議系統的建議者是我所認為的建議者嗎？ 建議者是否提供了公正無偏的建議？
正確性	此系統具有正確的資訊或專業嗎？ 此系統瞭解我的需求或願望嗎？ 此系統如何形成其建議？
隱密性	我的個人概況資料是否能保持隱密？ 我的詢問或採購隱密嗎？
風險性	若我依據建議系統的建議行動而招致不良後果，則我可得到什麼樣的補償（例如，若不滿意結果可獲得金錢補償）？
績效	我可由建議系統得到什麼價值（節省時間或金錢嗎）？

負面的評價」（Resnick & Varian, 1997, 9. 57）。

正確性

此處的問題在於系統是否具備有益的資訊與專業。正如我們會對酒類與食品評論家或者是其他領域（非酒類、食品）的專家的評論，有不同的正確性的評價，使用者也會根據建議系統所提供建議的有用程度來為評估系統。表2.3中同標題下的第二個問題意指建議系統適應（adapt）個別使用者需求的能力。第三個問題則強調建議系統須有精確而可靠的推論機制（一個目前相當活躍的研究領域）。

隱密性

大部分的建議系統根據其他使用者意見來對系統所產出的建議項目作評價，但與社會大眾共享意見則涉及隱私權的問題。雖然此問題大致上可以匿名或假名方式解決，但也有學者提出一些其他的解決方案。例如，尚未被業界一致採用的開放式個人化標準（Open

Personalization Standard, OPS）即是，其亦稱為開放式概況資料標準（Open Profiling Standard）（“Web Marketing”, 1998）。使用OPS，使用者可選擇將個人的資訊、嗜好以及興趣儲存於PC的硬碟中，並決定是否要於特定網站公開這些資訊。

風險性

建議系統的使用者所面對的風險因其選擇領域而異。例如，對使用建議系統來過濾Usenet網路資訊的使用者來說，風險可能很小，但對使用建議系統來作高價項目與股票投資的諮詢時，按照電腦產生的建議去行動則須擔負相當大的風險。在傳統商業中，由於銷售者彼此間的競爭及消費者的審慎考慮，銷售者與消費者共同分擔了風險。我們認為，在使用一段時間後，建議服務提供者與接受者的風險也會如同傳統商業一般（雙方共同承擔風險）。

績效

建議服務的市場最終會決定哪個建議系統能存活下來，並逐漸吸引多數的使用者。科技愈精密，且存活下來的仲介商擁有愈大的評論社群，建議系統的績效便愈好。由於建議系統利用使用者的回饋與評價來形成其建議，使用者的規模對建議系統非常重要，也因此，建議系統需要大量使用者組成的評論社群以及其建議才能更有效地執行。

這使我們想到一個有趣的問題：如何評估建議系統的績效？一個可能的做法是利用先前所定義的包含度與精確度的觀念。簡單的說，如我們在開頭所說的，建議系統的目的應在增加使用者滿意其選擇的機率。

由相似的觀點來看，我們可以得到預期效用（predictive utility）的觀念（Konstan et al., 1997）。換句話說，建議系統應能預測使用者最滿意其選擇領域內的哪一個項目。一個以Konstan et al.的著作為基礎的簡單成本—利益分析方法提醒了我們，須對建議系統績效的衡量方式做更深入的觀察。表2.4顯示建議系統可能的結果，即一個項目對使用者有用（好項目）或無用（壞項目）的二元預測。表中說明兩個假設的建議系統在各種情況下的成本與利益，而這兩個建議系統分別是評價電影的系統，以及以財務分析為目的來過濾新聞項目的系統。接下來我們說明每個儲存格中利益與成本高低的判斷過程：我們將正確預測到一部好電影（使用者喜愛的電影）所獲得的利益列為「中度」，而錯誤的正面建議（建議系統預期使用者會喜愛這部電影，但事實並非如此）的成本則是花錢買票以及浪費了一個傍晚的代價，故我們認為這應屬於「高」成本。而以財務分析為例時，建議系統命中或未命中一個適當的新聞項目所導致的利益和成本，我們皆認為是「高」的。

如先前所提，包含度等於「相關」項目的數目除以全部項目數，而精確度則等於命中數除以命中數與錯誤的正面建議數之和。但是，這兩種比率實際上不太能反應出眾多可能結果所產生的成本或利益，也難以用來判斷建議系統對個人或組織是否有益。即使應用於如此簡單的案例中，要完成一個完整的成本—利益分析仍然非常困難，因為一個完整的成本—利益分析須能正確評估各種可能的結果對每個特定

表2.4　建議系統的成本—效益分析

	預期的「好項目」	預期的「壞項目」
好項目	命中 電影：中度利益 新聞項目：高度利益	未命中 電影：低成本 新聞項目：高成本
壞項目	錯誤的正面建議 電影：高成本 電影：中度利益	正確的拒絕 新聞項目：低成本 新聞項目：高度利益

使用者產生的效用，以及建議會導致上表中哪一種結果。[4]然而，即使不是精確而完整的成本—利益分析，詳加思考其結果所凸顯的議題，亦能對建議系統的設計者產生有用的引導。故對建議系統的成本—利益的深入研究有迫切的需要。

彙總與結論

為適應資訊經濟不斷增加的複雜度，我們一開始就強調，應馬上著手研究並發展一些應對科技，以應付此複雜的資訊經濟體系。事實上，我們相信，我們迫切需要發展一種具有下列功能的支援環境（監視環境）、將我們的注意力轉移到非常相關或非常重要的事物上、增進我們對世界的了解，並能幫助我們制定決策。建議系統於日常生活中的決策層面上是一個重要的新科技。我們將建議系統（recommendation systems）廣泛的定義成可以提供建議（不論用什麼方式）的系統，而將建議者系統（recommender systems）一詞保留給建議系統的一個重要分類（提出的建議是以人類意見為基礎的建議系統）。

網際網路與全球資訊網的劇烈成長，導致網路上充滿了各種不同格式且品質不一的資訊，使得傳統IR方法的效能大大減低。更重要的是，電子商務的需求已超越了資訊傳播與檢索的需求。在這樣一個嶄新的世界裡，我們已可看到一個可能的大市場，亦即，一方面能蒐集與分析使用者的興趣與需求，另一方面又能標示產品與服務品質的系統，將成為一個嶄新且蓬勃發展的市場。本章討論了許多專家導向、內容導向或者合作式的建議系統案例。其中部份是研究用的系統，而其他則是已經成功的商業軟體。

建議系統的架構區分出IR系統與建議系統在功能上的差異。我們也依照建議系統建議的專業知識來源將其分成四類：效用式系統、內容式系統、合作系統以及專家諮詢式的建議系統。最後，我們並簡要討論了建議系統使用者接受度的相關議題，以及衡量建議系統績效的方式。

這些對建議系統的簡要檢視與分類僅僅描繪出新的決策輔助科技的表面，而當電子媒體逐漸成爲人類通訊、教育與商業上的主要媒介時，這些決策輔助科技的重要性將大幅提升。正如我們一開始所說的，隨著新的資訊、產品及服務愈來愈氾濫，個人與組織便需要建議系統來回應這些氾濫的事物，並於愈來愈緊迫的時間壓力下制定更多的決策。基於這些理由，我們相信建議系統是將來所不可或缺的，且將成爲Web-based仲介代理軟體這個新產業的一份子。

這樣的系統擁有相當大的社會影響力。如果建議系統能確實執行其任務，則建議系統便可藉著提供一致、正確且可信的品質標示來使市場更有效率，並可減少或去除使用者搜尋或調查眾多的貨品與服務時所產生的諸多爭論。建議系統也可藉著投合個人的偏好以提供一對一行銷的機會，而增進社會的整體福利。

但在另一方面，建議系統也會產生一些危險。首先，個人或組織可能會過於依賴這種系統，而讓不肖廠商甚至是政府有操縱使用者喜好與決策的機會。再來，我們完全無法確定，廣泛的使用建議系統是否會使個人意見的表達更自由，並呈現更豐富的多樣性，或者導致相反的結果（一種個人喜好與需求被滿足，但社會文化與知識的整體方向卻完全被佔多數者的意見所控制的經濟與社會體系。例如，社會自由團體便擔心過濾系統的威力會限制網際網路上的言論自由（Harmon, 1998）。而我們的看法則是，學術界、業界及相關的政府管理機關應盡快深入研究這些新科技對未來經濟與社會的影響。

註釋

1. 許多現存的建議系統即適用於建議者系統這種狹義式的定義。
2. 因為我們主要著重於資訊經濟中的電子仲介者，我們將討論範圍限制於可自動化的仲介功能上。
3. Prefcalc是一個獨立的（而非網路導向的）多標準決策應用（Multiple Criteria Decision Making applications）。
4. 此問題的封閉表格式解法首先由Verhoeff、Goffman以及Belzer（1961）三人於IR領域提出。

參考書目

Alter, S. (1977). A taxonomy of decision support systems. *Sloan Management Review, 19,* 39-56.

Balabanovic, M., & Shoham, Y. (1997). Fab: Content-based, collaborative recommendation. *Communications of the ACM, 40*(3), 66-72.

Belkin, N. J., & Croft, B. W. (1992). Information filtering and information retrieval: Two sides of the same coin. *Communications of the ACM, 35*(12), 29-38.

Belkin, N. J., Oddy, R. N., & Brooks, H. M., (1982). ASK for information retrieval. Part I. Background and theory. *Journal of Documentation, 38,* 61-71.

Gorry, G. A., & Scott Morton, M. S. (1971). A framework for management information systems. *Sloan Management Review, 13*(1), 55-71.

Harmon, A. (1998, January 19). Technology to let engineers filter the web and judge content. *New York Times,* pp. D1, D4.

Jacquet-Lagrèze, E., & Siskos, M. (1982). Assessing a set of additive utility functions for multicriteria decision-making: The UTA method. *European Journal of Operational Research, 10,* 151-164.

Kambil, A., (1997, May). Doing business in the wired world. *IEEE Computer,* pp. 56-61.

Kautz, H., Selman, B., & Shah, M. (1997). Referral web: Combining social networks and collaborative filtering. *Communications of the ACM, 40*(3), 63-65.

Konstan, J. A., Miller, B. N., Maltz, D., Herlocker, J. L., Le, G. R., & Riedl, J. (1997). GroupLens: Applying collaborative filtering to Usenet news. *Communications of the ACM, 40*(3), 77-87.

Lang, K. (1995). Newsweeder: Learning to filter netnews. *Proceedings of the 12th International Conference on Machine Learning,* Tahoe City, CA.

Malone, T. W., Yates, J., & Benjamin, R. I. (1987). Electronic markets and electronic hierarchies. *Communications of the ACM, 30*(6), 484-497.

Pazzani, M., Muramatsu, J., & Billsus, D. (n.d.). *Syskill & Webert: Identifying interesting web sites* (http://www.ics.uci.edu/pazzani/).

Pine, B., Joseph, D. P., III, & Rogers, M. (1995, March/April). Do you want to keep your customers forever? *Harvard Business Review,* pp. 103-114.

Resnick, P., & Varian, H. R. (1997). Recommender systems. *Communications of the ACM, 40*(3), 56-58.

Robertson, S. E. (1977). Theories and models in information retrieval. *Journal of Documentation, 33,* 126-148.

Salton, G., & Buckley, C. (1988). Term-weighting approaches in automatic text retrieval. *Information Processing and Management, 24,* 513-523.

Saracevic, T. (1975). Relevance: A review of a framework for thinking on the notion of information science. *Journal of the American Society for Information Science, 26,* 321-343.

Stein, E., & Zwass, V. (1995). Actualizing organizational memory with information systems. *Information Systems Research, 6*(2), 85-117.

Stohr, E. A., & Viswanathan, S. (1998). *Web-based agents for electronic commerce.* Unpublished manuscript, Center for Research in Information Systems, Stern School of Business, New York University.

Terveen, L., Hill, W., Amento, B., McDonald, D., & Creter, J. (1997). PHOAKS: A system for sharing recommendations. *Communications of the ACM, 40*(3), 59-62.

Tuzhilin, A. (1998). *The e-butler service, or has the age of electronic personal decision making assistants arrived?* Unpublished manuscript, Center for Research in Information Systems, Stern School of Business, New York University.

Verhoeff, J., Goffman, W., & Belzer, J. (1961). Inefficiency of the use of Boolean functions for information retrieval. *Communications of the Association for Computing Machinery, 4,* 557-558.

Web marketing gets personal. (1998, January 12). *Infoworld,* pp. 93-94.

Zionts, S., & Wallenius, J. (1976). An interactive programming method for solving the multiple criteria problem. *Management Science, 22,* 652-663.

Pine, B. J., II, Peppers, D., & Rogers, M. (1995, March-April). Do you want to keep your customers forever? *Harvard Business Review*, pp. 103-114.
Resnick, P., & Varian, H. R. (1997). Recommender systems. *Communications of the ACM, 40*(3), 56-58.
Robertson, S. E. (1977). Theories and models in information retrieval. *Journal of Documentation, 33*, 126-148.
Salton, G., & Buckley, C. (1988). Term-weighting approaches in automatic text retrieval. *Information Processing and Management, 24*, 513-523.
Saracevic, T. (1975). Relevance: A review of and a framework for the thinking on the notion in information science. *Journal of the American Society for Information Science, 26*, 321-343.
Stein, E., & Zwass, V. (1995). Actualizing organizational memory with information systems. *Information Systems Research, 6*(2), 85-117.
Stohr, E. A., & Viswanathan, S. (1998). *Web-based agents for electronic commerce*. Unpublished manuscript, Center for Research in Information Systems, Stern School of Business, New York University.
Terveen, L., Hill, W., Amento, B., McDonald, D., & Creter, J. (1997). PHOAKS: A system for sharing recommendations. *Communications of the ACM, 40*(3), 59-62.
Tuzhilin, A. (1998). *The e-butler service, or the use of electronic personalization for* [illegible]. Unpublished manuscript, Center for Research in Information Systems, Stern School of Business, New York University.
Verhoeff, J., Goffman, W., & Belzer, J. (1961). Inefficiency of the use of boolean functions for information retrieval. *Communications of the Association of Computing Machinery, 4*, 557-558.
Web marketing gets personal. (1998, January 12). *Informationweek*, pp. 92-94.
Zionts, S., & Wallenius, J. (1976). An interactive programming method for solving the multiple criteria problem. *Management Science, 22*, 652-663.

第三章

具動畫式使用者界面的決策支援系統

影像抽象程度、場景變換效果以及互動性對決策品質的影響

CLEOTILDE GONZALEZ
GEORGE M. KASPER

將動畫納入使用者界面的設計，是圖形化使用者界面自然發展的結果。而且，動畫似乎特別適合用來代表許多實際生活中的狀況，而以往的經驗也顯示，動畫讓使用者界面更容易使用、更有趣、更愉快也更容易瞭解（Backer & Small, 1990; Chang & Ungar, 1993; Robertson, Card, & Mackinlay, 1993; SIGGRAPH 94, 1994）。雖然有這些證據，我們對於動畫在決策支援上的成效卻所知不多。事實上，關於動畫在決策支援系統使用者界面上的成效尚未有直接的研究。

這裡所使用的「決策支援系統」一詞，如Scott Morton（1984）所定義的，包括所有設計來幫助一或多個使用者產生更良好決策的資訊系統及科技。而雖然決策支援系統所提供的決策支援其本質上的範圍包括被動至主動（Henderson, 1987; Humphreys, 1986; Keen, 1987; Luconi, Malone, & Scott Morton, 1986; Remus & Kotteman, 1986）、個體至群體（DeSanctis & Gallupe, 1987; Olson & Olson, 1991），但所有

決策支援系統的設計目的皆在增進「決策品質」。

根據Daft（1991）的定義，決策就是「在足夠的替代方案中做選擇」（p. 180）。決策的本質就是在許多行動方案中做選擇，而決策的品質便是指這個選擇的良好程度。

使用者界面不但支援互動的機制，並引進一個更寬廣的觀念一人機之間的對話。這裡所使用的使用者界面意指「人與電腦間，以可觀察到的符號及動作來作雙邊交流」（Hartson & Hix, 1989, p. 8）。因此，研究使用者界面上的動畫時，便須強調影像的符號與動作、影像與動作中的影像所產生的影響，以及人們對這些影像及動作中的影像所產生的行爲與反應。

於電影工業中，動畫被定義爲賦予角色生命的動作（Solomon, 1983）。而在心理學的範疇中，動畫則被視爲「實際上是一連串靜止圖片的明顯動作」（Goldstein, 1989, p. 277）。在教育的領域，動畫則是「一連串快速改變的電腦螢幕畫面，而這些畫面能造成移動的錯覺」（Rieber & Hannafin, 1988, p. 78）。在人機界面領域的文獻中，動畫則指「一連串迅速改變的靜態影像，而改變的速度快到足以令人產生其爲連續畫面的錯覺」。（Baecker & Small, 1990, p.252）某些學者主張動畫必須創造出移動的錯覺（Baecker & Small, 1990; Keller & Keller, 1993; Park & Hopkins, 1992），而有些學者則認爲動畫亦應包括一些畫面的改變，如畫面縮放（zooming）、明暗效果（fading）、色彩配置（coloration）、陰影效果（shading）以及畫面上的場景變換效果（transition）與連續變化效果（alteration）（Magnenat-Thalmann & Thalmann, 1985）。某些學者認爲，動畫僅是影像的另一種顯示方法（Palmiter, Elkerton, & Baggett, 1991; Rieber, Boyce, & Assad, 1990）；但有些學者則主張使用者界面應能支援互動性（Ginzberg & Stohr, 1982），使動畫個別影像的改變能被使用者的動作所引導（Robertson et al., 1993）。

很明顯的，動畫具有吸引力及娛樂性。然而，動畫在DSS使用者界面上才剛引起注意，有限相關的證據也僅是使用者一些有趣的經驗。就本研究的目的來看，DSS使用者界面上的動畫可定義爲：由使用者引導而改變的動態顯示影像，使用此方式來增進決策品質。「會改變且動態顯示的影像」將決策支援系統使用者界面上的動畫定義爲：一次一張、序列顯示的影像。而影像的改變是爲了「增進決策品質」這句話，則將影像的改變定義爲與DSS的績效目標一致。最後，「改變」是「受使用者所引導」，則凸顯了使用者在DSS以及符號與動作的雙邊交流（定義了人機界面間的對話）中的主控角色。如此的定義結合了動畫、DSS以及人機對話設計等領域的根本概念。

本章發展了一個研究架構來評估動畫在DSS使用者界面上的成效，並對此架構的某些部份提出研究報告。更具體的是，本研究針對不同的動畫符號（影像抽象程度）與動作（場景變換效果及互動性）對決策品質的影響進行實驗室研究。而結果顯示，有關影像抽象程度、場景變換效果以及互動性等相關設計，確實會影響決策品質。

藉由回顧一些背景文獻，稍後我們提出動畫的一些特性，這些特性會影響動畫在DSS使用者界面上的成效。接著，我們比較實驗對象在不同的動畫設計下，分別對兩種不同的決策工作所產生的績效。其後則有資料的分析與實驗結果，我們並將討論這些結果。本章的最後則是相關發現與結論的彙總。

背景

即使我們每天遨遊於三度空間的知覺世界中，有時並想像更高維度世界的情形……資訊展示技術所描繪出來的世界卻仍只是由紙或電視螢幕等無邊的平面所構成……而跳脫出這些無盡的平面便是延伸資訊視野的核心要務（我們所企圖瞭解這個有趣

的世界……本質上是不可避免而快樂的。（Tufte, 1990, p. 12）

將時間與三度空間所構成的四維現實事物轉換成二維螢幕上的小標示，便是設計使用者界面時的實質困難所在（Tufte, 1990）。「未來，如此的（轉換）過程將可使用極高解析度的螢幕來完成，且此螢幕將結合低抽象程度、動態而栩栩如生的影像」（Tufte, 1990, p. 119）。動畫可藉由隨著時間改變畫面，及其深淺效果所造成的錯覺，來描繪出時間與三度空間所構成的四維現實事物。

Tufte（1990）記錄了所有意圖跳脫紙及螢幕等平面的嘗試，包括歐幾里德所著的Elements（1570年版）一書中，用以解釋立體幾何學的自動跳出模型（pop-up model）。有一個較近代的例子，兩名來自康乃迪克州的年輕人，曾使用一個用來描繪直線的軟體，解決了歐幾里德在大約2300年前所提出的規則分割問題（regular partitioning problem）：給定一條任意長的直線，提出一種萬用的幾何方法將此直線分割成任意多個等長線段（"Teen Math Whizzes", 1996）。還有另一個例子，其可說明畫面變化的用處。明尼蘇達大學的幾何學研究中心提出一個動畫，可用以解釋一個1957年的數學發現：如何不鑿洞而能將球體表面的內部翻轉至外部（Outside In, 1994）。以決策的觀點來看，許多管理決策需要確認與評估情境的變化，特別是與時間息息相關的變化。時間是一種維度，而動畫則特別適合用來描繪與此維度相關的變化。因此，動畫似乎相當適用於支援管理決策。其可提供DSS使用者界面設計者一個良好的工具，把時間與三度空間所構成的四維現實事物轉換成二維的顯示螢幕。

影像，是動畫的基本單位。影像可利用其所包含的元素符號（elemental symbols）與元素符號的空間導向（Johnson-Laird, 1981），來吸引或引開觀察者的注意（Hochberg & Brooks, 1978; Treisman & Souther, 1985; Wickens, 1992; Woods, 1984）。元素符號的特性包括抽

象化程度（abstraction）、配色（color）、形狀（form）以及貼圖材質（texture），而空間導向的特性的則如：空間鄰近性（spatial proximity）、相似性（similarity）、封閉性（closure）、連續性（continuation）以及深淺效果（depth cues）（Finkel & Sajda, 1994; Hochberg, 1986; Kosslyn, 1985; Marr, 1982; Treisman & Souther, 1985）。使用這些特性，影像便可強調或隱藏其以抽象形式表示的事物，以適當地吸引使用者的注意，或降低使用者的資訊負荷。

在考慮動畫時，除了影像所包含的元素符號與元素符號的空間導向之外，跟上述兩者具有相同重要性的是場景變換效果與連續變化效果的設計。場景變換效果與連續變化效果用來標明或平緩影像片段內部或片段之間的變化，而實作的方法則是對這些變化加以強調或隱藏，以吸引或引開使用者的注意。場景變換效果包括消融效果（dissolving）與明暗效果（fading），而連續變化效果則包括配色（coloration）、材質貼圖（texturing）以及形態轉換（morphing）的改變。

總結來說，動畫的基本單位（影像），可藉由強調（或隱藏）其元素符號與元素符號的空間導向，或利用影像集合之間（或內部）的過渡效果與場景變換效果，使動畫得以向觀賞者傳遞資訊。動畫於DSS界面上的威力，便在於其可強調影像之間（或內部）的資訊性變化，並隱藏非資訊性的變化。

動畫的相關技術可分成所謂的傳統（classical）技術及較新近的即時（real-time）技術（Magnenat-Thalmann & Thalmann, 1985）。傳統技術的基礎即是製造卡通的方法，可用來生產活潑生動的圖片，以娛樂被動性的觀眾。其著重於發展一組以固定順序及速率播放的影像，而發展這樣的一組影像有兩個重要議題：流暢性（smoothness）與簡單性（simplicity）（Halas, 1990）。簡單性涉及實際影像的簡化（parsimonious）表現本質，即將一情境以影像表示時，其抽象的程度。流暢性則與場景變換效果及連續變化效果有關，而場景變換效果與連續變化效果則是用以維護影像連續變化的動態性。

即時技術則能提供某種水準的互動性，故可支援影像（符號）與動作的雙向交流，以維持人機間的對話。如果希望此種交流能以一自然的速率爲使用者所控制，則系統必須能對使用者產生回應。而爲了產生動態式的影像，且在播放時亦能維持回應能力，即時動畫的軟硬體設計必須能有效地處理回應性與互動性（Robertson et al., 1993）。

即時導向動畫的核心（互動性，在以傳統技術所發展的動畫中是見不到的。而且，不論傳統技術或即時技術，皆未將決策品質作爲衡量動畫介面績效的一項考量目標。所以，若希望動畫在DSS的使用者界面上能發揮效用，便須詳盡考量影像簡單性（抽象程度）、影像變化的流暢性（場景變換效果與連續變化效果）以及人機互動的本質（互動性）對決策品質的影響。而以下發展的架構對上述因素皆有所考量。

關於DSS使用者界面上動畫的研究架構

在探討動畫對決策品質的影響之前，我們必須先建立一套研究架構，以引導研究的進行。不論是使用即時技術或傳統技術的動畫，學者皆已提出許多模型（Palmiter, 1993; Robertson, Card, & Mackinlay, 1989），但這些模型皆未考量動畫對決策品質的影響。同樣的，已有許多描述人機互動各個層面的模型（Shneiderman, 1992），其中最著名的應爲Card、Moran與Newell（1983）所提出的目標（goal）、操作者（operators）、方法（methods）及選擇規則（selection rules）（GOMS）模型。GOMS假定使用者有系統的訂定其目標，並以方法（methods）、程序（procedures）及系統所定義的科技（techniques）來達成此目標。方法由選擇規則選取，而選擇規則取決於使用者的能力、專業與經驗。操作者則是基本知覺（elementary perceptual）、原動力（motor）與認知（cognitive）的行爲。其餘已提出的人機互動的模型，則多爲諸如目標、知覺、認知、符號、行爲、科技、任務以及使用者特質等因素的組合（Shneiderman, 1992）。

模型的設計通常遵循慣例，且是目標導向的（Walls, Widmeyer, & El Sawy, 1992）。而模型便會具體指定目標（或多個目標）、特性（操作者與方法）及選擇規則，並解釋特性須有何種結構，才能達成目標。以下我們將逐一建構出DSS使用者界面上動畫的目標、特性與假設的選擇規則。

DSS使用者界面上動畫的目標

DSS使用者界面上動畫的目標在於增進決策品質。而傳統動畫技術的簡單性（simplicity）與流暢性（smoothness），以及即時系統的互動性（interactivity），則是達成此目標所不可或缺的。簡單性強調影像中的內容、元素符號以及元素符號的空間導向，流暢性則須藉由場景變換效果與連續變化效果來達成，而互動性則增加DSS所需的回應性與控制性。因此，DSS使用者界面上動畫的特性便包括簡單性、流暢性與互動性，而若於設計的過程詳細考慮這三種特性，更可達成增進決策品質的目標。

DSS使用者界面上動畫的特性

DSS將使用者、任務以及資訊科技（於此處爲動畫科技）三者加以整合，形成一個用以增進決策品質的協調單位。故使用者、任務以及資訊科技三者之間的交互作用便是DSS的基礎，且其三角關係於資訊系統文獻中相當著名（Mason & Mittroff, 1973; Newell & Simon, 1972）。而根據此基礎與先前討論過的文獻，我們於圖3.1提出一個研究架構，用以探討使用者、任務以及DSS使用者界面上的動畫科技三者之間的交互作用。

對於任務、使用者以及動畫，我們於圖3.1中分別標明了三者與DSS特別相關的特性。此圖亦顯示了操作者對任務、使用者與（或）動畫所進行的行爲。而找出（通常由經驗引導）這些特性最有效的組合方式（即選擇規則），便是動畫設計能否產生良好效果的關鍵。

動畫

圖3.1的中間顯示了動畫許多的特性。簡單性以影像抽象程度來代表。影像的抽象程度可以是低（寫實影像）或高（抽象影像），即影像中符號與現實物件相似的程度（Deregowski, 1990; Hochberg, 1986）。寫實影像會讓眼睛感受到與眞實景物相同的光影模式。相反的，抽象影像則與現實事物或實體物件較不相似（Krampen, 1990）。抽象影像通常以直線或幾何圖形的方式呈現，而現實世界事物的照片則被視爲寫實影像（Deregowski, 1990; Espe, 1990; Paivio, 1971）。

以往的經驗發現，抽象影像較能節省資源，故爲較有效的資訊傳遞媒介。然而，將現實事物以抽象化的方式來表示，則常有脫離現實太遠、資訊減少以及決策品質降低等風險。但於另一個角度來看，抽象影像不但能描繪現實的世界，亦能描繪出想像的世界，而寫實影像則只能描繪現實的物件與動作。

圖3.1中，動畫的流暢性以場景變換效果與連續變化效果來表示。場景變換效果與連續變化效果控制影像中的圖形與影像的空間特性，讓使用者更能注意並接受其顯示的資訊。視覺及認知方面的理論認爲，爲產生流暢而活躍的改變刺激（changing stimuli），視覺模式間的改變必須是平緩而漸進的（Gibson, 1979; Hochberg & Brooks, 1978; Wooks, 1984）。連續變化效果的定義是：一系列影像中，連續影像間的不同（例如，連續影像間配色與材質貼圖（texturing）變化；Rieber & Hannafin, 1988; Stasko, 1993; Treisman & Souther, 1985）。而場景變換效果則是指主要場景間的變化（例如，消融效

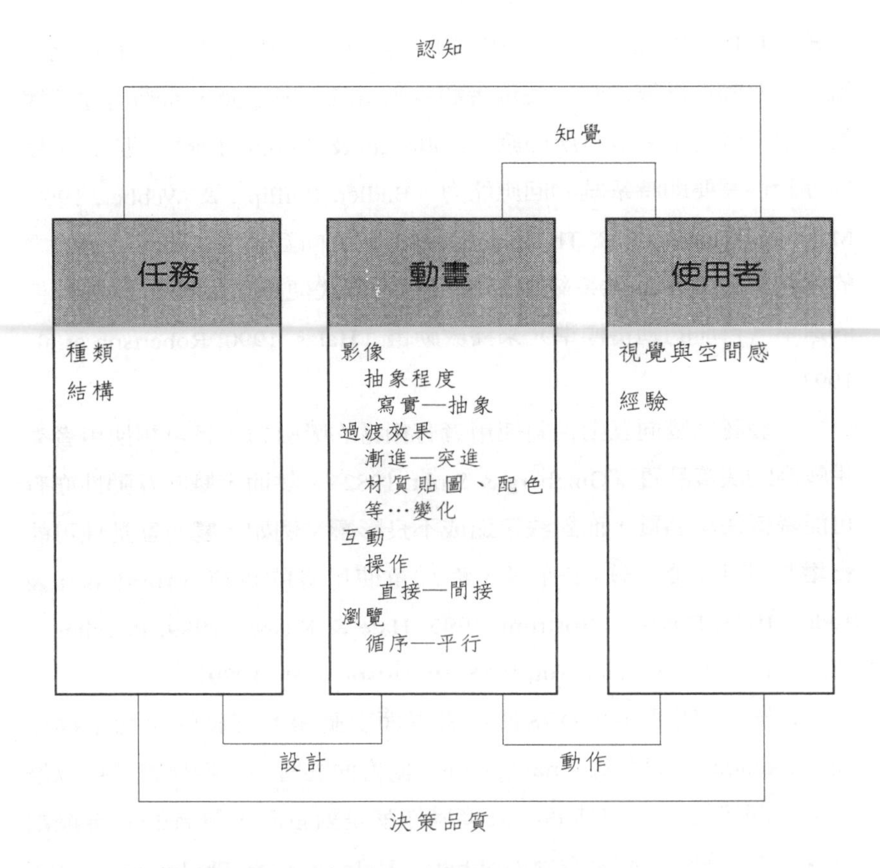

圖3.1 研究DSS使用者界面上動畫的架構

果、明暗效果、形態變化等；Baecker & Small, 1990; Chang & Ungar, 1993）。

圖3.1中動畫的另一特性爲互動性。互動性即是人機之間影像與動作的交流，可爲單向或雙向（Ginzberg & Stohr, 1982）。當互動性爲單向時，資訊只能以單一方向傳送。使用傳統技術的動畫，如電影，其互動性便是單向的。而當互動性爲單向時，使用者僅能被動地回應

系統的動作（Keen, 1987）。相反的，雙向的互動性則有資訊的相互交流。當互動性為雙向時，使用者觀看動畫且有所回應，而動畫亦「觀看」使用者的指令並有所回應（Hollnagel & Woods, 1983）。因此，雙向互動性需要即時系統的回應能力（Badler, Phillips, & Webber, 1993; Magnenat-Thalmann & Thalmann, 1985）。雙向互動性需要具回應能力的系統來達成，而此系統回應使用者的方式便是以每秒約24張影像的速率（目前的動畫標準）來播放動畫（Halas, 1990; Robertson et al., 1993）。

一般認為雙向互動性對使用者有相當的吸引力，且可讓使用者產生較高的決策品質（Ginzberg & Stohr, 1982）。然而，雙向互動性亦有可能降低決策品質，而對決策造成不良影響。例如，雙向互動性可能會增加使用者的認知工作量，而加重使用者的負荷（Benbasat & Todd., 1993; Davis & Bostrom, 1993; Hale & Kasper, 1989; Palmiter et al., 1991; Rieber & Hannafin, 1988; Robertson et al., 1989）。

如圖3.1所顯示，DSS使用者界面上動畫的互動性包括了操作（manipulation）與瀏覽（navigation）兩方面的特性。操作特性可以是直接或間接的。正如其名，直接操作就是對螢幕上符號的直接控制（即抓住、移動、旋轉等；Gobbetti, Balaguer, & Thalmann, 1993; Isdale, 1993）。與直接操作不同的是，間接操作則利用一些輔助的方法來操作影像中的元素符號，例如，由鍵盤輸入指令。

圖3.1中互動性的第二個特性是瀏覽。瀏覽分為平行或循序式兩種。平行式的瀏覽可以用任何順序選擇影像，而循序式瀏覽則只能以固定的順序顯示影像（Ahlberg & Shneiderman, 1994; Thuring, Hannemann, & Haake, 1995）。循序瀏覽讓使用者能由一系列影像中的某一影像做起點以固定的次序向前及向後瀏覽。但平行瀏覽則允許使用者由一系列影像的任一位置開始，向前或向後瀏覽。對DSS來說，平行瀏覽可能是較佳的選擇，因為平行影像對順序的限制較循序瀏覽

少。但由另一方面來看，循序瀏覽比較容易操作，且其對使用者的認知負荷較輕。

使用者

使用者的特性顯示於圖3.1的右邊。使用者產生適當心智模式的能力取決於其知覺感應與認知的過程，而視覺則取決於使用者的經驗資訊、空間感以及視力（Anderson, 1990; Hochberg, 1978; Kaufmann, 1980, 1985）。知覺顯示於圖3.1的上面，它連結了動畫的特性（影像、場景變換效果與連續變化效果以及互動性）與使用者的特性（視力、空間感以及經驗資訊）。而使用者對任務本身以及任務顯示方式的經驗，是其績效與決策品質的主要決定因素（Anderson, 1990; Jarvenppa & Dickson, 1988; Kaufmann, 1980, 1985; Palmiter et al., 1991; Rouse & Morris, 1986; Wickens, 1987; Woods, 1984）。

每個使用者的視覺能力與形象化能力皆有所差異，故其對視覺性任務的感受與執行效果自然亦有所不同（Anderson, 1990; Macleod, Hunt, & Matthews, 1978）。當資訊以影像來表示時，擁有較佳視覺能力與空間感的使用者，能建立出較精確的形象（Kaufmann, 1980, 1985; Paivio, 1971; Rouse & Morris, 1986; Simon, 1975）。而在執行有空間導向的任務時，視覺能力較佳的使用者似乎亦有較好的績效（Just & Carpenter, 1985）。因此，使用者的視覺能力與形象化的能力對DSS界面上動畫的效果有相當程度的影響。

除了知覺，認知也是決策品質的重要決定因素之一（Gillan & Cooke, 1994; Hochberg, 1978; Hochberg & Brooks, 1978; Treisman & Souther, 1985; Wickens, 1987, 1992; Woods, 1984）。經驗會影響認知，故使用者執行相同任務領域及使用動畫科技的經驗，也會影響DSS使用者界面上動畫的效能。綜合上述，在研究DSS使用者界面上動畫的效能時，須詳細考量的使用者特質包括：視覺能力、形象化能力、於相同任務領域的經驗、使用動畫科技的經驗等。

圖3.1中，認知連結了任務與使用者，而動作連結了使用者與動畫。如圖3.1的下部，使用者經由動作而與動畫互相影響。而因爲使用者能藉由動畫來瞭解任務，故認知連結了使用者與任務（於圖3.1的上半部）。同樣的，因爲決策品質反應了使用者對任務的執行績效，故決策品質將使用者與任務連結起來（於圖3.1的下半部）。

任務

圖3.1的右邊是任務。而任務的特性包括類型與結構。就任務類型來說，視覺化而動態性高的任務，較之口語化而靜態性的任務，更能有效地以動畫表達（Kaufmann, 1980, 1985）。有關決策與DSS的文獻亦指出，任務結構是決策品質的主要決定因素之一（Ginzberg & Stohr, 1982; Gorry & Scott Morton, 1971; Simon, 1960）。結構化的問題會反覆發生，通常爲例行性的事務，能有效的以明確的程序來處理，故不用在每次發生時都重新思考處理的程序（Simon, 1960）。而結構性低或完全不具結構性的問題則無法產生固定的處理程序（S Simon, 1960）。對結構性問題來說，大部分的問題解決過程都可以自動化；而需要人工判斷與自動化交替進行的解決過程則稱爲「半結構性」問題（Keen & Scott Morton, 1978）。非結構性問題則完全依賴人工的判斷。

於圖3.1的下半部，設計連結了任務與動畫。良好的設計才能產生有用的成品。設計就是發展一套架構的過程，而此架構是用來產生符合使用者需求的成品。而若希望架構能產生有用的成品，便須先徹底瞭解使用者的需求，再將需求轉換成架構，且此架構於建置後須有良好的績效（Wall et al., 1992）。清楚定義使用者的需求對所有電腦科學來說，皆非常重要（Newell & Simon, 1976），而對DSS設計的效能也有重大影響（Sprague & Carlson, 1982, p. 96）。所以對DSS使用者界面上的動畫來說，選擇用以建立成品的動畫科技時，應考量其是否能達成增進決策品質的目標。

總合上述，在DSS使用者界面上使用動畫的目標即在增進使用者於特定任務領域中的決策品質。使用者藉由感受（知覺）與操作（動作）動畫成品，來瞭解（認知）其執行的任務領域。動畫的設計與使用者對此任務的能力和經驗有關，而此設計是否良好，則須以其產生的決策品質來衡量。

假設

一個模型若要成爲有用的科學工具，則此模型須有容易招致反駁的特性。而圖3.1的模型便啓發我們幾個問題，故我們便針對動畫科技對決策品質的影響，提出三個假設。首先，我們考慮影像抽象程度，一般公認寫實影像對知覺感應與認知的負荷較小，所以較（抽象影像）容易理解、使用及描述（Anderson, 1990; Deregowski, 1990; Erickson, 1990; Espe, 1990; Gibson, 1979; Hochberg, 1978; Vaananen & Shmidt, 1994）。但影像抽象程度對決策品質的影響卻未有人知。所以，我們提出第一個假設：

H1：使用寫實影像的動畫會比使用抽象影像的動畫產生更高的決策品質。

有關傳統動畫技術的文獻認爲，漸進式的場景變換效果較能集中使用者的注意力，因而能夠增進使用者對重要資料的定位能力，故能減少使用者的心智負荷（Norman, 1986; Wickens, 1992; Woods, 1984）。然而，我們並不確定這樣的效果是否能增進使用者的決策品質。所以，我們提出下面的假設：

H2：使用漸進場景變換效果的動畫會比使用突進（abrupt）場景變換效果的動畫產生更高的決策品質。

先前提到的互動性瀏覽分爲平行與循序兩種。平行互動性瀏覽的結構限制較循序互動性瀏覽少，所以平行互動性瀏覽會是控制性較佳的決策支援工具。但在另一方面，因為循序互動性瀏覽比較有結構，故能讓使用者輕易地制定決策，且循序互動性瀏覽對認知的負荷也較低（Ginzberg & Stohr, 1982）。於是，我們提出第三個假設：

H3：使用平行互動性瀏覽的動畫會比使用循序互動性瀏覽的動畫有更高地決策品質。

以上的三個假設並不企圖解釋所有影響決策品質的因素，DSS使用者界面上動畫的研究範圍如此廣闊，這三個假設僅是我們針對圖3.1中的架構所提出的問題。然而，這三個假設的確強調了一點：DSS使用者界面上動畫應該是以增進決策品質為目標。

實驗設計與方法

我們以一個2（影像抽象程度）乘2（場景轉換效果）乘2（互動性瀏覽）的實驗設計對上述三個假設進行實驗。這三種處理變因會產生八種處理組合。回應上述假設，此八種處理組合於影像抽象程度（寫實或抽象）、場景變換效果的種類（漸進或突進）與互動性瀏覽的類型（平行或循序）上分別有所不同。為增進實驗結果的適用性，此實驗設計分別於兩種不同的任務領域中進行，且這兩個任務領域進行的順序是均衡（counterbalanced）的。第一個任務領域是使用者比較熟悉且較結構化的任務（藉由一組由房地產指南中選出的房屋特性，來選擇「最佳」的居住地點，並以圖形化的方式描述這些房屋特性。第二個任務領域則是使用者較不熟悉而較不結構化的動態性問題（判斷一個物件沈入水中後，水面的改變幅度。在兩個任務領域中，決策品質皆以實驗對象所選擇的方案與最佳方案之間的差距來衡量。

我們除了直接控制因處理狀態所引起的實驗誤差以外，亦藉由評估使用者的經驗與形象化的能力來進行統計上的控制。同樣的，我們亦記錄使用者所花費的決策時間，因爲決策時間會影響決策品質（Sperling & Dosher, 1986）。而這些相伴共存的變量便是資料分析中的共變數（Winer, 1971）。綜合上述，我們將此研究的模型定爲：

決策品質$_{(任務)}$＝f （**動畫**〔影像抽象程度，場景變換效果，互動性瀏覽〕，
使用者〔形象化能力，經驗（任務），
其他相關經驗，決策時間（任務）〕）

根據此模型，我們測量使用者對兩任務領域的決策品質，並記錄使用者對兩任務的相關經驗、決策時間，以及使用者對相關科技的經驗。

任務

本研究建立了兩個不同的任務領域。第一個任務領域（房屋目錄（Home Directory，縮寫爲HomeD），是一個一般人較熟悉的問題，即要求使用者由許多可能的租屋方案中選取一個「最佳」租屋地點。第二個任務領域（門栓與小船（bolt and Boat，縮寫爲B&B），一般人較不熟悉，是一個有關液體動態的問題。在選擇這些任務領域時，我們考慮了許多問題。如Mennecke與Wheeler（1995）所提出的，我們考慮了任務對實驗對象的適當性與吸引力、是否有程序可以圖形表示或執行此任務、實驗對象瞭解任務目標的可能性以及評估實驗對象決策品質高低的方式等。

HomeD任務假設實驗對象位於美國西南部的一座中型城市，並欲找尋租屋（房屋或公寓）地點。我們以10項圖形化的條件（重要程度一樣）來描述出租地點，而令實驗對象以這10項條件來對出租地點進行評估。而在實驗開始前，我們便訂定一個「最佳」租屋地點，而此最佳租屋地點的各項條件可供各實驗對象在選擇的時候加以

考慮比較。然後，我們令實驗對象由20個租屋方案中選出一個各項條件「最接近」最佳租屋地點者。而20個選擇方案中沒有一個滿足最佳租屋地點的所有條件。我們將此城市的地圖顯示於影像上，而以20個圖示來代表供選擇的租屋方案。使用者若點選這些圖示，螢幕便會出現一個視窗，其中顯示此出租房屋的圖形，並列出其10項條件。而這些租屋方案的圖形與條件取自這個都市的房地產指南，而條件包括臥房數、傢具、公共用具、室內停車位、壁爐、洗衣設施、游泳池、有線電視、地點以及成本。而本研究之所以選擇HomeD任務作爲實驗時的任務領域，是因爲HomeD任務已廣泛成爲電腦視覺化的初級應用（Ahlberg & Shneiderman, 1994），且已爲其他許多研究所使用（例如，Todd & Benbasat, 1994a, 1994b）。

B&B任務則先將一門栓沈入一水桶中，然後要求實驗對象選擇一個最能描述水位變化情形的方案。實驗對象先由側面觀察一個約3/4滿的透明水桶，桶中有一小船浮於水上，並有一門栓以細線懸掛於小船的上方。接著，將此門栓放入小船之中，讓實驗對象觀察門栓放入小船後水位的正確變化情形。然後再將門栓由小船中拉起，此時水位亦回復到初始位置。接下來，我們將門栓由小船上方移至水面的上方，然後釋放門栓而令其沈入桶底。最後，我們以五個方案描述門栓沈至桶底後的水位變化情形，讓使用者由其中選出最正確者。根據液體動態理論，五個方案中只有一個是正確的，而我們以Kaiser, Proffitt, Whelan及Hecht（1992）的學說來定義其他方案與正確方案的差距。

和HomeD任務一樣，若實驗對象點選B&B選擇方案，則螢幕便會跳出一個視窗以顯示此方案的內容。此視窗會描繪出實驗對象所選擇的方案所代表的水位變化情形，並以公分及英吋註明水位的精確變化幅度。而本研究之所以選擇B&B任務作爲實驗時的任務領域，是因爲B&B任務也已爲許多研究所使用，且B&B任務具有眞正的動態性，而對實驗對象的知覺及認知更有相當的難度。

動畫

根據實驗設計，每個任務領域皆有八種不同的處理因素（影像抽象程度、場景轉換效果及互動瀏覽性）組合。我們在PowerMac的機器上以Macromedia Director 4.0建立這些處理因素組合。每種處理組合的執行版本皆內建於控制任務進行的應用程式中，此應用程式並負責計算與記錄實驗對象的決策品質，亦記錄實驗對象所花費的決策時間（實驗對象選定一方案所消耗的時間）。而因爲音效被認爲有助於增進使用者對界面動畫的操作與瞭解（Clanton & Young, 1994），我們所有的操作皆使用相同的音效（例如，滑鼠的敲擊）。最後，我們將執行時間標準化，讓同一使用者對兩任務所進行的操作花費相同的時間。

根據Hix與Hartson（1993）的指引，所有操作的螢幕佈置皆分成三個視窗：影像視窗、互動視窗以及訊息視窗。影像視窗根據實驗設計，顯示HomeD任務或B&B任務的寫實影像或抽象影像，約佔整個螢幕的80%。互動視窗則顯示一些用來控制互動性瀏覽（平行或循序）的圖示，約佔螢幕的18%。螢幕剩餘的部份則作爲訊息視窗，負責顯示實驗的指令，而指令在實驗的所有處理組合中都是相同的。若使用者點選並敲擊一個選擇方案，螢幕便會跳出一個視窗來顯示此方案的詳細內容。這樣的設計滿足了Ahlberg與Shneiderman（1994）所提出的互動性直接操作。

Bertin（1983）與Dent（1985）認爲地圖是位置資訊的寫實影像，而位置資訊的本質是地理學。因此，我們將都市的地圖掃描下來，並將其編輯成HomeD任務中所使用的寫實影像。如圖3.2a所示，掃描所得的地圖上有一些稍微修飾過的幾何圖形，我們以這些幾何圖形代表實驗對象可選擇的租屋方案。而這些幾何圖形中的三角形

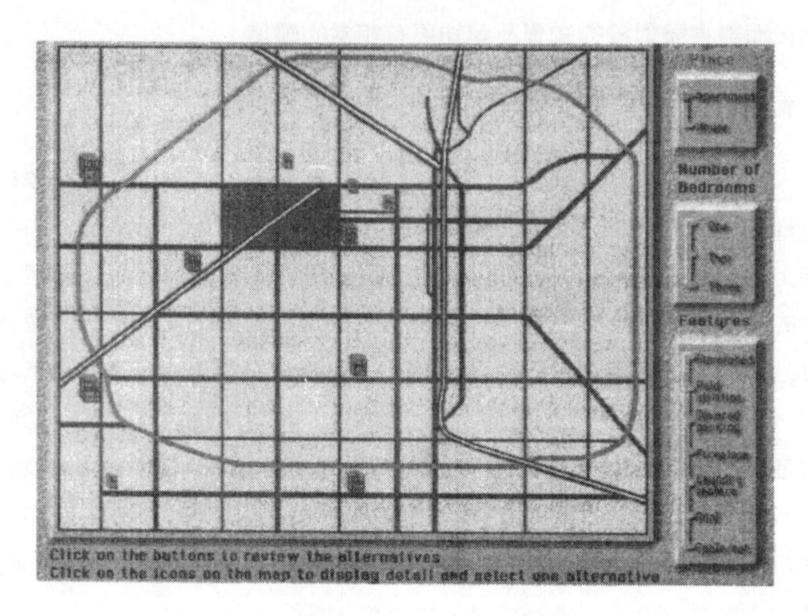

圖3.2a　HomeD任務、寫實影像及平行式互動性瀏覽處理的範例

代表透天房屋，四邊形代表公寓，圖形的大小則代表臥室的數目（小圖形代表1間臥室，中等大小圖形代表2間臥室，大圖形代表3間臥室）。圖3.2b則是HomeD任務的抽象版影像，其利用一個二維分布圖來描繪此都市，並顯示租屋方案的地點，而這種圖通常用來顯示地理資訊（Ahlberg & Shneiderman, 1994）。同樣的，抽象版影像也以簡單的幾何圖形來顯示租屋方案的種類與地點，例如，三角形代表透天房屋，而四邊形代表公寓。而HomeD任務影像的寫實版與抽象版在其他方面便沒有差異。

B&B任務的寫實影像是一個實物模型的數位照片，如圖3.3a。此模型由一個透明的玻璃容器與一艘玩具船所構成，我們先以數位相機拍下此模型的照片，再將照片輸入電腦，以Macromedia Director產生實驗中的門栓。而影像的抽象版本則以幾何圖形來建立，如圖3.3b。

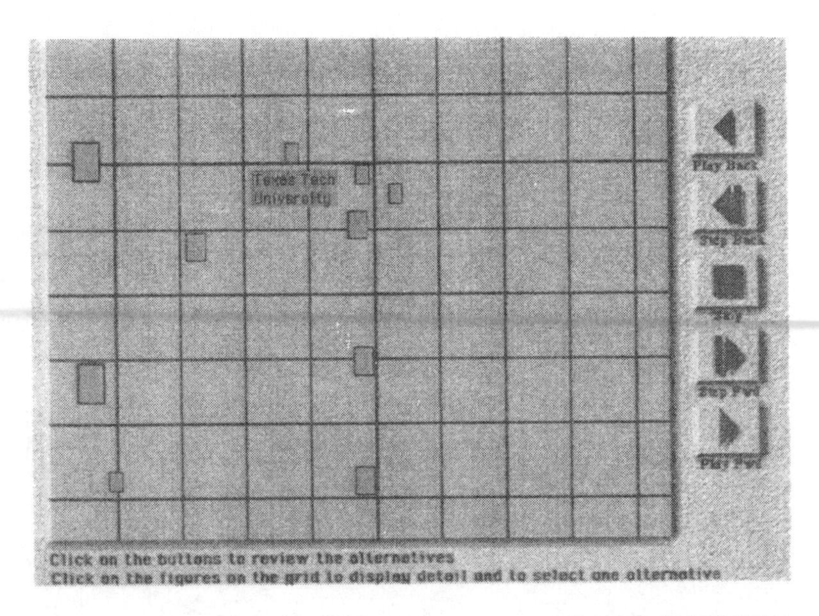

圖3.2b HomeD任務、抽象影像及循序式互動性瀏覽處理的範例

其中正方形代表容器，梯形代表小船，而長方形則代表門栓。

場景變換效果則有漸進與突進兩種。我們讓接鄰影像間的差異平順地改變，並於不同方案的畫面間提供轉換效果，來作爲漸進式的場景變換效果。並製造消融效果，就是讓兩種影像重疊顯示，在上面的影像漸漸隱藏，而在下面的影像則漸漸顯明。HomeD任務的處理層次使用漸進式的場景變換效果時，用來代表租屋方案的圖示一次只出現一個；而當場景變換效果爲突進式時，則畫面完全沒有場景變換效果，而且所有的回應會一併出現。而當任務領域是B&B任務時，我們於接鄰的影像中描繪出小船、門栓及水位的細微變化，以製造漸進式的場景變換效果。而B&B任務的突進式場景變換效果則與HomeD任務的相同，兩者都沒有場景變換效果，畫面會突然跳到別的場景。例如，B&B任務使用突進式的場景變換效果時，若目前影像中的門

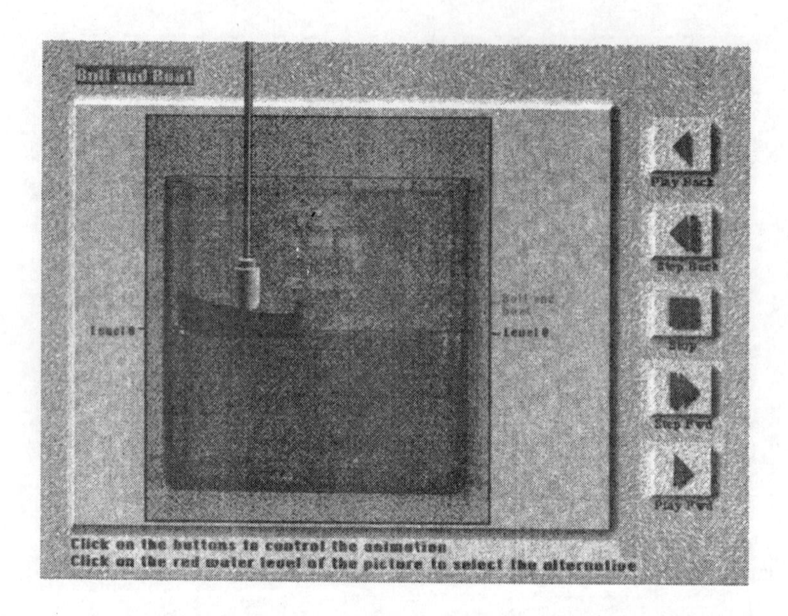

圖3.3a　B&B任務、寫實影像及循序式互動性瀏覽處理的範例

栓懸掛在水面上，下一影像便跳到門栓已落到水平面時的情形，而在更下一個影像中，門栓便已沈於桶底了。

互動性瀏覽則分爲平行與循序兩種。依據Ahlberg與shneiderman（1994）的建議，我們將互動視窗設計成圖3.2a至圖3.3b中的情形。圖3.2a與圖3.3b中的互動視窗是平行式的互動性設計，而圖3.2b與圖3.3a中的則是循序式的互動性設計。

如圖所示，當互動性瀏覽爲平行式時，使用者對影像的播放順序有較大的控制權，其可利用視窗中的按鈕以任意順序來播放動畫的各個部份。例如，當HomeD任務使用平行式互動性時（圖3.2a），互動視窗可讓使用者選取一項租屋條件以觀看滿足此條件的各個租屋方案，亦可讓使用者選取一個租屋方案來觀察其所有租屋條件。使用者只要敲擊互動視窗中的按鈕，系統便會顯示滿足某租屋條件的所有租

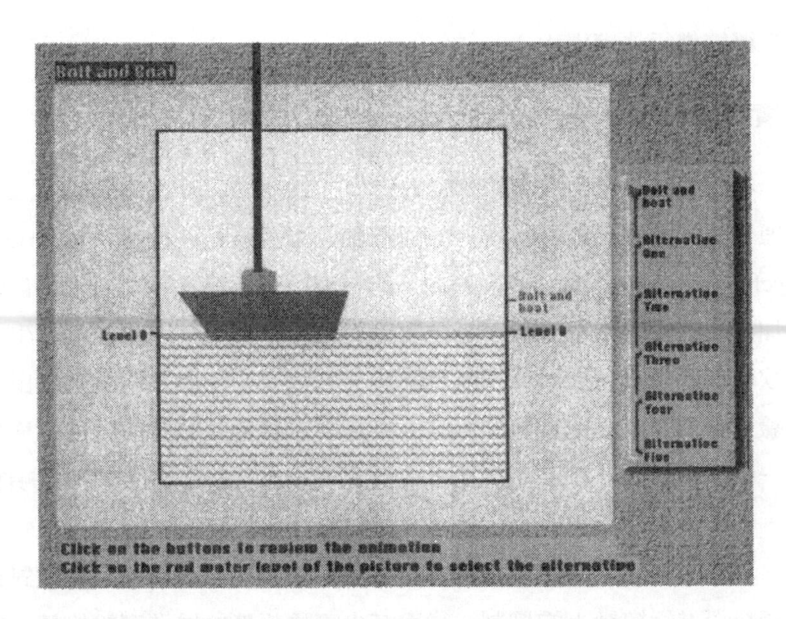

圖3.3b　B&B任務、抽象影像及平行式互動性瀏覽處理的範例

屋方案（或某租屋方案的所有租屋條件）。

圖3.2b與圖3.3a則顯示循序式的互動性設計，其僅讓使用者藉按鈕以固定的順序瀏覽動畫。任何循序瀏覽設計中皆可發現這些按鈕：向前播放、step forward、停止、step backward及向後播放。使用者可於任意時刻敲擊這些按鈕以播放動畫、向前或向後step這些影像或者停止於一影像。

如前所述，使用者可藉點選與敲擊螢幕上的圖示來選取一特定的選擇方案，接著，螢幕上便會跳出一個視窗。在HomeD任務中，此視窗顯示的是所選租屋方案的房屋照片，以及此租屋方案的各項租屋條件。而在B&B任務中，視窗則描繪出所選方案所代表的水位變化情形（例如，某方案可能描繪出當門栓沈入水中時，水面卻下降了的情形）。此時，使用者便可選取目前視窗所顯示的方案，或者關閉視窗來繼續進行決策過程。

實驗對象

本實驗的實驗對象由德州科技大學（Texas Tech University）企業管理學院的大學部招募。招募的過程則遵循美國心理協會（American Psychological Association）（1992）的指導，即所有實驗對象須爲自願參加，且在實驗結束後給予每位實驗對象些許酬金。我們告知學生，若欲參與此項實驗，本身不能爲色盲，且須有使用個人電腦及滑鼠的經驗。我們簡要描述實驗的內容，接著要求願意並有參與資格的學生在一張表格中留下姓名與電話。結果共有100名學生自願參與這項實驗，稍後我們便與這些學生連絡，並安排其參與實驗的時間。

我們未對使用者的人格特質提出特定的假設。我們收集實驗對象的資料以進行統計上的控制，從而減少實驗誤差並增進實驗的精確度（Winer, 1971）。根據研究模型，我們記錄各實驗對象於此研究中的一些相關資料，包括：對此實驗的任務與相關科技的經驗、將視覺形象化的能力及其制定決策所花費的時間。我們於各實驗對象完成實驗後，以兩份問卷來調查其形象化能力與相關經驗。形象化能力以Marks（1973）所提出的視覺意象清晰度問卷（Vividness of Visual Imagery Questionnaire, VVIQ）來衡量。VVIQ是用來衡量一個人將物件形象化的能力，其中每個問題皆有1（心智影像清晰而生動）至5（完全沒有心智影像）的評分。VVIQ共包含16個問題，需約10分鐘完成。而VVIQ已爲一百多個研究所使用，其可靠度（reliability）介於0.85至0.94之間（Marks, 1973, 1989; Richardson, 1994），算是相當良好。

使用者的經驗則以一特別爲本研究設計的問卷來衡量。根據Nielsen（1993）的學說，使用者的經驗可由五種維度（Dimension）來衡量：使用電腦的一般性經驗、有關此兩種任務的經驗以及使用圖形化界面與動畫型系統的經驗。本研究設計了十六個問題來測量這五個維度。在本研究中由實驗對象所收集而來的資料，共可分為五個因素來作因素分析（factor analysis），這些因素分別為：使用電腦的一般性經驗、有關此兩種任務的經驗以及使用圖形化界面與動畫型系統的經驗。以上五種因素皆有大於1的特徵值（eigenvalue），並包含兩個以上的問題。對本研究中實驗對象的經驗資料而言，以上五種因素總共可解釋其72%的變異。

本研究最後一個附隨的變量（concomitant variate）則是使用者對每個任務所花費的決策時間。決策時間由軟體記錄（以秒為單位），此軟體並負責所有操作的顯示，同時也負責計算與記錄決策品質。而記錄決策時間的原因在於，有學者指出，在進行決策研究時，應考慮決策時間與決策品質的關係（Sperling & Dosher, 1986）。最後，在實際進行實驗前，我們對使用者經驗問卷、實驗處理以及實驗程序皆有一系列的評估，包括一個先導實驗，我們並藉結果進行修改。

應變數

本研究的應變數為HomeD任務與B&B任務的決策品質。決策品質由軟體判定並記錄下來。我們根據Kaiser et al.（1992）的學說，將決策品質定義為實驗對象所選取的方案與正確方案或者「最佳」方案間的差距。如前所述，本研究的兩個任務都只有一個最佳解答。於HomeD任務中，我們比較實驗對象所選方案與最佳方案的租屋條件，決策品質便是兩者租屋條件相符的項目數，故HomeD任務的決策品質評分可為0至10。而於B&B任務中，決策品質亦為實驗對象所選方案與正確方案間的差距。我們使用Kaiser et al. 的評分方式，將實驗對象的決策品質評為1至5分。

程序

我們安排實驗對象於1小時中進行實驗。實驗時每八人一組，連續進行五天。每名實驗對象約需30至40分鐘來完成整個實驗。

實驗對象先於電腦實驗室外的研究區域集合。我們以書面及錄影帶向實驗對象說明實驗內容。其詳述兩任務的目標，並告知實驗對象我們將以其決策品質來評估其績效。其中亦說明了系統的操作方法，當實驗對象讀完說明書並看完2分鐘的錄影帶後，我們回答其有關本研究程序及目的的任何問題。最後，實驗對象於同意書上簽名，然後進入實驗室進行實驗。

本研究所使用的電腦爲Power Macintoshes，配備13吋彩色螢幕與8MB RAM。實驗對象進入實驗室後，先任意選擇八部電腦中的一部。而當實驗對象選定電腦後，研究人員便爲其輸入一個識別號碼，以命名一個相關檔案，其中記錄此實驗對象的資料。根據這些識別號碼，我們可隨機地分配實驗對象的處理層次以及兩任務的執行順序，使兩任務的執行順序得以平衡，而每種處理組合亦有均勻的分配。

實驗對象先戴上耳機，接著開啓應用程式並進行第一項任務。應用程式首先顯示一個歡迎畫面，然後實驗對象敲擊歡迎畫面右下角的按鈕，便可開始進行任務。當實驗對象完成第一項任務後，程式便於螢幕上提示實驗對象，應開始進行第二項任務。同樣的，敲擊螢幕右下角的按鈕便可開始進行第二項任務。而完成第二項任務後，每個實驗對象尙須填寫VVIQ與經驗問卷。最後，我們聽取每位實驗對象的心得並致謝，然後解散所有實驗對象。

資料分析與結果

100個同意參與本研究的學生中，有五位未出席，五位未遵守我們的指令，一位則宣稱自己是色盲，所以樣本大小爲89。這89個實驗對象中，65%爲大學部高年級學生，27%爲低年級，而90%主修商管相關科系。38%的實驗對象爲女性，而4.5%的實驗對象以非英文爲母語。

89位實驗對象皆以均衡的順序完成Homed任務與B&B任務，而每位實驗對象於兩任務的處理層次則保持一致。這樣的做法可直接控制兩任務的執行順序，而將實驗對象的順序與處理層次以隨機方式分配，則可除去群組之間的期望誤差（順序或處理層次）（Cohen & Cohen, 1975）。89位實驗對象中，45位先執行HomeD任務才執行B&B任務，而另外44位則相反。每種動畫處理層次（影像抽象程度、場景變換效果以及互動性瀏覽）的應變數（決策品質）平均、觀測値個數以及標準差則顯示於表3.1中。結果顯示，觀看寫實影像的實驗對象較觀看抽象影像的實驗對象有更高的決策品質。同樣的，觀看漸進場景變換效果動畫的實驗對象與觀看突進場景變換效果動畫者相較，於執行任務時有更高的績效。最後，觀看平行互動性瀏覽動畫的實驗對象與觀看循序互動性瀏覽動畫者相比，也有較高的任務績效。

爲評估表3.1中平均決策品質差異的統計顯著性，我們進行一個兩階段的多變量共變數分析（multivariate analysis of covariance）。第一個階段，我們先「消除」共變數的效應，以計算兩任務的決策品質之殘差（residuals），再以這些殘差爲應變數來進行多變量變異數分析（multivariate analysis of variance, MANOVA）。我們如此分析的原因在於，本實驗的兩個共變數（決策時間與任務經驗，於兩任務中是不同

表3.1 決策品質的平均數、標準差，以及HomeD任務與B&B任務各處理層次的觀察數

			任務			
			HomeD（N = 89）		B&B（N = 89）	
動畫處理層次			平均數	標準差	平均數	標準差
影像抽象程度	抽象	（N = 44）	5.93	1.68	3.31	1.06
	寫實	（N = 44）	6.89	1.99	3.52	1.25
場景變化效果與	突進	（N = 44）	6.26	1.93	3.05	1.25
漸進變化效果	漸進	（N = 44）	6.53	1.88	3.75	0.97
互動性直接操作	循序	（N = 44）				
	平行	（N = 44）	7.00	1.84	3.68	1.14

的。同樣的，由於本實驗的兩個任務並不相同，重複測量分析（repeated measures analysis）並不適用。

多變量共變數分析合併了多重迴歸分析與MANOVA。遵循Cohen與Cohen（1975, pp. 308-310）的做法，我們先計算決策品質的殘差，再對這些殘差進行MANOVA。即先執行多重迴歸，以「消除」兩任務的應變數（決策品質）中共變數的效應。接著將這些迴歸分析所得的殘差作為應變數，以實驗所定義的MANOVA進行分析。

對HomeD任務決策品質的共變數（VVIQ、使用電腦的一般經驗、使用圖形化界面與動畫型系統的經驗、有關任務的經驗以及決策時間）進行迴歸分析，可使實驗誤差顯著減少（F（6, 82）= 2.65, p（0.021, R2 = 0.16），在（<0.5的水準下，多數共變數便不顯著，僅決策時間仍然顯著（（= 0.261, t = 3.34, p（0.002）。於B&B任務中，除去決策品質中共變數的效應後，所有共變數便不顯著（F（6, 82）= 1.18, p（0.324, R2 = 0.08）。而這些共變數（即，VVIQ、使用電腦的

一般經驗、有關任務的經驗以及使用圖形化界面與動畫型系統的經驗）不顯著，與Huber（1983）的結果一致。我們在這裡不對本研究的迴歸分析做深入的報告，因為我們並未針對這些共變數提出其他假設，而且除了HomeD任務的決策時間外，其餘結果並不顯著。

雖然這些共變數所能解釋的實驗誤差相當有限，但因為決策時間及有關任務的經驗隨使用者所執行的任務而有所不同，故我們依據Cohen與Cohen（1975）的方法對兩任務決策品質進行個別的MANOVA分析。我們使用這些資料對每個假設進行MANOVA分析與F 檢定。我們將每個假設個別的Wilk's Lambda檢定結果列於表3.2中。

根據表3.2中的結果，我們不能否定對於影像抽象程度效應（H1）的假設；整體來說，使用寫實影像的動畫的實驗對象的確較使用抽象影像者有更高的決策品質。而且結果也不能否定H2；整體來說，觀看漸進式場景變換效果動畫的實驗對象顯著的較觀看突進式場景變換效果動畫者有更高的決策品質。同樣的，我們也不能否定對互動性瀏覽效應（H3），所進行的MANOVA test criteria及F statistic，所以，觀看平行式互動性瀏覽動畫的實驗對象確實較觀看循序式互動性瀏覽動畫者有更高的決策品質。

表3.2 沒有整體影響的假設的MANOVA檢定標準與實測F統計

假設	Wilk's Lambda	$F_{(2, 84)}$	p值
H1（影像抽象程度）	.882	5.63	.005*
H2（場景變化象果）	.884	5.49	.006*
H3（互動性瀏覽）	.851	7.38	.001*

*p ≦ .05。

爲釐清MANOVA分析的結果，我們分別對HomeD任務與B&B任務的殘差資料進行變異數分析（analysis of variance, ANOVA），結果列於表3.3中。ANOVA分析的結果顯示，HomeD任務的決策品質顯著的被影像抽象化程度及互動性瀏覽所影響，但場景變化效果對決策品質的影響並不顯著。亦即，觀看寫實影像動畫的實驗對象顯著的較觀看抽象影像動畫者有更高的決策品質。所以，結果不能否定H1（對HomeD任務來說，觀看寫實影像動畫的實驗對象確實較觀看抽象影像動畫者有更高的決策品質）。同樣的，結果未能否定H3（對HomeD任務來說，觀看平行式互動性瀏覽動畫的實驗對象較觀看循序式互動性瀏覽動畫者有更高的決策品質）。然而，HomeD任務的H2的結果與MANOVA整體結果不同（觀看漸進式場景變換效果動畫的實驗對象與觀看突進式場景變換效果動畫者相比，雙方的決策品質沒有顯著的差異）。

B&B任務的ANOVA分析結果與HomeD的不同，而與整體MANOVA分析結果也有所不同。如表3.3所示，對B&B任務來說，場景變換效果與互動性瀏覽皆對決策品質有顯著的影響。而與MANOVA整體分析結果和HomeD任務的ANOVA分析結果一致的是，B&B任務的ANOVA分析結果也不能否定H3（觀看平行式互動瀏覽動畫的實驗對象較觀看循序式互動性瀏覽動畫者有更高的決策品質）。至於H2，B&B任務的結果與MANOVA整體結果一致，但與HomeD任務的結果不一致，即B&B任務不能否定H2（觀看漸進場景變換效果動畫的實驗對象較觀看突進場景變換效果動畫者有更高的決策品質）。最後，與HomeD任務與MANOVA整體分析結果皆不一致的是，B&B任務的資料否定了H1（觀看寫實影像動畫的實驗對象並不較觀看抽象影像動畫者有更高的決策品質）。

綜合上述結果，我們發現有關互動性假設的結果是一致的，故我們不能否定H3。所以，可以確定的是，當我們在決策支援系統中使

表3.3　HomeD任務與B&B任務對決策品質（殘差）所作的變異數分析

a. 房屋目錄（HomeD）任務對決策品質（殘差）所作的ANOVA分析結果

變異來源	自由度	平方和	F值	p值
模型	3	52.61	7.05	.0003*
誤差	85	211.36		
更正後總和	88	263.96		

$R^2 = .20$。

變異來源	自由度	第三型的平方和	F值	p值
影像抽象程度	1	27.66	11.12	.0013*
場景變換效果	1	1.48	0.60	.4424
互動性瀏覽	1	24.56	9.88	.0023*

*p ≦ .05。

b. 門栓與小船（B&B）任務對決策品質（殘差）所作的ANOVA分析結果

變異來源	自由度	平方和	F值	p值
模型	3	17.20	5.35	.0020*
誤差	85	91.06		
更正後總和	88	108.26		

$R^2 = .16$。

變異來源	自由度	第三型的平方和	F值	p值
影像抽象程度	1	.46	0.42	.5167
場景變換效果	1	11.44	10.69	.0016*
互動性瀏覽	1	5.97	5.57	.0205*

*p ≦ .05。

用動畫時，平行式的互動性瀏覽較循序式的互動性瀏覽更能讓使用者產生良好的決策品質。

討論

如何增加動畫於DSS使用者界面上的效能，正逐漸成為學術研究與業界實作的熱門題材。本研究的結果顯示，DSS使用者界面上動畫的效能，有一部份取決於動畫互動性瀏覽的設計。也就是說，在實驗的兩個任務中，觀看平行互動性瀏覽動畫的實驗對象比觀看循序互動性瀏覽的實驗對象有更高的決策品質。而平行互動性瀏覽之所以會產生較高的決策品質，原因可能是其讓使用者對展示的資訊有更高的控制程度。這和Ginzberg與Stohr（1982）的學說一致，其認為：使用者所能控制DSS的程度（「控制性」，是有效的DSS使用者界面之核心要素）。此外，許多過去的研究也指出，對人機互動過程（Badler et al., 1993; Gobbetti et al., 1993; Jacob, Sibert, McFarlane, & Mullen, 1994）與DSS（Ginzberg & Stohr, 1982; Hale & Kasper, 1989; Kaiser, 1996）而言，互動性是相當重要的。我們的研究也發現互動性瀏覽對DSS界面上動畫的效能具有相當的重要性，而為以上的研究發現增添了一般性。最後，本研究證實平行互動性瀏覽對決策品質確有顯著的影響，此發現呼應了我們先前對DSS使用者界面上動畫的定義（「會改變且動態顯示的影像，且能被使用者引導以增進其決策品質」）。而這樣的結果也強調了使用者的主導地位。

對影像抽象程度而言，兩任務的實驗結果卻有所不同。於HomeD任務中，觀看寫實影像動畫的實驗對象較觀看抽象影像動畫者有更高的決策品質，但是，於B&B任務中，兩者的決策品質卻沒有顯著的差異。這裡，我們先回顧文獻中提到的寫實影像與抽象影像的產生方式（抽象影像由幾何圖形所構成，而寫實影像則是真實世界的照片）。

檢視兩任務中影像描繪物件的方式，似可爲此矛盾結果做出明確解釋。B&B任務中，所有物件（小船、門栓、水平面、細線）本質上就是幾何圖形。所以，B&B任務中的寫實影像與抽象影像（圖3.3a及圖3.3b）都是幾何圖形，而這或許就是這兩種情形的決策品質沒有差異的原因。不幸的是，這樣的推論也適用於HomeD任務，但HomeD任務中兩種情形的決策品質卻有所不同。HomeD任務中，寫實影像以幾何方格來描繪都市的佈局，所以，此城的寫實影像（圖3.2a）與抽象影像（圖3.2b）也幾乎是相同的。然而，對HomeD任務來說，即使兩方案的影像抽象程度實質上應該是相同的，觀看寫實影像動畫的實驗對象與觀看抽象影像動畫者相較，卻確實有更好的執行績效（有顯著較高的決策品質）。

這樣的結果告訴我們，影像抽象程度應該是更複雜的議題，而不是僅以影像是由幾何圖形或照片構成便可判斷。而且，以符號來描繪現實事物時，符號的抽象程度可能是隨著所欲描繪的事物而變。比較圖3.2a與3.2b、圖3.3a與3.3b兩組影像的差異，我們會發現，兩張B&B影像（圖3.3a與圖3.3b）間的差異應該較兩張HomeD影像（圖3.2a與圖3.2b）間的差異大。然而，當我們由統計的觀點來看影像所產生的決策品質時，結果卻出乎意料之外：兩張B&B影像所造成的決策品質並沒有顯著的差異，而兩張HomeD影像所造成的決策品質在統計上卻有顯著的不同。B&B影像的抽象版本（圖3.3b）較其寫實版本（圖3.3a）更容易觀察，但兩者在決策品質上並沒有顯著的差異。同樣的，因爲HomeD任務的寫實影像（圖3.2a）是地圖的照片，而地圖本來就是一種相當抽象的現實事物表示方法，故HomeD任務的寫實影像實質上的抽象化程度也相當高。HomeD任務眞正的寫實影像，實際上應該是此都市街景的空照圖。展望未來，若欲達成增進決策品質的目標，也許我們在影像抽象程度方面應朝文字抽象化的方法去思考；亦即，較直述的、資訊的且解釋性的抽象化方法（Cremmins, 1982）。在某種程度上，影像抽象化與文字抽象化間的差異即有如資訊與資料的不同，所以，資訊系統學者似乎特別適於以增進決策品質的觀點來發展影像抽象程度的觀念。

在場景變換效果方面，實驗結果也有點混淆不清。漸進式的場景變換效果在B&B任務中產生了較佳的決策品質，然而，在HomeD任務中，漸進式與突進式的場景變換效果所產生的決策品質在統計上卻沒有顯著的差異。其原因可能與決策情境的動態性有關。HomeD任務所使用的動畫為「靜態動畫」，靜態動畫與牽涉物件位置變化的動畫並不相同（Harrison, 1993）。HomeD任務的場景變換效果主要僅與物件外觀的變化有關。然而，B&B任務的場景變換效果則與物件位置的變化有關。也許，當影像中的變化是決策所不可或缺的要素時，漸進式的場景變換效果會對決策有更高的重要性；亦即，若影像僅在使用者選取方案時產生一些不得不發生的變化，則漸進式的場景變換效果便沒那麼重要。而對B&B任務來說，觀看水位的變化情形是決策時所不可或缺的，故此時漸進式的場景變換效果便有其重要性。然而，HomeD任務中的影像只在選取最佳租屋地點時才有變化，而此時使用者已完成其決策過程了。

圖3.1的架構與這些實驗結果提供了一些值得將來研究的議題。首先，本研究並未探討連續變化效果。例如，我們並未探討配色與貼圖材質的變化對決策品質的影響。同樣的，間接操作（Indirect manipulation）也不是本研究的處理層次。而本研究也未對影像、場景變化效果與互動性的其他形式進行探討。本研究的結果發現，我們應對影像抽象程度投入更多的心力。同時，動畫科技與任務需求之間的關係對決策品質的影響也需要更深入的研究。例如，本研究發現，當影像的變化為決策所不可或缺的要素時，場景變換效果有較高的重要性，反之，若影像僅在使用者選取方案時伴隨發生，則場景變換效

果便沒那麼重要。最後，我們期望這些相關問題在未來能構成一個研究計畫。

摘要與結論

很明顯的，動畫在使用者界面上的應用是愈來愈熱門。故本章建構了DSS使用者界面上動畫的觀念，並提出一個架構來研究動畫在DSS使用者界面上的效能，更檢定了我們由此架構所提出的三個假設。

結合有關動畫、人機界面以及DSS三個領域的重要觀念，我們將DSS使用者界面上的動畫定義爲：會改變且動態顯示的影像，且能被使用者引導以增進其決策品質。動畫提供了界面設計者一個良好的工具，可將時間與三度空間組成的四維現實事物簡化表現在二維的顯示螢幕上。而且，由於企業管理者所面對的多數決策都需要確認並評估情境的改變，而情境是隨著時間而變動的，所以，動畫有效描繪事物變化的能力便特別適於用以增進企業管理者的決策品質。

回顧有關動畫技術的文獻後，我們將DSS使用者界面上動畫的特性定義爲簡單性、流暢性以及互動性三者。在動畫的設計過程中，我們可藉由調整動畫的特性來增進使用者的決策品質，而這些特性包括：影像的簡單性、流暢性（連續變化效果與場景變換效果）以及互動性（瀏覽與操作）。接著，我們整合動畫、使用者以及任務的特性而提出一個研究架構，並以此架構探討DSS使用者界面上動畫的效能。

我們由此研究架構提出三個假設，並對這三個假設進行檢定。我們並於實驗室中進行一個有關兩個不同任務領域的實驗，其探討不同的影像抽象程度、場景變換效果以及互動性瀏覽設計對決策品質的影響。結果發現，動畫並不僅是一個有創意的決策情境展示方法，其設計足以影響使用者的決策品質。上述發現與有關互動性的實驗結果一致：當決策支援系統使用動畫時，平行互動性瀏覽動畫會比循序互動性瀏覽動畫產生更高的決策品質。但有關影像抽象程度與場景變換效果的實驗結果並不如此清楚。實驗結果顯示，當動畫用來描繪動態而視覺性的任務時，場景變換效果對決策品質有顯著的影響，但當動畫用來描繪靜態而語言性的任務時，場景變換效果便不如此重要。有關寫實與抽象影像的實驗結果則指出，由增進決策品質的觀點來看，影像抽象程度是一個非常複雜的議題，也許需用類似將文字抽象化以及分辨資訊與資料的思維來考量。

關於動畫在DSS使用者界面上的效能，仍有許多議題有待深入研究。由於我們對如何在使用者界面上有效的使用動畫所知不多，所以，目前仍無法對實作者提出有效的建議。然而，本研究亦有所發現，即觀看平行互動性動畫的實驗對象較觀看循序互動性動畫者有更高的決策品質。而有關影像抽象程度及場景變換效果的使用，則仍未能產生良好的建議。因為，在實驗的某個任務中，使用寫實影像的實驗對象較使用抽象影像者執行的更好；但在實驗的另一個任務中，兩者的決策品質卻沒有顯著的差異。同樣的，在實驗的某個任務中，觀看漸進場景變換效果動畫的實驗對象較觀看突進場景變換效果動畫者執行的更好；但在實驗的另一個任務中，兩者的決策品質亦沒有顯著的差異。以上的結果顯示，若以增進決策品質的觀點來看DSS使用者界面上的動畫，寫實影像可能較抽象影像有更大的幫助，而漸進場景變換效果可能亦比突進場景變換效果有更好的效果。但我們必須在其他任務領域也發現相同的結果，並對此結果深入研究後，始得對實作者提出明確的建議。然而，我們可以確定的是，DSS使用者界面上的動畫確實會影響決策品質。而這在設計及使用有動畫的使用者界面的DSS時必須特別注意。

本研究的結果產生許多衍生的研究問題。其中最重要的便是影像抽象程度觀念的發展與確認，因其與DSS及決策品質有關。我們也提到了關於連續變化效果與互動性操作的研究。有關互動式動畫與使用者界面上動畫的研究範疇正逐漸興起，其中有許多議題尚待討論。而本章的研究則指出，動畫提供了DSS使用者界面的設計者一個良好的工具，令其可將時間與三度空間所構成的四維現實事物轉換成二維螢幕上的小標示，以增進使用者的決策品質。而如何進行這樣的轉換，對實作家與學者而言，皆是一大挑戰。

參考書目

Ahlberg, C., & Shneiderman, B. (1994). Visual information seeking: Tight coupling of dynamic query filters with starfield displays. In *Proceedings of CHI '94* (pp. 313-317). New York: ACM Press.

American Psychological Association. (1992). Ethical principles of psychologists and code of conduct. *American Psychologist, 47,* 1597-1611.

Anderson, J. R. (1990). *Cognitive psychology and its implications.* New York: W. H. Freeman.

Badler, N. I., Phillips, C. B., & Webber, B. L. (1993). *Simulating humans: Computer graphics animation and control.* New York: Oxford University Press.

Baecker, R. M., & Small, I. (1990). Animation at the interface. In B. Laurel (Ed.), *The art of human-computer interface design.* Reading, MA: Addison-Wesley.

Benbasat, I., & Todd, P. (1993). An experimental investigation of interface design alternatives: Icon versus text and direct manipulation versus menus. *International Journal of Man-Machine Studies, 38,* 369-402.

Bertin, J. (1983). *Semiology of graphics.* Madison: University of Wisconsin Press.

Card, S. K., Moran, T. P., & Newell, A. (1983). *The psychology of human-computer interaction.* Hillsdale, NJ: Lawrence Erlbaum.

Chang, B., & Ungar, D. (1993). Animation: From cartoons to the user interface. In *Proceedings of UIST '93* (pp. 45-55). New York: ACM Press.

Clanton, C., & Young, E. (1994). Film craft in user interface design. In *Tutorial Notes of CHI '94.* New York: ACM Press.

Cohen, J., & Cohen, P. C. (1975). *Applied multiple regression/correlation analysis for the behavioral sciences.* Hillsdale, NJ: Lawrence Erlbaum.

Cremmins, E. T. (1982). *The art of abstracting.* Philadelphia: ISI Press.

Daft, R. L. (1991). *Management* (2nd ed.). New York: Dryden.

Davis, S. A., & Bostrom, R. P. (1993). Training end users: An experimental investigation of the roles of the computer interface and training methods. *MIS Quarterly, 17*(1), 61-85.

Dent, B. D. (1985). *Principles of thematic map design.* Reading, MA: Addison-Wesley.

Deregowski, J. B. (1990). On two distinct and quintessential kinds of pictorial representation. In K. Landwehr (Ed.), *Ecological perception research, visual communication, and aesthetics.* New York: Springer-Verlag.

DeSanctis, G., & Gallupe, R. B. (1987). A foundation for the study of group decision support systems.

Management Science, 33(5), 589-609.

Erickson, D. T. (1990). Working with interface metaphors. In B. Laurel (Ed.), *The art of human-computer interface design.* Reading, MA: Addison-Wesley.

Espe, H. (1990). The communicative potential of pictures: Eleven theses. In K. Landwehr (Ed.), *Ecological perception research, visual communication, and aesthetics.* New York: Springer-Verlag.

Finkel, L. H., & Sajda, P. (1994, May-June). Constructing visual perception. *American Scientist, 82,* 224-237.

Gibson, J. J. (1979). *The ecological approach to visual perception.* New York: Houghton Mifflin.

Gillan, D., & Cooke, N. (1994). Methods of perceptual and cognitive research applied to interface design and testing. In *Tutorial Notes of CHI '94.* New York: ACM Press.

Ginzberg, M. J., & Stohr, E. A. (1982). Decision support systems: Issues and perspectives. In M. J. Ginzberg, W. Reitman, & E. A. Stohr (Eds.), *Decision support systems.* Amsterdam: North-Holland.

Gobbetti, E., Balaguer, J., & Thalmann, D. (1993). An architecture for interaction in synthetic worlds. In *Proceedings of UIST '93* (pp. 167-178). New York: ACM Press.

Goldstein, B. E. (1989). *Sensation and perception* (3rd ed.). Belmont, CA: Wadsworth.

Gorry, G. A., & Scott Morton, M. S. (1971). A framework for management information systems. *Sloan Management Review, 13*(1), 55-70.

Halas, J. (1990). *The contemporary animator.* Stoneham, MA: Focal Press, Butterworth-Heinemann.

Hale, D. P., & Kasper, G. M. (1989). The effect of human-computer interchange protocol on decision performance. *Journal of Management Information Systems, 6*(1), 5-20.

Harrison, S. (1993). *Still, animated, or nonillustrated on-line help with written or spoken instructions for performance of computer-based procedures.* Unpublished doctoral dissertation, University of Minnesota, Minneapolis.

Hartson, R. H., & Hix, D. (1989). Human-computer interface development: Concepts and systems for its management. *ACM Computing Survey, 21*(1), 5-92.

Henderson, J. C. (1987). Finding synergy between decision support systems and expert systems research. *Decision Sciences, 18*(3), 333-349.

Hix, D., & Hartson, R. H. (1993). *Developing user interfaces: Ensuring usability through product and process.* New York: John Wiley.

Hochberg, J. E. (1978). *Perception* (2nd ed.). Englewood Cliffs, NJ: Prentice Hall.

Hochberg, J. E. (1986). Visual perception of real and represented objects and events. In D. R. Gerstein & N. J. Smelser (Eds.), *Behavioral and social science: Fifty years of discovery.* Washington, DC: National Academy Press.

Hochberg, J. E., & Brooks, V. (1978). Film cutting and visual momentum. In J. W. Senders, D. F. Fisher, & R. A. Monty (Eds.), *Eye movements and the higher psychological functions.* Hillsdale, NJ: Lawrence Erlbaum.

Hollnagel, E., & Woods, D. D. (1983). Cognitive systems engineering: New wine in new bottles. *International Journal of Man-Machine Studies, 18,* 583-600.

Huber, G. P. (1983). Cognitive style as a basis for MIS and DSS design: Much ado about nothing. *Management Science, 29*(5), 567-579.

Humphreys, P. (1986). Intelligence in decision support. In B. Brehmer, H. Jungermann, P. Lourens, & G. Sevon (Eds.), *New directions in research on decision making.* Amsterdam: Elsevier Science, B.V. North-Holland.

Isdale, J. (1993). *What is virtual reality? A homebrew introduction and information resource list* [on-line]. October 8, Version 2.1. From ftp site ftp.u.washington.edu in public/virtual-worlds/ papers as whatisvr.txt.

Jacob, R. J. K., Sibert, L. E., McFarlane, D. C., & Mullen, M. P. (1994). Integrality and separability of input devices. *ACM Transactions on Computer-Human Interaction, 1*(1), 3-26.

Jarvenpaa, S. L., & Dickson, G. W. (1988). Graphics and managerial decision making: Research-based guidelines. *Communications of the ACM, 31*(6), 764-774.

Johnson-Laird, P. N. (1981). Mental models in cognitive science. In D. A. Norman (Ed.), *Perspectives on cognitive science*. Norwood, NJ: Ablex.

Just, M. A., & Carpenter, P. (1985). Cognitive coordinate systems: Accounts of mental rotation and individual differences in spatial ability. *Psychological Review, 92*(2), 137-172.

Kaiser, M. K., Proffitt, D. R., Whelan, S. M., & Hecht, H. (1992). Influence of animation on dynamical judgments. *Journal of Experimental Psychology: Human Perception and Performance, 18*(3), 669-690.

Kasper, G. M. (1996). A theory of decision support system design for user calibration. *Information Systems Research, 7*(2), 215-232.

Kaufmann, G. A. (1980). *Imagery, language and cognition: Toward a theory of symbolic activity in human problem solving*. Norway: Reklametrykk A.S. Universitetsforlaget (printed in North America by Columbia University Press, NY).

Kaufmann, G. A. (1985). Theory of symbolic representation in problem solving. *Journal of Mental Imagery, 9*(2), 51-70.

Keen, P. G. W. (1987). Decision support systems: The next decade. *Decision Support Systems, 3*, 253-265.

Keen, P. G. W., & Scott Morton, M. S. (1978). *Decision support systems: An organizational perspective*. Reading, MA: Addison-Wesley.

Keller, P. R., & Keller, M. M. (1993). *Visual cues*. Los Alamitos, CA: IEEE Computer Society Press and IEEE Press.

Kosslyn, S. M. (1985). Graphics and human information processing. *Journal of the American Statistical Association, 80*(391), 499-512.

Krampen, M. (1990). Functional versus dysfunctional aspects of information surfaces. In K. Landwehr (Ed.), *Ecological perception research, visual communication, and aesthetics*. New York: Springer-Verlag.

Luconi, F. L., Malone, T. W., & Scott Morton, M. S. (1986). Expert systems: The next challenge for managers. *Sloan Management Review, 27*(4), 3-14.

MacLeod, C. M., Hunt, E. B., & Matthews, N. N. (1978). Individual differences in the verification of sentence-picture relationships. *Journal of Verbal Learning and Verbal Behavior, 17*, 493-507.

Magnenat-Thalmann, N., & Thalmann, D. (1985). *Computer animation: Theory and practice*. New York: Springer-Verlag.

Marks, D. F. (1973). Visual imagery differences in the recall of pictures. *British Journal of Psychology, 64*(1), 17-24.

Marks, D. F. (1989). Bibliography of research utilizing the Vividness of Visual Imagery Questionnaire. *Perception and Motor Skills, 69*, 707-718.

Marr, D. (1982). *Vision: A computational investigation into the human representation and processing of visual information*. San Francisco: W. H. Freeman.

Mason, R. O., & Mitroff, I. A. (1973). A program for research on management information systems. *Management Science, 19*(5), 475-487.

Mennecke, B. E., & Wheeler, B. C. (1995). *An essay and resource guide for dyadic and group task selection and usage* [on-line]. http://www.bmgt.umd.edu/business/academicdepts/IS/tasks/essay.html.

Newell, A., & Simon, H. A. (1972). *Human problem solving*. Englewood Cliffs, NJ: Prentice Hall.

Newell, A., & Simon, H. A. (1976). Computer science as empirical inquiry: Symbols and search. *Communications of the ACM, 19*(3), 113-126.

Nielsen, J. (1993). *Usability engineering*. San Diego, CA: Academic Press.

Norman, D. A. (1986). Cognitive engineering. In D. A. Norman & S. W. Draper (Eds.), *User-centered system design: New perspectives on human-computer interaction*. Hillsdale, NJ: Laurence Erlbaum.

Olson, G. M., & Olson, J. S. (1991). User-centered design of collaborative technology. *Organizational*

Computing, 1(1), 61-83.

Outside In. (1994). Geometry Center, University of Minnesota. In *SIGGRAPH 94: Electronic theater.* ACM SIGGRAPH Video Review, Issue 101, ACM, New York.

Paivio, A. (1971). *Imagery and verbal processes.* New York: Holt, Rinehart & Winston.

Palmiter, S. (1993). The effectiveness of animated demonstrations for computer-based tasks: A summary, model and future research. *Journal of Visual Languages and Computing, 4,* 71-89.

Palmiter, S., Elkerton, J., & Baggett, P. (1991). Animated demonstrations vs. written instructions for learning procedural tasks: A preliminary investigation. *International Journal of Man-Machine Studies, 34,* 687-701.

Park, O., & Hopkins, R. (1992). Instructional conditions for using dynamic visual displays: A review. *Instructional Science, 21*(6), 427-449.

Payne, J. W. (1982). Contingent decision behavior. *Psychological Bulletin, 92*(2), 382-402.

Remus, W. E., & Kotteman, J. (1986). Toward intelligent decision support systems: An artificially intelligent statistician. *MIS Quarterly, 10*(4), 403-418.

Richardson, A. (1994). *Individual differences in imaging: Their measurement, origins, and consequences.* Amityville, NY: Baywood.

Rieber, L. P., Boyce, M. J., & Assad, C. (1990). The effects of computer animation on adult learning and retrieval tasks. *Journal of Computer-Based Instruction, 17*(2), 46-52.

Rieber, L. P., & Hannafin, M. J. (1988). Effects of textual and animated orienting activities and practice on learning from computer-based instruction. *Computers in the Schools, 5*(1&2), 77-89.

Robertson, G. G., Card, S. K., & Mackinlay, J. D. (1989). The cognitive coprocessor architecture for interactive user interfaces. In *Proceedings of UIST '89* (pp. 10-18). New York: ACM Press.

Robertson, G. G., Card, S. K., & Mackinlay, J. D. (1993). Information visualization using 3D interactive animation. *Communications of the ACM, 36*(4), 57-71.

Rouse, W. B., & Morris, N. M. (1986). On looking into the black box: Prospects and limits in the search for mental models. *Psychological Bulletin, 100*(3), 349-363.

Scott Morton, M. S. (1984). The state of the art of research. In F. W. McFarlan (Ed.), *The information systems research challenge.* Cambridge, MA: Harvard Business School Press.

Shneiderman, B. (1992). *Designing the user interface: Strategies for effective human-computer interaction* (2nd ed.). Reading, MA: Addison-Wesley.

SIGGRAPH 94: Electronic theater. (1994). ACM SIGGRAPH Video Review, Issue 101, ACM, New York.

Simon, H. A. (1960). *The new science of management decision.* New York: Harper & Row.

Simon, H. A. (1975). The functional equivalence of problem solving skills. *Cognitive Psychology, 36*(7), 268-289.

Solomon, C. (1983). *The computer Kodak animation book.* Rochester, NY: Eastman Kodak.

Sperling, G., & Dosher, B. (1986). Strategy and optimization in human information processing. In K. R. Boff, L. Kaufman, & J. P. Thomas (Eds.), *Handbook of perception and human performance.* San Diego, CA: Academic Press.

Sprague, R. H., & Carlson, E. D. (1982). *Building effective decision support systems.* Englewood Cliffs, NJ: Prentice Hall.

Stasko, J. T. (1993). Animation in user interfaces: Principles and techniques. In L. Bass & D. Prasun (Eds.), *User interface software.* New York: John Wiley.

Teen math whizzes go Euclid one better. (1996, December 9). *The Wall Street Journal,* p. B1.

Thuring, M., Hannemann, J., & Haake, J. M. (1995). Hypermedia and cognition: Designing for comprehension. *Communications of the ACM, 38*(8), 57-66.

Todd, P. A., & Benbasat, I. (1994a). The influence of decision aids on choice strategies: An experimental analysis of the role of cognitive effort. *Organizational Behavior and Human Decision Processes, 60,* 36-74.

Todd, P. A., & Benbasat, I. (1994b). The influence of decision aids on choice strategies under conditions of high cognitive load. *IEEE Transactions on Systems, Man, and Cybernetics, 24*(4), 537-547.

Treisman, A., & Souther, J. (1985). Search asymmetry: A diagnostic for preattentive processing of separable features. *Journal of Experimental Psychology, 114*(3), 285-310.

Tufte, E. R. (1990). *Envisioning information.* Cheshire, CT: Graphic Press.

Vaananen, K., & Shmidt, J. (1994). User interfaces for hypermedia: How to find good metaphors? In *Proceedings of CHI '94* (pp. 263-264). New York: ACM Press.

Walls, J. G., Widmeyer, G. R., & El Sawy, O. A. (1992). Building an information design theory for vigilant EIS. *Information Systems Research, 3*(1), 36-59.

Wickens, C. D. (1987). Information processing, decision making, and cognition. In *The handbook of human factors* (pp. 73-101). New York: John Wiley.

Wickens, C. D. (1992). *Engineering psychology and human performance.* New York: HarperCollins.

Winer, B. J. (1971). *Statistical principles in experimental design.* New York: McGraw-Hill.

Woods, D. D. (1984). Visual momentum: A concept to improve the cognitive coupling of person and computer. *International Journal of Man-Machine Studies, 21,* 229-244.

第四章

超本文的興起與解決問題的模式

一個針對線性及非線性系統上資訊存取與使用的實驗性調查

NARENDER K. RAMARAPU
MARK N. FROLICK
RONALD B. WILKES
JAMES C. WETHERBE

在現今的世界裡，日常生活中許多個人的決策都須要使用到電腦硬體或軟體科技，而這些軟硬體科技可讓使用者以各種不同的方式存取或察看資訊。而軟硬體科技存取或展示資訊的方式之一，便是提供使用者一個非線性系統（一種具有非線性資料結構的系統），而其運作方式與人類的認知過程十分相似（Bush, 1945; Shneiderman, 1989）。非線性系統亦稱爲「超本文」（hypertext），其允許使用者以非連續的順序來存取資訊。也就是說，非線性系統是一個電腦化系統，而其具有下列目標：使資訊與概念的探究、展示、搜尋，以及操作能更具彈性（Conklin, 1987）。因此，非線性系統能讓使用者跳脫出存取上的限制，而不必一定要遵循他人已預先訂定的階層式路徑去存取資訊。例如，目前網際網路上非常盛行的全球資訊網便是以超本文科技為基礎。

自電腦使用以來，傳統的線性本文配置方法便是電腦系統設計的主流。這種方法使本文被設計及組織成與印刷品一樣，只能以固定而連續的順序來存取及使用。而對電腦化線性系統（亦稱為「循序」系統）所作的研究也指出，線性的資訊存取方式可促進人類對知識呈現方式（Nelson, 1986; Rich, 1983; Schank & Abelson, 1977）及傳統學習方法（Anderson, 1981）的理解。而若能對問題本身有更好的理解，也就能將問題解決的更好，或者能做出更理想的決策。但另一方面，也有學者認為，非線性的連結與人類記憶處理事物關連性的方式非常接近（Bush, 1945; Shneiderman, 1989），因此，非線性連結能讓人類更有效的存取及使用資訊，這對解決問題有正面性的影響。以往的研究認為，資訊存取方式及呈現方式上的變化可改變或改善解決問題的過程與決策行為（Russo, 1977），而學者也發現，當決策者面對不同的資訊呈現格式時，決策者會採行不同的問題解決策略（Bettman & Kakkar, 1977）。本研究的目的即在探討兩種不同的資訊呈現格式（線性或非線性系統）對資訊存取與使用所造成的衝擊。

資訊的存取與呈現的方式似乎與問題任務（problem task）的特色有關。在一些「圖形v.s表格」領域內的研究已有證據顯示，資訊呈現方式對問題任務績效的影響似乎與問題任務本身的特色有直接的關連（Benbasat & Dexter, 1985, 1986; Dickson, DeSanctis, & McBride, 1986; Jarvenpaa & Dickson, 1988; Powers, Lashley, Sanchez, & Shneiderman, 1984; Todd & Benbasat, 1991）。而且，根據文獻，資訊呈現方式與問題任務間的配合程度更是影響問題解決績效的重大因素之一（Bettman & Zins, 1979; Wright, 1975）。認知配適理論（cognitive fit theory）更將此觀念予以拓展，認為若想要以兼具效率與效果的方式解決問題，則問題呈現方式（即，呈現資料時所使用的格式）及所使用的任何工具或輔助物都必須能支援執行此任務所需要的程序

（Vessey, 1991）。事實上，Goodhue與Thompson（1995）已強調了資訊科技與使用者任務間的「配適」對增進個人績效的重要性。基於這些論點，本研究使用了不同類型的問題任務，以測定線性或非線性系統（於本實驗中，指的是以線性或非線性的方式來存取或呈現資訊）兩者中，更迅速而正確地解決問題，並讓使用者有更高的滿意度。

文獻回顧與理論基礎

本節將描述針對超本文（非線性系統）的領域，探討其發展狀況、各種層次，以及相關的研究進展。然後，發展出本研究的理論基礎。

超本文的興起

雖然超本文的歷史相當豐富，但多數人都是最近才知道這個名詞。一般認爲，超本文的「始祖」應爲Vannevar Bush。1945年，他首先提出一個我們目前會認爲是超本文的系統。此系統稱爲Memex（「money extender」），他僅在理論上描述此系統的功能，並未實作此系統。Bush將此系統描述成一個可以分別儲存書籍、記錄、以及通訊的設備，並設計儲存的過程，使資料的查閱可以非常迅速的進行並具有相當的彈性。此系統是一種容量大且相當詳盡的人類記憶輔助品。

Engelbart（1963）與Nelson（1967）將Bush此一深具啓發性的構想由理論的領域帶到科技的實用世界。Douglas Engelbart（1963）更對電腦執行Memex所有任務的潛在能力深具信心。他的NLS（後來稱作AUGMENT）系統將其夢想付諸實現。NLS/AUGMENT是最早將重點放在群組工作環境上的超本文系統（Engelbart, 1984）。此系統專注於三個領域：1.非線性本文的資料庫；2.由資料庫中選出資訊的景觀過濾器（view filter）；3.組織過的景觀（view）與此資訊在螢幕上的顯示畫面（Conklin, 1987）。此系統也具備了非線性系統的一些基本特性，諸如連結（links）、節點（nodes），以及網路分支（network branching）等。

「超本文」一詞是在1967年由Nelson所提出的。Nelson（1967）認爲超本文是一種非線性的資訊呈現與撰寫方式。他的Xanadu計畫是最早在大型線上圖書館上使用機器支援、文件連結的科技應用之一。他將超本文定義成「可利用電腦的能力而互動地分支出去的自然語言本文的組合，或者是不適合印刷在傳統書面上的……非線性本文的……動態性顯示畫面」（Nelson, 1967, p. 194）。他的想法與著作被早期的非線性本文設計者認爲是遙不可及的夢想。

「超本文」一詞在文獻中的使用情形相當寬鬆。其定義因作者背景及系統特色的不同而異。而且，不論是在獨立系統或網路上讀取，超本文網頁都有兩種本質上非常不同的結構。前者（獨立系統）以一種與線性書籍非常相似的基本資訊層次爲基礎。後者（網路）則與電子連結的本質有關，即一種分散而多中心的網路結構。由資訊呈現與資訊組織的觀點來看，本研究將超本文定義成一種資訊管理的方法，其中資料儲存於許多互相連結的節點所構成的網路，且資料是以非線性的順序來呈現。

超本文的層次

Kendall與Kerola（1994）已提出一個三層的金字塔結構來說明超本文的各種層次：最底層是資訊層次，接著是經驗層次（包括資訊層次），而最高層則是合作層次（包括前兩層）。在資訊層次中，非線性的資訊存取方式僅展現出最基本的能力。此時，「使用者詢問系統，要求系統的援助。超本文便將本文予以組織，並將許多資訊的節點連結在一起，以回應使用者」（Kendall & Kerola, p. 5）。這些資訊的節點可儲存於獨立系統或網路之中。而另一個看待資訊層次的方式則是檢視系統是否提供了精緻的說明選單。此時，「使用者由許多已儲存的資訊中選出他們想要的資訊，而這些資訊的形式可以是本文或圖形」（Kendall & Kerola, p. 5）。在資訊層次中，使用者可利用的其他特色包括瀏覽文件材料、獲得查詢援助、獲得所詢問的文件材料的說明等。以資訊層次爲目的而撰寫的超本文應用可以改善資訊的組織彈性與存取效率。

在接下來的兩個層次中（經驗層次與合作層次），超本文展現了更多樣性的功能。經驗層次促使「使用者踏入一個全新的環境中，並以互動的方式來經歷此環境」（Kendall & Kerola, 1994, p. 5）。此層次中的活動包括學習與分析、訓練與教育，以及理論性觀念的應用（Barnes, Baskerville, Kendall, & Kendall, 1992; Kendall & Kendall, 1992）。在此層次中使用者會產生自己的經驗，雖然使用者仍由超本文的連結所引導，但其可以自己的步調與方式主動而自由地探索這些路徑。此時，「使用者不只詢問系統的含意，更藉由自在地於系統中創造關連性、採取不同的路徑而賦予超本文所連結的資訊不同的意義」（Kendall & Kerola, p. 6）。這可促使人們以更有效率的不同途徑來取得解答，但相反的，也可能實際上阻礙了使用者存取資訊的高效率途徑。

第三種層次，合作層次，超越了「唯讀」的模式，並允許使用者以同樣的方式來撰寫資訊。此層次讓使用者得以成爲超本文應用的貢獻者。合作層次讓使用者能在他人所貢獻的基礎上建立其超本文應用、分享他人的經驗，而這些經驗是以一種普遍且容易管理的方式放在一起（Kendall & Kerola, 1994）。

在超本文的領域裡，大部分目前的研究皆著重於資訊層次。本研究則著重於經驗層次（也包括資訊層次），而對一個在經驗層次上發展及測試的超本文（非線性）系統進行研究。於此層次中，超本文系統允許個別讀者選擇自己的探索方向，並可於經驗層次的應用程式中自由瀏覽。而此原則的實質意義是指讀者不會被限制在預定的路徑或階層之中。這讓使用者可在探索的過程中扮演主動的角色，並讓使用者能創造自己的關連性，以尋求更有效或更有效率的解題途徑。

有關超本文的研究

早期超本文的應用常著重於對繁多的資訊種類提供有彈性的存取方式（Bieber & Kimbrough, 1992; Conklin, 1987, 1991; Halasz, 1988; Minch, 1989; Nelson, 1967; Shneiderman & Kearsley, 1989）。而部份與科技相關的教育研究則企圖建造一個具有豐富知識的學習環境（Jacobson & Spiro, 1991a; Jonassen, 1986; Spiro, Feltovich, Jacobson, & Coulson, 1996）。而且，近幾年學者也開始描述及揭露超本文應用的設計環境、方法與流程（Fraisse, 1997; Garzotto, Paolini, & Schwabe, 1993; Nanard & Nanard, 1995; Schwabe, Rossi, & Barbosa, 1996）。

雖然已有許多超本文系統與計畫發展完成，但與超本文有關的觀察性與實驗性研究報告仍然很少。而這些少數的研究則涵蓋了下列三個領域：

- 超本文系統的效能。馬里蘭大學（University of Maryland）的兩個研究探討在掃描大型文字資料庫時，以超本文形式及一般書面形式間的搜尋效能比較。他們使用一個稱為Hypertise（Shneiderman, 1987）的超本文瀏覽系統作為實驗中的超本文應用（Conklin, 1987; Marchionini & Shneiderman, 1988）。而於布朗大學（Brown University）進行的研究則測試了以Intermedia系統（Yankelovich, Haan, Meyrowitz, & Drucker, 1988）作為電子教學系統來教授詩歌時的教學效能，並將其與傳統的教室教學方式的效能做比較。而Intermedia系統是一個由布朗大學所發展的高度整合化超本文環境（Yankelovich et al., 1988）。

- 界面設計議題。這些研究於馬里蘭大學以Hypertise系統測試了多種界面設計方法。其中有一個研究比較了在顯示螢幕上使用箭頭或滑鼠來移動游標時的情形（Ewing, Mehrabanzad, Sheck, Ostroff, & Shneiderman, 1986）。部份其他的研究則於Hypertise上對嵌入選單法（embedded menu）進行探討，並比較Hypertise系統使用或不使用嵌入選單時的版本（Marchionini & Shneiderman, 1988）。
- 超本文學習形式或策略。有些研究則探討超本文使用者的各種學習形式與資訊搜索策略。其中有一個研究檢視了小學生的資訊搜索策略（Marchionini & Shneiderman, 1988）。而在另一個研究中，Jacobson與Spiro （1991b） 在多種背景下使用了多種知識呈現方法，以探討超本文學習系統的教學prescription。

這些研究與超本文系統有關的發現主要在於教學設計、界面設計以及學習策略上等層面上。只有一個稱為HyperSolver的研究的目的是在幫助人們定義與解決問題，而HyperSolver的發展工具是Macintosh上的Hypercard 2.1（Esichaikul, Madey, & Smith, 1994）。但此應用程式卻未衡量使用者於問題解決情境中的效能。到今天為止，仍未有相關研究對線性與非線性（超本文）系統這兩種資訊存取方式所產生的問題解決效能進行比較及探討。

理論基礎

本研究的理論基礎得自於線性及非線性研究的相關文獻。線性研究的學者主張人類會將事物排成一個連續序列，以增進記憶與學習的成效。而且，他們認為電腦導向的線性方法可幫助人類了解與學習知識的呈現方法（Rich, 1983; Schank & Abelson, 1977）。根據Schank與Abelson的學說，事件的連續發展流程可以一個相連的事件因果串鏈（causual chain of events）來代表。因爲某些事件常以特定的順序發生，故人們會發展出一個處理這些事件的特定機制。他們將此種機制稱爲腳本（script），並將腳本定義爲一個可在特定環境下描述事件發生的適當順序結構。腳本由許多子腳本（subscript）或場景所組成，而這些子腳本或場景則具有階層式的結構（Abelson, 1981）。例如，一個餐廳的腳本通常包含了進入、點餐、用餐，以及買單等場景，而每個場景也各有自己的腳本結構。〔注意，循序性資訊必爲腳本的一部份，但腳本也可包含不是嚴格地循序發生的資訊。在這裡，我們僅專注於腳本表示日常生活中循序發生的情境的能力，而這些情境的發生過程常由特定的商業管理程序或規則所控制。〕

Schank與Abelson（1977）認爲這些腳本即是人類理解力的基礎。人們將自己看到或聽到的事物與先前經驗過且已儲存的一些循序動作群組予以配對，來理解這些事物。故新資訊是以舊資訊的角度來理解。以此腳本理論爲基礎，許多學者已提出強烈的主張，認爲將資訊組織成循序或線性的形式，可改善人類的理解過程（Nelson, 1986; Zacarias, 1986）。

而在另一方面，線性的資訊組織方式也在與人類資訊處理有關的研究中產生了一些問題。如Landauer、Dumais、Gomez以及Furnas（1982）所指出的，使用線性本文時，資料庫中資料的配置與使用者心智中資料的配置通常不能協調，而讓使用者無法理解資料的組織模式。Landauer et al.認爲，「資料庫中資料的邏輯配置方式通常是由系統處理效率的角度來考慮。不幸的，系統中資料物件的分割或連結方式不見得能與使用者心智中資料物件的分割或連結方式相配合」（p. 2489）。

非線性研究中某些認知心理學的文獻宣稱，非線性的資訊連結方式可克服線性研究中由於上述不協調狀況而引發的問題。這些學者認為，非線性的連結方式在理論上應與人類的記憶處理方式較為相似（Bush, 1945; Motley, 1987; Sheiderman, 1989）。

約50年前，Bush（1945）就已經提出其有關非線性連結的想法，主張非線性連結較線性索引更接近人類記憶中，單字間的關聯性是以類似非線性系統的方式來互相連結的。根據Bush的想法，Shneiderman（1989）以一個類似人類認知過程的方法描述出一種非線性資料結構。他強調，超本文（非線性）資料庫中的連結所提供的關聯性應能對記憶、觀念形成，以及理解過程有所幫助。而Motley（1987）也以「散佈活化」（spreading activation）理論提出一個多層面的解釋。他解釋說，人類的線性連結讓使用者可利用相似於其使用記憶的方法來存取資訊，故非線性系統可增進解決問題的效能與效率（即，創造他們自己的連結，而非僅遵循他人預先訂定的路徑）。

根據線性及非線性研究的學說，我們認為某些學習與理解的過程應可由循序的或線性的資料配置方式來促進，而其他的學習與理解過程則可能較適合以非線性系統來輔助（見Anderson, 1981, 回顧了一些此領域中的想法）。由於缺少實驗性的驗證，我們仍不清楚線性或非線性結構在問題解決或決策制定上的效能。

研究模型與假設

圖4.1中的研究模型描繪出我們解決特定「問題任務領域」的問題時，線性與非線性系統這兩種資訊存取或資訊使用方式的問題解決效能。此研究模型包含了四個主要部份：資訊存取與呈現（線性 vs. 非線性）、問題任務、問題解決績效，以及滿意度。圖中也顯示了此研究的主要應變數與自變數。

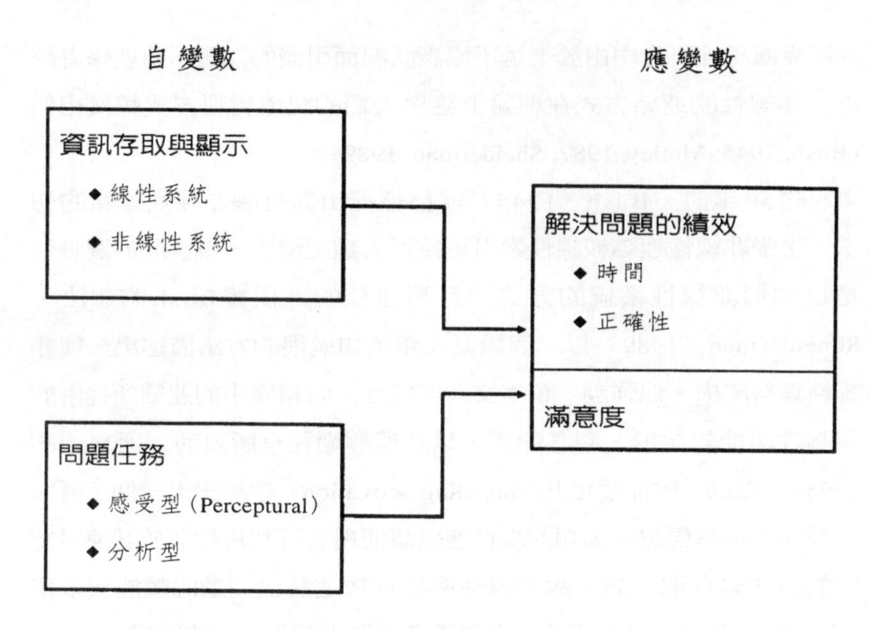

圖4.1　研究模型

資訊存取與顯示

線性系統中的資訊通常被組織成能以固定的階層形式來存取，或者能以固定的循序順序來顯示。使用者必須以預先訂定的順序在各層次（或場景）間前進。相反的，非線性系統是以超本文科技爲基礎，而使用超本文科技便可以非循序的順序來存取或呈現資訊，而不限制使用者一定要遵循預先訂定的路徑去存取或呈現資訊。非線性連結讓使用者無論何時都能連結到與目前場景互相參照的任何場景（節點）。亦即，使用者可直接由一場景瀏覽至任一場景，而不須經過前面或後面的層次（或場景）。

問題任務

本研究將以往圖形/表格研究中所使用的問題任務類型予以改寫，以探討線性或非線性系統是否對某些任務種類的執行特別有幫助。與大部分的圖形/表格研究相同，本研究也將重點放在資訊獲取的過程以及一些簡單的評估任務上。有些學者已識別出兩種基本的任務類型。Umanath與Scamell（1988），以及Umanath、Scamell與Das（1990）把這兩種基本任務類型稱爲「集合中的樣式」（intraset pattern）任務與「點值包含度」任務（point value recall）任務。Vessey（1991, 1994），以及Vessey與Galletta （1991）則將這兩種任務稱爲「空間性」（spatial）任務與「符號性」（symbolic）任務。

第一種任務類型將整個問題任務領域視爲一個整體單位，以做整體性的評估，而不將問題視爲許多離散的部份（見Vessey, 1991）。這種任務需在某些資料中創造出資料間的關聯性或感受出資料間的關係，而這些資料通常與趨勢偵測、趨勢比較、樣式認知、資訊整合等有關。而本研究的分析則將這種任務稱爲「感受型」任務。Vessey（1991, p. 226）對這種任務類型所舉的例子包括：

「西元1100年至1438年間，毛織品商人與絲綢商人之中，誰的收入增加的最快？」（Washburne（1927）的研究〔如Vessey所引用〕）

「西元1100年，毛織品商人與絲綢商人之中，誰賺的最多？」（Washburne（1927）的研究〔如Vessey所引用〕）

「營業額是否超過售出貨品的成本？」（Dickson et al. 的研究〔如Vessey所引用的〕）

第二種任務類型則與取得離散且精確的資料值有關（見Umanath

& Scamell, 1988; Umanath et al., 1990; Vessey, 1991, 1994）。要回答這種任務的相關問題便須檢索明確的事實。因此，解答是直接經由資訊獲取的過程而得到的。而本研究的分析則將這種任務稱為「分析型任務」。這種任務的例子包括（Vessey, 1991, p. 26）：

「毛織品商人於西元1100年中賺了多少錢？」（Washburne（1927）的研究〔如Vessey所引用〕)

「公司去年的淨收益是多少？」（Dickson et al. 的研究〔如Vessey所引用〕)

上述兩例在本質上皆屬於分析型任務，因此兩例皆須以精確的數量作為答案。須注意的是，在某些情況下，感受型的問題任務可被重新敘述成分析型的問題任務。例如，如Vessey （1991） 所述，上面的一個感受型範例便可被重述成分析型的問題任務—「營業額超過售出貨品的成本多少？」（pp. 226~227）。

問題解決績效與使用者滿意度

我們以問題解決的效率（時間）與效能（解答的正確性）來衡量問題解決績效。使用者滿意度也被視為另一個應變數，以判斷使用者使用線性或線性系統來解決各種任務時，兩種系統間是否有滿意度上的差異。以下簡單描述我們於本研究中用來衡量時間、正確性、使用者滿意度等應變數的方法：

時間的衡量方式是自任務指派之後開始，至使用者發現解答為止。我們將計算所花費時間的總和、精確到百分之一秒。

正確性是問題解決者最後解答正確或不正確的比例（意即，「1」表示[正確]，而「0」表示〔不正確〕)。我們以過去文獻中的解答作為判斷正確性的基準。

滿意度是使用者使用這兩種系統後，自己對滿意度的感覺所作的報告。使用者的反應以7分式Likert量表來衡量，分數的範圍為「1」（非常滿意）至「7」（非常不滿意）。

在研究資訊的存取與使用方式對解決問題績效的影響時，有兩種研究方法。一種是在資訊呈現的時候，檢視個人所經歷的認知過程。而另一種研究方法則是在使用者使用不同的資訊存取及資訊使用方式時，檢視其問題解決的結果。也許，後者是較理想的研究起點，故本研究採用第二種研究方法。

假設

我們由圖4.1的研究模型導出下面三組假設：

H1a：相對於線性系統，非線性系統能快速的解決問題，並產生正確性較高的結果。

H1b：相對於線性系統，非線性系統能產生更高的使用者滿意度。

H2a：執行分析型任務時，相對於線性系統，非線性系統能快速的解決問題，並產生正確性較高的結果。

H2b：執行分析型任務時，相對於線性系統，非線性系統能產生更高的使用者滿意度。

H3a：執行感受型任務時，相對於線性系統，非線性系統能快速的解決問題，並產生正確性較高的結果。

H3b：執行感受型任務時，相對於線性系統，非線性系統能產生更高的使用者滿意度。

研究方法

我們由許多商業相關研究所的班級中選出六十四位學生作爲本研究的實驗對象。爲了提高學生們參與的動機，我們將此計畫分配給學生作爲課堂作業。而爲了提高學生們的問題解決績效，我們告知學生，表現最好的三位將分別獲得30、20，以及10美元的獎金。我們將學生們完成任務的時間及其分數標準化，以作爲獎金的頒發標準。

任務

實驗中的任務要求參與者回答與銀行帳戶有關的問題。所有實驗中的任務皆取自於Vessey（1991）以及Vessey與Galletta（1991）以前的作品（經作者同意）。參與者須回答四個帳戶於12個月內的存提款相關問題。其中每個銀行帳戶的相關任務都包含了分析型任務與感受型任務。

每個問題任務（分析型或感受型）皆可自線性或非線性系統取得資訊。表4.1列出一些我們所使用的感受型與分析型任務的範例。而分析型任務中參與者須參考資料的月份則是使用亂數決定的，與Vessey及Galletta（1991）的做法相同。

實驗室設定與資料蒐集

我們發展了一套網路電腦系統來幫助使用者以線性或非線性模式來存取資訊或使用資訊。我們使用一個叫做RediMaster的套裝軟體來實現線性式的資料存取方式。而非線性資料存取方式則以一個叫做Guide的超本文套裝軟體來完成。RediMaster具有一種稱爲「外部程式呼叫」（external program call）的功能，此功能可增加外部軟體，且此外部軟體可於同一應用程式（畫面）中存取。這種功能讓問題解決

表4.1 使用任務的範例

任務	指令
感受型	12個月之中，存入款項持續減少的時期最多維持多久？ 哪個月份之中存入款項與提出款項的差額最大？ 哪些月份中存入款項大於提出款項？ 存入款項通常大於提出款項或者提出款項通常大於存入款項？
分析型	請提供下列金額： 十月中的提出款項 七月中的存入款項 一月中的提出款項 六月中的提出款項 請提供下列金額： 九月中的存入款項 十一月中的提出款項 四月中的存入款項 五月中的提出款項 請提供下列金額： 四月中的提出款項 二月中的存入款項 一月中的提出款項 十一月中的提出款項

者在資料的存取上具有相當的彈性，讓他能由同一個主（或開始）畫面來存取線性系統與非線性系統。

線性系統以一種固定的階層式結構來組織資訊，其中各銀行的相關資訊都被分置於不同的層次之中。使用者由列出所有銀行名稱的主畫面（第一層）開始操作。在此層中，使用者選取一個特定的銀行以找尋其相關資訊。例如，選取「A」銀行後，下一層（第二層）便顯示此銀行的相關資訊（例如，存入款項與提出款項）。按下代表個別月份的圖示便可進入更下一層（第三層），以獲取更細項的資訊。而此時若欲找尋「B」銀行的資訊，使用者便須回到主畫面，選定此銀行，再重複上述往下層尋找的過程。此種方式的優點是使用者無論何時都會知道自己的起點，並知道自己目前在整個階層結構的哪一個層級。而缺點則是，使用者每次想要找尋新銀行的相關資訊時都須要回到主畫面，再遵循預先訂定的路徑來獲取想要的資訊。

而非線性系統則與全球資訊網的觀念相似，亦即，使用者可敲擊以超本文相連結的單字或「按鈕」而由一畫面跳至另一畫面，不必一定要遵循預先訂定的路徑。此種方式將資訊組織成一個由結點所構成的網路，而其中每個結點都存有特定銀行的相關資訊，並有連結通到網路中的其他結點。螢幕中的視窗則和資料庫中的結點相對應。所有的結點都以超本文科技爲基礎而互相連結，故每一節點皆可瀏覽至另一節點而不須經過先前的層級。若要由一畫面瀏覽至另一畫面，使用者僅需敲擊畫面中代表特定連結的按鈕或凸顯的單字即可。非線性連結的優點是，使用者不須要在層級之間來回，也不需要遵循預先訂定的路徑，便可到達另一節點。使用者可以自己喜愛的順序去瀏覽，甚至轉向或回頭至自己想要的資訊。而缺點則是，使用者不知道第一個結點或最後一個結點的位置，或不知道到達某特定結點的切確路徑。線性與非線性系統都是單色的文字資料，而沒有圖片或影像。

資料收集

如先前所述，每個實驗對象皆須回答某管理許多銀行帳戶的記帳人員所提出的問題。實驗對象一次執行一個任務。每個任務皆須以下列步驟執行：（1）閱讀問卷中的任務、（2）使用線性或非線性系統於螢幕中找尋與任務相關的資訊，以及（3）將任務的解答填入問卷中。（須注意的是，我們將完成任務所須花費的時間視爲是自任務分配後開始，至最後的解答填入問卷中爲止。因此，我們並不使用系統中的電腦化計時裝置，而是使用碼表來計時。）

每個實驗對象都各會面對四個分析型任務與四個感受型任務。其中兩個分析型任務與兩個感受型任務須利用線性系統來解決，而另外兩個分析型任務與兩個感受型任務則須以非線性系統來解決。以線性或非線性系統分別完成每組任務（兩個分析型及兩個感受型）後，我們便測量使用者的滿意度。

每個實驗對象大概需要20分鐘來完成此實驗，我們並將實驗控制成一次只有一位實驗對象進行實驗，以避免同儕壓力對任務的績效造成影響。我們先對每位實驗對象進行與實驗程序有關的個人指導，接著並解說一個範例，最後再讓其對相同類型的實驗任務做一實作練習。我們不限制完成任務的時間，但鼓勵實驗對象們盡快完成任務，因其解題的效率對實驗非常重要。而資料收集共花費了四個禮拜的時間。

此外，在眞正實驗之前，我們也先進行了一個先導實驗，以確認實驗材料的不足之處，並讓實驗進行者預先練習實驗的控制過程。然而，我們並未將這些資料做爲正式實驗的分析題材以避免實驗偏差。

參與者以這些實驗任務的呈現順序來完成這些任務。這種程序迫使參與者一次只能檢視一個任務與一個銀行帳戶。爲確保任務出現的順序不會影響結果，我們將任務的順序配置成如表4.2所示。總共有四組16種不同的任務順序。每四個不同的實驗對象便會執行表4.2中顯示的每個順序。而所有實驗對象皆被亂數分配於圖4.2中的某個執行順序。

每個實驗對象執行完八個任務之後，我們便將其個人資料納入所有實驗對象的相關資料統計。近四分之三的參與者爲全職的學生，其中有60%的學生同時也是全職的公司員工。（注意，全職學生與全職員工有相當大的重疊的原因是，這些學生大部分是MBA學程在職進

表4.2 任務呈現的順序

	線性				非線性			
順序	感受型		分析型		感受型		分析型	
s-1	Tp-1	Tp-2	Ta-5	Ta-6	Tp-3	Tp-4	Ta-7	Ta-8
s-2	Tp-3	Tp-4	Ta-7	Ta-8	Tp-1	Tp-2	Ta-5	Ta-6
s-3	Tp-2	Tp-1	Ta-6	Ta-5	Tp-4	Tp-3	Ta-8	Ta-7
s-4	Tp-4	Tp-3	Ta-8	Ta-7	Tp-2	Tp-1	Ta-6	Ta-5
	線性				非線性			
順序	感受型		分析型		感受型		分析型	
s-5	Ta-5	Ta-6	Tp-1	Tp-2	Ta-7	Ta-8	Tp-3	Tp-4
s-6	Ta-7	Ta-8	Tp-3	Tp-4	Ta-5	Ta-6	Tp-1	Tp-2
s-7	Ta-6	Ta-5	Tp-2	Tp-1	Ta-6	Ta-7	Tp-4	Tp-3
s-8	Ta-8	Ta-7	Tp-4	Tp-3	Ta-8	Ta-5	Tp-2	Tp-1
	線性				非線性			
順序	感受型		分析型		感受型		分析型	
s-9	Tp-1	Tp-2	Ta-5	Ta-6	Tp-3	Tp-4	Ta-7	Ta-8
s-10	Tp-3	Tp-4	Ta-7	Ta-8	Tp-1	Tp-2	Ta-5	Ta-6
s-11	Tp-2	Tp-1	Ta-6	Ta-5	Tp-4	Tp-3	Ta-8	Ta-7
s-12	Tp-4	Tp-3	Ta-8	Ta-7	Tp-2	Tp-1	Ta-6	Ta-5
	線性				非線性			
順序	感受型		分析型		感受型		分析型	
s-13	Ta-5	Tp-6	Tp-1	Tp-2	Ta-7	Ta-8	Tp-3	Tp-4
s-14	Ta-7	Tp-8	Tp-3	Tp-4	Ta-5	Ta-6	Tp-1	Tp-2
s-15	Ta-6	Tp-5	Tp-2	Tp-1	Ta-8	Ta-7	Tp-4	Tp-3
s-16	Ta-8	Tp-7	Tp-4	Tp-3	Ta-6	Ta-5	Tp-2	Tp-1

注意：「Tp」表示感受型任務而「Ta」表示分析型任務

修班的學生。）90%以上的參與者平常便常使用電腦。表4.3大略地說明了參與者的全體資料，並包括一些其他的特色，如學生狀況（全

表4.3 參與者的資料統計與其他特性

描述	數值標記	次數	百分比
學生狀況	全職	47	73.4
	兼職	17	26.6
員工狀況	全職	39	60.9
	兼職	25	39.1
電腦使用頻率	經常	58	90.6
	偶爾	6	9.4

注意：N = 64

職或兼職）、員工狀況，以及電腦使用經驗等。

實驗設計

本研究採用二變因、重複測量的實驗設計來進行，並以多變量變異數分析法（multivariate analysis of variance, MANOVA）來分析資料。我們採用實驗對象間的重複測量方式來分析每個處理變因（線性或非線性系統，感受或分析型任務）。

如圖4.2所示，我們於MANOVA中使用了三個計畫性的對照組來檢定與各種特定組合方法有關的假設。第一組對照組比較所有非線性與線性任務的差異，以檢定H1a。第二及第三組對照組則比較非線性分析型任務與線性分析型任務間的差異，以及非線性感受型任務與

線性—感受型	非線性—感受型	線性—分析型	非線性—分析型
1	-1	1	-1
0	0	1	-1
1	1	0	0

圖4.2 計畫對照組係數矩陣

線性分析型任務的差異，以分別檢定H2a與H3a。同樣的，我們也使用了三個計畫性的對照組來檢定與各種特定組合的方法以及與使用者滿意度有關的假設（H1b、H2b，以及H3b）。我們採用這種計畫性對照組的方法的原因是，它可幫助我們清楚地顯示及說明所有變量的估計以及每種假設的單變量F-比率（univarate F-ratios）。

因爲同一任務類型須於兩種不同的處理（線性與非線性）下爲每位實驗對象測量其績效，故我們採用重複測量式的實驗設計。重複測量法的優點廣爲人知（Kerlinger, 1986）。除了需要較少的實驗對象之外，此種設計方法亦能有效控制衆多實驗對象間的差異。亦即，我們可藉由重複測量法而自實驗誤差中除去因實驗對象間的差異而產生的變異。

研究結果

表4.4顯示了三種測量的描述性統計資料（正確性、時間，以及滿意度）。對正確性應變測量來說，較高的平均數意味著較好或較正確的績效。時間測量的精確度是測到百分之一秒，而較低的平均數意味著需要較少的時間來完成任務。使用者滿意度以7分Likert量表來衡量，而其範圍由「1」（非常滿意）至「7」（非常不滿意）。因此，較低的分數意味著較高的使用者滿意度。接下來我們將以各個假設爲基礎來解釋這些實驗結果。

非線性 vs. 線性系統的影響

H1a由時間及正確性的角度來比較線性與非線性系統，檢查將何者用於收集解決問題所需的資訊時，會產生較好的問題解決績效。H1b則檢視非線性系統與線性系統兩者之中，何者於資訊收集上有較高的使用者滿意度。表4.5大略地說明了非線性系統與線性系統各自

表4.4 每種應變測量的平均數與標準差

		線性		非線性	
應變測量	統計量	感受型任務	分析型任務	感受型任務	分析型任務
正確性	平均數	.727	.984	.852	.973
	標準差	.281	.061	.230	.079
時間	平均數	2563.094	1829.531	1990.125	1552.641
	標準差	893.631	438.526	675.235	379.278
滿意度	平均數	3.750	2.844	2.688	2.094
	標準差	1.491	1.493	1.139	1.123

表4.5 對非線性 vs. 線性系統的影響所作的MANOVA檢定結果

對顯著性執行的多變量檢定

Wilk's Lambda = 0.23291; 假設 自由度 = 3; 誤差 自由度 = 61; 實測F值 = 38.06; p < .001

對正確性執行的單變量ANOVA分析

變因	自由度	平方和	均方	實測F值	F值機率
線性 vs. 非線性	1	.205	.205	9.16	.004
實驗對象間	63	1.411	0.022		

對時間執行的單變量ANOVA分析

變因	自由度	平方和	均方	實測F值	F值機率
線性 vs. 非線性	1	11556175.3	11556175.3	66.43	.001
實驗對象間	63	10959972.9	173967.8		

對滿意度執行的單變量ANOVA分析

變因	自由度	平方和	均方	實測F值	F值機率
線性 vs. 非線性	1	52.562	52.562	85.04	.001
實驗對象間	63	38.937	.618		

的多變量變異數分析以及單變量變異數分析結果。多變量變異數分析的結果顯示，資訊收集方式對問題解決績效確實有顯著的影響（F = 38.06; p（.001）。計畫對照法所執行的三個單變量變異數分析的結果都是顯著的：（a）正確性（F（1, 63）= 9.16; p（.001）、（b）時間（F（1, 63）= 66.43; p（.004），以及（c）滿意度（F（1, 63）= 85.04; p（.001）。此發現支持H1a與H1b，亦即，在解決問題時，非線性系統會所產生比線性系統更好的績效及使用者滿意度。

非線性分析型 vs. 線性分析型的影響

H2a的目的在檢視當我們使用線性或非線性系統來收集解決分析型問題任務所需的資訊時，若由時間與正確性的角度來看，何者會產生較高的績效。H2b的目的則是在檢視當我們使用非線性系統來獲取解決分析型問題任務所需的資訊時，使用者滿意度是否較高。表4.6大略地說明了非線性分析型與線性分析型任務的多變量變異數分析與單變量變異數分析結果。對分析型任務來說，非線性方法會顯著地影響結果。多變量變異數分析的結果顯示，資訊收集方式對分析型問題任務的問題解決績效確實有顯著的影響（F（1, 63）= 38.06; p（.001）。而計畫對照法所執行的三個單變量變異數分析的結果則顯示，使用非線性系統來解決分析型任務的實驗對象（問題）比使用線性系統的實驗對象需要更短的任務執行時間（F（1, 63）= 52.06; p（.001），且其使用滿意度較高（F（1, 63）= 36.58; p（.001）。故對非線性分析型 vs. 線性分析型任務來說，H2a被部份支持，而H2b則被完全支持。

非線性感受型 vs. 線性感受型的影響

H3a的目的在檢視當我們使用線性或非線性系統來收集解決感受型問題任務所需的資訊時，若由時間與正確性的角度來看，何者會產

表4.6 對非線性分析型 vs. 線性分析型所作的MANOVA檢定的結果

對顯著性執行的多變量檢定

Wilk's Lambda = 0.13835; 假設 自由度 = 9; 誤差 自由度 = 55; 實測F值 = 38.06; p < .001

對正確性執行的單變量ANOVA分析

變因	自由度	平方和	均方	實測F值	F值機率
線性 vs. 非線性	1	.004	.004	1.20	.277
實驗對象間	63	.229	.003		

對時間執行的單變量ANOVA分析

變因	自由度	平方和	均方	實測F值	F值機率
線性 vs. 非線性	1	2453389.3	3453389.3	52.06	.001
實驗對象間	63	2968694.1	47122.1		

對滿意度執行的單變量ANOVA分析

變因	自由度	平方和	均方	實測F值	F值機率
線性 vs. 非線性	1	18.000	18.000	36.58	.001
實驗對象間	63	31.000	.492		

生較高的績效。H3b的目的則是在檢視當我們使用非線性系統來獲取解決感受型問題任務所需的資訊時，使用者滿意度是否較高。表4.7大略地說明了非線性感受型與線性感受型任務的多變量變異數分析與單變量變異數分析結果。對感受型任務來說，非線性方法會顯著地影響任務的績效。多變量變異數分析的結果顯示，資訊收集方式對感受型問題任務的問題解決績效確實有顯著的影響（F = 38.06; p（.001）。解決感受性任務時，使用非線性系統的實驗對象較使用線性系統的實驗對象執行的更快（F（1, 63）= 33.21; p（.001）且更正確（F（1, 63）= 11.45; p（.001）。而使用非線性系統的實驗對象也較滿意其使用情形（F（1, 63）= 65.26; p（.001）。因此，所有三種應變測

表4.7 對非線性感受型 vs. 線性感受型所作的MANOVA檢定的結果

對顯著性執行的多變量檢定

Wilk's Lambda = 0.13835; 假設 自由度 = 9; 誤差 自由度 = 55; 實測F值 = 38.06; $p < .001$

對正確性執行的單變量ANOVA分析

變因	自由度	平方和	均方	實測F值	F值機率
線性 vs. 非線性	1	.50	.500	11.45	.001
實驗對象間	63	2.75	.044		

對時間執行的單變量ANOVA分析

變因	自由度	平方和	均方	實測F值	F值機率
線性 vs. 非線性	1	10505382.1	10505382.1	33.21	.001
實驗對象間	63	19924465.9	316261.4		

對滿意度執行的單變量ANOVA分析

變因	自由度	平方和	均方	實測F值	F值機率
線性 vs. 非線性	1	36.13	52.562	65.26	.001
實驗對象間	63	34.88	.554		

量的單變量變異數分析結果都顯示了顯著的差異。故對非線性感受型 vs. 線性感受型任務來說，H3a與H3b皆被完全支持。

討論及總結

本研究探討了線性、非線性系統這兩種資訊存取、及使用的方法對問題解決的影響。本研究特別試著對非線性方法在效能上優於線性系統之處提供一些實驗性的深入理解。實驗結果則支持我們的論點，亦即，非線性系統明顯具有較高的問題解決績效與使用者滿意度。

本研究也探討了許多不同的問題任務組合（感受型與分析型），以檢視何種資訊存取與使用分法（線性或非線性系統）能促成較正確的問題解決結果、較短的解決時間，以及較高的使用者滿意度。實驗結果則支持我們的假設，亦即，對感受型與分析型任務來說，非線性系統都有較好的問題解決績效及使用者滿意度。當實驗對象使用非線性系統來解決感受型問題時，所需要的決策時間較使用線性系統時短，而結果也較正確。然而，若實驗對象解決的是分析型的任務，則使用非線性系統的實驗對象也會有較快速的任務執行速度，但在問題解決結果的正確性方面則沒有顯著的差異。最後，不論是感受型任務或分析型任務，非線性系統也都較高的使用滿意度。

本研究的結果證實了長久以來便爲學者們所懷疑卻未有相關實證研究的一點：使用非線性連結時會較使用線性連結時有更好的問題解決結果。而且，個人（使用者）也較滿意非線性系統的使用情形。因此，我們可說，在高度結構化的實驗環境裡，對簡單的資訊獲取任務及定義良好的評估或推論任務而言，非線性連結較線性連結爲佳。

本研究的主要限制在於實驗所檢視的任務類型、預先測試過的方法與任務的使用、學生實驗對象的使用，以及解決問題時所使用的資訊類型。首先，本研究中所使用的問題任務是相當簡單的。未來應使用感受型特性更強烈且複雜度較高的感受型任務來重新進行實驗，例如，判斷趨勢，或判斷出資料中的其他樣式（pattern）種類。

第二點，本研究使用Vessey（1991）以及Vessey與Galletta（1991）以往研究中已預先測試過的方法與任務來評估感受型問題任務與分析型問題任務的解決技巧。本研究可以發展自己的任務來測試其影響。然而，使用這些已建立的任務來作實驗則可以保證方法的正確性，並去除因任務的選用而導致的實驗結果偏差。相對的，未來的研究也可以發展新的任務，以增進我們的知識範圍以及實驗結果的一般性。

第三點，本研究以學生爲實驗對象。因此，實驗結果可否對現實世界裡的經理人做一般性的推論則有待商榷。然而，須注意的是，本研究的重點在於線性與非線性系統對問題解決過程的影響。而學生在問題解決這方面便有如初學者，故可能較其他種實驗對象更適於說明資訊存取與使用方式對解決問題的影響。

最後一點，用來解決分析型及感受型任務的資訊類型應可包括其他種類的質性資訊，諸如隱喻（metaphor）、故事、範例、組織目標、個案研究策略等。例如，我們便可加入隱喻這種質性資訊（將其視爲一種聚焦鏡），爲一種可以增進問題解決者的理解程度、重塑我們的想法、影響我們的行爲，以幫助我們由不同的角度來看問題（見Kendall & Kendall, 1993, 1994; 以及Walsham, 1991，與系統研究中隱喻的使用有關的精彩回顧）。而目前也愈來愈盛行以故事、範例及組織目標來判斷資訊系統的衝擊（Rao, 1995; Senn, 1989）。根據Benbasat、Goldstein以及Mead 1987）的說法，由個案研究策略於IS研究中的使用情形我們可以發現，個案研究可在自然的環境下探討系統的衝擊，並幫助我們由不同的角度來了解問題的本質及複雜性。IS文獻中的質性研究則爲這類資訊的發展提供了一個充滿希望的典範（Lacity & Janson, 1994; Kendall & Kendall, 1994）。

就研究的貢獻與意涵而言，本研究以實驗測試了使用線性或非線性系統來進行相當簡單的資訊獲取任務與推論任務（分析型與感受型）時，所產生的問題解決績效。但即使實驗結果在統計上是顯著的，未來的研究應擴展到更複雜的問題任務。此外，我們可將認知配適理論延伸至本研究中，以探討線性或非線性連結對問題任務解決過程與解決方法的支援方式。根據認知配適理論，問題解決者會利用問題任務本身及問題呈現方式的特色，於內心裡建立出問題解答的形貌（Umanath & Vessey, 1994; Vessey, 1991）。Vessey （1991） 更觀察到（以Bettman & Zins, 1979; 及Vessey & Weber, 1986的發現爲部份基礎），認知上的配適會降低任務環境的複雜度，因而能使問題的解決過程更有效率；而且，相對的，若問題呈現方式與任務本身不協調，問題解決者便須將資料轉換成與問題適合的形式，或是將問題轉換成適合資料的形式，故這種不協調的狀況會導致不良的問題解決績效。而非線性連結則似乎能增進多種任務類型的認知適合度，因此，較之於線性系統，非線性系統能爲更多的問題任務增進其問題解決績效。而相對的，對某些任務來說，線性連結可能會阻礙問題的解決過程。因此，下一步我們應擴展邏輯思考的範圍，將認知配適理論整合至本研究之中。

而如Vessey與Galletta（1991）所指，成本—效益理論是另一個可能的考慮方向（見Beach & Mitchell, 1978; Payne, 1982; Payne, Bettman, & Johnson, 1993）。一般來說，成本—效益理論認爲問題的解決過程須於付出的努力與答案的正確性之間作取捨，而如此的取捨會導致策略的轉換。例如，行爲性決策制定的研究便顯示，決策者所採用的策略會隨著任務本身或任務環境的細微變化而改變。特別是，決策者會在正確性上做些微的犧牲以大量降低其辛勞程度（Russo & Dosher, 1983）。將來的研究可能須應用認知成本—效益理論的觀念，以探討線性或非線性系統對更複雜的任務及有時間限制的問題解決環境所產生的問題解決績效，而限制決策時間便意味著限制了達成任務所需要的處理程度。

本研究僅檢視線性或非線性系統所產生的問題解決結果。我們將這些結果視爲一個有用的起點。而將來則或許須對個人以線性或非線性系統來獲取資訊時所產生的認知過程做深入的試驗。這可由過程追溯方法（process tracing methodology）達成，例如，協定分析（protocol analysis）（見Ericsson & Simon, 1984; Russo, Johnson, & Stephens, 1989）。而且，對DSS領域內的畫面格式設計來說，我們可將本研究的重點擴展至認知過程中所耗費的努力，以及畫面格式與決策過程變化間的關係，且此決策過程變化是發生於畫面格式改變之時（見Jarvenpaa, 1989）。

最後，對資訊呈現方法與界面設計方式來說，本研究顯示了非線性連結相對於線性連結的優點所在。而這些優點會隨著以HTML網頁的大量成長而更形重要。特別是，目前WWW仍持續爆炸性的成長，而HTML的擴充（例如，Java、HTML Basic）也使得程序性活動得以被整合進入這種界面之中，故本研究也顯示出非線性系統在許多不同任務類型中的優越性。而且，現在的線上說明系統（help system）多半由內容與索引的表格所組成，而這些表格的存取方式可以是線性的，也可以是非線性的。我們可將這種情形延伸成只包括非線性連結的方式。鼓勵所有使用者只使用非線性連結的觀念，則可由訓練使用者或將系統設計成只包含非線性連結的方式來促成。

參考書目

Abelson, R. P. (1981). Psychological status of the script concept. *American Psychologist, 36*(7), 715-729.

Anderson, J. R. (1981). *Cognitive skills and their applications*. Hillsdale, NJ: Lawrence Erlbaum Associates.

Barnes, R. J., Baskerville, R. L., Kendall, J. E., & Kendall, K. E. (1992). HyperCase instructor's guide appendix. In A. Schmidt (Ed.), *Instructor's manual to accompany systems analysis and design* (2nd ed.). Englewood Cliffs, NJ: Prentice Hall.

Beach, L. R., & Mitchell, T. R. (1978). A contingency model for the selection of decision strategies. *Academy of Management Review, 3*, 439-449.

Benbasat, I., & Dexter, A. S. (1985). An experimental evaluation of graphical and color-enhanced information presentation. *Management Science, 31*(11), 1348-1364.

Benbasat, I., & Dexter, A. S. (1986). An investigation of the effectiveness of color and graphical information presentation under varying time constraints. *MIS Quarterly, 10*(1), 59-83.

Benbasat, I., Goldstein, D. K., & Mead, M. (1987). The case research strategy in studies of information systems. *MIS Quarterly, 11*(3), 369-386.

Bettman, J. R., & Kakkar, P. (1977). Effects of information presentation format on consumer information strategies. *Journal of Consumer Research, 3*, 233-240.

Bettman, J. R., & Zins, M. A. (1979). Information format and choice task effects in decision making. *Journal of Consumer Research, 6*, 141-153.

Bieber, M. P., & Kimbrough, S. O. (1992). On generalizing the concept of hypertext. *Management*

Information Systems Quarterly, 16(1), 77-93.

Bush, V. (1945, July). As we may think. *Atlantic Monthly,* pp. 101-108.

Conklin, J. (1987). Hypertext: An introduction and survey. *IEEE Computer, 20*(9), 17-41.

Conklin, J. (1991). Geographic information system to hypertext. In A. Kent & J. Williams (Eds.), *Encyclopedia of microcomputers* (pp. 377-431). New York: Marcel Dekker.

Dickson, G. W., DeSanctis, G., & McBride, D. J. (1986). Understanding the effectiveness of computer graphics for decision support: A cumulative experimental approach. *Communications of the ACM, 29*(1), 40-47.

Engelbart, D. (1963). A conceptual framework for the augmentation of man's intellect. In P. W. Howerton & D. C. Weeks (Eds.), *Vistas in information handling.* London: Spartan.

Engelbart, D. (1984). Authorship provisions in AUGMENT. In *Proceedings of the 28th IEEE Computer Society International Conference* (pp. 9-21). Arlington, VA: AFIPS Press.

Ericsson, H. J., & Simon, H. A. (1984). *Protocol analysis: Verbal reports as data.* Cambridge, MA: MIT Press.

Esichaikul, V., Madey, G. R., & Smith, R. D. (1994). Problem-solving support for TQM: A hypertext approach. *Information Systems Management, 11*(1), 47-52.

Ewing, J., Mehrabanzad, S., Sheck, S., Ostroff, D., & Shneiderman, B. (1986). An experimental comparison of a mouse and arrow-jump keys for an interactive encyclopedia. *International Journal of Man-Machine Studies, 24,* 29-45.

Fraisse, S. (1997). A task driven design method and its associated tool for automatically generating hypertexts. In *Proceedings of HYPERTEXT'97* (pp. 234-235). Southampton, UK.

Garzotto, F., Paolini, P., & Schwabe, D. (1993). HDM: A model-based approach to hypertext application design. *ACM Transaction on Information Systems, 11*(1), 1-26.

Goodhue, D. L., & Thompson, R. L. (1995). Task-technology fit and individual performance. *MIS Quarterly, 19*(2), 213-236.

Halasz, F. (1988). Reflections on NoteCards: Seven issues for the next generation of hypermedia systems. *Communications of the ACM, 31*(7), 836-852.

Jacobson, M. J., & Spiro, R. J. (1991a). A framework for the contextual analysis of computer-based learning environments. *Journal of Computing & Higher Education, 5*(2), 3-32.

Jacobson, M . J., & Spiro, R. J. (1991b). Hypertext learning environments, cognitive flexibility and transfer of complex knowledge: An empirical investigation. *Journal of Educational Computing Research, 12*(4), 301-313.

Jarvenpaa, S. (1989). The effect of task and graphical format on information processing strategies. *Management Science, 35*(3), 285-303.

Jarvenpaa, S. L., & Dickson, G. W. (1988). Graphics and managerial decision making: Research-based guide lines. *Communications of the ACM, 31*(6), 764-774.

Jonassen, D. H. (1986). Hypertext principles for text and courseware design. *Educational Psychologist, 21*(4), 269-292.

Kendall, J. E., & Kendall, K. E. (1993). Metaphors and methodologies: Living beyond the systems machine. *MIS Quarterly, 17*(2), 149-171.

Kendall, J. E., & Kendall, K. E. (1994). Metaphors and their meaning for information systems development. *European Journal of Information Systems, 3*(1), 37-47.

Kendall, J. E., & Kerola, P. (1994). A foundation for the use of hypertext-based documentation techniques. *Journal of End-User Computing, 6*(1), 4-14.

Kendall, K. E., & Kendall, J. E. (1992). *Systems analysis and design.* Englewood Cliffs, NJ: Prentice Hall.

Kerlinger, F. N. (1986). *Foundation of behavioral research.* Fort Worth, TX: Holt, Rinehart & Winston.

Lacity, M. C., & Janson, M. A. (1994). Understanding qualitative data: A framework of text analysis methods. *Journal of Management Information Systems, 11*(2), 137-155.

Landauer, T. K., Dumais, S. T., Gomez, L. M., & Furnas, G. W. (1982). Human factors in data access. *The Bell System Technical Journal, 61,* 2487-2509.

Marchionini, G., & Shneiderman, B. (1988). Finding facts vs. browsing knowledge in hypertext systems. *IEEE Computer, 21*(1), 70-80.
Minch, R. P. (1989). Application and research areas for hypertext in decision support systems. *Journal of Management Information Systems, 6*(3), 119-138.
Motley, M. T. (1987, February). What I meant to say. *Psychology Today,* pp. 24-28.
Nanard, J., & Nanard, M. (1995). Hypertext design environments and the hypertext design process. *Communications of the ACM, 38*(8), 49-56.
Nelson, K. (1986). Event knowledge and cognitive development. In K. Nelson (Ed.), *Event knowledge: Structure and function in development* (pp. 1-10). Hillsdale, NJ: Erlbaum.
Nelson, T. H. (1967). Getting it out of our system. In G. Schecter (Ed.), *Information retrieval: A critical review.* Washington, DC: Thompson.
Payne, J. (1982). Contingent decision behavior. *Psychological Bulletin, 92*(2), 382-402.
Payne, J. W., Bettman, J. R., & Johnson, E. J. (1993). *The adaptive decision maker.* Cambridge, UK: Cambridge University Press.
Powers, M., Lashley, L., Sanchez, P., & Shneiderman, B. (1984). An experimental investigation of tabular and graphic data presentation. *International Journal of Man-Machine Studies, 20,* 545-566.
Rao, S. S. (1995). Putting fun back into learning. *Training, 32*(8), 44-48.
Rich, E. (1983). *Artificial intelligence.* New York: McGraw-Hill.
Russo, J. E. (1977). The value of unit price information. *Journal of Marketing Research, 14,* 193-201.
Russo, J. E., & Dosher, B. A. (1983). Strategies for multiattribute binary choice. *Journal of Experimental Psychology: Learning, Memory, and Cognition, 9*(4), 676-696.
Russo, J. E., Johnson, E. J., & Stephens, D. L. (1989). The validity of verbal protocols. *Cognitive Psychology, 17*(6), 759-769.
Schank, R. C., & Abelson, R. P. (1977). *Scripts, plans, goals, and understanding.* Hillsdale, NJ: Erlbaum.
Schwabe, D., Rossi, G., & Barbosa, S. (1996). Systematic hypermedia application design with OOHDM. In *Proceedings of Hypertext'96* (pp. 116-128). Washington, DC.
Senn, J. A. (1989). Debunking the myths of strategic information systems. *Business, 39*(4), 43-47.
Shneiderman, B. (1987). User interface design for the Hyperties electronic encyclopedia. In *Proceedings of Hypertext'87* (pp. 189-194). Chapel Hill, NC.
Shneiderman, B. (1989). Reflections on authoring, editing and managing hypertext. In E. Barrett (Ed.), *The society of text: Hypertext, hypermedia, and the social construction of information.* Cambridge, MA: MIT Press.
Shneiderman, B., & Kearsley, G. (1989). *Hypertext hands-on: An introduction to a new way of organizing and accessing information.* New York: Addison-Wesley.
Spiro, R. J., Feltovich, P. J., Jacobson, M. J., & Coulson, R. L. (1996). Cognitive flexibility, constructivism, and hypertext: Random access instruction for advanced knowledge acquisition in ill-structured domains. *Educational Technology, 11*(5), 24-33.
Todd, P., & Benbasat, I. (1991). An experimental investigation of the impact of computer-based decision aids on decision making. *Information Systems Research, 2*(2), 87-115.
Umanath, N. S., & Scamell, R. W. (1988). An experimental evaluation of the impact of data display format on recall performance. *Communications of the ACM, 31*(5), 562-570.
Umanath, N. S., Scamell, R. W., & Das, S. R. (1990). An examination of two screen/report design variables in an information recall context. *Decision Sciences, 21*(1), 216-240.
Umanath, N. S., & Vessey, I. (1994). Multiattribute data presentation and human judgment: A cognitive fit perspective. *Decision Sciences, 25*(5/6), 795-824.
Vessey, I. (1991). Cognitive fit: A theory-based analysis of the graph versus tables literature. *Decision Sciences, 22,* 219-239.
Vessey, I. (1994). The effect of information presentation on decision making: A cost-benefit analysis. *Information and Management, 27,* 103-119.
Vessey, I., & Galletta, D. (1991). Cognitive fit: An empirical study of information acquisition. *Information Systems Research, 2*(1), 63-86.

Vessey, I., & Weber, R. (1986). Structured tools and conditional logic: An experimental investigation. *Communications of the ACM, 29*(1), 48-57.

Walsham, G. (1991). Organizational metaphors and information systems research. *European Journal of Information Systems, 1*(2), 83-94.

Washburne, J. N. (1927). An experimental study of various graphic, tabular and textural methods of presenting quantitative material. *Journal of Educational Psychology, 18*(6), 361-376.

Wright, P. L. (1975). Consumer choice strategies: Simplifying vs. optimizing. *Journal of Marketing Research, 11*, 60-67.

Yankelovich, N., Haan, B., Meyrowitz, N., & Drucker, S. (1988). Intermedia: The concept and the construction of a seamless information environment. *IEEE Computer, 21*(10), 81-96.

Zacarias, P. T. (1986). *A script-based knowledge representation for intelligent office information systems.* Unpublished doctoral dissertation, Purdue University.

第五章

資料倉儲

三種主要的應用及其重要性

PAUL GRAY

資料倉儲（data warehousing）是1990年代中主要的電腦發展之一，它改變了決策支援領域及其他的產業獲取資訊的方式。而資料倉儲意指能提供決策者乾淨（clean）、一致且相關資料的資料庫。乾淨的意思是指正確的資料。而一致則是指所有的資料都只有一個版本。相關則指資料被組織成特定的形式，而這種形式可用以幫助回答經理人工作上所遭遇的戰術（tactical）及策略層次上的問題，而非作業及會計等交易處理層次上的問題。

資料倉儲的出現連帶產生了許多相關的應用，諸如線上分析處理（on-line analytical processing, OLAP）、資料挖掘（data mining），以及資料庫行銷（database marketing）等。雖然資料倉儲、資料挖掘等名詞對工作內容大多與計算及決策有關的白領階級來說，似乎已經過時了，但這些發展卻是資訊系統上的一大進展。

本章包括幾個部份。討論完資料倉儲的起源（第一部份）後，我們將描述資料倉儲及其一些變化版本的特色（第二部份）。接著，我們將簡要地介紹資料倉儲產業的現況（第三部份）。最後，本章則分析資料倉儲的三種主要應用（第四部份），並展望管理上對資料倉儲應注意的事項（第五部份）。

第一部份：資料倉儲的起源

資料倉儲與老舊的DSS系統

決策支援系統（DSS）是1970年代出現的名詞，其設計的目的是幫助經理人制定決策的資訊系統。這些系統使用資料庫與模式庫來解決管理上的問題，而這些問題在複雜度上的範圍則相當廣泛，由簡單的試算表問題，到使用整數規劃（integer programming）來決定最佳地點的複雜問題都有。最初的觀念是經理人須能自己產生並操作這些系統。但這種假設已經被證明是錯誤的。大部分的經理人並未有足夠的技能、時間以及意願來做這件事。因此，自1980年代早期開始，許多組織及軟體供應商便轉而推出一種叫做高階主管資訊系統（Executive Information System, EIS）的資訊系統。

EIS的基本假設認為經理人想要的是與其公司及外部環境有關的標準化資訊。這些資訊包括組織處理與輸出的歷史資料，及對其未來狀態所作的預測。觀念上就是希望經理人能透過EIS來瞭解組織的整體現況。EIS包括下列層面的資訊：財務、生產歷程、狀態以及計畫；人事、外部事件，如競爭對手的資訊、電子郵件等等。EIS並不具備DSS所擁有的計算能力。誠如Rockart與DeLong（1988）所指出的，EIS的用途主要是讓高階主管藉其發現問題，而DSS則是用來讓幕僚人員研究這些問題，並提出解決方案。

雖然DSS與EIS都相當有用，但它們都缺乏威力強大的資料庫元件。大部分的情況是，為某目的所收集的資訊往往不能直接為另一目的所使用。特別是，過去（現在也是）大部分組織的資訊收集策略總是將重心放在維護與特定交易及顧客有關的即時（最好是在線上）資訊上。然而，管理上的決策須對過去與未來作整體性的考量，而不只是考慮現在。因此，大部分的DSS與EIS開發者便須建立它們自己的資料庫，而這並非他們主要的專業。

資料倉儲與老舊（legacy）的資料庫系統

資料庫發展者很早便知道他們的軟體不只是交易處理所需要的，也是分析處理所需要的。然而，他們主要的發展仍被導向資料量會一直增加的交易處理型資料庫，而忽略了資訊型的資料庫。即使具有不同需求與使用者的作業型資料庫與分析型資料庫是分開存放的，這種情形也沒有改變。

然而，和其他新科技相同的是，一旦每個人都擁有此項科技，資料庫市場便開始成為穩定的汰換型（replacement）市場，而不再是成長型市場。此時資料庫發展者便會開始尋找能善加應用其固有知識的全新方向。他們最後發現了一個新的應用方向－一種不只儲存即時性資訊，也儲存歷史性資訊的嶄新資料庫概念。他們也知道他們系統中的資料於精確性及一致性上還有改善的空間。更重要的是，這些發展者發現當現有資料庫面對複雜的分析型查詢時，所需要的回應時間相當長，且常妨礙關聯性系統（relational systems）執行交易處理功能。

了解這些差異後，資料庫發展者便立刻發展出專為分析所用的新型資料庫。因為這種資料庫儲存了遠超過舊式資料庫的大量資料，而且這些資料已經被保存與使用一段時間了，故這種資料庫便被稱為資料倉儲（data warehouse）。

資料倉儲觀念最初的發展目的是為了改善DSS中資料的品質，並進而改善使用DSS與EIS所制定決策的品質。資料倉儲觀念在這方面的確有著令人欽佩的成果，而且，它也發現了其他可供應用之處，特別是在資料挖掘與資料庫行銷兩方面。

第二部份：資料倉儲的特性

資料倉儲是什麼？

一般來說，資料倉儲與用來支援交易處理程序的生產型資料庫系統並不相同，而是另一種具有專門用途的資料庫系統。其與生產型系統的區別在於：

- 它所包含的時間範圍較交易處理系統更為長久
- 它包含了許多資料庫，且這些資料庫已被預先處理，使得資料倉儲中所有資料的定義方式都是統一的（意即，「乾淨」的資料）
- 它通常包含來自企業外部（如證券交易委員會的檔案（SEC filing），或競爭對手的股價）的資料以及為內部使用所產生的資料
- 它通常會被最佳化，以回答經理人及分析師們複雜的查詢

資料倉儲的定義

最常使用的定義來自於Inmon（1992）：

資料倉儲是一組：

— 主題導向的（subject-oriented）

— 整合的（integrated）

— 隨時間改變的（time-variant）

— 非揮發性的（nonvolatile）

用來支援管理決策過程的資料（p. 29）。

資料倉儲特性的定義隱含了下列假設：資料倉儲與作業系統在硬體上是完全分離的，它並同時包含管理上所使用的彙總性資料與交易（極瑣碎的）資料，而且，它與線上交易處理（On Line Transaction Processing, OLTP）所使用的資料庫也是分離的。

實作資料倉儲特性的方法共有三種。規模最大的一種是傳統型的資料倉儲，它可提供與整個企業有關的資料，並能支援整個企業。而用來支援特定企業單位或特定企業部門的小型資料倉儲則叫做資料市集（data mart）。最後，當我們將資料倉儲（data warehousing）原則應用於交易處理系統時，我們將結果稱爲作業資料商店（operational data store）。

特性

表5.1將資料倉儲的一些特性予以彙總。現在我們便來討論這些特性。

主題導向

資料倉儲中資料的組織方式是以整個企業的主要問題來考量，而非考量個別的交易。亦即，資料的組織方式是考慮橫跨整個企業的各個問題領域，而不是以各個應用程式的方式來個別考慮。造成這種差異的原因是因爲應用程式通常是針對特定的程序與功能所設計的，故每個應用程式都有其特定的資料需求，且其所包含的資料大部份都只侷限於其功能。而這些作業性的資料需求則與應用程式的即時需求有關，並以目前的企業規則爲基礎。但另一方面，資料倉儲所包含的卻是決策導向的資料，這些資料會涵蓋一段相當長的時間維度，且彼此間有相當複雜的關係。

表5.1 資料倉儲的特性

特性	特性的說明
主題導向	以使用者引用資料的方式來組織資料。
整合的	將命名方式（nomenclature）不同、互相衝突的資料等不一致性去除。亦即，資料是乾淨的。
非揮發性	唯讀性資料。資料不隨著時間改變。
時間序列	資料是時間序列，而非即時狀態。
彙總的	將作業資料轉換成易為決策過程使用的形式。
巨大的	保留時符間序列即意味著須保留大量的資料。
非正規化的（Not Normalized）	DSS資料可以重複存在。
metadata	描述資料的資料＝資料的相關資料
輸入	是一種未加以整合的作業環境（「老舊系統」）

資料整合

資料倉儲中的資訊必須是乾淨的、驗證過並適當地彙總過的。乾淨的意思是指同一件資訊只會有一種命名方式（nomenclature,術語）。不幸的，老舊系統常將同一件資訊賦予好幾種名稱。因此，在某系統中性別的命名方式可能是「男、女」，而在第二個系統中則可能叫做「男性、女性」，第三個系統中又可能是「0、1」。同樣的，某些系統以兩位數來記錄年份，但其他的系統卻可能使用四位數來記錄。

當資料被存入資料倉儲中時，它們會被整合成只有一種命名方式，且它們的屬性（attribute）皆具有相同的格式與單位以方便彼此間的衡量與比較。因此，即使是不同來源的資料，資料倉儲都會使用單一且整體通用的形式來儲存這些資料。

同樣的，這些資料在存入前會被更正。因為資料庫一旦存入錯誤的資料，則這些錯誤便會一直存在於資料庫中，除非觸發一個外部事件來做更正。而更正的過程可能會刪除某些資訊，並採取一些步驟以驗證資料倉儲中的資料是否都已經被檢查過。而資料倉儲中的某些資料也可能會被彙總起來，這種彙總過程須相當小心以避免錯誤。若這些操作都能正確執行，則使用者便可只專注於資料本身，而不用再去考量資料的可信度（credibility）與一致性。

時間

只有在剛被存入時是正確的，且它們的正確性會隨著接下來的儲存而慢慢降低。在線上即時決策（例如，我是否要在電話中答應客戶的貸款？）的作業環境中，資料在其被存取的那一刻必須是正確的。這麼高程度的即時性對資料倉儲而言是不需要的。因此，與批次系統（batch systems）相同，資料倉儲中的資料資料存入的時間則是「描述資料的資料」（metadata）的一部份。

資料倉儲通常會保留5到10年份的資料。但在另一方面，作業資料通常只會被保留60至90天。

資料倉儲中的資料通常會被組織成特定的形式，意即，它的鍵值（key）一定包含有時間的單位（天、週，等）。而且，已經被正確地記錄於資料倉儲中的資料不能被更新。

非揮發性

作業環境中的資料會以一筆筆記錄的方式來定期更新。而資料倉儲的環境則較簡單，因為它只涉及資料的儲存與存取。

新資料在存入資料倉儲前會先被過濾與轉換，且資料倉儲只儲存與決策有關的資料。此外，資料倉儲也會對其資料執行一些計算以產生彙總性的資料，而這種資料在作業資料中是看不到的。例如，將每日銷售量彙總便可得到每週銷售量的圖表，而作業資料中並沒有這種彙總性圖表。

資料倉儲的結構

資料倉儲包括下列五種資料：

- 即時細節資料（Current Detail Data）
- 舊細節資料（Older Detail Data）
- 低度彙總資料（Lightly Summarized Data）
- 高度彙總資料（Highly Summarized Data）
- 描述資料內容的資料（metadata）

這些資料不一定得儲存於同一種儲存媒體。然而，資料倉儲的軟體須能對上述每一種資料進行存取。設計資料倉儲時須決定的一個關鍵議題是資料的顆粒（granularity）。顆粒意指資料的瑣碎程度。企業組織的交易處理系統中所存放的尚未處理過的資料（raw data）其瑣碎程度通常是最高的。而在資料倉儲中，即使最瑣碎的資料也可能是某些資訊彙總而得的。例如，決策支援系統所使用的資料倉儲可能包含每種庫存項目的每日銷售量，而不追溯個別交易。因此，資料倉儲的設計須在其資料的彙總程度上作一取捨，而此時的取捨可說是一種藝術而非科學。

即時細節資料

即時細節資料反應出最近發生的事件。如果以最小程度的顆粒（granularity）來儲存的話，則這種資料的量將非常龐大。通常這些資料只是即時資料的複製，而它們被處理成乾淨的資料後便被存入資料倉儲之中。然而，並非所有儲存於交易系統中的欄位皆須被移入資料倉儲之中。而我們須注意的是，雖然這些資料被稱為即時細節資料，然而，這些資料只有在剛被移出交易處理系統時是眞正的即時性資料。

許多決策支援上的問題都會使用到個別交易的細節記錄資料。例如，我們今天賣出了多少單位？硬體的週銷售量趨勢爲何？而利潤上的趨勢又如何？故將細節性資料置於資料倉儲中的原因即是爲了能在不拖累交易處理系統的績效，或者不將交易處理系統暫停許久的情況下，仍能查詢這些資料且系統會對這些查詢有所回應。

舊細節資料

在大部分的資料倉儲中，都規定當細節資料的儲存時間到達一定限度時，便須將這些資料由磁碟移入另一種大量儲存媒體。雖然資料倉儲仍可存取這些細節資料，但因爲這些儲存媒體的存取速度較慢，故這些資料的存取時間會稍微增長。

低度彙總資料

過去的經驗顯示，若將資料彙總成預期的需求數量後，資料倉儲的回應與使用都會有所改善。由設計者的觀點來看，他們必須面對二項決策：

1. 選擇欲彙總的屬性
2. 選擇彙總時所使用的時間單位

這兩項決策都必須在以下的兩個層面上做取捨：1.可以不用一再重複運算；2.可節省更多儲存空間。無疑地，常被查詢的屬性或屬性組合應予以彙總，而很少被查詢的屬性或屬性組合便不必對其進行彙總。而一旦決定欲彙總的屬性之後，下一步便須決定這些屬性應該多久被彙總一次。

高度彙總資料

某些資料，特別是高階主管所需要的資訊，應以簡潔而容易存取的形式來提供。這些資訊通常包括了一些必須經常查閱的資訊。而這種資訊並不只是將所儲存的交易資料彙總起來而已，它必須將這些彙總資料保存一段相當長的時間以確認資料的趨勢。將高度彙總資料儲存下來，便可大量降低回答問題所需搜尋的資料數量，因而可降低高階主管所感受到的回應時間。

描述資料的資料（metadata）

metadata被定義成與資料有關的資料。它是存於資料倉儲中而與資料倉儲本身有關的資訊，而非資料倉儲所提供的資訊。metadata是資料倉儲所不可或缺的，它的內容如下：

1. 一個涵蓋了資訊倉儲中所有資訊的目錄；此目錄指明所有資料的儲存位置，而此目錄也是一個索引，用於系統的查詢欲找尋適當的資訊時
2. 一個用來將資料由作業型式轉成資料倉儲型式的指引
3. 彙總資料時所使用的法則

資料的型式

將交易處理系統中的資料正規化（normalizing）的觀念長久以來便盛行於關聯式資料庫，但此觀念並不適用於資料倉儲，例如，人們總是想要刪除掉交易處理系統中的重複性資料，而使所有與某特定交易有關的資料都位於相同之處。此觀念便是把所有資料欄位組織成一組容易使用且有實質意義的表格。人們也覺得儲存空間昂貴而不應有所浪費。但資料倉儲的原理便是要將資料組織成有實質用處且能快速存取的型式，故資料重複對資料倉儲來講並不構成任何問題。

資料的流程（flow）

如圖5.1所示，幾乎所有進入資料倉儲的資料都來自於作業環境。這些資料被處理乾淨後便被移入資料倉儲之中。

這些資料會持續不變地存於資料倉儲之中，直到它們被淨化

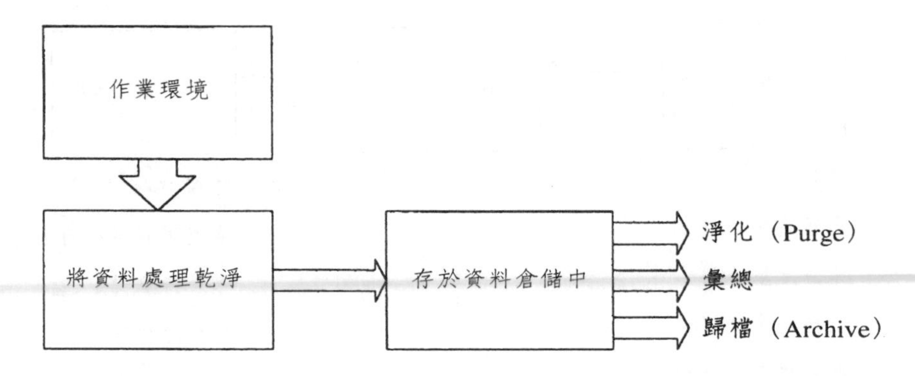

圖5.1 資料流程

（purge）、歸檔，或與其它資訊合併彙總。資料倉儲中也有一種老化（aging）程序會將其中的即時細節資料移出成為舊細節資料。而資料彙總程序則是計算細節資料的彙總性資訊。

資料倉儲架構

資料倉儲軟體的架構通常包括下列三個部份（見圖5.2）：

1. 資料獲取軟體（data acquisition software）（後端），可自舊系統或外部來源將資料萃取出來，並對這些資料進行整合及彙總的處理，然後存入資料倉儲中。
2. 資料倉儲本身，由metadata以及相關軟體所組成。
3. 客户端（前端）軟體，可讓DSS與EIS使用者用以存取或分析資料倉儲中的資料。

由硬體上的觀點來看，資料倉儲的三個部份都是可以分開的。而小型的資料倉儲則可將這三個部份合併於一或兩個平台之上。例如，資料獲取軟體與資料倉儲本身便可置於同一平台。

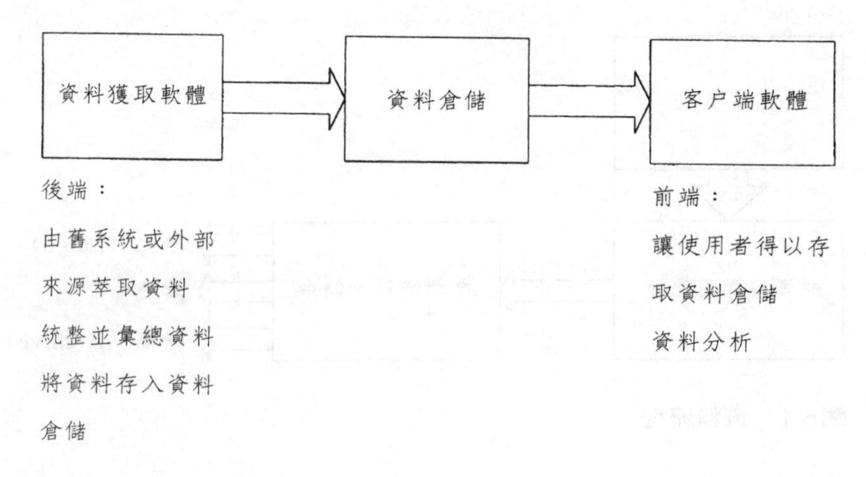

圖5.2 資料倉儲架構

為何將資料倉儲與OLTP分開？

本章從頭到尾皆隱含地假設了資料倉儲與線上交易處理系統（On Line Transaction Processing, OLTP）系統是分開的。實際上，一般情況便是如此。而資料倉儲與OLTP的分離則有下列理由：

1. **效率**：服務的尖峰或離峰時段會影響OLTP系統的績效。
2. **資料存取**：組織常會維護數個具有不同OLTP功能的資料庫。而用來整合企業所有資料的資料倉儲則會結合所有這些資料庫來源，並增加外部性的資料來源。EIS與DSS所使用的資料便是經由這些複合的資料來源所取得。但典型的資料倉儲使用者並不介意資料的實際儲存位置，使用者們只想存取這些資料，而不願也不必顧及究竟是哪個OLTP系統擁有這些資料。
3. **資料格式**：因為資料倉儲中的資料已經過整合，故資料倉儲中所儲存的資料皆具有單一且標準的格式。

4. **資料品質**：資料倉儲中的資料是乾淨的、經過驗證的，且被適當地彙總過的。這些資料皆被詳細檢查過，以確定每個存於資料倉儲中的資料項目都只具有一個定值。因此，當人們使用資料倉儲時，他們僅需花費時間去了解這些資料的意義，而不必對資料的正確值進行爭論。

使用資料倉儲（彙總與索引）

所有的軟體產品都一樣，只有在組織經常使用這些軟體時，這些軟體對組織才有價值，而資料倉儲也是。與資料倉儲相關的經驗顯示，資料的彙總程度愈高，則使用者使用的資料便愈多，且資料的存取速度也愈快。

因此，資料倉儲便例行性地產生最常被存取的彙總性資料，並將這些資料儲存下來。這種做法不但可加速和這些彙總性資料有關的查詢回應速度，也加速了其他不相關的查詢回應速度，因爲這種做法可大量減少資料倉儲的忙碌狀態。

須注意的是，彙總程度高的資料可被排序或重組成容易使用的形式，而彙總程度低的資料則因其數量過大，故不易對其進行排序或改變其結構。

成本與規模

資料倉儲並不便宜，其成本常至數百萬美元之譜。而其設計與實作則仍是一門藝術，建立過程也相當費時。

因爲資料倉儲是爲了整個企業而設計的，其希望每個人都能存取相同的資料集合，故其規模不僅十分龐大且會隨著時間持續成長。一般的儲存規模介於50個十億位元組（gigabyte）至數兆位元組（terabyte）之間。

因爲規模龐大，故許多公司使用平行計算（parallel computing）以增進資料存取的速度。雖然平行電腦已漸爲企業所能負擔，但其價格仍不便宜。而且，平行電腦需要專精於平行計算的程式設計師的支援，而這些人的收入通常較一般程式設計師爲高。目前業界所使用的平行處理器有近90%是使用SMP（對稱式多處理器，Symmertric Multiprocessor）。然而，更具威力的MPP（大型平行處理器，Massively Parallel Processor）與NUMA（非一致性記憶存取，Non-Uniform Memory Access）平行電腦已開始被採用，而隨著資料倉儲的規模愈來愈大，人們也預期它們在將來會更爲盛行。

並非所有關於資料倉儲的發展都是成功的，它們也會遭遇到與其他大型資訊系統相同的問題。失敗的原因包括需求定義不良、不適當的技術實現、缺乏專案管理或/與專案預算、缺乏或喪失支持者、使用者抵制，以及不適當的使用者訓練。而因爲企業一般上只會報告其成功之處，故失敗率的估計範圍相當廣，由20%至80%都有可能。

資料市集

資料倉儲的高成本使其應用只能侷限於大型企業的作業之中。而許多公司所採用的替代方案則是建立一個成本較低、規模較小的資料倉儲版本，稱爲資料市集（data mart）。資料市集是一種專爲策略性企業單位（strategic business unit，SBU）或企業的部門層級所設計的小型資料倉儲。它通常是一種進入資料倉儲領域的手段，並且可提供企業學習建立大型倉儲的機會。而資料市集所面對的主要問題則是每個部門的資料市集通常並不相同。因此，一旦在整體規劃前已有許多資料市集存在於企業之中，便難以對所有的資料市集進行整合。

有兩種方法可用來克服資料市集的整合問題。某些公司一開始採用獨立式的資料市集，但啓用之初便有相關的整合計畫。這就是循序漸進式的方法，而其最終目標則是要建立範圍涵括整個企業的大型系統。另外一些公司則可能以分散式資料市集的形式建立完整的資料倉儲，將每個分散的資料市集都分配給個別的企業單位。這種方法的優點是資料市集的規模較小，且較能適應區域性的需求，而缺點便是難以兼顧整個企業的需求。

作業資料商店

作業資料商店（operational data store, ODS）是一種用於交易處理系統中的資料庫，其使用資料倉儲的觀念以提供乾淨的資料。它把資料倉儲的觀念與益處帶入企業的作業部份。ODS適用於任務導向型的短期性決策，而不適用於與決策支援有關的長期性決策。ODS與資料倉儲不同，因其處理的是須於資料改變時進行更新的揮發性資料，且它只包含即時性資料，而資料的補充週期也較短，也不包含彙總性資料。而metadata於ODS中便不如其於資料倉儲中重要。

第三部份：資料倉儲產業

產業規模

資料倉儲產業是一個大型產業。雖然各方面的估計落差很大，但很明顯的，500大企業中有超過一半的企業正在進行或是計畫要進行資料倉儲專案。全世界的總市場於1990年代據估計約爲60至80億美金，且一般相信這個市場仍會持續成長。我們將部份主要供應商列於表5.2中。

ROI

表5.3顯示了國際資料公司（Interbational Data Corporation）於1996年對62個擁有資料倉儲的組織所作的研究（相當正面的）結

表5.2 資料倉儲供應商部份列表

資料庫公司	決策支援供應者
IBM	Andyne
Informix	Brio
NCR	Business Objects
Oracle（加上其子公司IRI）	Cognos
Sybase	Comshare
	Hyperion
	Pilot
	Platnum
	SAS
	Seagate

表5.3 資料倉儲的財務影響

平均3年ROI	401%
還本時間中位數	1.67年
報酬率中位數	167%
平均還本時間	2.3年
平均投資金額	220萬美金

果。

無疑的，資料倉儲是大型企業才能負擔的大型投資。而這些企業爲什麼要做這麼大的投資呢？在接下來的三節中，我們將描述資料倉儲的三種主要應用：OLAP、資料挖掘（data mining）以及資料庫行銷（database marketing）。

第四部份：資料倉儲應用

應用1：OLAP（線上分析處理, On-Line Analytic Processing）

OLAP一詞是E. E. Codd於1995年在電腦世界（Computerworld）的一篇重要文章中所提出（Codd, 1995）。一般認爲Codd是關聯式資料庫的創造者，他由關聯式資料庫提供給使用者的資料的觀點來看，推斷OLTP上的關聯式資料庫已達到其能力的極限。造成此問題的根本原因是因爲關聯式資料庫即使在面對相當簡單的SQL查詢時，也需要大量的計算。

他也推斷出一項DSS人員早已經知道的事實（即，作業資料不適合用來回答管理上的問題。因此，Codd建議人們使用多維度的資料庫。而Codd對DSS觀點的轉向則使資料倉儲的相關觀念更具合理性。

OLAP的基本觀念認爲經理人須能妥善操縱橫跨多個維度的許多企業資料模式，以了解企業所發生的即時變化。Codd假設OLAP所使用的資料應爲多維度立方體（Muitidimensional cube）（MOLAP）的形式。而在實務上也有關聯式的方法（叫做ROLAP）被發展出來。MOLAP被證明較適用於100百萬位元組（gagabyte）的資料庫，而ROLAP則適用於資料量非常龐大的資料庫。

我們現在已經擁有足夠的OLAP背景知識，故接下來我們將敘述應該使用OLAP的情況。這些情況包括：

- 對資料的要求在本質上是分析性的而非交易處理性的。
- 資訊在剛引入企業時不被分析。

- 與交易處理層次的重大計算工作與彙總工作有關。
- 所分析的主要是數字型的資料成份。
- 資料的跨區域觀點通常橫跨多個維度並遵循多條合併途徑。
- 用以確認資料點的資料元素相對於時間而言相當靜態。

應用2：資料挖掘

資料挖掘就是以資料倉儲中的資訊去回答一些與組織有關且高階主管或分析師過去並未想到的問題。資料倉儲中許多大型且乾淨的資料庫使得資料挖掘更容易進行，而資料挖掘則使經理人得以利用這種技巧，由他們的舊系統中獲得管理資訊。資料挖掘的目標就是要確認出資料中合理的、新奇的、可能有用的，且可理解的樣式（pattern）。

資料挖掘也被稱為知識性資料探索（Knowledge Data Discovery）。某些想要區分資料挖掘與KDD二詞的人將KDD視為於資料中找尋有用知識的過程，而將資料挖掘視為一種應用演算法把資料庫中的樣式萃取出來的過程。KDD與資料挖掘的差別在於KDD使用適當的背景知識並能適當的解釋其結果，而資料挖掘技巧則往往只是盲目地應用演算法。因此，KDD較接近R&D程序，而資料挖掘則比較接近作業程序。

KDD意圖找出資料中的樣式並將查詢與報告都未能有效探出的法則（即，新資訊）推論出來。我們將知識探索所使用的技巧列於表5.4中。而與這些方法有關的軟體則稱為「篩體」（siftware）。

每個領域發展之初都有其成功之處，而引發其他學者對其深入研究。以下便為KDD領域早期成功之處的一些例子：

- 購買水肺裝備的人們會到澳洲渡假。
- 購買尿布的男人同時也會購買啤酒。

表5.4 知識探索技巧

對資料的統計分析	決策樹
類神經網路	智慧型代理程式（Intelligent agents）
專家系統	多維分析（Multidimensional analysis）
模糊邏輯（Fuzzy logic）	視覺化資料（Data visualization）

◆ 詐騙行為偵測、客户貸款分析。

◆ 生產線的最佳化。

◆ 國家籃球聯盟（National Basketball Assocaition, NBA）的場次選擇。

◆ 股票選擇。

例如，在進行貸款分析時，將貸款清償資料與收入及負債資料（以及其它變數）對比便可歸納出是否應承諾貸款的法則。雖然大部分的企業都將其詐騙行爲偵測技巧視爲企業機密，但仍有許多關於這方面的成功報告，例如，於電子化求償申訴（electronically submitted claims）中偵測出健康照護提供者的詐騙行爲，或是以類神經網路（neural network）工具來偵測信用卡詐騙行爲。

資料挖掘可使用由下往上式（bottom up）（探索未處理過的事實以找尋關聯性）或由上往下式（top down）（爲檢定某假設而進行搜尋）的方式來進行。此過程會不斷重複進行，而每次有新的輸出時便由分析師提出問題。而目前仍處於起始階段的資料挖掘，主要處理下列五種資料：

關聯性（association）	一起被執行的事物（購買食品雜貨）
順序（sequence）	循序發生的事件（房屋，電冰箱）
分類（classification）	樣式識別（法則）

群組（cluster）	定義新群組
預測（prediction）	由事物的時間序列來作偵測

我們將KDD流程的各個步驟列於圖5.3中：

資料挖掘不適於下列情形：

- 處理規模非常龐大（例如，兆位元組）的資料庫
- 處理高維度的資料，因為此時搜尋範圍增大，並可能產生假樣式（spurious patterns）
- 存入過多資料
- 資料的改變非常迅速（不固定性，nonstationary），易使先前找到的樣式喪失其效力
- 資料遺失或干擾資料太多
- 缺乏與其它系統的整合

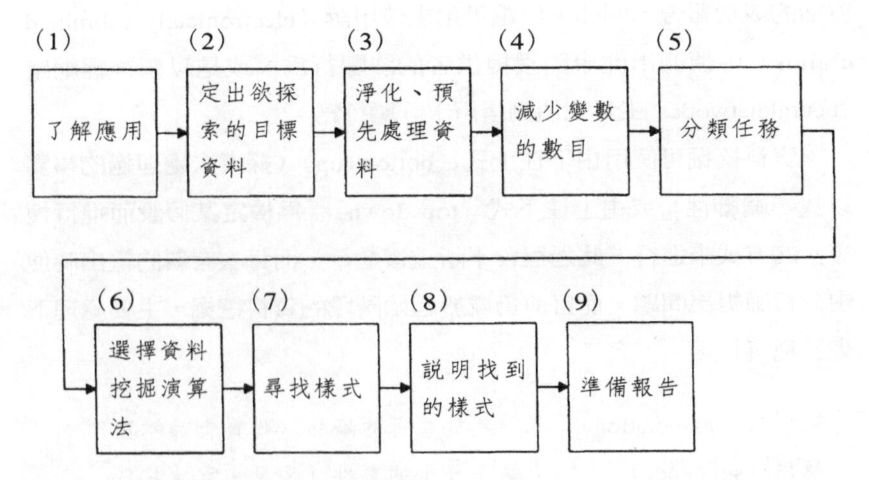

圖5.3 資料挖掘流程的各個步驟

應用3：資料庫行銷

資料倉儲中有許多大型且乾淨的資料庫，而資料庫行銷便是使用這些資料庫中的資訊，使市場產品與服務得以個人化。目前許多趨勢與機會都促使企業由「產品推力」（product push）的大量行銷轉移至「顧客推力」（customer push）的目標行銷。我們將這些變化列於表5.5中。

因為資料變得相當充足、資料的成本降低、儲存媒介與儲存技巧的功能增強，且資料挖掘逐漸應用於資料庫之中，故如今人們可在仍保有經濟規模的情況下回歸到個人化服務的商業模式。例如，在進行現有客戶及潛在客戶的行銷時，資料倉儲便可降低行銷與直接郵寄的成本。將特價廣告單寄給一份大衆名冊時一般只會有2%的回應率，但若使用資料庫行銷所提供的資訊，則回應率可達到15%至25%。因此，資料倉儲可讓企業與客戶間維持緊密的關係。

圖5.4顯示出資料倉儲於關係行銷中的使用情形。須注意的是，細節交易資料的保存對資料庫行銷來說是相當重要的，因為資料庫行銷須利用這些資料來進行相關分析。而資料庫行銷所使用的工具也包含地理資訊系統（geography infromation system, GIS），其可用來想像資料的空間性意涵。

表5.5 行銷上的一些趨勢與機會

成長緩慢	工時增長
市場多樣性增加	單身貴族與單親家庭增加
教育與所得的差距	競爭愈來愈激烈
人口老化	

關係行銷於下列情況下容易成功：

1. 客户的採購具重複性，故可由「點銷售系統」（point of sale, POS）獲得客户的名字（例如，自動化服務、醫療保健、居家服務等）。
2. 可建構出擁有共同興趣的關係團體（例如，新生兒）。
3. 可建立起忠誠客户獎勵辦法（例如，經常搭飛機者）。

圖5.4 關係行銷

第五部份：管理上的展望

資料倉儲應往何處去？

資料倉儲於1990年代這十年中經歷了迅速的成長過程。然而，人員短缺的苦惱在可見的未來仍不會有所改善，因爲大學中的研究或教學尚未觸及資料倉儲及其相關應用。而目前多僅能由專業貿易展中廠商所舉辦的研討會及發表會中獲得資料。

資料倉儲讓許多早期的採用者獲得策略上的優勢，但那種時期已經過去了，現在的資料倉儲對許多企業而言只是一種策略上的必需品而已，因爲它們的競爭者也都已經使用了這種科技。

以一組未整合的資料市集爲出發點的企業目前都已經遭遇到嚴重的困難，因此，諸如「將不同的資料市集置於同一組織中」（data mart in a box）的觀念皆已消失，而引進資料市集的組織則都將其當作發展與整合策略的一部份。

網際網路的瀏覽器爲存取資料倉儲的主要工具，同時也是較受歡迎的資料倉儲應用發展界面。它被用來定期散佈新的資料倉儲軟體。而瀏覽器也使用Java、CORBA、Active-X及其他新軟體科技。在另一方面，早在1997年就已被討論過的「輕量級前端」（thin client）未被廣泛採用於資料倉儲中。

以網頁作爲界面的做法目前非常盛行，而其側面效應之一即是許多開發低檔產品的新進廠商也進入了此領域。

因爲資料倉儲的規模會隨著時間而增大，故愈來愈多的資料倉儲採用大型電腦（mainframe）作爲其伺服器（server）。而一直是重要議題的可擴充性（scalability）則促使資料倉儲使用平行計算。

資料挖掘似乎正同時往兩個方向邁進。一個方向是OLAP軟體正開始對廣義的挖掘工具進行整合，使決策分析師得以妥善利用這些技術。而另一個方向則是有愈來愈多的挖掘工具是針對特定問題而產生的，例如，詐騙行爲偵測。

資料倉儲是一種資料庫，而其主要儲存數字資料與文字資料。未來幾年間，我們可以預期資料倉儲會加入多媒體與知識的管理能力。擁有了多媒體管理能力，而頻寬也變得更充裕時，使用者便可同時存取影像、聲音以及文字。多媒體將使資料倉儲成爲組織知識庫的一部份，也就是說，它可記錄組織的經驗、價值觀、背景資訊，以及見解。

管理上的考量

企業引入資料倉儲可能是爲了特定的動機（改善管理資訊以獲得資料挖掘的好處，或是作爲資料庫行銷計畫的一部份），也可能是爲了將其作爲企業的基礎建設。前者爲生產線團體支持與贊助，而後者的支持者則是資訊系統部門（Watson & Haley, 1997）。而因爲資料倉儲是一項鉅額投資，且其得失於損益表中也顯而易見，故企業若要成功地建置資料倉儲，便須對其資料倉儲計畫進行審慎的管理控制。

不論是由個別或整體的觀點來看，本章所描述的三種資料倉儲應用皆足以讓企業開始考慮資料倉儲專案的採行。資料顯示，若執行狀況順利，則資料倉儲的投資報酬率相當可觀。然而，這種專案的風險性相當高，建置過程並不一定會成功。

資料倉儲是知識管理的基礎。由於策略或戰術上的目的，組織總希望能保存並使用它們所擁有的資訊。就長期而言，諸如組織記憶、文件管理，及資料倉儲等不同的領域，最後皆會聯合新的整合觀念而產生一個眞正的知識管理系統。

對已落實資料倉儲觀念的組織來說，生產線與資訊部門的經理皆須面對一些與資料倉儲能力有關的決策。其中之一包括：是否要建立一個單一而集中式的資料倉儲，或者是要建立一個由許多整合的資料市集所組成的分散式資料倉儲。目前已有的經驗顯示，與集中式 vs. 分散式有關的抉擇應遵循組織整體的中央集權程度來決定。

人們對科技的技術層面的了解往往超越了對其相關企業議題的了解，而資料倉儲也是，人們並不太了解資料倉儲於諸如贊助者、確認資訊需求、政治以及訓練等層面上議題。而資料倉儲若要成功，便須讓使用者能藉其獲得商業利益，僅解決技術上的議題是不夠的。

註釋

1. 讀者們若想要得到更多有關供應商及其產品的資訊，可參考DM Review雜誌。此雜誌每月發行於以下的URL：http:\\ www.dmreview.com。
2. 資料挖掘並不需要資料倉儲，但資料倉儲中經過組織的乾淨資料可使資料挖掘更容易進行。如圖5.3中所示，資料挖掘的部份流程需要乾淨的資料。

參考書目

Codd, E. F. (1995, April 13). Twelve rules for on-line analytic processing. *Computerworld,* pp. 84-87.

Inmon, W. (1992). *Building the data warehouse.* New York: Wiley.

Rockart, J. F., & DeLong, D. W. (1988). *Executive support systems: The emergence of top management computer use.* Homewood, IL: Dow Jones Irwin.

Watson, H. J., & Haley, B. (1997). A framework for data warehousing. *Data Warehousing Journal, 2*(1), 10-17.

第六章

人工智慧

簡要發展歷史及未來的40年

PHILLIP EIN-DOR

AI前40年的回顧[1]

人工智慧領域的實徵性（Empirical）研究於1950年代早期至中期便已展開，故此領域已有40多年歷史了（一段夠久的時間，使得我們已經可以開始檢討過往的進展並展望未來。無疑地，像本章這麼狹小的篇幅自然無法涵蓋非常廣泛的領域，即使試著去涵蓋這樣一個學門，也不免失之淺薄。故我們決定只將重點放在某些我們非常感興趣的代表性議題，希望本書的讀者對這些議題也會感到興趣。

管理導向的讀者們可能會注意到（AI在本質上是一種技術性的專業，且為電腦科學的一個重要領域，故讀者們可能會問，我為什麼會對AI感興趣？答案不在於技術的細節，而在於AI可能的應用。許多AI應用都是在商業或管理的環境中產生的。因此，不少經理人都面對了是否要將這些AI應用引入自己組織的決策。而這便須對AI的過去與未來有所了解，才能準確地判斷出AI的相關機會與風險。本章便基於這種理念，不詳述技術上的考量，而只列舉一些商業上或管理上的例子，以幫助外行的、領域外的讀者做出平衡的結論。

預言的歷史

人工智慧（AI）的歷史充滿了過度樂觀的預言，這些預言常對人類製造智慧型人造物的能力發展有過高的預期。這種情形似乎在每種科技領域都可發現，幾乎每種新興科技領域都被人們預言其將迅速獲得廣泛使用。事實上，若仔細審視每這些情況，我們便可以發現，新興科技的採用週期（adoption cycle）（由發明、經過早期使用至更廣泛的使用，最後到達普遍使用）通常在25年左右。AI這個領域應該會有更長的採用週期，主要是因為AI領域在其觀念萌芽的50年後卻仍持續處於創造發明的狀態之中。不僅此領域中的相關科技仍不斷地被發明，此領域在觀念上的基礎結構也仍處於發展變化的狀態之中[2]。因此，AI仍是發展中的新興科技，而在未來的許多年間，這種情形仍會持續下去。AI將比大部分的科技擁有更長的發展週期與散布週期。

有兩個例子可用以說明這點。首先是AI領域之父，Herbert Simon，與Nobel Laureate於1950年代所作的預言：電腦將可在10年內成為世界棋王。四十年後，一部名叫深藍（Deep Blue）的IBM電腦終於在一場棋賽中擊敗了Gary Kasparov，但電腦是否能繼續維持這種優勢仍有待證明。即使假設這場比賽是人類與電腦棋賽的轉捩點，從此電腦將能保住棋王稱號，此項預言也較事實偏離了四倍[3]（而且這還是針對定義良好、結構性高的問題所作的預言）。

第二個例子則來自於常識性知識表示（commonsense knowledge representation）的領域。早期的自然語言文獻顯示，欲了解人類的語言，處理器必須具備知識，而這些知識至少須包含說話者大部分的知識。（接下來我們會深入說明此點。）此領域中的另一名先驅，

McCarthy（1960），便曾撰文指出，只要有足夠的努力，此問題應能在相當短的時間內解決。自那時起已過了40年，人們也已投入了相當多的努力（如後面所述），但人們卻仍然離解答相當遙遠。

我們需要了解歷史

先前的例子顯示，當我們在預言40年後的AI發展狀況時，我們必須謹愼地採取保守性觀點。雖然AI的確有所進展，但其未來須走的路還很長。而且，AI的進展只限於一些定義明確的特定領域[4]，所以，本章並不敢對一般用途的智慧型機器妄加預言。我認爲，人類在一般性人工智慧上的成就自有AI以來便沒有絲毫進展。

我並不會悲觀到拿AI的未來與輪子的發展歷史相比；但若輪子的確是AI貼切的例證，則我們可能必須回想輪子的發展過程：自其發明之初至用於機動交通工具爲止，它可是花費了數千年的時光。我預期電腦與人工智慧須花費數百年才能達成一般性人工智慧的目標；較之於認爲一般性人工智慧永遠無法實現的人[5]，或許我還樂觀了些。然而，我也無法確定是否此目標一定會達成，故若此目標在一、二千年後才實現，我也不意外。

對較實務導向的讀者而言，他們關心的可能不是「我何時才能使用到一般性的人工智慧？」這一類的問題，而是類似「有哪些人工智慧上的片面知識是我在解決特定問題時所可能用到的？」這樣的問題。專家系統便是這種片面知識的一個有名例子，但即使是專家系統，也沒有如相關預言所述，迅速地達到足以利用的程度。專家系統也呈現了許多妨礙其廣泛使用的問題，我們將於稍後討論之。

我們需要謙虛一點

先前的討論意圖指出：當我們作出AI相關的預言時，我們應該謙虛一點。若我們連一般性人工智慧的未來發展都無法預測，那我們如何能預測AI未來40年的發展？無疑的，人工智慧的確會在某些領域內持續進步，而未來也會有愈來愈多的人工智慧應用於特定的實務問題上；但這些將有所進展的領域多是一些限制較明確的領域，以及我們即將討論的一些可能的應用領域，雖然這些討論最後必然也會回歸到較具一般性的問題上。

正如一位知名的智者所說：「預言是一件相當困難的事，尤其在預言未來時更是如此。」更不用說是去嘗試預言一個學門的發展，如此簡直就是有勇無謀，因爲人們常會過於樂觀而不自覺。然而，預言的誘惑實在太強，使得人們往往還是會跟隨那些不怕預言出錯的著名先鋒們的腳步。總之，將這些銘記在心後，我們還是對AI做出了預言。對一段長久的時間做預言則的確有一個好處－須經過很長的時間後，預言者才須爲其預言負責。

要在一章中預言AI未來的所有層面是不可能的。因此，我們決定將重點放在某些特定的議題上，其中某些議題目前正炙手可熱，而另外一些議題則較不那麼引人注目，但這些較冷門的議題卻可能有較高的重要性。我們所欲涵蓋的主題包括：一般用途與實務上AI的應用（「強」AI vs.「弱」AI）；人工智慧發展過程所遭遇到的一些主要困難（知識獲取、常識性知識表示，以及計算能力）；兩種目前非常流行的技術（類神經網路（neural nets）及遺傳演算法（genetic algorithm）；以及最後，一些特定的應用領域－人機界面（human-machine interface）、專家系統、自主性智慧型機器（autonomous intelligent machine, AIM）及資料挖掘（data mining）。而本章從頭到尾皆會試著讓讀者注意到一些遍佈於整個AI領域的共同性議題。

一般性AI vs. 商業應用；認知科學 vs. 工程技術

人工智慧常被分類成兩種形式（強AI和弱AI。強AI的目的在產生一般用途的智慧型系統（即複製出人類的智慧，或至少人類智慧的某個層面；Searle, 1984）。通常強AI會先觀察人類的思考過程，再以其為理論上的基礎。由此看來，強AI如果建立成功，便可形成足以解釋人類活動進行方式的理論。

而另一方面，弱AI的目標便較受限制，一般認為弱AI的企圖便是要誘導電腦在某些明確且預先定義過的領域中表現出等同人類智慧程度的行為，下棋程式便是一例。而醫藥診斷系統、排程程式、貸款評估系統、生產用機器人、於外太空中漂流的機器，以及專家組態系統也都屬於弱AI。實際上，弱AI對人類行為的模擬並沒有興趣；它真正關心的是當系統與人類操作者執行同一（有限制的）領域的任務時，其是否表現的和人類一樣好，或者更好。本章中，我們真正感興趣的便是弱AI。藉著將重點放在弱AI上，我們可跳脫出許多與強AI有關且相當具有吸引力的理論議題，但隨著時間的進行，這些議題還是會不斷地出現在我們的眼前。而且，本章主要是為了領域外的讀者所作，而這些讀者多半與人工智慧的創造及使用無關，故我們儘量只列出一些非技術性的參考文獻，以便一般讀者查閱。

在這樣的情況下，我們應再額外提到兩點。第一點，弱AI系統愈先進，便會展現出愈多強AI特質，或者至少採用源於強AI的方法。因此，想要發展行動式視覺系統（mobile vision systems），便須以目前我們對人類視覺系統的了解為基礎。同樣地，想要發展出更好的下棋程式，便必須使用到職業棋手行為的相關知識。第二點，近幾年以來，與人類認知系統有關的理論已開始採用弱AI的觀點－意即，人類的智慧並不是單一的，也不是單一中央機制的結果，而是由多個專門的機制所組成，且其中的每個機制皆負責不同的行為層面，例如，音樂智慧、數學智慧、人際互動智慧，以及語言智慧；而另外一些機制則負責更專門化的行為層面，例如，人類相貌辨識及言語上的斷句[6]。

AI發展上的阻礙

檢視AI以往的發展歷史，我們會發現這個領域充滿了阻礙。我們認為其中三個阻礙是最重要的，我們將簡要描述之。而AI領域若希望能有實質上的進展，便必須克服這些困難，或至少在某種程度上減輕這些阻礙的影響。這三個阻礙包括：知識的獲取與表示、常識型知識，及搜尋與處理速度。

知識獲取（Knowledge Acquisition）

智慧的本質在於知識。而知識則由這個世界的相關事實及用以處理這些事實的法則所組成。在專家系統中，這種觀點展露無疑；其發展者在建構系統前會先學習欲建構的領域中的相關事實。例如，醫療專家系統中的相關事實便是各種疾病的相關症狀，這些症狀便構成此系統的專業領域，而系統中的法則則定義其如何由不同的症狀組合得到結論。為了提早進入重點，讀者們可以注意到一點－醫療專家系統的功能通常只限於特定的身體部位或特定的疾病種類－這就是領域上的限制！而今日AI的首要爭議便在於如何獲取必要的知識－以記錄的方式進行，或是以學習的方式進行。

事實：兩種基本模式

目前，知識獲取以兩種模式為基礎－表示型（representational）與突現型（emergent）。

表示型知識　最初的AI模式是表示型。它假設人們可將某功能領域以程式表示成機器可以理解的形式。只要具備如此的表示形式與一組此領域的狀態處理法則，機器便可由狀態集合中的某個有效狀態轉移至其目標狀態。這就是Newell與Simon（1963）的一般問題解決者（General Problem Solver）及其他AI程式的基本原理。它也是目前最成功的（有待爭議）AI應用－專家系統－的基礎，因為專家系統由許多法則所組成，而這些法則便代表了專家在其專業領域內執行任務的知識。

突現型知識　　同時，人們也在另一種模式上進行了許多實驗，而此模式即目前相當出名的突現型AI。此法認為將知識傳授給機器的最好方式便是讓它擁有學習的能力，將它置於環境中，而讓它由該環境中的經驗來學習。這種學習機制通常仿自人類的中樞神經系統－一個由許多神經元所組成的網路，其中每個神經元的功能皆相當有限，但當它們連結至一定的數量時，其功能便非常強大。這種方法已沈寂了約20年，但最近又流行起來。因此，人們常認為這兩種方法在互相競爭。

然而，學者們審慎分析此學門內的文獻後指出，兩種方法各有優點，各自在不同的領域內有較佳的效能。這種結果並不會令人感到驚訝，正如同人類的學習方式可能是將某些事實一起背誦下來，也可能是經由經驗來推論出一些事實，故電腦也可能因任務的性質而有不同且較佳的設計方式。展望未來，我們應可以如此假設，各式各樣的知識表示方式將與學習演算法結合，而產生更具效能的機器。而在這些學習方法未能臻於完美之前，知識的表示與獲取仍將是建構智慧型系統時的重大阻礙。

常識：長久以來的阻礙

正如我們所注意到的，智慧型系統的發展常會遭遇到常識性知識的相關問題。常識性知識是每個人都具備的知識，包括了實體世界的相關知識、預期將發生行為的能力、察覺出反常行為的能力，以及確認出事件或交談的發生背景的能力。這種知識在解釋我們的感官所獲得的資訊以及了解自然語言時是不可或缺的，因為，基本上自然語言便是由許多描述所組成，而這些描述的形容對象包括了現實生活中的現象、感官上的刺激及行爲等。一般性智慧與專業知識的差別就在於是否使用了常識；例如，專家系統所涉及的知識範圍便被嚴格限制在一個特定的領域之中－內科、礦物化學，或是電腦系統結構都是這種特定領域的顯著例子[7]。

但現在便讓我們來思考一下這樣一個看似簡單的敘述，

> 「約翰為了買一個芭比娃娃給瑪麗當作生日禮物，而將他的撲滿打破。」

當我做出這樣的陳述時，我希望聽到的人能了解約翰需要錢來買芭比娃娃，約翰將他的錢放在撲滿裡，而且某個撲滿必須被打破以取出其中的錢。我也希望聽到的人能了解人們通常會送禮物給正在慶祝生日的人，而這也是約翰之所以買了洋娃娃的原因。再者，我也希望聽到的人能推斷出約翰與瑪麗應該都是小孩子，因爲洋娃娃通常只適合送給小女孩，不適於送給成年女性，且通常只有小孩子才會把錢存在撲滿裡，而大人不會。在某些文化背景中，我甚至希望人們能理解芭比娃娃是什麼！在更深層的意義上，我們可能也假設聽到的人知曉交易上的基本原則－議價、購買、販售，等等[8]。因此，一個簡單的句子便可能包含了非常豐富的涵意，而這些涵意便是我們所指的常識。

而爲什麼常識這麼困難呢？有許多理由。首先也是最重要的理由－常識實在是太多了！CYC計畫於1984年展開，企圖將了解一部百科全書所需的全部常識以系統的方式表示出來。至1995年時「已有約100人一年次的努力投入於CYC的建立過程之中，CYC是由近105條一般觀念所組成的一個通用性綱要，而這些觀念涵蓋了人性的整體範圍」（Lenat, 1995, p. 33）；目前已有約106項事實被編入其中，但整體工作仍未完成[9]。我們可以發現，要將人們15歲左右時大致上已獲得的所有知識以系統的方式表達出來有多麼困難。幸好，常識並不隨著時間而迅速改變，而是隨著世界本身及我們對世界的感覺的改變而緩慢發展。因此，一旦我們完成這項任務，則後續的維護工作便不至於太困難。然而，即使我們可以這樣認爲，這可能也只是一種樂觀的想法罷了；我們可以注意到，專家系統所面臨的主要問題其實就在於如何維護其知識庫，即使專家系統所涉及的知識範圍只是所有人類知識的一小部份而已。

常識性知識表示的第二個問題則是，常識的組成包含了大量的例外。例如，讓我們細想一下「鳥會飛。」這個說法。這對鳥的相關知識來說，算是一種良好的初步認識；但不幸的，此一主張在許多特殊情形下並不成立；例如，若鳥是火雞、鴕鳥或企鵝、鳥死了、鳥的翅膀斷了、鳥的雙腳被綁住等等。若要將所有知識匯集完整，我們便須能處理例外情形而非僅是處理法則。而這種情形則通常屬於非單調性邏輯[10]（nonmonotonic logic）的範圍。另一個相關問題則是大部分的特殊案例都是「理想」觀念的變形。例如，讓我們細想金絲雀的定義（Webster's, 1983）：

> **金絲雀**：金絲雀島（Canary Island）上的一種小型雀科鳴鳥，通常為綠色至黃色，且通常被飼養作籠鳥與鳴禽。

此定義充滿了許多不確定性與變形的來源。「小型」是多小？體型的範圍爲何？「通常」究竟有多頻繁？而「綠色至黃色」在光譜上的切確範圍又是如何？是否每隻金絲雀都被「飼養作爲籠鳥及鳴禽」？模糊邏輯（fuzzy logic）（Zadeh, 1983）便因試圖處理此類問題而成名。

目前爲止我們對常識推理的討論皆環繞在一個議題，意即，正式邏輯是否爲處理這種問題時最好的工具。例如，Herbert Simon（1991）便相信事實並非如此：「人工智慧領域內有許多相當具有影響力的同期學者……相信正式邏輯是適於撰寫AI.程式的語言，而問題解決則是一種證明定理的過程。他們在這兩方面都錯的離譜。」（p. 192）我們在這裡並不討論這個爭議，我們提出這項爭議只是要讓讀者注意到此問題的存在，並注意到學者們在致力於表示出常識性知識時所遭遇到的困難。

第三個問題則與常識性知識的文化背景特性有關。例如，愛斯基摩人所擁有的常識便與撒哈拉遊牧民族所擁有的常識大不相同。交易的過程與規矩也因文化而異。或者，以更區域性一點的角度來看，商品或服務可換得金錢的觀念便不適用於禮物或救濟物資的情形。

因爲這些理由及其他相關因素，如果說常識性知識表示的問題就是指要怎麼樣把所有的常識性知識以程式撰寫出來，我並不認爲此問題可在短期內獲得解決。然而，此問題對AI的發展實有相當的重要性，故我認爲人們必然會持續致力於此問題的解決，而在未來的某一天（可能仍相當遙遠），人們終將達成此目標。

搜尋

一般認爲，人類智慧在解決問題時的做法便是在搜尋系統的狀態空間，亦即，搜尋系統所有可能的狀態；明顯的例子包括西洋棋、圍棋及橋牌等。玩家「考慮將來」以評估下一步的走法；換句話說，玩家在考慮這場比賽所有可能的狀態。實際一點的例子，醫師也是觀察病人的症狀，然後考慮可能產生這些症狀病人的狀態；在訂定生產排程或教室規劃時，訂定者也是在檢視各種可能的排程，直到找到滿意的解答爲止。我們可將這種狀態空間想像成一個樹狀（tree）結構，其樹根（root）爲起始狀態，而節點（node）或分枝點（branch points）代表其它狀態。通常我們希望這些節點中至少有一個是我們所追求的目標或解答。

搜尋速度

如先前所述，許多AI程式可被描述成搜尋問題，但這些問題的搜尋空間通常擴張的相當快速；例如，下棋程式便是。電腦的計算能力愈強，其在單位時間內可搜尋的空間便愈大－亦即，其可檢視的棋步愈多—而這便提升了電腦的績效，以致於最後終於達成擊敗Gary Kasparov的目標。因此，硬體速度是達到高度智慧水準的必要條件，而對必須即時運作的系統來說則更是如此。目前，視覺化直接控制型可移動式機器人（visually directed mobile robots）便嚴重地受到其處理速度的影響，機器人本身固然讓人驚嘆，但其緩慢的執行速度也同樣予人深刻的印象。Hans Moravec，Garegie-Mellon大學的移動式機器人實驗室（Mobile Robot Laboratory）的領導者，已計算出人類的視覺神經每秒約可傳遞十億個計算結果（Moravec, 1988）。據他估計，若要模擬人腦的作用，則電腦須在每秒內執行約1013次計算，而這遠非目前電腦的計算能力所能及。

電腦的執行速度正持續進步；以大量的快速電腦來解決單一問題的方法也正以平行計算或分散式計算的形式發展中。電腦愈快，其能在合理的時間內解決的問題便愈多，而其所能考慮的問題規模也愈大。

AI技術

許多目前的論文皆與兩種盛行的AI技術（類神經網路與遺傳演算法）的發展與應用有關。這兩種技術目前在實務上似乎相當成功，故我們於此簡要討論之。

類神經網路

類神經網路是突現型AI方法的典型範例，其說明了認知科學與人工智慧間的一些有趣連結。在歷史上，這種方法首先於人類神經系統的McCulloch-Pitts（1943）模型中出現，而其在學習上的相關應用則爲1950年代與1960年代的perceptron模型（Rosenblatt, 1962）。這些模型在早期引起了相當廣泛的興趣，但於Minsky與Pappert（1969）陳述其限制後，這些模型便陷入沈寂達20年之久。但因爲更新近的神經網路模型的出現，這種創造智慧的方法於近10年又復甦起來，重新引起學術界的興趣，並於實務上小有成功。類神經網路在本質上包含兩種要素－首先是一組互相連結的節點，用來模擬生物的神經系統，再來則是一套訓練制度，用來讓網路「學習」其功能領域中的參數。

類神經網路中至少包含兩組節點－輸入節點（input nodes）及輸出節點（output nodes），通常也會包含一組或多組中介節點（intermediate nodes），而中介節點又叫做隱藏層次（hidden layers）。一開始每個節點與其上層的每個節點都是相連的；亦即，假設共有一層隱藏層次時，每個輸入節點都會與此隱藏層次中的每個節點相連，而此隱藏層次中的每個節點也會與每個輸出節點相連。節點的內容是一組權重（weight），指明某輸入節點與其下一層節點間的關係強度。剛開始時，所有權重都是相等的。藉著給予網路一些範例，可訓練網路根據某些權重函式（weighting function）來調整其權重。而這種訓練會持續到網路達到滿意的績效水準爲止。

類神經網路已成功應用於資料挖掘（稍後將討論之）、企業破產預測（Tom & Kiang, 1992; Wilson & Sharda, McClain, & Kelly, 1997）、借貸認可（Gallant, 1988）、投資決策（Rochester, 1990）及問題解決的最佳化（Nygard, Juell, & Kaddaba, 1990）等領域。且目前已有至少一個研究發現類神經網路在分類問題上的預測能力比傳統線性辨識分析（linear discriminant analysis）（Leshno & Spector, 1996）還好，而另一個研究則發現類神經網路比線性辨識分析及分類樹（classification trees）都好（Pompe & Feelders, 1996）。然而，雖然類神經網路於資料挖掘問題上所得的結果與使用統計方法時的結果相差不遠，但也沒有比較好，且類神經網路更爲費力（Zahavi & Levin, 1995, 1997）。欲索取類神經網路商業應用的相關參考書目的讀者，可見Sharda（1994）。

有趣的是，文獻中的範例幾乎都來自財務領域。我們並不清楚這是因爲實驗大多於財務領域中進行，抑或是因爲類神經網路本來就較適用於某些領域，但無疑的，當我們在發展類神經網路的演算法與訓練機制時，我們須進行更多的實驗以檢視其較適用於哪些領域，或於哪些領域中較具效能。雖然如此，但因爲類神經網路的本身與應用都比較容易讓人了解，故我們可合理地預測其使用將持續增加。但我們也可合理地推論類神經網路並不是一種普遍通用的方法，其使用仍將只限於某些AI應用的特定領域之中。

遺傳演算法

遺傳演算法以生物上的突變觀念及進化觀念爲基礎，並且和類神經網路一樣，都由任意的解答開始。然而，遺傳演算法並不以正確或錯誤的答案來訓練系統、將系統導向問題空間式的觀點，其實際上則是一種登山式（hill-climbing）的技巧。給定一個基準，遺傳演算法便使解答的參數值（被視爲遺傳基因）產生突變。通常這種進化的過程是以隨機的方式進行，或模擬生物的進化過程，包括「父親」、「母親」、「兒子」及「女兒」；因此，子孫們是由其父母的基因所組成的。好的解答會被留做將來的配對與突變之用，而適應不良者則被屏除。

遺傳演算法於一項與柑橘收穫最佳化有關的應用中經正式檢定證實，其產生的結果比純粹線性規劃（straight linear program）的結果還好，而且，其結果只比使用手動調整方法與無限制線性規劃（unconstrained linear program）的結果低1.3 %（Levin & Iahavi, 1996）。

我們可以預期遺傳演算法的相關實驗將持續進行，以發展出新的演算法，並確認出最適於使用遺傳演算法的問題。

應用

討論完兩種目前相當引人注目的AI技術之後，接著我們將討論此領域中的一些先進應用。同樣地，由於此領域的範圍過於廣大，我們將只檢視一些範例，不妄想列舉出所有的應用。我們將觸及的領域包括電腦使用者介面系統（computer interface systems）—輸入與輸出模式、專家系統，以及各種形式的自主性智慧型機器。

介面

本節中，首先我們對人—機介面進行討論，接著則討論一些和人—機介面有關的輸出入模式。

人—機界面

雖然人工智慧於人—機介面領域內的應用較晚，但其已在此領域中展現出巨大的效益。一般說來，人們對電腦相關知識的瞭解與電腦操作能力有相當大的差別，對任何電腦應用來說皆是如此。然而，大部分現在的作業與應用系統卻都假設只有一種典型的使用者（單一規格），結果，初學者與電腦專家都必須使用同一種介面，而專家常會覺得介面過於簡單而繁瑣，而初學者卻又覺得相當複雜而不知所措。因此，如果系統可以隨著使用者的電腦專業程度來調整自己，則對這兩種使用者（以及介於這兩種極端使用者之間者）來說，其服務水準皆可有所改善。此外，現在的系統常提供了過多的功能及執行方式，而任何使用者都不可能完全使用到這些功能或執行方式；因此，如果系統能調整自己，使每位使用者都能更簡單地接觸到他最常使用的功能與選項（即使用者不須深入選單的底層便可接觸到常用的功能），這便能對使用者產生相當大的好處。而這便意味著系統必須具備學習能力，以學習其使用者的特色與行為，並根據這些特色與行為來自我調整，就像人們會隨著接觸的人不同而調整其為人處事的風格一樣。這個方向的應用已逐漸出現，而我們也預期先進的系統調整機制（system adaptation facility）將可望於我們的預測範圍內實現。

AI在人機界面上的一個附帶好處則可能來自於語音輸入命令系統（speech input command system），使用者可藉著說話的方式指示系統執行功能（例如，「在螢幕上的文章中的第二段的前兩個字間置入逗號與空白。」）。這便需要語音輸入—「一種發展迅速的功能，因其對文書處理、回應系統（call-in system）等有明顯的幫助」—與成熟的機器理解力。因為這種功能將只限於使用者正在使用某種應用時使用（即，這種功能應該是某應用的一部份），故其不應包含任何難以克服的障礙；而這種功能應會在10年內被發展出來。欲索取概況簡介錄影帶者，可見Kai-fu Lee（1993）。

人們將他們大部分的時間，事實上是除了睡覺之外的所有時間，花在與實體世界及其他人類的接觸上，而接觸的媒介則是我們感官的知覺及身體的受動器（effector）。因此，我們也期望智慧型人造物能具備豐富的介面與受動器，故，我們並不會對AI與一般性運算（general computing）的過往文獻中包含了許多與受動器有關的文章感到驚訝。

長久以來，人們一直希望電腦能處理多種類型的輸出模式與輸入模式。輸入媒介由打孔卡片（punched cards）與打孔紙帶（punched paper tape）開始，先發展至磁帶（magnetic tape）與磁碟，再到鍵盤、磁性字元辨識機（magnetic character recognition），以及光學字元辨識機（optical character recognition）。目前除了打孔紙質媒介已經淘汰了之外，其他輸入媒介都仍在使用中。

同時，學者們也正在研究許多人類導向的輸入模式，諸如語音辨識、語音產生、視覺影像處理，以及筆跡閱讀等都是。我們將逐一檢視這些輸入模式的使用與發展情形。

語音辨識與產生

語音處理是一個可在同一種感應媒介（sensory medium）上同時發展出輸入與輸出能力的有趣例子。相對來說，其中語音合成（speech synthesis）－產生語音輸出－較容易發展，也有較廣泛的使用，而語音辨識則是一個較困難的問題。語音辨識首要的問題即在於一段連續的言談中通常沒有自然的文字界限－其在語法上的確是連續的。因此，一串相同的音素（phonemes）常會被人以不同的方式解釋，而每種解釋方式都可能產生不同的單字。而欲解決這種衝突，便須對言語的背景有所了解；因此，我們又再次遭遇到了需要常識性知識的情境。

第二個主要問題是人與人聲音間的差異比同一個人任何聲音的音素間的差異還要大。因此，由於人與人之間的差異過大，目前仍無法建立出健全且不挑人（speaker-independent）的系統、能在不須訓練系統學習每個使用者的聲音特色的情況下，達到一般性語音辨識的目標。雖說如此，不須訓練的一般性語音辨識系統（例如，已受到相當廣泛使用的電話回應系統）已用於實務之中，但這些系統都只是一些初步的系統，所能辨識的字彙相當有限，且這些系統會指定使用者什麼時候應該使用什麼單字，感覺上，倒像是系統在訓練人而非人在訓練系統。我們在這裡並不深入討論其它問題，例如，系統在吵雜環境下的強健性以及字彙的有限性等。

語音辨識系統有許多明顯的實務應用（可大幅增進生產力、降低成本、促進電腦使用的應用，且幾乎所有類型的機器都會用到此種應用。有關語音辨識問題與技術的深入討論，以及相關設計技術的說明有錄影帶可供參考（Lee, 1993）。我預期不須訓練但只限於特定領域內的一般用途語音辨識系統將可在20年內實現。

視覺

視覺系統可被區分成幾種類型，而光學字元辨識系統（optical character recognition, OCR）便是一種此領域中的早期成功應用。然而，OCR系統只能辨識數字及同屬於單一字母系統的字元，使其辨識能力大受限制。而且爲了更進一步將問題簡單化，這些系統常限制辨識字元的種類。我們並不否認這些系統在實務上的重要性，但這種視覺系統類型在AI領域上確實沒有什麼有趣的地方。但有關筆跡辨識的問題便有趣多了，雖然目前此領域仍受限於特定的單字，但較之於早期的系統，目前的筆跡辨識系統已能容忍相當程度的變異。當然，我們已可在個人數位助理（Personal Digital Assistant）中發現這種系統。

視覺化系統本質上的問題是當系統獲得一個一般場景（Scenes）時，它必須能辨認出此場景；而在一些預訂的背景下辨識出小範圍的影像則並非視覺系統的主要困難所在。在辨識一般場景時，即使假設我們已成功地將影像分解成數個主要部份、正確地辨識出閉塞（occlusion）之處並將其填滿、正確地解釋了光和影，也正確地辨認出紋理，我們仍然會問：「這些物件是什麼？而這些影像又代表什麼？」但因爲人們擁有豐富的常識性知識，故其可輕易地回答出這些問題（in their natural habitat）。再一次地，我們又見識到了常識的恐怖之處。因此，若希望系統能辨識出視覺場景所代表的意義－至少和獲取了解文章所需的常識的問題一樣難。

視覺系統將持續進步，也將持續在具有特殊限制的領域中產生更多的應用。然而，和AI的許多其他問題一樣，視覺系統的績效水準取決於其對常識性知識的了解程度，故在我們的預測範圍之內，視覺系統的相關應用仍只限於特定的領域之中。

其它類型的知覺輸入與輸出

先前我們將重點放在視覺與語音的輸入系統。然而，其它類型的感官知覺也可成爲人工智慧的應用，接著我將簡要地敘述這些應用。

觸覺：觸覺輸入已被應用在舉起物體或移動物體的機器人的受動器上。很明顯的，執行的任務愈精細，須在觸覺上考量的地方也愈多。此領域中的論文大部分都被導向虛擬實境系統（virtual reality system）背景下的觸覺輸出。目前這些應用主要都是作爲娛樂之用，但其於需要遠端觸控的人—機系統上也愈來愈重要；我們可以想像一位外科醫師以虛擬實境的方式由遠方執行手術時的情形，此時，相對於其它的知覺輸出，精密的觸覺更爲重要。而這也適用於機器人執行手術時的情形－一個目前尚處於實驗階段的主題，但已於動物上執行過這種手術。以上的應用很早便出現在科幻小說之中（Ellison, 1979），而科幻小說的情節則有成爲事實的可能！

嗅覺：嗅覺輸入的相關應用已出現在某些用來嗅出毒品、爆裂物及其他違禁品的機器上，我們也可想像到其他相關應用，例如個人的污染探測器，或聞出烤箱中燒焦的食物的裝置等。我並沒有注意到有任何意圖產生嗅覺輸出的相關研究的存在，但將嗅覺輸出與虛擬實境、電影或其他形式的娛樂整合起來則似乎是相當自然的。我們也可以想像一些用來在某種情境下引起人類注意的實務應用，一個簡單的例子即在無臭無味的天然氣中加入一些臭劑，使人們得以感受到瓦斯漏氣。

味覺：關於味覺系統，無論是輸出還是輸入，我都沒有注意到有任何相關研究的存在。但就像其他種類的知覺，必然會有一些實務的應用促進其發展。畢竟，廚師機器人還是得嘗出其所作菜餚的味道。

總結感官知覺系統的未來發展，我們可以如此假設：這方面的努力將持續致力於感官知覺的輸入與輸出及其他類型的介面的產生。某些AI評論家批評人造物不能參與人類的經驗，故我們若想要實現強AI的目標，便須能提供人造物這些經驗。

專家系統

本章中，我們對專家系統特別有興趣，因爲它們很顯然是最早受到廣泛使用的知識導向系統。專家系統應該也是最早出現的知識導向系統，因爲它們被限制在特定的領域中，其定義相對來說較明確，且僅需最低限度的常識性知識。雖然專家系統有這麼多明顯的優勢，也展現出許多令人印象深刻的成功之處，其散佈過程亦未如原先預期的那麼快速。Edward Feigenbaum，一位此領域中的先驅與長期業者，列舉出這種現象的背後原因（Feigenbaum, 1993）：

1. 知識是智慧最重要的組成要素，但大部分的專家系統公司卻只出售專家系統骨架，而不出售應用系統或應用知識（它們所出售的是推論引擎而非知識）。
2. 知識的獲取非常困難。Feigenbaum引用Fujitsu實驗室領導者S. Sato的話說：「長久以來，知識的獲取一直是困難的。」
3. 成功的專家系統須能準確控制其涵蓋的知識範圍，而此知識範圍通常難以拿捏，若將知識範圍訂的過於寬廣，則其功能可能不夠強大；但若將知識範圍訂的過於狹隘，則其使用族群又可能太小而無法保證投資可以獲利。
4. 市面上的專家系統是由問題的角度來設計的，通常由學術界人士所主導，而忽略了使用者的感受。結果常產出複雜、緩慢且古怪的系統，而阻斷了使用者的購買慾。
5. 常選擇了錯誤的應用一複雜、深奧且用途有限的系統，而未選擇普遍的例行性應用，例如，填寫政府表格時所需的應用。
6. 系統的維護是一個嚴重的問題。知識會隨著時間改變，故須加以維護。但目前的系統多半未建立良好的維護制度，使得許多系統因過時而被棄置[11]。

7. 沒有任何幫助使用者接觸這些應用的標準；激增的小公司則使得產業過於競爭，同時也困惑了使用者。目前也沒有任何的標準撿驗程序可幫助使用者比較及驗證產品。若想要了解標準所產生的效應及沒有標準所造成的混亂，我們可以細想在PC作業系統上發展出來的實際標準所造成的影響，以及TCP / IP通訊協定於網際網路的發展中所扮演的角色。
8. 成功的專家系統所必需的某些技術性建置基礎直到最近才有實現的可能性，或者即將實現。Feigonbaum所提到的建置基礎組成要素包括配備了大量記憶體的桌上型工作站、圖形化使用者介面（graphic user interface）、物件導向式程式設計（object-oriented programming）、通訊網路，以及快速的雛型式系統發展方法（prototyping methodology）。
9. 新科技通常在出現一段時間後才會被接受；有關這點可見先前在預測的歷史一節中的討論。
10. 我們對專家系統的期望都是由一般性人工智慧－強AI－的觀念所引發的，故強AI未能實現便使我們對專家系統感到失望及理想破滅。

以上的問題顯示出一個有趣的特性－專家系統與強AI所遭遇阻礙的相似程度。如果在這麼小的領域中，只專注於專家系統時，問題便這麼嚴重，不難想像我們在強AI的背景下會遭遇到多大的困難。而知識對AI所有層面的重要性則特別引人注目。

自主性智慧型機器，或叫做機器人、固定式機器人及軟體機器人

機器人（robot）、固定式機器人（immobot）及軟體機器人（softbot）都是自主性智慧型機器（autonomous intelligent machine,

AIM）的各種不同（變異）版本。自主性意味著能在沒有直接控制的情況下於某些領域內獨立運作，並能適應此領域內的環境變化。

機器人

機械人，或人造人的概念，至少和人類的神話一樣久遠。人類似乎在非常久遠以前便夢想著以自己的形象來創造出一種人造物，以代替人類負擔令人厭煩的雜務、執行人類所不可能完成的行爲，或者用來解決其他方法都不能解決的問題。這種夢想最後促成了機器人一詞的發明以代表這些創造物，也促成了目前機器人在工業上的應用，並促使人們爲這種人造物的更精密發展持續投入心力。最後的目標是創造出能悠游於實體世界、能於此實體世界中即時操作，並適應其中環境變化的機器。因此，若使用較淺顯易懂的術語來說，自主性智慧型機器可由下列幾種層面來衡量：移動性、受動器功能、反應時間，以及執行任務與解決問題時所顯示出的智慧程度。就像棋賽已於純萃認知科學的領域內引發了人類與下棋機器間的競爭，機器人學也導致了各式各樣的機器人間的年度競賽；AI雜誌[12]（AI magzine）曾報導過這種年度競賽。然而，目前我們仍離自主性智慧型機器的目標相當遙遠，而理由則與先前我們在其他類型的系統中所列舉的相同－處理速度及知識表示。

以實務性的術語來說，典型的機器人是由許多特殊的機械裝置所組成，這些機械裝置使機器人得以在實體世界中移動，並讓機器人能在一種有智慧的計算零件的控制之下操縱實體世界中的物件。如同其他發展中的領域，機器人領域也需要許多不同學門上的研究成果－特別是機械力學與AI的組合－因爲我們在機器人的發展過程中會遭遇到這些學門上的許多局部性問題。因此，一般的工業用機器人都具有受動器，但不能移動，且其控制機制只限於某狹隘領域的相關推理，即其所被應用的生產流程領域。而固定式機器人與軟體機器人[13]則爲自主性智慧型機器特別有趣的變形版本。

固定式機器人

自主性機器人的概念是此機器需能移動到任何必須到達的地方，而固定式機器人則採用完全相反的邏輯。正如其名，固定式機器人是不能移動的；但在另一方面，它被佈置於相當廣泛的範圍，且彼此互相連結。

> 就結構上來說，固定式機器人是一種大量散佈且被完全固定住（嵌入）的系統，而此系統包含了許多簡單而位置固定的感應器（sensor）及促動器（actuator）。就功能上來說，固定式機器人的主要任務是透過高水準的推理能力及自主的適應過程來控制其大量的控制、免疫及神經系統。（Williams & Nayak, 1996, p. 21）

與固定式機器人有關的例子包括一種蔓延到整個校園的建築物的系統，而此種系統在這些建築物中扮演環境控制的角色。這種系統具備許多感應器與促動器，可能涵蓋整個校園內的所有教室、走廊及外部區域；即使每個感應器或促動器本身都相當簡單，但這種系統仍非常複雜，只因其規模實在太龐大，且狀況的可能性實在太多。

這些配備了環境的初始模型的系統應能藉由長期觀察環境而獲得額外的知識。固定式機器人亦應具備自我重組的能力，亦即，能隨著目標、內部結構以及外部環境的變化而自動組合或脫離某些零件，並改變其作業策略。這便是上述引文中的「大量的控制、免疫及神經系統」的控制過程的具體實現。

AI與網際網路（軟體機器人）

由於網際網路上資訊的數量與種類不斷地增加，想要在網際網路上瀏覽或尋找相關項目便需要愈來愈多的支援。而此任務便是由智慧型代理程式（intelligent agents）（亦被稱爲爬行動物（crawlers）、蜘蛛（spiders）、軟體機器人、機器人，或者直接叫做純粹機器人

（plain bots））所負責，而其所扮演的角色勢必會愈來愈重要。智慧型代理程式所負責的任務相當繁雜，包括將參考名單（reference lists）放在一起、預先訂定旅行時的交通工具及住宿場所、找尋資料庫，或盡可能地以較便宜的價格進行採購等。更進一步的話，軟體代理程式更可以在我們處理電子郵件或進行電子採購時學習我們的行爲而幫助我們執行這些任務[14]。代理程式目前的主要任務便是將個別搜尋引擎如Alta Vista[15]、Lycos[16]及Excite[17]等所維護的知識（metaknowledge）組合起來，以列舉出一些較爲人知者。它們藉著將自己依附在網站上，並挖掘（mine）這些網站中的內容及位址資訊來達成此這種任務。然而，目前搜尋引擎的數量已經多到足以提供相當方便的援助；這種情形是「大爬行動物」（metacrawlers）所達成的，而大爬行動物實際上就是基本搜尋網站上的寄生蟲。當大爬行動物被收到一個詢問時，它就把自己放到一群搜尋引擎上，並將所有收到的回答予以編輯。一些比較有名的大爬行動物包括Metacrawler[18]、Mamma[19]（所有搜尋引擎之母），以及Highway 61[20]。

任何曾檢索全球資訊網上的資訊，卻找到數十、數百、甚至數千筆資料的人，都能理解爲什麼如果代理程式能夠了解查詢（query）及資訊來源的背景，則代理程式便能帶給我們巨大的幫助。而欲了解這些背景，代理程式便須具備足夠的常識性知識—又是這個煩人的老問題！雖然目前人們已建造出具備了瞭解自然語言所需的知識的系統，但這些系統總是只限於特定且狹隘的領域內，而在這種預定的背景下，常識問題的關鍵性便不高。如先前所述，我們對機器眞正瞭解常識的前景並不樂觀；人們可能需要數十年的時間才能解決常識性知識的相關問題。在這之前，關鍵字（keyword）系統及其他語詞導向系統可能會有些微的進步，但眞正的突破性進展便不在我們的預測範圍之內了。

機器人與軟體機器人及智慧型軟體的差別在於，智慧型軟體是一種封裝性的軟體，其並不與外部世界進行互動[21]。然而，機器人卻是在實體世界中運作，並可影響此實體世界，有朝一日更可望能悠游漫步於此世界中；軟體機器人則是悠游在網際空間中，並常逗留於此空間中的許多不同地點。而固定式機器人雖如其名是不能移動的，但因其分布的幅員廣闊，故其能呈現出移動式人造物的某些特性，例如，對一片廣泛但有限制的範圍進行監視。因此，固定式機器人是以其衆多的感應器與集中的控制機制來取代機器人的可移動性。

一個遍佈全世界的智慧型固定式機器人？

想像一個配備感應器的全球性電腦系統網路，有什麼樣的夢想能比這樣的情形更令人興奮？但這樣子的情形有好處也有壞處，故不免令人有所遲疑。在可輸入及傳輸聲音與影像的網路系統上，我們已經看到這種好處與壞處共生的情形。但更重要的也許是能存取全球資訊網資訊的知覺處理系統的相關應用。目前，人們可以利用關鍵字來檢索文字資訊，也可以利用關係（relation）、欄位名稱及資料值來存取資料庫中的資料（Ein-Dor & Spiler, 1995）；然而，人們仍難以存取影像與聲音等資訊，因爲這些檔案的名稱（例如，R125.gif）常與其內容（例如，一幅林布蘭特的畫）沒有任何關連。如果搜尋引擎能分析並瞭解聲音及影像的內容，則這將可爲資訊檢索領域開啓出一片全新而廣大的可能性。目前存取知覺資料的唯一方法便是以人工的方式將這些資料編成目錄－一種相當費力而昂貴的程序，而且，這根本就是倒退到圖書館時代的卡片目錄做法。故若代理程式能具備瞭解所讀文章內容的能力，則其能帶給文章檢索的好處實際上是無法衡量的。

資料挖掘

組織多已由其交易處理系統收集到大量未處理過的資料，即使現在，也仍持續收集。無疑地，這些資料必定隱含了許多有價值的資訊－問題是，要怎麼樣才能把這些資料萃取出來。目前獲取資料庫中的隱含知識的方法主要是透過線上分析處理（On-Line Analytic Processing, OLAP），其中，學者們先對資料彼此間的關係做出直覺上的假設，再透過電腦的幫助來檢定這些假設。而資料挖掘則是一種更新的觀念，其更正確一點的名稱也許應該叫做資料庫知識探索（Knowledge Discovery in Database, KDD）。其基本觀念是系統應尋找資料間的關係，並將這些關係展示給分析師，以供其評估。因此，其自動使用人工智慧來擬定假設，並以統計方法來檢定這些假設。因爲這種系統必須自動擬定假設，故其必須具備相當程度的智慧。資料挖掘領域已將AI應用於許多組織的問題上，而已應用這些技術或正在發展這些技術的領域則包括了保險（Galford, 1997）、健康管理（Borok, 1997）、競爭智慧（Mena, 1997）、科學資料（Fayyed, Hausler, & Stolorz, 1996），以及經濟資料（Kaufman & Michalski, 1996）。欲索取資料挖掘在各種企業背景下運用狀況的相關資料者可於Brachman、Khabaza、Kloesgen、Piatetsky-Shapiro及Simoudis（1996）中找到。

KDD系統的主要目的應該是要找出會讓分析師感到驚訝的資料關係，亦即，找到分析師沒有料到、或低估了其強度的資料關係。如果KDD系統的結果並不令分析師感到驚訝，這便意味著系統所找到的資訊過於直觀，或已爲先前的分析師所知曉，故沒有太大的價值。KDD系統中的智慧成份除了需要擬定假設之外，亦應能分辨有趣和無趣的發現，以萃取出有用的知識。同樣的，這便需要系統擁有資料庫揭發（disclosure of database）領域的相關知識；我們又再次遇到了知識表示的問題！然而，因爲資料庫揭發領域只限於資料庫綱要（schema）設計的觀念—例如，保險、銀行、製造、或有機化學等行業－相對於常識性知識表示的問題來說，此問題還算是比較容易處理的。而這裡也仍然存在著這樣的疑問：應將這些知識內建於系統內，或由系統隨著時間來學習？

資料挖掘的一個重大議題則是其挖掘出來的資料往往並不比資料倉庫本身所儲存的資料好。因此，這裡便產生一個嚴重的問題：什麼資料應被儲存於資料倉庫中？而什麼資料又應被丟棄？而資料挖掘所要解決的問題使此問題更加惡化，意即，我們不清楚所有資料間的關連性，所以我們要挖掘出這些關連性；但若我們不知道有哪些資料關連性，那我們怎麼知道哪些資料應該被保留？一種可能的解決方法是把組織所產生的資料都保留下來，但這樣子的做法很可能會導致非常高昂的成本。而此時便出現了一個相當有趣的問題－我們是否可能應用AI技術來決定應該保留哪些資料？

雖然資料挖掘有上面這些問題，我們對AI於資料挖掘領域中所扮演的角色仍相當看好；企業間的競爭將強化原已存在的資料挖掘需求，智慧型系統在統計方法運用上的能力也將持續改善，且資料挖掘所解決的問題相對來說也比較有限制。

結論

1. 弱AI與強AI：弱AI系統發展的愈精密，則一般性（強AI概念的本質）程度便會愈來愈高。因此，我們最後將看到這兩種研究潮流匯集在一起。這兩種AI概念（強AI與弱AI）之間的關係從未像AI領域中的一些論點所說的一樣弱。畢竟，專家系統是在傳統的強AI基本研究中形成的；而它們能獲得成功主要是因為學者們選擇了限制性與結構性都比較高的領域。而這種成功在任何科學領域內通常都會附帶產生一些工程上的應用，一個極明顯的例子即是物理學的基本研究附帶促成了核子武器及核子發電廠的產生：科學家創造出核子反應堆（pile）的雛型，而工程師便利用這些科學發現建造出炸彈與發電廠。這種情形在AI領域中也相當明顯。一開始人們先試著了解基本的現象，而當人們對現象的了解達到一定的程度時，這些技術便會被應用在工程學門中，而產生一些附帶的產品。另一方面，這些工程應用也證實及加深了人們對這些現象的了解。語音辨識、自然語言處理及專家系統等都是這種發展過程的例子。

2. 技術的合併：隨著技術的整合，我們將會發現人們愈來愈傾向合併使用多種技術來解決問題，而不像現在，一般只依賴一種技術。先前我們已經舉過一些這種情形的例子。因此，類神經網路或遺傳演算法與規則導向式專家系統的整合將是相當自然的發展。
3. 技術的持續發展：許多嶄新而出人意表的技術將持續出現。在類神經網路真正出現之前，許多在認知上的研究便已預示了類神經網路的發生。然而，在遺傳演算法出現之前，並沒有任何徵兆顯示生物學上的概念可有效應用於問題解決上。我們絕對有足夠的理由假設新的技術將會持續被採用，並被修改來應用在別的領域之中，而我們絕對也可以假設新的技術將會在AI領域本身中出現。因此，例如，人們可對量子力學或神經元的二元燃燒（binary firing）於類神經網路上的應用有所展望。
4. 新科技：學者們已經指出，AI某些領域上的進展取決於足夠的處理能力。雖然莫爾定律[22]（Moore's Law）似乎仍然有效，但目前的矽晶科技已到達其極限。平行處理系統可稍微延長矽晶科技的壽命，但這些系統已被證實難以寫出任何有效的應用程式，除了那些與大型旋轉矩陣有關的應用程式以外，例如，圖素（pixel）層次的基本影像處理，或是熱力學上的計算等。因此，無疑地，目前已有的科技仍會持續進展，但要達到和人類相同水準的一般性人工智慧便需要處理能力更進一步的突破—或許是生物電腦，或許是我們目前還無法想像的科技，總之，必定要有所突破。

5. 預測：現在開始我將對AI的某些應用做出預測。我以目前的科技水準考慮這些應用達到高度績效水準的困難度，然後由簡至難將其列出。這些應用的順序相當重要，因為某些應用的發展仰賴於另外一些應用的成就。

a. 語音辨識已經相當進步，故我們預期一般性的語音辨識在10年之內便可能實現，若不能達成此目標，則至少也會有限定於某種語言的語音辨識產生。而這使我們可預見到人—機界面領域的大幅進展，因其可讓我們以最自然的模式（即，以講話的方式）來控制電腦及所有其他的機器。

b. 連上網際網路的人愈多、網際網路上蘊含的資訊愈多，則軟體機器人的重要性便愈高，也會有愈多的人會致力於其效能的改善。軟體機器人主要的問題在於如何將必要的知識傳授給它們而使它們能夠了解使用者想要它們做什麼。然而，即使在一般性的常識性知識表示仍未實現之前我們已經很清楚軟體機器人能執行許多工作，但這些工作可能並不能達到我們想要的層次。

固定式機器人的問題則在於其複雜度與適應能力。其感應器的數量愈多、所需的功能愈強，便愈難提供適當的演算法以利其執行這些功能，並讓其適應環境的變化。

而我所認為最讓人感到興奮的挑戰便是把網際網路轉變成一個巨大的固定式機器人，配備感應器並遍佈於全世界。這將是一項非常艱鉅的挑戰，故我不認為這可在我們的預測範圍之內實現，但我相信這個夢想終會實現。

c. 視覺系統將持續進步，而效能愈來愈高的硬體也將持續提高其績效。然而，一般性視覺問題的解答（即，任何背景下的一般性影像辨識）仍有賴於常識性知識問題的解答，而此解答則似乎仍相當遙遠。但特定背景下的即時視覺系統如製造設備、道路運輸等，都已經逐漸出現。

d. 良好的自然語言處理系統有許多顯而易見的應用，包括資料庫、全球資訊網與翻譯系統等自然語言詢問系統。適當的自然語言處理系統加上完整的語音辨識功能，其威力特別強大。例如，人與機器間沒有共通的語言，上述功能便可即時翻譯這兩者間的對話。特定領域（如電機工程或電子商務）內的這種系統約可在20或30年內出現。而可處理自然語言的一般用途系統的實現則有賴於常識性知識問題的解決，但我懷疑此問題可在我們的預測時間範圍內獲得適當的解決。然而，即便如此，即使只是特定領域內的語言系統（如，醫學或工程）也十分具有價值，且應該已經到達完成的階段。

e. 自主性機器人，或者說自主性智慧型機器，的相關研究仍持續地迅速進行。然而，即使撇開機械力學與移動性方面的議題不談，這種機器的發展仍需以許多特定領域上的成果為基礎，諸如語音、視覺，以及常識性知識表示等。因此，一般用途的自主性機器人仍需要一段相當長久的時間才會出現。但無疑地，能適應特定環境的機器人仍將持續地迅速進展。我並不預期一般用途的AIMs可在我們的預測範圍內實現。

f. 人們已經明白無論何時開始討論一般性人工智慧的可能性，都必須面對常識性知識的問題。誠如Hamlet所說：「困難就在這裡。」，值得慶幸的是，一旦我們獲得了常識性知識，因其不會迅速改變，故我們在維護上應該不會遇到太大的問題。而真正重要的是如何才能使常識性知識表示達到理想的水準，亦即，人們可將常識性知識買下並安裝在任何機器上，而不論這些機器的操作背景為何，我們都能對其工作表現有高度的信心。這樣的常識性知識表示水準使得系統開發者不用在每次開發新系統時都需費力編纂出此系統所處背景下的一些瑣碎的常識性知識。我相信這種常識性知識的表示水準是可能的，但我也相信這已超出本章所涵蓋的範圍了。依我的看法，常識性知識問題的解答實是建造一般性人工智慧時所不可或缺的要素。

到目前爲止，我們的結論都歸結到技術與理解將持續發展，而我認爲上述的特定應用中大多都會實現或已接近實現，但我並不會大膽到提出更精確的預測。在未來的40年內，我們將看不到一般用途AI（意即，和人類相同水準的機械智慧）的實現。目前仍有許多非常困難的問題有待解決；例如，智慧與人類認知的定義便非常複雜，目前我們在這方面仍缺乏一定程度的了解，且這方面的進度相當緩慢，這些都連帶拖累了AI領域的進展[23]。回首AI發展的前40年，我們會發現人們已經締造了大幅的進展，但未來，我們仍須達成更多、更多的進展。

註解

1. 一般相信人工智慧一詞是在1956年夏季的Dartmouth Conference中產生的（見McCorduck, 1979, 第五章）。某些與基本觀念有關的文獻則比那時更早一點（尤其是Turing 1950年的著名論文）。若我們以Turing的論文為起點，則AI領域在2000年時便有50年的歷史了。
2. 欲尋找AI模式的發展的智慧模擬分析，見Kendall（1996）。
3. 在後來的幾年間，Simon為其預言辯護，堅稱他的預言是正確的(只是時間晚了點。
4. AI至今最偉大的成就在於下棋絕不是偶然的，而下棋程式之所以會引起如此廣泛的興趣亦必有其道理。一方面是因為下棋是一個定義相當良好的領域，其規則相當清楚；而另一方面則是因為這些定義良好的規則又足夠複雜到大多數的人無法精通熟練，需要相當程度的智慧才能下出一盤好棋。

5. 例如，我們將一些複雜且不容易辯駁的論點彙總如下：Dreyfus兄弟認為強AI是不可能的，因為電腦不能體驗人類的感情與意識（Dreyfus & Dreyfus, 1986, 1988）。John Searle（1984）相信人工智慧是不可能的，因為機器並沒有意識，而意識是智慧的先決條件。物理學家Roger Penrose（1989）相信人工智慧是不可能的，因為心智是一種量子—物理的現象。為說明這些論點的複雜性，我們舉出另一名物理學家Nick Hubert（1993）的觀點，他因為同樣的理由而認為AI是必然會發生的。

6. 這些例子可見於Gardner（1983）與Foder（1983）。

7. 欲索取早期範例的詳細表單，可見Hunt（1986）。

8. 例如，見Ein-Dor與Ginzberg（1989）。

9. Lenat與Guha（1990）的書報告了此計畫前五年的成果。欲索取更新的計畫報告，見Lenat（1995）。

10. 非單調邏輯的相關文獻包括Lucaszewicz（1983）、McCarthy（1980）以及McDermott與Doyle（1980）。

11. 欲探索此問題者，見Lee（1996）。

12. 最新的競爭情況細節可見AI雜誌第18期第1冊中的幾篇文章（1997）。

13. 誠如讀者們所發覺的，「robot」一詞首先出現於捷克劇作家Karel Capek所著的「R. U. R.：Rossum's Universal Robots」（1923）中。此字本身得自於斯拉夫語robota，即工作。採用無意義的「bot」音節來代表機器人學門的各種變異版本，我覺得似乎特別不雅。然而，Æ/據以往的經驗，一旦某事物在語言上的代表詞已被廣泛採用，則無論此代表詞錯誤的多離譜，去爭辯它都不會有太大意義。例如，我們可以看到人們廣泛使用複數型的「data」與「criteria」來代表單數型的「datum」與「creterion」。而我也注意到字典已對此做了審慎的考量，目前已經接受了這種使用方式。

14. 欲尋找與智慧型代理程式有關的許多文章，見Communications of the ACM，37（7）於1994年的特殊議題，此議題即在討論智慧型代理程式。與我們的討論特別相關的兩篇文章為Maes（1994）以及Etzion與Weld（1994）。
15. 其首頁為http://altavista.digital.com/。
16. 其首頁為http://lycos.cs.cmu.com/。
17. 其首頁為http://www.excite.com/。
18. 其首頁為http://www.metacrawler.com/。
19. 其首頁為http://www.mamma.com/。
20. 其首頁為http://www.highway61.com/。
21. 對喜愛有趣的小說式說明的人而言，我推薦Stanislaw Lem（1973/1984）的Imaginary Magnitude；而關心即將到來的人工智慧的科學性觀點甚於人性的人，則可見Fredkin（1983）與Moravec（1988）。
22. 1965年導出的莫爾定律意指，每隔18至24個月，晶片上的電晶體密度便可加倍。換句話說，電晶體密度每年約上升60%。這種現象的重要性在於：電晶體的密度愈高，電路的速度便愈快，而價格也愈便宜。莫爾並於1997年預言，電晶體密度加倍的速度將於10年後大幅降低（Leyden, 1997）。
23. 欲尋找AI研究方向的其他簡要觀點，見Doyle, Dean et al.（1996）。

參考書目

Borok, L. S. (1997). Data mining: Sophisticated forms of managed care modeling through artificial intelligence. *Journal of Health Care Finance, 23*(3), 20-36.

Brachman, R. J., Khabaza, T., Kloesgen, W., Piatetsky-Shapiro, G., & Simoudis, E. (1996). Mining business databases. *Communications of the ACM, 39*(11), 42-48.

Cheng, W., McClain, B. W., & Kelly, C. (1997). Artificial neural networks make their mark as a powerful tool for investors. *Review of Business, 18*(4), 4-9.

Doyle, J., Dean, T. et al. (1996). Strategic directions in artificial intelligence. *Computing Surveys, 28*, 653-670.

Dreyfus, H. L., & Dreyfus, S. E. (1986). *Mind over machine: The power of human intuition and expertise in the era of the computer.* New York: Free Press.

Dreyfus, H. L., & Dreyfus, S. E. (1988). Making a mind versus modeling the brain: Artificial intelligence back at a branchpoint. In S. R. Grabaud (Ed.), *The artificial intelligence debate: False starts, real foundations* (pp. 15-43). Cambridge: MIT Press.

Ein-Dor, P., & Ginzberg, Y. (1989). Representing commonsense business knowledge: An initial implementation. In L. F. Pau, J. Motiwalla, Y. H. Pao, & H. H. Teh (Eds.), *Expert systems in economics, banking, and management* (pp. 417-426). Amsterdam: North-Holland.

Ein-Dor, P., & Spiegler, I. (1995). Natural language access to multiple databases: A model and a prototype. *Journal of Management Information Systems, 12*(1), 171-197.

Ellison, H. (1979). Wanted in surgery. In *The fantasies of Harlan Ellison* (pp. 121-152). Boston: Gregg Press.

Etzion, O., & Weld, D. (1994). A softbot-based interface to the Internet. *Communications of the ACM, 37*(7), 72-76.

Fayyad, U., Hausler, D., & Stolorz, P. (1996). Mining scientific data. *Communications of the ACM, 39*(11), 51-57.

Feigenbaum, E. A. (1993). *Tiger in a cage: Applications of knowledge-based systems.* Stanford, CA: University Video Communications.

Fodor, J. A. (1983). *Modularity of mind: A monograph on faculty psychology.* Cambridge: MIT Press.

Fredkin, E. (1983). *Better mind the computer* (BBC-TV). Willamette, IL: Films Incorporated.

Galford, G. (1997). Data mining creates advantages. *National Underwriter, 101*(23), 27ff.

Gallant S. (1988). Connectionist expert system. *Communications of the ACM, 31*(2), 152-169.

Gardner, H. (1983). *Frames of mind: The theory of multiple intelligences.* New York: Basic Books.

Herbert, N. (1993). *Elemental mind: Human consciousness and the new physics.* New York: Penguin-Plume.

Hunt, D. V. (1986). *Artificial intelligence and expert systems sourcebook.* New York: Chapman & Hall.

Kaufman, K. A., & Michalski, R. (1996). A multistrategy conceptual analysis of economic data. In P. Ein-Dor (Ed.), *Artificial intelligence in economics and management* (pp. 193-203). Boston: Kluwer Academic.

Kendall, K. (1996). Artificial intelligence and *Götterdämmerung:* The evolutionary paradigm of the future. *Data Base, 27*(4), 99-115.

Lee, K.-F. (1993). *Automatic speech recognition.* Stanford, CA: University Video Communications.

Lee, O. (1996). *Knowledge based system maintenance tools.* Unpublished doctoral dissertation, Claremont Graduate School, Claremont, CA.

Lem, S. (1984). *Imaginary magnitude* (M. E. Heine, Trans.). San Diego: Harcourt Brace Jovanovich. (Original work published 1973)

Lenat, D. B. (1995). CYC: A large-scale investment in knowledge infrastructure. *Communications of the ACM, 38*(11), 33-38.

Lenat, D. B., & Guha, R. V. (1990). *Building large knowledge-based systems: Reference and inference in the CYC project.* Reading, MA: Addison-Wesley.

Leshno, M., & Spector, Y. (1996). The effect of training data set size and complexity of the separation function on neural network classification capability: The two-group case. In P. Ein-Dor (Ed.), *Artificial intelligence in economics and management* (pp. 33-50). Boston: Kluwer Academic.

Levin, N., & Zahavi, J. (1996). Harvest optimization of citrus crop using genetic algorithms. In P. Ein-Dor (Ed.), *Artificial intelligence in economics and management* (pp. 129-138). Boston: Kluwer Academic.

Leyden, P. (1997). Moore's Law repealed, sort of. *Wired, 5*(5),

Lucaszewicz, W. (1983). General approach to nonmonotonic logics. *Proceedings of the Eighth International Joint Conference on Artificial Intelligence, 1,* 352-354.

Maes, P. (1994). Agents that reduce work and information overload. *Communications of the ACM, 37*(7), 30-40.

McCarthy, J. (1960). Programs with common sense. In *Proceedings of the Teddington Conference on the Mechanization of Thought Processes.* London: Her Majesty's Stationery Office.

McCarthy, J. (1980). Circumscription: A form of non-monotonic logic. *Artificial Intelligence, 13,* 27-39.

McCorduck, P. (1979). *Machines who think.* San Francisco: Freeman.

McCulloch, W. S., & Pitts, W. (1943). A logical calculus of the ideas immanent in nervous activity. *Bulletin of Mathematical Biophysics, 5,* 115-137.

McDermott, D., & Doyle, J. (1980). Non-monotonic logic I. *Artificial Intelligence, 13*(1-2), 41-72.

Mena, J. (1996). Machine-learning the business: Using data mining for competitive intelligence. *Competitive Intelligence Review, 7*(4), 18-25.

Minsky, M., & Pappert, S. (1969). *Perceptrons.* Cambridge: MIT Press.

Moravec, H. (1988). *Mind children: The future of robot and human intelligence.* Cambridge, MA: Harvard University Press.

Newell, A., & Simon, H. A. (1963). GPS: A program that simulates human thought. In E. A. Feigenbaum & J. Feldman (Eds.), *Computers and thought* (pp. 279-293). New York: McGraw-Hill.

Nygard, K., Juell, P., & Kaddaba, N. (1990). Neural networks for selecting vehicle routing heuristics. *ORSA Journal of Computing, 2,* 353-364.

Penrose, R. (1989). *The emperor's new mind: Concerning computers, minds, and the laws of physics.* New York: Penguin.

Pompe, P. P. M., & Feelders, A. J. (1996). Using machine learning, neural networks, and statistics to predict corporate bankruptcy: A comparative study. In P. Ein-Dor (Ed.), *Artificial intelligence in economics and management* (pp. 3-19). Boston: Kluwer Academic.

Rochester, J. B. (1990). New business uses for neurocomputing. *I/S Analyzer, 28*(2), 1-12.

Rosenblatt, F. (1962). *Principles of neurodynamics.* London: Spartan.

Searle, J. (1984). *Minds, brains and science.* Cambridge, MA: Harvard University Press.

Sharda, R. (1994). Neural networks for the MS/OR analyst: An application bibliography. *Interfaces, 24*(2), 116-130.

Simon, H. A. (1991). *Models of my life.* New York: Basic Books.

Tam, K. Y., & Kiang, M. Y. (1992). Managerial applications of neural networks: The case of bank failure predictions. *Management Science, 38,* 926-947.

Turing, A. M. (1950). Computing machinery and intelligence. *Mind, 59,* 433-460.

Webster's Ninth New Collegiate Dictionary. (1983). Springfield, MA: Merriam-Webster.

Williams, B. C., & Nayak, P. P. (1996). Immobile robots: AI in the new millennium. *AI Magazine, 17*(3), 17-35.

Wilson, R. I., & Sharda, R. (1994). Bankruptcy prediction using neural networks. *Decision Support Systems, 11,* 545-557.

Zadeh, L. A. (1983). Commonsense knowledge representation based on fuzzy logic. *Computer, 16*(10), 61-65.

Zahavi, J., & Levin, N. (1995). Issues and problems in applying neural computing to target marketing.

Journal of Direct Marketing, 9(3), 33-44.
Zahavi, J., & Levin, N. (1997). Applying neural computing to direct marketing. *Journal of Direct Marketing, 11*(1), 5-22.

Part

團隊合作科技

第七章

媒體適切性

經驗對溝通媒體選擇的影響

RUTH C. KING
WEIDONG XIA

種類繁多的新興技術如小組軟體（groupware）、電子郵件（electronic mail, email）及電子會議系統（electronic meeting system, EMS）等，拓展了人們在組織與管理上可選擇之決策與溝通的種類範圍（Orlikowski, Yates, Okamura, & Fujimoto, 1995）。雖然人們宣稱這些新技術的效益可能非常可觀，但當經理人面對這麼多的技術選項時，與其說他們覺得高興，不如說他們更覺得困惑。通常組織不得不同時採用多種相似的新興技術以維持其競爭力，如電子郵件、語音郵件（voice mail, Vmail）及傳眞等。然而，更重要的是管理這些新技術應用的實務，以改變員工先前對某種資訊技術的看法（perception）或誤解，使員工更加了解組織所採用之技術的功能與複雜處。當員工們認知並熟悉了每種技術的用途，並進而瞭解對其任務環境而言，每種技術的適切性之後，組織才能獲得最大的利益。

本章的目的在說明當人們獲得學習的機會時，人們對各種不同溝通媒體適切性的看法便可被妥善管理。說得更明白一點，本研究即在探討個人的經驗對各種媒體評價的影響；這些媒體是大部分公司都在使用的，包括傳統媒體（如面對面、電話及手寫信函）及新興媒體（如電子郵件與EMS）。雖然本章所探討的題材似乎相當基本，但本章的主題－技術經驗與技術適切性間的關係，對有效管理新興資訊技術卻相當重要。了解這兩者間的關係後，管理階層便可將技術用途與任務需求連結起來，並提供員工良好的學習環境，以增進企業所採用新技術的效能。

以往關於媒體之適切性或選擇與溝通效能的研究多由兩種主流理論所引發，大部分的研究也都以此兩種理論為中心：社會顯露性理論（social presence theory）（Short, Williams, & Christie, 1976）與媒體豐富性理論（meida richness theory）（Daft & Lengel, 1984, 1986; Daft, Lengel, & Trevino, 1987; Trevino, Lengel, & Daft, 1987）。這兩種理論都把重點放在媒體選擇或媒體適切性的決定因素上，認為媒體與任務須能夠配合才能產生良好的溝通效能。這些理論的基本觀念認為，媒體選擇取決於媒體的特性，而且每種溝通媒體在傳播資訊內容上的能力都是獨一無二的。例如，某些媒體（如面對面）可傳播多種類型的資訊，而某些媒體（如傳眞與手寫信函）只能傳播有限的資訊。因此，這些理論堅稱媒體選擇／適切性與溝通效能有賴於媒體固有特性與任務需求間的適切配合。雖然社會顯露性理論與媒體豐富理論提供了一套相當吸引人的理論架構，並引發了一連串的學術研究，但其後的許多實證檢定都未能產生和理論一致的結果（Lee, 1994; Markus, 1994; Rice, 1990; Rice & Shook, 1990）。

在本章中，我們認為人們關於溝通媒體的經驗對其對媒體適切性的看法有決定性的影響。我們更推斷人們對媒體適切性的看法並不穩定，而須以更為動態的長久眼光來檢視。人們在學習使用某種技術時會建立起他們對這種技術的獨特理解，而隨著人們對這種媒體的經驗增加，這種理解也會跟著改變或被重塑（Carlson & Zmud, 1994;

Rogers, 1986)。探討使用者對溝通媒體的經驗可為這些不一致的研究結果提供其他的解釋與實證證據，並拓展目前的媒體選擇理論。本研究使用長期性準實驗（longitudinal quasi-experimental）設計，以跨時期探討使用者對9種組織常用的溝通媒體之經驗對其所感受到媒體適切性的影響。組織成員通常有多種媒體可以選擇，相對於只檢視單一媒體，檢視多種並存的溝通媒體更能對溝通者的行為提出令人信服的解釋。

本章的架構如下。首先，我們檢視媒體選擇理論中與媒體－任務觀點有關的文獻，包括了社會顯露性理論、媒體豐富性理論，以及一些相關的實徵結果。我們在第二個部份發展出一組假設，以說明使用者在一段足夠的學習及使用我們所研究之媒體後，其媒體經驗對媒體適切性評價的影響。第三部份則呈現我們的研究方法與資料分析的結果。最後則討論了本研究在研究及實務上的意涵。

媒體選擇上的媒體－任務觀點

有相當多的研究將重點放在溝通媒體的選擇、使用及影響上（Hiltz & Turoff, 1981; Rice, 1984, 1987; Rogers, 1986; Short et al., 1976）。雖然學者們已經提出許多影響個人媒體選擇的因素（Culnan & Markus, 1987; Markus, 1994; Rice, 1992, 1993），本研究仍以理性選擇的觀點為主，著重於媒體-任務之間的互動。這種觀點認為，媒體選擇是根據媒體固有特性與任務需求間的適切程度而客觀決定的；人們本其理性，選擇一種最能滿足任務需求的媒體。這種理性選擇的觀點可以以兩種最負盛名的選擇理論來代表：社會顯露性理論（social presence theory）與媒體豐富性理論（media richness theory）。

社會顯露性意指媒體能讓溝通雙方在心理上感受到彼此存在的程度（Fulk, Steinfield, Schmitz, & Power, 1989; Short et al. 1976），或者媒體所能傳達出溝通參與者實質存在的程度（Short et al., 1976）。Short et al.表示，各種「溝通媒體在傳達面部表情、視線、服裝及非口語的聲音線索等資訊上的能力有所不同」（P.65）。於是，能傳達非口語及社會背景線索的溝通媒體，如面對面接觸或小組會議等，便能讓人感受到高水準的社會顯露性。相反的，以電腦爲基礎的溝通技術及手寫文件等媒體，因爲缺乏傳遞非口語要素及回饋線索的能力，便只能讓人感受到低水準的社會顯露性。

社會顯露性理論認爲，不同的溝通任務有不同的社會顯露性需求，而一媒體是否適用於執行某種溝通任務，則取決於此媒體的社會顯露性是否適合於它所要執行任務的社會顯露性需求（Short et al., 1976）。與人際技巧有關的任務，如解決爭議或協商，需要較高的社會顯露性；而交換例行資訊等任務的社會顯露性需求便較低。因此，面對面及小組會談之類的媒體便較適於執行需要高社會顯露性的任務，而電子郵件與手寫信函之類的媒體則較適於執行只需低社會顯露性的任務。

媒體豐富性理論

媒體豐富性理論（Daft & Lengel, 1984, 1986; Trevino et al., 1987）是相對於社會顯露性理論（Rice, 1992）的另一種理論，與社會顯露性理論一樣，都以理性爲其基本立場，認爲媒體選擇取決於媒體豐富性與任務可分析性間的適切程度。媒體豐富性意指媒體傳遞某種類型資訊的能力。媒體在許多層面的能力都會在程度上有所不同，包括跨越不同的參考架構、釐清議題、或者在某時段內提供學習的機會等（Daft & Lengel, 1986）。媒體豐富性亦取決媒體在即時回饋、多重線索、語言多樣性，以及辨識資訊來源等層面的能力（Daft & Lengel, 1984）。根據這些能力，學者們將媒體的豐富性由強至弱排列如下：面對面爲豐富性最高的媒體，接著是電話、電子郵件、署名的手寫信函，最後是不署名的文件（Daft et al., 1987; Rice, 1992; Steinfield, 1986）。

媒體豐富性理論認為溝通任務在可分析性上都有所不同（Perrow, 1967）。任務的可分析性意指任務是由客觀且定義良好之程序所組成的，而這些程序通常不須新奇的解法。因此，不可分析的任務便與曖昧資訊（equivocal information）之處理有關，而這種資訊通常需要人際間的協商，以分享不同的參考架構，並解釋認知衝突的情形。因此，不可分析的任務便需要豐富性高的媒體來執行，因為豐富性高的媒體具備了多重線索、建立共識及產生即時回饋的能力。因此，媒體選擇是由媒體豐富性及任務可分析性間的適切程度所決定。換句話說，豐富性較高的媒體如面對面接觸和小組會議較適用於不可分析的任務，而豐富性較低的媒體如電子郵件與手寫文件便較適用於可分析的任務。

相關研究結果

到目前為止，和媒體豐富性理論及社會顯露性理論有關的實徵研究皆未能提供此兩種理論一致且令人信服的支持（Fulk et al., 1987; Fulk, Schmitz, & Steinfield, 1990; Jonansen, 1977; Markus, 1988, 1994; Reid, 1977; Rice, 1984, 1992; Steinfield, 1986; Walther, 1995）。有些研究對社會顯露性理論（例如Holland, Stead, & Leibroch, 1976; Ochsman & Chapanis, 1974; Trevino et al., 1987）與媒體豐富性理論（Hiltz & Turoff, 1981; Rice, 1984; Rice & Case, 1983; Trevino et al., 1987; Zack, 1993）提出了一些支持的結論；但在其他情況下，溝通者並未選擇社會顯露性理論或媒體豐富性理論所預測的媒體（例如El-Shinnawy & Markus, 1992; Markus, 1988; 1992; Markus, Bikson, El-Shinawy, & Soe, 1992; Rice & Shook, 1990; Steinfield & Fulk, 1986）。當人們考慮的媒體涉及新興的電腦溝通技術，如電子郵件或電子會議系統時，這種不

一致的現象更為明顯。例如Lee（1994）便發現豐富性需求高的溝通任務常選擇電子郵件。Rice & Shook（1990）、Markus（1994），以及Rice、Hughes & Love（1989）則發現高階主管比低階主管更常使用一些豐富性較低的媒體，而這與理論不合，因為高階主管所處理的多為不確定性高的任務。而Steinfield（1986）也發現大型組織的電子訊息多與社會情感（socio-emotional）的議題有關，但基於以上兩種理論，這類話題應以豐富性較高的媒體來傳遞。

這些和理論不一致的研究結果顯示，只考慮媒體固有的豐富性或社會顯露性及任務本身的特質，並不能適當地解釋或預測使用者的媒體選擇（Markus, 1988; Rice & Shook, 1990; Trevino & Webster, 1992; Yate & Orlikowski, 1992; Zmud, Lind, & Young, 1990）。而且這些理論對媒體、任務及使用者的基本假設，可能也妨礙了理論的預測效力（Markus, 1994）。Fulk et al.（1987, 1990）指出，這些理論對媒體的客觀性以及使用者的選擇理性所作的假設限制了理論本身。它們假設人們會注意到媒體的固有特質，並能對任務的特性加以評估，最後以理性選出最符合任務需求的媒體。但這種假設已被技術使用的社會影響模型（the social influence model of technology use）所挑戰，此模型指出，人們對媒體適切性的看法會受到社會背景及使用者對此溝通管道的經驗所影響（Fulk et al., 1990, 1987; Schmitz & Fulk, 1991）。而Walther & Burgoon（1992）則認為，唯有檢視人們採用這些技術之後的活動，我們才能了解溝通技術的使用模式及其造成的變化。

誠如一些學者所提出的（例如Fulk et al., 1987,1990; Markus, 1988,1994），學者們往往忽略了使用者的媒體經驗在其選擇媒體時所扮演的角色。特別是如果我們能詳加檢視使用者的媒體經驗對其對媒體適切性看法的影響，我們就可能可以對使用者的媒體溝通行為提出更好的解釋，並解決文獻中某些不一致的現象（Carlson & Zmud, 1994）。

以經驗爲基礎的媒體適合度

在本研究中，我們認爲媒體特性（如豐富性）是相當主觀的，且在某個程度上會受到人們以前的媒體經驗所影響。換句話說，人們對某種媒體的看法及評價，會隨著時間改變，而對新的媒體來說則更爲明顯。人們的媒體經驗不但會影響人們對媒體與任務間，適切程度的評價及期望，更會影響人們對媒體適切性的看法。由於本研究中探討了人們對多種溝通媒體的評價（包括了傳統的以及新的媒體），因此有三種理論可支持我們的論點：包括了社會認知理論（social cognitive theory）、計畫性行爲理論（the theory of planned behavior），以及技術接受模型（technology acceptance model）。

社會認知理論

Bandura（1977, 1982）指出有兩類預期是引導人們行爲之選擇的主要認知力量：包括預期結果（outcome expectation）與預期效能（efficacy expectation）。預期結果是人們對某種行爲會導致的結果所作的預測。爲產生某種結果人們必須執行某些行爲，而預期效能即人們對自己執行這些行爲之能力所作的預測。預期結果顯示了行爲選擇的理性或動機層面，與媒體豐富性理論及社會顯露性理論的基本假設相當類似。相對於預期上不會產生順利結果的行爲，人們比較可能採取他們認爲會產生良好結果的行爲。預期效能則顯示了行爲選擇的支援或控制層面，人們感受到的自我效能會影響其行爲的選擇。當人們覺得他們缺乏必需的應對技能時，他們會害怕並避免讓自己處於具威脅的處境中；但人們會樂於從事他們覺得自己的能力足以勝任的活動，並處於較不具威脅的處境。

雖然預期結果與預期效能都是行爲選擇重要的決定因素，但人們對效能的看法也會影響其預期結果（Bandura, 1978）。自我效能的判斷的確會影響預期的結果，因爲「個人所預期的結果主要來自於某些判斷；預期自己執行成果的績效」（Bandura, 1978, p. 241）。在以電腦爲基礎的技術上，人們對電腦自我學習效能的評估會影響他們對電腦使用結果的預期、對電腦的情緒反應（愛好與焦慮）、及實際的電腦使用情形（Compeau & Higgins, 1995a, 1995b）。電腦自我效能評估高的人比電腦自我效能低的人有較高的電腦使用預期結果。而且，自我效能最主要來自於過去的經驗（Bandura, 1986）。經驗上的熟練度會改變自我效能的水準與強度，並進而影響活動的選擇。因此，過去曾有成功的媒體經驗，並覺得這些經驗確實帶給他好處的人，較容易對媒體的使用結果有正面的預期，也較容易選擇這些媒體。

計畫性行爲理論

計畫性行爲理論（Ajzen, 1985, 1991）認爲，行爲的成就由行爲的意向（behavioral intention）及所感受之行爲的控制（perceptual behavioral control）共同決定。誠如原始的理性行動（reasoned action）理論（Fishbein & Ajzen, 1975）所假設的，行爲的意向用以顯示影響行爲的動機，而所感受之行爲的控制則顯示了影響行爲的非動機因素，例如，是否具備所需要的機會或資源（例如技能或他人的合作）。所感受之行爲的控制可以影響活動的選擇、準備、須費的努力、以及思考模式與情緒反應。Ajzen（1991）假設，所感受之行爲的控制會反應過去經驗及預期上的阻礙與困難。重複執行的行爲會建立習慣；而之後發生的選擇行爲便至少在某些程度上會受到習慣的影響。爲了把這個理論應用到媒體選擇上，我們預期行爲的意向（媒體選擇）會依據人們所感受之行爲的控制（過去的經驗）的強度來影響行爲執行（媒體使用），且行爲執行（媒體使用）會增加行爲的控制（經驗）之強度。

技術接受模型

技術接受模型是修改自理性行動理論（Fishbein & Ajzen, 1995）（計畫行爲理論的早期版本），而修改的目的則是爲了表示使用者對資訊技術接受的程度（Davis, 1989; Davis, Bagozzi, & Warshaw, 1989）。此模型假定人們所感受到的有用性（perceived usefulness）及易用度（perceived easy of use）是電腦能否被接受的主要決定因素。感受到的有用性是使用者個人在某個組織情境中，對使用某種電腦應用是否能增進其工作績效的主觀評價。而感受到的易用度則類似Bandura（1977）的自我效能及Ajzen的所感受到之行爲的控制，指使用者對目標系統不費力程度的預期。

許多實徵研究已經發現，感受到的易用度不只會直接影響電腦技術的接受度，更會藉由影響感受到的技術有用性，再對電腦技術接受度造成間接的影響（Adam, Nelson, & Todd, 1992; Davis et al., 1989; Mathieson, 1991; Taylor & Todd, 1995）。Howard & Mendelow（1986）發現，對電腦感到焦慮的經理人對電腦在管理工作上的用處有較負面的印象。Igbaria、Guimaraes & Davis（1995）則發現，人們感受到電腦的有用性及易用度會直接影響他們使用資訊技術的情形。

過去使用電腦的經驗代表他們過去使用這些技術所擁有的技能、以及是否感到自在，電腦經驗會嚴重影響他們對電腦技術的看法（感受到的有用性及易用度）（Davis & Bostrum, 1993）。增加經驗可以增進使用者使用電腦執行任務時的信心（DeLone, 1988; Kraemer, Danziger, Dunkle, & Kong, 1993）。而且Rivard & Huff（1988）也發現，若使用者們能獲得可以增加電腦使用經驗的機會，這些機會會影響個人對這些技術的看法。電腦技術的接受度取決於技術本身、個人在這些技術上的使用量、自在感、技術與專業能力（Nelson, 1990）。

經驗對媒體適切性的影響

經驗對媒體適切性之影響的假設是以社會認知、計畫性行為及技術接受模型等相關理論為基礎。理性選擇是以媒體與任務特性間的適切程度為基礎，而由預期結果（Bandura, 1977, 1982）、行為意向（Ajzen, 1985, 1991）及感受到的有用性（Davis et al., 1989）等觀念反應出來。我們對個人媒體經驗（過去的使用量、技能及自在感）的重要性的看法則反應了預期效能（Bandura, 1977, 1982）、所感受到之行為的控制（Ajzen, 1985, 1991）及感受到的易用度（Davis et al., 1989）等觀念。根據上述討論，我們得到一個非常重要的先決條件，即過去的經驗在任務執行時會影響預期結果或感受到的媒體有用性，因此在決定媒體適切性時，經驗可能比以理性選擇為基礎的理論更重要。

人類實際上的行為比理性動機所描述的更為私利及效率導向（Williams, Phillips, & Lum, 1985）。使用如會議這種豐富性高的媒體來傳遞一個相當直接的訊息給一大群人是相當沒有效率的；大部分珍惜時間的人都會避免這樣做。同時，人類的行為也是以經驗為基礎的，若人們不習慣或不喜歡用電子郵件來傳遞訊息，並且認為學習發送電子郵件比開會更費時而沒有效率，則他們便不會理性地選擇這種效率高的媒體，而會習慣地選擇一些豐富性較高的媒體。這種行為雖不理性，卻反應出他們過去的經驗。在這些例子中，多數人具有以面對面接觸、小組會議、或電話溝通等方式進行各項任務的豐富經驗。相對於新式媒體如電子郵件或EMS等，使用這些傳統媒體已經變成一種本能或習慣。

Carlson & Zmud（1994）認為，媒體選擇取決於感受到的媒體豐富性與感受到的資訊豐富性間適切的程度。這些感受來自於過去的媒體經驗以及對媒體特性的客觀看法。媒體經驗會增進使用者在這些媒體上的技能、自在感及使用量，並進而促使使用者產生適切的媒體選擇。根據這種經驗導向的媒體選擇邏輯，面對面接觸及電話溝通都應被視爲豐富性最高的媒體，因爲早在人們接觸到手寫與打字的溝通方式之前，人們已對這類媒體擁有豐富的經驗。經驗增進了人們對這些媒體的熟悉度、專業性與自在感。因爲人們對面對面及電話溝通有相當程度的專業性與自在感，故他們自然比較喜好這些媒體。這種論點與過去的研究一致，過去的研究發現，不管對複雜的溝通任務或簡單的溝通任務，面對面溝通都是豐富性最高且適切性也最高的媒體。

由於學習與習慣的影響，人們常會覺得傳統媒體的豐富性高，如面對面接觸、小組會議及電話等，而對新式媒體的這種看法便沒這麼強。例如，Rice（1993）以及Rice & Case（1983）便發現人們對面對面接觸及小組會議兩種媒體與多數任務間的適切程度有相當高的評價，而且這種評價並不會隨著時間而變動，但他們對文字性媒體與新式媒體的評價便常隨著時間而改變。Rice & Case也發現，經理人對電子郵件於不同任務中的看法會隨著時間而改變。因此，我們對經驗對媒體適切性的影響提出下列假設：

H1：在選擇傳統或新媒體時，人們對這兩種媒體的適切性的看法會受到他們媒體經驗的影響。更明確而言：

H1a：人們會覺得傳統的豐富媒體如面對面及電話等，對大部分的組織任務而言，比新媒體更為適合。

H1b：即使在獲得各種媒體的經驗之後，人們仍會覺得傳統的豐富媒體比新媒體更為適合。

H1c：獲得經驗之後，人們對新媒體的適切性的看法將會改變，而對傳統豐富媒體的適切性的看法則相對保持穩定。

人們的媒體經驗也會影響他對這些媒體的能力的看法。常使用某種媒體或對某種媒體有較高的自在感與技能的人，相對於不太熟悉或很少使用這種媒體的人，應該會對媒體的能力與適切性有較深入的了解。Schmitz & Fulk（1991）認為，人們對溝通技術使用的專業會增進他們對這些媒體的選擇與使用。而缺乏相關媒體的技能則會抑制人們使用這些媒體；若使用者不具備學習或使用這些媒體的技能，則不論這些媒體的豐富性是高是低，他們都會覺得這些媒體是不適當的。缺乏媒體經驗的人在判斷媒體的豐富性時會遭遇到困難（Johansen, 1977; Kerr & Hiltz, 1982）。Rice & Case（1983）發現，經理人對電子郵件系統整體績效的判斷與其使用電子郵件系統的時間長短有重大的關連。Schmitz & Fulk（1991）則發現，人們對電子郵件的豐富性的看法因人而異，且會受到社會影響及媒體經驗等因素的影響。Trevino & Webster（1992）的報告則提及個人的電腦技能會影響他對電子郵件及語音郵件系統的評價。因此，我們基於以上的討論，提出下列假設：

H2：人們對媒體適切性的看法與其媒體經驗有關。更明確而言：

H2a：人們對媒體適切性的看法變好與其媒體使用量增加有關。

H2b：人們對媒體適切性的看法變好與其對媒體自在感變好有關。

H2c：人們對媒體適切性的看法變好與其媒體使用技能提升有關。

研究方法

實驗對象包括295位來自於一門電腦資訊系統概論課程的MBA學生。此課程要求學生在7週的時間內參與幾項小組專案。除了熟悉的媒體之外，也教導學生使用新的媒體和其組員進行溝通。實驗對象的平均年齡爲27歲，平均有4年的工作經驗。其中有31%是女性，30%是外籍學生。193位學生擁有個人電腦，且其中有113位擁有數據機，透過網路和遠端的同學連絡。學生們的電腦經驗範圍分別爲初學者10%、偶爾使用36%、經常使用33%、及專業使用者21%。

以學生爲實驗對象會導致一個問題，即學生的環境與社會情境和企業經理人並不相同。然而，基於兩點理由我們認爲以MBA學生爲本研究的實驗對象是適當的。首先，過去已有人指出，在研究經理人對新資訊技術的反應與評價時可以用MBA學生爲樣本，因其對企業經理具有代表性。例如Briggs、Balthazard & Dennis（1996）便曾比較MBA學生與實際工作的主管對電子會議系統的反應與評價，他們的研究顯示，商學研究所的學生和資深主管對技術的評價並沒有顯著差異，MBA學生和主管的社會差異並未造成他們對技術有不同的評價。Briggs et al.便認爲，我們可藉由檢視商學研究所學生對新技術的評價，而得到高階主管對這些技術之評價的保守估計。本研究的重點在於個人對溝通媒體的選擇或對適切性的看法，這些溝通媒體中則包括了新興以電腦爲基礎的媒體。因此，我們相信由MBA學生組成的樣本應該足以代表現實世界中的經理人。

第二點，此樣本中大部分的MBA學生都曾經或正在企業組織中擔任經理的職務（平均有4年的工作經驗）。雖然這些實驗對象是MBA學生，但他們都具備了足夠的企業經驗，或者在研究進行時他們也還是企業的經理。而且在開始這項計畫之前，這些MBA學生分成了長期的工作小組，以模擬企業中的小組團隊與工作環境。由於這些學生的概況以及這項任務的本質（評估溝通媒體），我們相信這個樣本的確適用於本研究。

長期性準實驗設計及程序

本研究採用長期性準實驗設計來探討，經驗對同時並存的多種溝通媒體的影響，特別是人們對每種媒體與各種任務間適合程度的看法。長期性的研究讓我們能夠探討人們對媒體的看法隨著時間而改變的情形，目前的溝通研究相當缺乏這種研究，同時也亟需這種研究（Rogers, 1986）。而準實驗設計可放鬆我們對所有可能變數所需要的嚴格控制，並爲本研究的目的提供一個更自然的溝通環境（Emory, 1980）。實驗設計主要包括下列四個步驟：

1. 預測問卷。我們在研究開始前先發給實驗對象一份實驗前的問卷，以收集實驗對象的一些測量值，如背景資訊、電腦經驗、對各種溝通技術的經驗、以及他們對9種媒體與11種任務間適切性所作的初步判斷。共有295位學生繳回問卷。
2. 組成小組並分派作業。共有60個小組，每組由5個組員組成。各小組是根據個人的專業領域組成，以模擬工作場所中的跨功能團隊。每個小組都被指定二項專案，皆須由所有組員合力完成。這兩項專案要求組員們分析兩個規模非常龐大的企業個案，每個小組都必須針對每個個案寫下對給定問題的分析與建議。為確保每位小組成員都會參與團隊工作，進而使用各種媒體以進行溝通，我們對每個小組做出下列指示：（1）每次開會前都必須先各自閱讀個案，並寫下每個問題的初步解答；（2）安排小組會議以討論解答；（3）須在小組會議時對每個問題達成共識；（4）安排一或二位組員負責寫下整組對每個問題的結論，且須由這些組員獨自進行；（5）以電子方式將寫下的結論傳送給某位組員，讓他編輯、整合並排版出最後的報告；（6）以電子方式將最後的報告傳送給每位組員，以進行最後的確認；以及（7）一起準備最後的課堂報告，並決定個案報告封面上的姓名順序（前兩位作者將因其貢獻較多而獲得額外的加分）。

3. 使用新式溝通媒體時的指示。在本研究中所檢視的9種溝通媒體中，實驗對象較不熟悉且缺乏經驗的只有電子郵件與EMS。大部分學生對面對面會議（一對一或團體）、電話、語音郵件／答錄機、傳真、正式信函，以及手寫便條的使用都相當熟悉並感到自在。因此，為了平衡實驗對象們對電子郵件及EMS的技能，所有的實驗對象都被教導如何使用這兩種媒體，包括了一些電子郵件的功能，如發信、回信、拷貝、附加檔案、以及建立發信名單等。我們也要求實驗對象在第7週結尾時至少繳交10份電子郵件的拷貝版本。在EMS方面，本研究採用並教導Intellect公司所設計的VisionQuest系統，此系統可用來支援小組會議。我們在實驗室中教導每個小組如何使用VisionQuest系統來解決企業個案中的難題，每次使用約一個半小時，小組們用到了此系統所支援的多數功能。我們也鼓勵小組們自行於實驗室中使用VisionQuest系統進行電子式的腦力激盪，並產生想法。事實上，有幾位學生也帶他們以前的同事來使用VisionQuest系統。
4. 實驗後問卷。我們在第7週的結束時向實驗對象收集實驗後問卷。實驗前後所收集的兩份問卷測量的內容是一樣的，以比較實驗前後的差異。而最後的問卷還包含了一個開放式的問題，要求實驗對象們詳述其看法的主要變化。共有271位學生繳回問卷。

本研究的溝通環境

本研究的溝通環境讓學生可以選擇多種媒體。例如，每位學生在自助餐廳旁都有一個信箱；付費電話與傳眞機也離學生不遠；二樓有兩間實驗室，整棟大樓也散布了多間小型會議室，而教室和圖書館都在一樓。因此，學生們在同一棟大樓中就有許多方便的選擇。此環境中的MBA學生爲了在11個月間獲得MBA學位，多半同時選修了5到6門課，因此他們多數時間都會待在同一棟大樓。由於實驗對象在本研究進行的時間內選修了一些共同必修的課程，所以他們有許多溝通的機會。可收集便條及信函的郵筒、可面對面開會的會議室、可發送電子郵件與語音郵件的實驗室、可快速傳送文件的傳眞機、可進行語音溝通與留言的付費電話等，讓學生在一個自然且類似於企業的溝通環境中同時接觸到多種媒體。我們在實驗後分析了實驗對象的報告，結果發現，平均而言每個小組在7週內開了7次小組會議、進行了2.7次電子會議、寫了14封電子郵件、打了11.4通電話並留言9次、寫了3.2張便條／信函、傳眞2次，並參加了10.5次一對一面談。

因爲這個課堂計畫必然會引發許多溝通活動，這種MBA學生的樣本與溝通環境適合用來評估媒體對不同任務的適切性，而本研究的目的就是要觀察這些活動。學生們按照他們被教導的特定工作程序交換彼此例行、緊急、敏感、或重要的資訊，藉以產生想法及釐清觀念。而且工作的分配、報告列名的順序、以及任務的協調本來就涉及協商與衝突的解決，而這些協商與解決衝突的過程也就是本研究所要觀察的任務。教授們並對每個答案提供一些評論與分數，使組員們可以輕易地判別出哪位同學的貢獻較多。

測量

我們向295位MBA學生收集他們在這7週內對媒體適切性的判斷，以及他們對媒體經驗的自我報告。我們在研究前與研究後共收集了兩次這兩種變數同樣的測量資料。

媒體適切性

社會顯露的活動

我們以11項任務來評估各種溝通技術對每種活動的適切性。這些任務改編自Short et al.（1976）所發展的一組常見的辦公室活動。Short et al.以多種不同的方法確認後，斷定不同的溝通媒體對這些活動會產生不同的影響。最近的幾個研究也同樣採用了這些活動（例如Rice, 1992, 1993）。Short et al.原先所發展的10項任務分別是交換資訊、協商或議價、認識某人、詢問問題、保持連絡、交換緊急資訊、產生想法、解決爭議、制定決策，以及交換機密資訊。

在這10項任務／活動中，本研究將原先的「交換資訊」修改成兩種不同的任務：交換例行資訊及交換重要資訊。我們最近的研究中曾加入兩種資訊交換任務（迫切的／緊急的與機密的／敏感的資訊），而我們這麼修改的原因就是要彌補這兩種資訊交換任務的不足（Rice, 1993; Rice & Case, 1983; Steinfield, 1986）。由媒體豐富性及社會顯露性的角度來看，雖然每種媒體的個別特性可以用許多在語言上有所差別的評語來衡量，例如，優雅的／不優雅的、敏感的／不敏感的，以及冰冷的／溫暖的，但是，利用特定的任務可讓我們更能對任務與媒體間的適切性進行比較與評估（Rice, 1993）。

溝通媒體

本研究評估了9種溝通媒體。除了EMS之外，本研究採用的其他8種媒體都常用於大部分的組織之中：包括面對面接觸（一對一）、小組會議、電話、語音郵件（答錄機）、手寫便條、正式信函、電子郵件、以及傳眞。雖然電話答錄機並不等於語音郵件系統，但由於本研究所使用的實驗對象的特性，我們將這兩種媒體視爲一組。並非所有的學生都會像許多企業主一樣，擁有昂貴的語音郵件系統，但多數學生的電話都接有電話答錄機。然而，企業員工並不常把他們的語音郵件系統當作答錄機使用，只拿來留下訊息或追溯訊息。此外，這些MBA學生的教授們多半於辦公室中擁有語音郵件系統，故學生在和他們的教授連絡時有許多機會使用到語音郵件系統。

媒體經驗

我們詢問參與者三個問題，以評估其使用這9種溝通媒體的頻率、能力／技能及自在感，並進而獲取參與者的媒體經驗。這三個問題分別是：（1）你使用這些媒體的頻率爲何？（2）你使用這些媒體的技能有多強？以及（3）使用這些媒體時，你的自在程度如何？我們在研究一開始及第7週時使用類似於Lickert 量表的7分量表（1[最小]至7〔最大〕）來評估實驗對象於11種媒體上的媒體經驗。我們重複測量兩次。

結果

測驗－再測信度

爲評估量表的信度，我們接著又收集了一個由68位MBA學生所組成的獨立樣本，而這68位學生的分布特性相當接近於先前的樣本。測驗與再測資料的收集時刻差距在三個小時之內，這與Galletta & Lederer（1989）的測驗—再測（test-retest）研究所使用的時間間隔相似。這個測驗－再測的量表中，題項的尺度與措辭都與我們原先收集資料時所使用的完全一致。

對於受測者關於不同媒體的使用頻率、技能及自在感的測量來說，測驗－再測的檢驗結果顯示，所有測驗－再測間的相關性在$p < .01$的水準下都是顯著的。同樣的，對媒體的評估與選擇來說，測驗－再測的相關性在$p < .01$的水準下也是顯著的。除了「交換緊急資訊」

之外，測驗－再測的平均分數都沒有顯著的差異。在整體任務尺度與媒體尺度上，所有測驗－再測間的相關性在 $p < .01$ 的水準下都是顯著的，且測驗與再測驗的平均分數並沒有顯著的差異。

以上的結果顯示，我們的量表在試驗-再試驗的時間區間內能保持內部的一致與穩定，進而顯示此量表應該不會引發實質上的反應效果（reactivity effect）。此測驗－再測的結果無疑能幫助建立本研究的信度，並增進我們對研究結果的信心。

個人差異

爲檢視性別、是否擁有電腦、及一般性電腦經驗等個人差異的影響，我們使用迴歸分析來檢定這些個人差異是否會顯著地影響實驗對象對每種媒體適切性的看法。除了性別會顯著地影響面對面會議的適切性之外，個人的一般性電腦經驗、性別及是否擁有電腦等差異都不會對其媒體選擇造成顯著的影響。此外，我們也做了另一項檢定，將這些變數加入目前的研究模型，以檢視這些變數對研究模式的影響，結果我們發現這些變數並不會顯著地改變研究模式。這種結果支持了我們的想法：立即的媒體相關經驗會影響個人對媒體適切性的看法。

溝通媒體構面的維度

爲評估溝通媒體包含了幾個構面，我們以變異數最大轉軸法（varimax rotation）對每種媒體於11個溝通活動上的整體平均進行主成分分析（principal component analysis）。表7.1顯示出這9種溝通媒體的因素負荷量（factor loading）。信函、手寫便條、語音郵件／答錄機、以及傳真負荷因素1（解釋了39%的變異）。常被近來的溝通研究歸類爲新式媒體的電子會議系統及電子郵件則負荷因素2，並可解釋17%的變異。小組會議、面對面會議及電話溝通等常被認爲具有高度社會顯露性及豐富性的傳統媒體，則負荷因素三（解釋了12%的變

表7.1 各種媒體對所有活動的因素及因素負荷

媒體	因素1	因素2	因素3
信函	.8114		
手寫便條	.7930		
語音郵件	.6825		
傳真	.5710	.5537	
電子會議系統		.8867	
電子郵件		.8255	
小組會議			.8488
面對面會談			.8282
電話	.4840		.5296
特徵值	3.51	1.57	1.03
解釋變異百分比	39.00	17.40	11.50
Cronbach's alpha	.77	.78	.74
整體alpha	.80		

異）。這三種因素的特徵值（eigenvalue）皆大於1.0。結果顯示，溝通媒體可以是一個多維度的構面。這三種因素的Cronbach's alphas係數分別爲.77、.78及.74。而這9種溝通媒體的整體Cronbach's alpha則爲.80。

將社會顯露的活動視為多維度的結構

表7.2顯示以主成分分析11種會顯露的活動所得到之因素負荷的結果。6種常被歸類爲需要高度社會顯露性的溝通活動（Rice, 1993）如「解決爭議」、「制定重要決策」及「認識某人」負荷因素1，並解釋了45%的變異。剩下的5種活動，如「交換例行資訊」及「保持聯繫」等，則負荷因素2，並解釋了13%的變異。由於這兩個維度的

表7.2 活動在所有媒體上的評價的因素及因素負荷

活動評價	因素1	因素2
解決爭議	.8750	
制定重要決策	.7932	
產生想法/腦力激盪	.6993	
協商或議價	.6496	
認識某人	.6400	
交換機密資訊/敏感資訊	.6319	
保持聯繫		.7639
交換例行資訊		.7407
交換迫切資訊/緊急資訊		.7073
釐清令人困惑的觀點	.4463	.6446
交換重要資訊		.6125
特徵值	4.98	1.38
解釋變異百分比	45.30	12.60
Cronbach's alpha	.86	.80
整體的alpha	.88	

變異並不是非常分散（45%對13%），和Rice的74%相對於10%不同（1993, p. 467），因此我們仍可認爲這11種社會顯露活動是由2個維度構成的構面。這兩種因素的Cronbach's alpha分別是.86與.80。而這11種任務整體的Cronbach's alpha則爲.88。

Hare（1960）認爲，社會顯露性與任務以及社會行爲這兩個構面有關；Steinfield（1986）也認爲媒體的使用與社會及任務的目的有關。此外，Tsuneki（1988）發現，情緒及意思的傳送是媒體的兩種主要成份。雖然本研究的第二個因素所負荷的5種活動被視爲低社會顯露性的活動（Rice, 1993），但根據媒體豐富性的定義（Daft & Lengel, 1986），我們也可以說這5種活動（如釐清令人困惑的觀點、交換重要資訊、或保持聯繫等）是高社會顯露性的活動。

我們進一步評估這11種活動的基本假設，並對實驗對象們於問卷上的開放式問題所作的評論加以分析。結果發現，以下的兩種分類似乎更能描述這11種溝通活動：交互溝通（reciprocal communication）（因素1）及非交互溝通（nonreciprocal communication）（因素2）。交互溝通活動進行時需要高度的顯露個人，並需要發送及接收雙方都投入高度的注意力。像「交換機密或敏感資訊」及「認識某人」等活動便需要溝通雙方的參與才能有效進行；因此，這些活動的媒體選擇與不需交互互動的活動不同。例如，像「釐清令人困惑的觀點」等活動雖然在社會顯露性及媒體豐富性理論的文獻中可能被分類爲社會顯露性高或媒體豐富性高的活動，但這些活動在溝通進行時卻不太需要溝通雙方親自出席。人們藉由使用其他媒體、經由幕僚的支援、或同一時間內只有一方進行溝通活動，仍然能夠有效完成非交互溝通，並且不會扭曲訊息的本意及溝通任務的目的。

爲了進一步說明交互溝通與非交互溝通的概念，我們引述一位前生產部門經理對本研究的計畫要求（實驗對象須將個案分析以電子方式傳送給負責整合報告的人）所做的評論：「爲什麼我必須用電子郵件把報告傳給我的組員？我是經理的時候，我都是交給秘書去處理。而這也就是爲什麼要有秘書和幕僚的原因－委派！我應該把時間和注意力花在絕對需要我親自處理的事情上才對。」雖然資訊交換任務所交換的資訊可能具有相當的緊急性或重要性，但這種任務並不需要溝通雙方都參與，且也可委派他人處理，因此，實際上溝通雙方均不須出席便可完成資訊交換任務。一些以前被認爲須以豐富性高或社會顯露性高的媒體來進行溝通的任務，如「與老朋友保持聯繫」，亦可藉由豐富性「低」的電子郵件媒體來進行溝通。電子郵件的豐富功能讓一位實驗對象印象相當深刻，他大聲疾呼：「以前我常與住在紐澤西的朋友通數個小時的電話，只是爲了和他保持連絡。但現在，我可以只寫一封電子郵件便將它送給10位常通電話的朋友，接著我便會得到10封美妙的回信，而且，我不用花費比原先多10倍的時間便可以做到這件事...這眞是酷啊！」很明顯的，我們不能由社會／情緒以及任務等層面來評估社會顯露性活動，而應由任務在溝通過程中是否需要個人的參與／注意／時間來評估。這種任務分類方式考慮了溝通與媒體上的「時間導向」因素，而傳統的溝通研究則通常忽略了這種觀點。以往的研究之所以不把時間當作一種變數的主要原因，可能是因爲這些研究使用了一次式（one-shot）的資料收集方式（Rogers, 1986）。本研究的長期性本質使實驗對象們能在一個眞實的環境裡長時間的執行任務，因此，本研究比one-shot的研究更能提供眞實且可靠的評估。

假設1：傳統vs.新溝通媒體的適切性

表7.3顯示在兩個不同的時間，媒體－任務適切性的平均分數。而表7.4a及7.4b則呈現出在時間1及時間2，對各種任務媒體適切性的個別排名與整體排名。每種媒體在兩個不同時間下的整體平均如下：根據各種媒體在所有溝通任務上的平均，傳統上被認爲豐富性較高的媒體，如面對面（6.26 vs. 6.41）、小組會議（5.62 vs. 5.70）及電話（5.38 vs. 5.35）等的排名較高，且在兩個時間因素下都比電子郵件（4.28 vs. 4.41）、EMS（4.15 vs. 4.26）、傳眞（3.84 vs. 3.85）、信函（3.84 vs. 3.81）、便條（3.77 vs. 3.62）及語音郵件／答錄機（3.26 vs. 3.25）還要適合。這種媒體看法模式支持了H1a與H1b。H1a假設，人們會覺得傳統豐富媒體比新式媒體更適合。即使有了本研究的七週經驗之後，面對面、小組會議及電話仍被認爲是適切性最高的媒體，

表7.3 媒體適切性於不同時間時的T—檢定比較

活動 溝通媒體		1. 交換例行資訊	2. 協商或議價	3. 認識某人	4. 釐清令人困惑的觀點	5. 保持聯繫	6. 交換迫切／緊急資訊	7. 產生想法／腦力激盪	8. 解決爭議	9. 制定重要決策	10. 交換機密／敏感資訊	11. 交換重要資訊
面對面（一對一）	T1	6.08	6.65	6.81	6.49	5.54	5.38	6.11	6.65	6.38	6.56	6.36
	T2	6.21	6.66	6.81	6.64(*)	5.77(*)	5.71(**)	6.25	6.62	6.53(*)	6.71(*)	6.56(**)
面對面（群體）	T1	5.51	6.00	5.71	5.98	4.78	5.17	6.69	5.88	6.16	4.18	5.87
	T2	5.64	6.14(*)	5.62	6.14(*)	4.78	5.00	6.60	6.02	6.18	5.51(*)	5.89
電話	T1	6.19	4.79	4.50	5.26	6.45	6.50	6.67	5.22	4.95	4.90	5.51
	T2	6.18	4.71	4.73(*)	5.42	6.53	6.41	6.61	5.15	4.80	4.68(+)	5.70
語音郵件電話答錄機	T1	5.44	2.23	2.11	3.10	4.56	4.60	4.42	2.48	2.39	2.48	3.68
	T2	5.37	2.24	2.26	3.23	4.72	4.44	4.45	2.70(*)	2.52	2.38	3.61
手寫便條	T1	5.26	2.74	3.05	4.12	5.35	4.11	2.90	3.20	2.82	3.55	4.00
	T2	5.03	2.72	3.03	4.06	5.06(*)	4.06	2.77	3.20	2.86	3.17(**)	4.05

表7.3 媒體適切性於不同時間時的T—檢定比較（續）

活動 通訊媒體		1. 交換例行資訊	2. 協商或議價	3. 認識某人	4. 釐清令人困惑的觀點	5. 保持聯繫	6. 交換迫切／緊急資訊	7. 產生想法／腦力激盪	8. 解決爭議	9. 制定重要決策	10. 交換機密／敏感資訊	11. 交換重要資訊
正式信函	T1	3.56	4.08	2.72	4.49	3.86	3.35	2.64	3.58	4.08	4.50	5.29
	T2	3.59	4.09	2.77	4.48	3.89	3.48	2.65	3.75	3.95	4.26(*)	5.05(*)
電腦的電子郵件	T1	5.82	3.23	3.17	4.55	5.31	5.60	3.98	3.50	3.51	3.27	4.90
	T2	5.76	3.23	3.80(***)	4.67	5.64(**)	5.05(***)	4.12	3.70(*)	3.75(*)	3.42	4.77
電子會議系統	T1	4.24	4.08	3.05	4.49	3.77	4.86	4.89	4.14	4.35	3.05	4.71
	T2	3.74(***)	4.11	3.10	4.51	3.54(*)	4.24(***)	5.55(***)	4.60(***)	4.74(***)	2.85	4.42(*)
傳真	T1	5.04	3.49	2.29	4.18	3.82	6.06	3.24	3.18	3.44	2.53	4.89
	T2	5.00	3.28	2.52(*)	4.10	4.08	5.74(**)	3.22	3.34	3.37	2.73	4.84

註：+p < .10；*p < .05；**p < .01；***p < .005；T1 = 時間1；T2 = 時間2；括號中的星號表示T1與T2間差異的顯著程度。

表7.4 各項活動與整體平均之媒體的排名（對各種溝通活動媒體適切性的評價）

九種媒體在各項活動及整體之平均的排名

排名	解決爭議	制定重要決策	產生想法／腦力激盪	協商／議價	認識某人	交換機密／敏感資訊	保持聯繫	交換例行資訊	交換迫切／緊急資訊	釐清困惑的觀點	交換重要資訊	構面1	構面2	整體
a. 媒體於時間1時平均的排名														
1.	面對面	面對面	小組會議	面對面	面對面	面對面	電話	電話	電話	面對面	面對面	面對面	電話	面對面
2.	小組會議	小組會議	面對面	小組會議	小組會議	電話	面對面	面對面	傳真	小組會議	小組會議	小組會議	面對面	小組會議
3.	電話	電話	EMS	電話	電話	信函	便條	電子郵件	電子郵件	電話	電話	電話	小組會議	電話
4.	EMS	EMS	電話	信函	電子郵件	小組會議	電子郵件	小組會議	面對面	信函	信函	EMS	電子郵件	電子郵件
5.	信函	信函	電子郵件	EMS	便條	便條	小組會議	語音郵件	小組會議	電子郵件	傳真	信函	傳真	EMS
6.	電子郵件	電子郵件	傳真	傳真	EMS	電子郵件	語音郵件	便條	EMS	EMS	電子郵件	電子郵件	便條	傳真
7.	便條	傳真	便條	電子郵件	信函	EMS	傳真	傳真	語音郵件	傳真	EMS	便條	EMS	信函
8.	傳真	便條	信函	便條	傳真	傳真	EMS	EMS	便條	便條	便條	傳真	語音郵件	便條
9.	語音郵件	語音郵件	語音郵件	語音郵件	語音郵件	語音郵件	信函	信函	信函	語音郵件	語音郵件	語音郵件	信函	語音郵件
a. 媒體於時間2時平均的排名														
1.	面對面	面對面	小組會議	面對面	面對面	面對面	電話	電話	電話	面對面	面對面	面對面	面對面	面對面
2.	小組會議	小組會議	面對面	小組會議	小組會議	電話	面對面	面對面	傳真	小組會議	小組會議	小組會議	電話	小組會議
3.	電話	EMS	EMS	電話	電話	小組會議	電子郵件	電子郵件	面對面	電話	電話	電話	小組會議	電話
4.	EMS	電話	電話	EMS	電子郵件	信函	便條	小組會議	電子郵件	電子郵件	信函	EMS	電子郵件	電子郵件
5.	電子郵件	信函	電子郵件	信函	EMS	電子郵件	小組會議	語音郵件	小組會議	EMS	傳真	電子郵件	傳真	EMS
6.	信函	電子郵件	傳真	電子郵件	便條	便條	語音郵件	傳真	語音郵件	信函	電子郵件	信函	便條	傳真
7.	傳真	傳真	便條	傳真	信函	EMS	傳真	便條	EMS	便條	EMS	傳真	語音郵件	信函
8.	便條	便條	信函	便條	傳真	傳真	信函	EMS	便條	傳真	便條	便條	信函	便條
9.	語音郵件	語音郵件	語音郵件	語音郵件	語音郵件	語音郵件	EMS	信函	信函	語音郵件	語音郵件	語音郵件	EMS	語音郵件

此發現則支持了H1b，因爲H1b假設，即使在人們獲得新式媒體的相關經驗之後，人們仍會覺得傳統豐富媒體較適合。然而，某些傳統媒體的排名卻在兩種時間比新式媒體來的差，如信函及手寫便條。這種排名現象與許多研究的結果相似。在這些研究中，電子郵件的排名在許多傳統溝通媒體之前，如信函或手寫便條（Rice & Love, 1987; Trevino, Lengel, Gerloff, & Muir, 1990）。有趣的是，EMS的排名只落後電子郵件一名，比許多傳統媒體的適切性看法更好。語音郵件在許多研究中的排名相當高（El-Shinnawy & Markus, 1992; Rice, 1993），但在本研究兩個時間中都是九種媒體中的最後一名。這種排名現象應是參與者們廣泛使用電子郵件及小組會議的結果。

利用T-檢定（表7.3）比較個人在時間1及時間2時對媒體適切性的評價，我們可藉此看出經驗對媒體與任務間的適切性看法的影響。對適切性的看法於時間1與時間2間呈現顯著變化的包括：認爲面對面溝通更適合用來釐清令人困惑的觀點（6.49 vs. 6.64; $p < .05$）、保持聯繫（5.54 vs. 5.77; $p < .05$）、交換迫切資訊（5.38 vs. 5.71; $p < .01$）、制定重要決策（6.38 vs. 6.53; $p < .05$）、交換機密資訊（6.56 vs. 6.71; $p < .05$），以及交換重要資訊（6.36 vs. 6.56; $p < .01$）。認爲小組會議更適合用來協商（6.00 vs. 6.14; $p < .05$）、釐清令人困惑的觀點（5.98 vs. 6.14; $p < .05$），以及交換敏感資訊（4.18 vs. 5.51; $p < .05$）。電話溝通被視爲更適合用來認識某人（4.50 vs. 4.73; $p < .05$）；而語音郵件則被認爲更適合用來解決爭議（2.48 vs. 2.70; $p < .05$）。

手寫便條及正式信函在某些任務的適切性有顯著而相反的改變。手寫便條在時間2時變得比在時間1時更不適合用來保持聯繫（5.35 vs. 5.06; $p < .01$）及交換敏感資訊（3.55 vs. 3.17; $p < .01$）。同樣的，正式信函在時間2時也變得較不適合用來交換敏感資訊（4.50 vs. 4.26; $p < .05$）及重要資訊（5.29 vs. 5.05; $p < .05$）。

在新式溝通媒體中，實驗對象們認爲電子郵件更爲適合用來進行幾項任務，如認識某人（3.17 vs. 3.80; $p < .005$）、保持聯繫（5.31 vs. 5.64; $p < .01$）、解決爭議（3.50 vs. 3.70; $p < .05$）、以及制定重要決策（3.51 vs. 3.75; $p < .05$）。另一方面，EMS則得到混合的（mixed）評價，且在媒體適切性的看法上改變最多（11項任務中的7項）。EMS被認爲更適合用來產生想法（4.89 vs. 5.55; $p < .005$）、解決爭議（4.14 vs. 4.60; $p < .005$），以及制定重要決策（4.35 vs. 4.74; $p < .005$）。EMS也被認爲更爲不適合用來交換例行資訊（4.24 vs. 3.74; $p < .005$）、迫切且緊急的資訊（4.86 vs. 4.24; $p < .005$）、以及保持聯繫（3.77 vs. 3.54; $p < .005$）。傳眞則被認爲更不適合用來協商（3.49 vs. 3.28; $p < .05$）及交換緊急資訊（6.06 vs. 5.74; $p < .01$），而更爲適合用來認識某人（2.29 vs. 2.52; $p < .05$）。

以上的結果顯示，在適切性的看法上，新媒體改變的比傳統媒體多（在時間1與時間2之間，電子郵件與EMS有12個顯著的改變，而面對面接觸、小組會議及電話等媒體只有10個顯著的改變）。即使把所有傳統媒體集合在一起再跟新式媒體比較，新式媒體的平均看法變化量仍比所有傳統媒體的還要高（6 vs. 2.57）。因此，H1c也得到支持了。雖然變化的幅度不像新式媒體那麼大，人們對傳統豐富媒體如面對面接觸與小組會議等的適切性的看法也的確也會隨著時間改變。這個發現顯示，即使使用的是最熟悉的溝通媒體，人們仍會得到新的觀點（Insight）。

假設2：經驗對媒體適切性的影響

我們以使用者在這9種溝通媒體上的使用頻率、電腦技能及自在感代表其媒體經驗，而我們同時也以t-檢定檢驗了這些因素，結果顯示於表7.5。表中的結果說明了實驗對象的經驗於七週內的改變。我們接著使用這些結果來計算媒體經驗的變化與其對適切性看法間的相關，以作爲支持H2的基礎。結果顯示，小組會議（4.97 vs. 5.81; $p <$

表7.5 使用者對9種媒體的經驗在不同時間時的t-檢定比較

		面對面	群組會議	語音郵件	電話	便條	信函	電子郵件	EMS	傳真
使用頻率	T_1	6.52	4.97	4.74	6.25	4.15	3.55	2.11	1.17	3.74
			(***)		(***)		(***)	(***)	(***)	(***)
	T_2	6.56	5.81	4.70	5.88	4.03	3.03	4.33	1.66	3.03
技能程度	T1	6.15	5.18	5.30	6.15	5.17	4.80	2.63	1.40	5.09
		(*)	(***)	(*)		(***)		(***)	(***)	
	T_2	6.34	5.86	5.56	6.16	5.50	4.94	5.13	2.95	5.05
舒適感	T_1	6.32	5.18	5.19	6.19	5.48	4.82	3.06	1.65	5.30
		(***)	(***)	(*)		(*)		(***)	(***)	
	T_2	6.55	5.94	5.47	6.24	5.67	4.95	5.39	3.23	5.23

註：+p < .10；*p < .05；**p < .01；***p < .005；T1 = 時間1；T2 = 時間2；括號中的星號表示T1與T2間差異的顯著程度。

.005）、電子郵件（2.11 vs. 4.33; p < .005）及EMS（ 1.17 vs. 1.66; p < .005）的使用頻率顯著地增加了，而電話（6.25 vs. 5.88; p < .005）、信函（3.55 vs. 3.03; p < .005）及傳真（3.74 vs. 3.03; p < .005）所報告使用量卻顯著地減少了。面對面接觸、便條及語音郵件的使用量在這7週內則沒有顯著的變化。

結果也顯示人們在6種溝通媒體上的溝通媒體技能顯著地增加了：包括面對面（6.15 vs. 6.34; p < .05）、小組會議（5.18 vs. 5.86; p < .005）、語音郵件（5.30 vs. 5.56; p < .05）、便條（5.17 vs. 5.50; p < .005）、電子郵件（2.63 vs. 5.13; p < .005），以及EMS（1.40 vs. 2.95; p < .005）。溝通媒體使用的自在感在七週後也顯著地增加了。特別是對面對面溝通（6.32 vs. 6.55; p < .005）、小組會議（5.18 vs. 5.94; p < .005）、電子郵件（3.06 vs. 5.39; p < .005）、EMS（1.65 vs. 3.23; p < .005）、語音郵件（5.19 vs. 5.47; p < .05），以及手寫便條（5.48 vs. 5.67; p < .05）都報告了較高的自在感。有趣的是，在媒體經驗的這三

表7.6 九種媒體中媒體經驗對媒體適切性在完全以及個別尺度上之逐步迴歸（續）

媒體與經驗	尺度		
	完全（Full）	交互	非交互
面對面（一對一）			
頻率	.21***	—	.34***
技能	—	—	—
自在感	.26***	.33***	.13***
F	25.55***	32.66***	29.00***
Adjusted R^2	.1543	.1053	.1723
面對面（群體）			
頻率	.24***	.17***	.25***
技能	—	—	.16*
自在感	.22***	.26***	—
F	23.64***	20.02***	19.68*
Adjusted R^2	.1450	.1247	.1227
電話			
頻率	—	—	—
技能	.22***	.17***	.23***
自在感	—	—	—
F	13.94***	8.30***	14.77**
Adjusted R^2	.0462	.0266	.0490
語音郵件			
頻率	—	—	—
技能	.14*	—	.17***
自在感	—	—	
F	5.34*		8.22***
Adjusted R^2	.016	—	.0263
便條			
頻率	.23***	.23***	.21***
技能	.16*	—	.25***
自在感	—	—	—
F	16.94***	15.02***	25.15***
Adjusted R^2	.1070	.0501	.1537
信函			
頻率	.30***	.27***	.30***
技能	—	—	.15*

表7.6 九種媒體中媒體經驗對媒體適切性在完全以及個別尺度上之逐步迴歸（續）

媒體與經驗	尺度		
	完全（Full）	交互	非交互
自在感	.19***	—	.17*
F	27.36***	20.91***	29.67***
Adjusted R^2	.1654	.0696	.2443
電子郵件			
頻率	.31***	.36***	.17*
技能	—	—	—
自在感	.18*	—	.33***
F	31.22***	8.31***	34.92
Adjusted R^2	.1851	.1263	.2032
EMS			
頻率	—	—	—
技能	.18***	.17*	.17*
自在感	—	—	—
F	8.11***	6.54*	6.57*
Adjusted R^2	.0295	.0232	.0233
傳真			
頻率	.32***	.28***	.31***
技能	—	—	—
自在感	—	—	—
F	27.03***	19.77***	25.12
Adjusted R^2	.1005	.0746	.0938

註：逐步迴歸最後的方程式只保留顯著的自變數（PIN = 0.05）。表中顯示的值為標準化的 β 係數。

*p < .05；**p < .01；***p < .005。

個層面中，使用頻率的增加通常與技能及自在感的增加一致。

我們使用逐步迴歸（stepwise regression）來檢視媒體經驗與媒體適切性間的關係。爲了更深入了解經驗對媒體適切性及各種任務的影響，我們也在資料分析中加入兩個因素（交互 vs. 非交互溝通），即我們先前對社會顯露性溝通（social presence communication）所作的因素分析（表7.2）中得到的兩個因素。三種經驗對社會顯露活動的三種尺度（即完全尺度－所有活動；交互－6種活動；非交互－5種活動）都做了迴歸。表7.6列出所有顯著的標準相關係數。

結果顯示，小組會議（$p < .005; .005; .005$）、手寫便條（$p < .005; .005; .005$）、手寫信函（$p < .005; .005; .005$）、電子郵件（$p < .005; .005; .005$）、以及傳眞（$p < .005; .005; .005$）的使用頻率增加與完全尺度、交互及非交互尺度都有顯著的關連。對面對面溝通來說，使用頻率的增加與完全尺度（$p < .005$）及非交互尺度（$p < .005$）有關，而與交互尺度無關。對電話、語音郵件及EMS來說，使用頻率的增加則與完全尺度、交互或非交互尺度都沒有顯著的關連。此發現與我們先前在使用頻率變化上的發現（表7.5）有相當的一致性－我們發現實驗對象於小組會議、信函、電子郵件及傳眞上的經驗現顯著地增加了。因此，H2a對面對面、小組會議、便條、信函、電子郵件及傳眞等媒體是成立的，但對電話、語音郵件及EMS等媒體並不成立。

表7.6顯示，對EMS（$p < .005; .05; .05$）及電話（$p < .01; .005; .005$）而言，技能的增加與三種尺度上的適切性看法都有關。而對語音郵件（$p < .05; p < .005$）及便條（$p < .05; .005$）來說，技能的增加與完全尺度及非交互尺度有關。小組會議（$p < .05$）及信函（$p < .05$）的技能增加只與非交互尺度有關。然而，面對面、電子郵件及傳眞的效能卻與活動的任何尺度都沒有關連。這與表7.5中的技能變化情形一致，其中，實驗對象們認為自己在小組會議、語音郵件、便條及EMS上的技能有顯著的變化。因此，H2b對語音郵件、便條、EMS及電話而言是成立的，但對面對面、電子郵件及傳眞卻是不成立的。

表7.6也顯示，面對面溝通的自在感增加（$p < .005; .005; .005$）與三種尺度上適切性的看法都有關。電子郵件（$p < .05; .005$）與手寫信函（$p < .005; .05$）的自在感增加則與完全尺度及非交互尺度上的適

切性看法有關，而小組會議（$p < .005$; .005）的自在感增加與完全尺度及交互尺度有關。然而，對電話、語音郵件、便條、EMS及傳眞溝通而言，自在感的增加與適切性的看法並沒有顯著的關連。雖然除了電話、信函及傳眞之外，實驗對象們對所有媒體都報告顯著提升了自在感，但只有面對面、小組會議及電子郵件與媒體適切性的看法有顯著的關連。因此，H2c對面對面、小組會議、電子郵件及手寫信函是成立的，但對電話、語音郵件、便條、EMS及傳眞是不成立的。

討論

本研究發現，人們並未如媒體豐富性理論或社會顯露性理論所預測的，由任務本質或社會顯露性的觀點來獨斷（exclusively）或理性地衡量溝通媒體的適切性。本研究發現人們對某種任務的媒體選擇與其媒體經驗較有顯著的關連，而比較不會去理性評估媒體與任務間的適切性。人們對媒體適切性的看法也隨著他們對這些媒體的技能、自在感及使用量而變。這種現象在新媒體上特別顯著。我們發現，當人們隨著時間而得到愈來愈多的媒體經驗時，人們會改進他們對媒體與某些任務間適切性的看法。隨著時間的進行，人們的媒體經驗會幫助他們了解新式媒體的使用與用途，並進而讓人們決定其媒體選擇。如果人們有機會學習，則他們對媒體適切性的看法便不會長久保持不變。因此，我們必須動態地檢視媒體經驗、媒體豐富性與任務可分析性等個別差異，而不是只以機械式（mechanistic）的媒體－任務適切性觀點來看使用者的媒體選擇。

根據因素分析的結果，本研究所使用的11種溝通任務可被群集於兩個因素。本研究中的因素負荷模式似乎難以用任務可分析性或社會顯露性的觀點來解釋，因爲某些低分析性／社會顯露性的任務和某些高分析性／社會顯露性的任務負荷同一個因素。結果顯示，把溝通任務分類成交互或非交互兩種可得到另一種探討媒體選擇行爲的方式。溝通任務的時間導向觀點較適於經常同時處理多個任務，或面對多種溝通媒體的組織成員。當人們面對溝通的需求時，經常會評估溝通任務是否需要個人的參與／注意／時間、溝通任務是否可派他人處理、或者藉由其不須親自出席的媒體來進行。人們似乎對完成手上的任務比較有興趣，而不在乎自己是否有意識或有意地選擇了「正確」的媒體。爲了有效完成任務，人們可能不會選擇最理性的媒體。這種發現雖然不同於目前標準的媒體思惟，卻提供我們一個更適當且有趣的角度來檢視人們的溝通行爲。

本研究另一個有趣的發現，是某種溝通媒體使用頻率增加似乎與其他媒體使用頻率降低有關。本研究中，實驗對象對小組會議、電子郵件及EMS報告了使用量顯著的增加，而在相同的七週內，對電話、信函及傳眞報告的使用量顯著減少。若將完成某項任務所需要的總溝通媒體使用量視爲一個線性式，則這些結果顯示，使用者對小組會議、電子郵件及EMS的經驗及使用量的增加，擴展了他們的媒體選擇，並允許他們在一段給定的時間內以更適合的媒體來取代某些媒體。這種補償效應（compensatory effect）（暫時如此表示）似乎違背了文獻中的某些假設。Huber（1990）指出，人們對先進資訊術如電子郵件及EMS的錯誤印象之一，就是常將它們視爲「完全爲傳統術的替代品」（p. 51）。然而，他同意「如果看起來有效的話，人們的確會以電腦輔助的媒體來取代傳統媒體」（p. 51）。在本研究中，隨著實驗對象媒體經驗的改變，他們學會使用多種媒體，並可選擇較適合的媒體來補償較不適合的媒體。

本研究發現，即使在採用新媒體之後，人們仍然覺得傳統豐富媒體比新媒體更適合於大部分的溝通任務。由於人們對這些傳統媒體已有相當廣泛而深入的經驗，甚至已成爲習慣，故我們對這項發現並不感到驚訝。然而，本研究有一個値得鼓舞的發現：若人們已對新式媒體擁有適當的經驗，則人們便會對新媒體發展出新的見解與看法，而這可使人們習慣於使用或選擇這些媒體，因此可進而將新技術成功地建置起來。

雖然我們發現特定的媒體經驗（以使用頻率、技能、及自在感來衡量）會對媒體選擇與媒體適切性的看法造成影響，但個人的差異（如電腦經驗、是否擁有電腦及性別等）卻不會影響媒體適切性的看法。這項發現就有點令人感到驚訝，因爲我們預期電腦經驗會影響人們對新電腦媒體（如電子郵件及EMS）看法的形成。一個可能的解釋，是人們對電子郵件及EMS適切性的看法和他們對電子郵件及EMS的特定經驗比較有直接的關連，而和他們的一般電腦經驗比較沒有直接的關連。未來的研究必須深入探討特定媒體經驗與一般電腦經驗之間的關係，並須探究這種關係會如何影響人們的媒體選擇與適切性。

管理階層可藉由達（mediate）員工對不同溝通媒體的經驗來改變他們對溝通媒體的看法與選擇。如果員工沒有機會發展他們對新媒體的技能與自在感，新溝通媒體的使用便會受到限制。本研究發現經驗的獲取比使用頻率的增加更有意義，雖然媒體使用量增加無疑會影響使用者對媒體適切性的看法，但技能與自在感的增加也會對使用者的看法造成顯著的影響。公司必須制定一些政策或提供一些方式，鼓勵員工接觸或獲取新溝通媒體的經驗。

本研究的限制與未來的研究

如同大部分這類的研究，由於以下所列出本研究的某些限制，我們需要謹慎的解釋本研究的發現。媒體適切性是以任務抽象描述的架構來衡量，而不是以特定的溝通事件或腳本（研究媒體豐富性時常採用的方法）來衡量（Daft et al., 1987）。然而，如同Rice（1993）指出的，過去很少有檢驗媒體豐富性構面的實徵驗證。本研究所使用的媒體－任務適切性概念提供了一種更有用、更有意義、更穩定、且更具辨別力的方式來顯示媒體對人們帶來的影響（Rice, p. 481）。本研究也進一步支持了Rice的假設。

此外，我們使用個人自我報告的方式來測量(self-report measures)個人對媒體的經驗。然而，因爲我們知道小組在研究期間所參與的兩項小組計畫自然會使參與者產生頻繁的溝通需求，所以也大幅的減少了我們對參與者們是否實際使用媒體的憂慮。但即使如此，未來的研究也可考慮以電腦所產生的日誌（logs），來記錄組員所發送的電子郵件或所有發生過的溝通，這應該也是相當有趣的。

本研究並未將個人的經驗與其任務績效連結在一起。然而，由於本研究所要探討的是當經驗改變時，個人對媒體－任務適切性的看法是否仍然保持穩定，故，本研究的焦點及應變數並非使用媒體所帶來的績效。未來的研究可深入收集有關溝通效能及任務績效的資料，以檢視媒體經驗的增加是否會影響績效。

最後，由於本研究使用MBA學生作爲實驗對象，所以本研究結果的一般性便受到限制。我們所要檢視的是經理人及專業人員對媒體的評價及選擇，而MBA學生並不能完全代表所有的經理人及專業人員。這些學生比較年輕，而且就整體上來說，他們的電腦技能比他們在業界的對照團體好。因此對這個樣本來說，電腦經驗及技能比較不是問題，但這對一般的經理人或專業人員來說卻是一個議題。然而，我們也檢定了個人的性別、一般電腦經驗、及是否擁有電腦等差異，卻未發現這些差異會對媒體適切性造成任何的影響；因此，MBA學生與經理人在這些統計因素上的差別可能並不能成爲一個議題。這些實驗對象也可能比一般人有更強的動機去執行好任務，這會使他們比一般人更重視自己對某種媒體所感受到的適切性。管理階層可藉由傳遞員工的媒體經驗，以輔助他們進行有效的溝通。未來的研究可使用組織環境中的眞實團隊，以提高我們對媒體適性切的了解，並增進結果的一般性。

結論

先進電腦技術的興盛迅速改變了組織的溝通方式。為了增加組織的溝通效能，並發展出適當的投資策略與訓練計畫，管理階層們必須了解新溝通媒體的本質及意涵。本研究令295位MBA學生於七週的時間內積極參與兩項小組專案，同時檢視他們對9種常用的組織溝通技術的使用情形。本研究的貢獻主要可由以下三方面來說明。

首先，本研究的設計解決了過去的研究在研究方法上的問題。本研究以眞實的小組執行績效導向的專案，專案執行環境的溝通媒體選擇範圍則類似於現代的公司，且實驗對象在七週的時間內可同時體驗數種溝通媒體。這使我們能以更適合的研究環境及研究設計來評估媒體的適切性及實驗對象的媒體選擇。過去的溝通研究「幾乎完全忽略」（Rogers, 1986）了溝通處理時間的本質（over-time process nature），但本研究卻將重點擺在這一方面。

第二點，本研究使用一個非常大的樣本實徵呈現了經過經由妥善管理的學習經驗對媒體看法的影響。管理階層可應用此結果發展一個「技術－使用－傳遞」的組織機制（Orlikowski et al., 1995），幫助管理階層提供持續性的注意力及資源，以促進有效採用電腦導向的溝通技術。

第三點，學者可以以本研究的結果為基礎，發展溝通及先進資訊技術管理上的研究。目前，在媒體的選擇或使用上的理論發展，多半「假定」組織成員們會學習如何聰明地選擇溝通技術（Huber, 1986, p. 51）。本研究實徵呈現了使用者的溝通媒體經驗會影響其對媒體與任務間的適切性的看法。

本研究的另一個貢獻是讓我們了解不同的媒體（新或舊）如何擴

展、補足、或取代其他的媒體，即使我們所進行的任務在質與量上都有所不同。事實上，研究結果顯示，某些媒體（例如小組會議、電子郵件及EMS）的使用量增加與某些媒體（例如電話、正式信函及傳眞）的使用量顯著減少有關。這種新舊媒體間的補償效應顯示，若組織能在建置溝通技術時提供員工相關的訓練經驗，則組織便可策略性的建置的所選擇的溝通技術。

本研究的發現在學術研究與實務上都有重要的涵意。其中之一就是個人對媒體適切性的看法與其以往的媒體經驗有關，而與媒體及任務無關。當個人對某種媒體的使用量、自在感及技能改變時，他對這種媒體的適切性的看法也會跟著改變。這種結果顯示，學者們除了考慮媒體－任務間的適切性之外，亦須探討個人媒體經驗對其媒體看法與選擇的影響。換句話說，我們必須將目前的媒體豐富性理論及社會顯露性理論加以擴展，才能有系統地探討溝通技術、任務特性及個人經驗的聯合效應。

由組織的觀點來看，管理者可以發展有效的計畫來鼓勵員工使用新媒體，並進而影響員工對新媒體的看法。管理者必須明瞭，雖然他們可以操縱個人對媒體的看法，但員工們仍會習慣於將傳統的面對面溝通視爲最適合的媒體。人們不應假設新媒體在任何狀況下都可以取代如面對面互動的傳統溝通媒體。相反的，傳統的溝通媒體和新溝通媒體是互補的。個人對媒體的看法及選擇會受到其媒體經驗、媒體特性及溝通任務特性等因素的影響。因此，管理者必須以一個平衡的觀點來採用及管理新的溝通技術。

參考書目

Adam, D. A., Nelson, R. R., & Todd, P. A. (1992). Perceived usefulness, ease of use and usage of information technology. *MIS Quarterly, 16*(2), 227-247.

Ajzen, I. (1985). From intentions to actions: A theory of planned behavior. In J. Kuhl & J. Beckmann (Eds.), *Action-control: From cognition to behavior* (pp. 11-39). Heidelberg: Springer.

Ajzen, I. (1991). The theory of planned behavior. *Organizational Behavior and Human Decision Processes, 50*(3), 179-211.

Bandura, A. (1977). Self-efficacy: Toward a unifying theory of behavioral change. *Psychological Review, 84*(2), 191-215.

Bandura, A. (1978). Reflections on self-efficacy. In S. Rachman (Ed.), *Advances in behavioral research and therapy* (Vol. 1, pp. 237-269). Oxford, UK: Pergamon.

Bandura, A. (1982). Self-efficacy mechanism in human agency. *American Psychologist, 37*(2), 122-147.

Bandura, A. (1986). *Social foundations of thought and action.* Englewood Cliffs, NJ: Prentice Hall.

Briggs, R. W., Balthazard, P. A., & Dennis, A. R. (1996). Graduate business students as surrogates for executives in the evaluation of technology. *Journal of End-User Computing, 8*(4), 11-17.

Carlson, J. R., & Zmud, R. W. (1994). Channel expansion theory: A dynamic view of media and information richness perceptions. In *Academy of Management Conference Proceedings* (pp. 280-284). Dallas, TX.

Compeau, D. R., & Higgins, C. A. (1995a). Application of social cognitive theory to training for computer skills. *Information Systems Research, 6*(2), 118-143.

Compeau, D. R., & Higgins, C. A. (1995b). Computer self-efficacy: Development of a measure and initial test. *MIS Quarterly, 19*(2), 189-211.

Culnan, M. J., & Markus, M. L. (1987). Information technology. In F. M. Jablin, L. L. Putnam, K. H. Robert, & L. W. Porter (Eds.), *Handbook of organizational communication: An interdisciplinary perspective* (pp. 420-443). Newbury Park, CA: Sage.

Daft, R. L., & Lengel, R. H. (1984). Information richness: A new approach to managerial behavior and organization design. *Research in Organizational Behavior, 6*(2), 191-233.

Daft, R. L., & Lengel, R. H. (1986). Organizational information requirements, media richness and structural design. *Management Science, 32*(5), 554-571.

Daft, R. L., Lengel, R. H., & Trevino, L. K. (1987). Message equivocality, media selection, and manager performance: Implications for information systems. *MIS Quarterly, 11*(3), 355-366.

Davis, F. D. (1989). Perceived usefulness, ease of use, and user acceptance of information technology. *MIS Quarterly, 13*(3), 319-339.

Davis, F. D., Bagozzi, R. P., & Warshaw, P. R. (1989). A comparison of two theoretical models. *Management Science, 35*(8), 982-1003.

Davis, S., & Bostrum, R. P. (1993). Training end users: An experimental investigation of the roles of computer interface and training methods. *MIS Quarterly, 17*(1), 61-85.

DeLone, W. H. (1988). Determinants of success for computer usage in small business. *MIS Quarterly, 12*(1), 51-61.

El-Shinnawy, M. M., & Markus, M. L. (1992). Media richness theory and new electronic communication media: A study of voice mail and electronic mail. In *Proceedings of the Thirteenth International Conference on Information Systems* (pp. 91-105). Dallas, TX.

Emory, C. W. (1980). *Business research methods.* Homewood, IL: Irwin.

Fishbein, M., & Ajzen, I. (1975). *Belief, attitude, intention, and behavior: An introduction to theory and research.* Reading, MA: Addison-Wesley.

Fulk, J., Schmitz, J., & Steinfield, C. W. (1990). A social influence model of technology use. In J. Fulk

& C. Steinfield (Eds.), *Organizations and communication technology* (pp. 117-140). Newbury Park, CA: Sage.

Fulk, J., Steinfield, C. W., Schmitz, J., & Power, J. G. (1987). A social information processing model of media use in organizations. *Communication Research, 14*(5), 529-552.

Galletta, D. F., & Lederer, A. L. (1989). Some cautions on the measurement of user involvement satisfaction. *Decision Sciences, 20*(3), 419-438.

Hare, A. P. (1960). The dimensions of social interaction. *Behavioral Science, 5*, 211-215.

Hiltz, S. R., & Turoff, M. (1981). The evolution of user behavior in a computerized conferencing system. *Communication of the ACM, 24*(11), 739-751.

Holland, W., Stead, B., & Leibrock, R. (1976). Information channel/source selection as a correlate of technical uncertainty in a research and development organization. *IEEE Transactions on Engineering Management, EM-23, 4*(2), 163-167.

Howard, G. S., & Mendelow, A. L. (1991). Discretionary use of computers: An empirically derived explanatory model. *Decision Sciences, 22*(2), 241-265.

Howard, G. S., & Smith, R. (1986). Computer anxiety in management: Myth or reality? *Communications of the ACM, 29*(7), 611-615.

Huber, G. P. (1990). A theory of the effects of advanced information technologies on organizational design, intelligence, and decision making. *Academy of Management Review, 15*(1), 47-71.

Igbaria, M., Guimaraes, T., & Davis, G. (1995). Testing the determinants of microcomputer usage via a structural equation model. *Journal of Management Information Systems, 11*(4), 87-144.

Johansen, R. (1977). Social evaluations of teleconferencing. *Telecommunications Policy, 1*(4), 395-419.

Kerr, E., & Hiltz, S. R. (1982). *Computer-mediated communication systems*. New York: Academic Press.

Kraemer, L., Danziger, J. N., Dunkle, D. E., & King, J. L. (1993). The usefulness of computer-based information to public managers. *MIS Quarterly, 17*(2), 129-148.

Lee, A. S. (1994). Electronic mail as a medium for rich communication: An empirical investigation using hermeneutic interpretation. *MIS Quarterly, 18*(2), 143-157.

Markus, M. L. (1988, August). *Information richness theory, managers, and electronic mail.* Paper presented at the Academy of Management National Meeting, Anaheim, CA.

Markus, M. L. (1992). Asynchronous technologies in small face-to-face groups. *Information Technology & People, 6*(1), 29-48.

Markus, M. L. (1994). Electronic mail as the medium of managerial choice. *Organization Science, 5*(4), 502-527.

Markus, M. L., Bikson, T. K., El-Shinnawy, M., & Soe, L. L. (1992). Fragments of your communication: Email, vmail, and fax. *The Information Society, 8*(4), 207-226.

Mathieson, K. (1991). Predicting use intentions: Comparing the technology acceptance model with the theory of planned behavior. *Information Systems Research, 2*(3), 173-191.

Nelson, R. R. (1990). Individual adjustment to information-driven technologies: A critical review. *MIS Quarterly, 14*(1), 87-98.

Ochsman, R., & Chapanis, A. (1974). The effects of 10 communication modes on the behavior of team during co-operative problem-solving. *International Journal of Man-Machine Studies, 6*(5), 579-619.

Orlikowski, W. J., Yates, J., Okamura, K., & Fujimoto, M. (1995). Shaping electronic communication: The metastructuring of technology in the context of use. *Organization Science, 4*(4), 423-444.

Perrow, C. (1967). A framework for the comparative analysis of organizations. *American Sociological Review, 32*(2), 194-208.

Reid, A. (1977). Comparing telephone with face-to-face contact. In I. de Sola Pool (Ed.), *The social impact of the telephone* (pp. 386-415). Cambridge: MIT Press.

Rice, R. E. (1984). Mediated group communication. In R. E. Rice & Associates, *The new media: Communication, research and technology* (pp. 129-154). Beverly Hills, CA: Sage.

Rice, R. E. (1987). Computer-mediated communication systems and organizational innovation. *Journal of Communication, 37*(4), 65-94.

Rice, R. E. (1990). Computer-mediated communication system network data: Theoretical concerns and empirical examples. *International Journal of Man-Machine Studies, 32*(6), 627-647.

Rice, R. E. (1992). Task analyzability, use of new media, and effectiveness: A multi-site exploration of media richness. *Organization Science, 3*(4), 475-500.

Rice, R. E. (1993). Media appropriateness: Using social presence theory to compare traditional and new organizational media. *Human Communication Research, 19*(4), 451-484.

Rice, R. E., & Case, D. (1983, Winter). Electronic message systems in the university: A decision of use and utility. *Journal of Communication*, pp. 131-152.

Rice, R. E., Hughes, D., & Love, G. (1989). Usage and outcomes of electronic messaging at an R&D organization: Situational constraints, job levels, and media awareness. *Office: Technology and People, 5*(2), 141-161.

Rice, R. E., & Love, G. (1987). Electronic emotion: Socioemotional content in a computer-mediated communication network. *Communication Research, 14*(1), 85-108.

Rice, R. E., & Shook, D. E. (1990). Relationships of job categories and organizational levels to use of communication channels, including electronic mail: A meta-analysis and extension. *Journal of Management Studies, 27*(2), 195-229.

Rivard, S., & Huff, S. (1988). Factors of success for end-user computing. *Communications of the ACM, 31*(5), 552-561.

Rogers, E. M. (1986). *Communication technology: The new media in society.* New York: Free Press.

Schmitz, J., & Fulk, J. (1991). Organizational colleagues, information richness and electronic mail: A test of the social influence model of technology use. *Communication Research, 18*(4), 487-523.

Short, J., Williams, E., & Christie, B. (1976). *The social psychology of telecommunications.* London: Wiley.

Steinfield, C. W. (1986). Computer-mediated communication in an organizational setting: Explaining task-related and socioemotional uses. In M. McLaughlin (Ed.), *Communication yearbook 9* (pp. 777-804). Beverly Hills, CA: Sage.

Steinfield, C. W., & Fulk, J. (1986). Task demands and managers' use of communication media: An information processing view. In *Proceedings of the Academy of Management Conference*, Chicago.

Taylor, S., & Todd, P. A. (1995). Understanding information technology usage: A test of competing models. *Information Systems Research, 6*(2), 144-176.

Trevino, L. K., Lengel, R. H., & Daft, R. L. (1987). Media symbolism, media richness, and media choice in organizations. *Communication Research, 14*(5), 553-574.

Trevino, L. K., Lengel, R. H., Gerloff, E. A., & Muir, N. K. (1990). The richness imperative and cognitive styles: The role of individual differences in media choice behavior. *Management Communication Quarterly, 4*(2), 176-197.

Trevino, L. K., & Webster, J. (1992). Flow in computer-mediated communication. *Communication Research, 19*(5), 539-573.

Tsuneki, T. (1988). An experimental study on the measurement of the amount of information. *KEIO Communication Review, 9*(1), 33-52.

Walther, J. B. (1995). Relational aspects of computer-mediated communication: Experimental observations over time. *Organizational Science, 6*(2), 168-185.

Walther, J. B., & Burgoon, J. K. (1992). Relational communication in computer-mediated interaction. *Human Communication Research, 19*(1), 50-88.

Williams, F., Phillips, A. F., & Lum, P. (1985). Gratifications associated with new communication technologies. In K. E. Rosengren, L. A. Wenner, & P. Palmgreen (Eds.), *Media gratifications research: Current perspectives* (pp. 241-252). Beverly Hills, CA: Sage.

Yates, J., & Orlikowski, W. J. (1992). Genres of organizational communication: A structural approach to studying communication and media. *Academy of Management Review, 17*(2), 299-326.

Zack, M. H. (1993). Interactivity and communication mode choice in ongoing management groups.

Information Systems Research, 4(3), 207-239.
Zmud, R. W., Lind, M. R., & Young, F. W. (1990). An attribute space for organizational communication channels. *Information Systems Research, 1*(4), 440-457.

第八章

組織中的群體支援系統、權力及影響力

一項田野研究

SUSAN REBSTOCK WILLIAMS
RICK L. WILSON

群體支援系統（Group Support Systems；GSS）吸引了許多學者及業者的注意，由於具備減少溝通障礙、增加生產力，以及支援決策活動等能力，使用群體支援系統可增進組織的效能（Benbasat, DeSanctis, & Nault, 1991; Dennis, George, Jessup, Nunamaker, & Vogel, 1988; Pinsonneault & Kraemer, 1989; Gray, Vogel, & Beauclair, 1990）。此領域的研究主要著重於以下兩股潮流，分別是：（1）技術特性的設計與評價；（2）技術對群體決策的過程與結果的影響。其中第二個潮流已經引起資訊系統學者廣泛的興趣，也提出了許多相關的變數。然而，目前的研究重心仍稍嫌狹隘地侷限在研究GSS對於個人及群體層次上影響的結果上。因此，雖然在群體決策逐漸成熟的背景下，我們已經瞭解了決策變數與資訊技術間的關係，但關於群體技術對組織設計與結構的更廣泛層面影響仍所知不多。

瞭解這些技術與組織設計因素之間的交互作用，不管在理論或實務上都是相當重要的。由理論的觀點看來，如果未能考慮新技術與公司的社會及結構等維度之間的互動，則組織建置這些技術之後，很可能會產生一些問題，而阻礙了這些系統的潛在效益。由實務的觀點看來，群體支援系統的目的在改善工作流程與溝通模式。當組織引進並採用了這些技術後，我們可以推論，完成工作的方式以及支援這些工作的社會與結構關係可能會有所改變。因此，由組織的觀點看來，群體技術的使用不僅被視爲技術的改變，也被視爲社會性的改變，更被視爲結構上的改變；而社會性的改變會影響組織中個人與群體的行爲，結構上的改變則會改變資訊流及人們的工作方式（Nelson, 1990）。說得更具體一點，當使用群體技術如電子郵件、決策室（decision room）、視訊會議（video conferencing）等時，資訊可能會被重新分配、獲取資訊的管道可能會改變，而參與（participation）的慣用模式也可能會瓦解（DeSanctis & Gallupe, 1987）。因此，促成技術（enabling technologies）、資訊流、以及權力／地位議題之間的關係可能也會受到影響。雖然已經有幾項研究在受控制的實驗室環境下點出了參與及影響力的議題，但我們對群體支援系統與實際組織中的權力及影響力之間的關係也仍未有深入的探索。

由問題的本質來看，群體技術的使用對組織在社會、結構及政治等層面上所造成的改變須在組織的環境中分析，這種導向的需求早已得到確認。組織及資訊系統的學者都認爲，技術的影響不應該被分開考慮，而應被視爲整體組織環境的一部份（Agervold, 1987; Buchanan & Boddy, 1982; DeSanctis & Gallupe, 1987; Huber, 1990; Kendall, Lyytinen, & Degross, 1992; Nelson, 1990; Pinsonneault & Kraemer, 1989; Poole & DeSanctis, 1990）。然而，目前針對群體技術的實徵研究大多只粗略的提到了組織的議題。

本章報導了一篇在一個美國企業所進行的田野研究（field study），此研究的目的在探討使用者對群體支援系統會如何影響權力與影響力的感知。下一節將簡要的回顧群體支援系統的相關文獻，我們定義出權力與影響力的理論性決定因素。接著我們再描述研究方法。然後我們提出本研究的發現並進行討論，再將所得的見解與文獻中的概念架構整合。結論部分則將彙整本研究的貢獻、指出本研究的限制、並提出未來的研究方向。

背景

群體支援系統

群體支援系統的概念最早是由Huber（1984）所提出，他將決策支援系統（Decision Support Systems, DSS，主要是設計給個別決策者使用）的概念擴展至群體決策的環境中。早期的研究強調支援群體決策活動（特別是面對面會談），故這些系統被稱爲群體決策支援系統（Group Decision Support Systems, GDSS）。DeSanctis & Gallupe（1987）的發展性架構（seminal framework）則將GDSS的角色予以擴充，包括利用各種技術來支援規劃、腦力激盪、談判、問題解決，以及創造性任務（以及決策活動），這些技術雖然包括了「決策室」，但不要求GDSS一定得設置在決策室的環境內。由於基礎技術的範圍及角色擴充了許多，通常人們會把「GDSS」的「D」拿掉，以「GSS」（Group Support Systems）一詞來代替。

我們仍難以對「GSS」一詞下一個精確的定義。然而，我們可以界定出幾項群體支援技術（group support technologies）（我們拿來與GSS一詞交替使用）常見的特性。首先，群體支援系統企圖減少溝通上的可能障礙，在大部份的情況下，也企圖以確實的方式建立起群體活動與程序的結構。第二，如前所述，群體技術支援許多不同類型的智慧型群體活動（規劃、問題解決、創造性任務等）。第三，群體支援系統是社會性的技術，由於社會關係與行爲的本質，與這些技術有關的研究也非常複雜。第四，群體支援系統是由電腦、決策及溝通技術組合而成的，但不同的系統間這些技術的組合方式有相當大的差異。這意味著同樣被稱作「群體支援系統」的系統在本質上可能差異很大。例如，某些系統提供了大量的決策支援，但對溝通的支援則相當薄弱；而其他的系統可能剛好相反。某些技術將地理位置分隔遙遠的決策者連結起來，而其他的技術卻可能是在會議室的環境來支援決策者。因此，GSS可以是指介於電子郵件與精密的電子決策室之間的任何技術。牢記這種廣泛的觀點之後，我們採用（稍經修改）Dennis et al.（1988）對GSS所下的定義，將群體支援系統定義如下：

> GSS是一種社會性，以資訊技術為基礎的環境，可以跨越地理或時間的限制，支援智慧型群體活動，其中：
>
> 1. 資訊技術環境包含了溝通、計算及決策支援等技術，包括了分散式設備、電腦硬體與軟體、語音與影像技術、程序、方法論（methodology）、支援工具（facilitation），以及適當的群體資料，但並不限制一定要使用這些技術或設備。以及
> 2. 智慧型群體活動包括了規劃、產生概念、解決問題、制定決策、討論議題、談判、解決衝突，以及創造性或合作性的群體活動，如準備及分享文件等，但也不限於這些。

GSS研究概述

GSS研究一般在探討下列幾項因素之間的關係：任務類型、群體特性、技術特性、決策結果（達成共識所需的時間、所考慮的替代方案數等）、以及過程的結果（參與、滿意度等）。Pinsonneault & Kraemer（1990）、Gray et al.（1990）、Benbasat et al.（1991）及

Rebstock（1995）已對GSS的實徵研究做了廣泛的回顧，這裡就不再重述。根據這些觀點，我們可指出GSS研究常見的三項缺點。

首先，大多數實徵研究的應變數都限制在決策結果與過程結果（比較少）這兩個類型。雖然某些學者已經開始提出有關引進及使用過程的議題（例如Copal, Bostrom, & Chin, 1992; Poole & DeSanctis, 1990），但像意圖、政治行爲及組織情境等因素仍常被忽略。因此，有關GSS的使用如何改變如權力、影響力及政治行爲等組織因素的問題大多被忽略了。第二點，文獻中大部分的研究都利用「決策室」或「同時間、同地點」的技術，而這些技術大部分都是大學或外部供應者提供給組織的。雖然決策室提供了許多理想的的特性，我們有理由相信採用分散式工作群體系統（主要由電子郵件或類似LotusNotes的產品所組成）的組織比採用決策室的多。例如Beauclair & Straub（1990）所作的一項研究便指出，分散式的GSS（電子郵件、視訊會議等）比決策室型式的採用率更高；而對一般文獻的回顧也指出，包含了電子郵件及共享式資料庫功能的分散式套裝軟體可能對更多的組織較具有吸引力。第三點，大部分的研究都在受控制的環境下以學生群體（只有少數或完全沒有社會經驗）爲樣本。因此，多數研究都未能瞭解在組織環境中群體支援技術與政治行爲所產生的互動。

整體來說，以往探討GSS與權力及影響力之間互動的的這個跨學域問題，很少有實徵性的論文。前面所提到的文獻中，我們認爲只有兩個研究確實觸及這種關係。Zigurs、Poole & DeSanctis（1988）進行了一項實驗研究，探討了以電腦爲媒介的決策群體中，與影響力有關的行爲。而Ho & Raman（1991）也在受控制的實驗室中進行了一項研究，探討在小團體中GSS對的領導造成的影響。但這兩項研究都使用了學生群體及「同時間、同地點」的技術，因此，難以深入解釋GSS對組織中的權力及影響力所造成的影響。

權力及影響力

雖然組織行為的學者研究權力與政治的時間已經相當長久，但從科學的角度看來，這些觀念的測量仍然有點難懂。有趣的是，雖然社會科學家們在測量上遭遇了困難，組織中的大多數人卻都能輕易地辨識出誰是工作場合中最具權勢的人（Salancik & Pfeffer, 1977）。而且，組織行為文獻廣泛地支持權力與影響力在組織決策模式中的重要角色。Eisenhardt & Zbaracki（1992）在回顧了近50個個案及田野研究後發現，有大量的證據顯示「權力贏得了選擇的戰爭」（p. 17）。政治權謀或影響力企圖成功的程度，便會導致組織資源分配不理想或沒有效率的結果。因此，權力與影響力被視為是「不理性的」，但它們仍是組織決策的一個非常實際的構成要素，當我們在評估群體支援技術的影響時，便不能不考慮權力及影響力。

雖然權力與影響力在觀念上稍有不同，但這兩個辭彙的相關性非常高，且經常被交替使用（Tannenbaum, 1968）。權力與影響力在文獻中出現了許多不同的定義，在某些情況下，這兩個詞彙更被拿來互相定義對方。為了本研究的目的，我們必須對這兩個辭彙做一區分，因此，我們將權力定義成影響決策結果的能力，而將影響力定義成影響信念（beliefs）改變的能力（French & Raven, 1959）。

權力與影響力的構成要素

French & Raven（1959）首先探討了組織中的權力與社會影響力的相關觀念。他們指出，組織次級單位間的某些關係導致權力的產生。他們和Perrow（1970）、Emerson（1962）、以及Hickson、Hinings、Lee、Schneck & Pennings（1971）都指出，我們應該把權力視為社會／結構關係的一項性質，而不只是把它視為個人的屬性，而且，應該把權力和它所企圖影響的人的感知連結在一起。也就是說，權力不僅和個人或次級單位得到某些結果的實際能力有關，也和他人對他們這種能力的感知有關。

Hickson et al.（1971）及Salancik & Pfeffer（1977）所提出的策略性情境模型（strategic contingency models），以及Mechanic（1962）所提出的資源依賴模型（resource dependence model）中，都提出他們對於權力的理論性構成要素的看法。根據這些模型，權力的構成要素包括：

不確定性（uncertainty）。不確定性會刺激組織產生權力（Crozier, 1964; Lawrence & Lorsch, 1967; Perrow, 1970; Salancik & Pfeffer, 1977）。理論上，如果組織缺乏不確定性，就不會有「該做什麼」的爭議，而在理性上也不會有人企圖去影響決策。但當不確定性出現時，我們可以預期「該做什麼」的爭議便會出現，而且，也會有人利用權力來影響行動，使行動往他所想要的方向發展。Lawrence & Lorsch也主張，不確定性可由組織內部所提供之回饋的數量、速度及特定性（specificity）等反應出來，因此改善溝通可能會影響權力及影響力。

處理不確定性（coping with uncertainty）。雖然不確定性是產生權力與影響力的必要條件，但不確定性本身並不導致權力，處理不確定性的能力才是導致產生權力的眞正因素（Crozier, 1964; Hinings, Hickson, Pennings & Schneck, 1974; Landsberger, 1961; Lawrence & Lorsch, 1967; Perrow, 1970）。處理不確定性是指能在某種程度上減少或有效處理未來事件的不可預測性，最能爲自己及他人妥善處理不確定性的組織次級單位將會擁有最大的權力。處理不確定性的策略則包括：採取預應的（proactive）互動（以預防的方式處理）、預測未來的結果（藉由資訊來處理），以及吸收（absorbing）事情發生後的後果（以吸收的方式處理）（Hickson et al., 1971; Hinings et al., 1974）。

可替代性（substitutability）。可替代性就是其他的組織次級單位是否可以很容易的執行某組織次級單位的活動。基本上，某次級單位的活動愈難被取代，其他次級單位便愈依賴於此次級單位，而此次級單位也就擁有愈高的權力（Blau, 1964; Dubin, 1963; Emerson, 1962; Mechanic, 1962）。

普遍性（pervasiveness）。普遍性意指某組織次級單位的活動與其他次級單位活動間的相關程度。當某次級單位的活動與組織中的許多活動都非常相關時，此次級單位便需要有大量互動的工作流（workflow）以完成組織的任務，而這也促進了組織次級單位之間的相互依賴關係。當某次級單位對其他次級單位的依賴程度愈高時，被依賴的次級單位對這個次級單位的潛在權力便愈大。

即時性（immediacy）。即時性意指某次級單位的活動爲整個組織的基本工作流所需要的程度。某些學者採用任務關鍵性（task criticality）這個名詞（Saunders & Scamell, 1986）。理論上，某次級單位所執行任務的關鍵性愈高，其權力便愈大。

資源的關鍵性（criticality of resource）。Salancik & Pfeffer（1977）及Mechanic（1962）指出，若某次級單位控制了關鍵的資源，則它將更能影響決策，因此其權力也愈大。Mechanic（1962）指出，能夠控制其他次級單位對資訊、人員及工具（原料、設備等）的使用權力者，會讓其他次級單位對它產生依賴，而最後便導致產生權力。

資源的稀有性（scarcity of resource）。Salancik & Pfeffer（1977）認爲，某次級單位所掌握之資源稀有性決定了此次級單位所能獲得的權力。次級單位所控制的資源（諸如資金、專業、及資訊等）愈稀有，則此次級單位的權力便愈大。

實體中心性（physical centrality）。Mechanic（1962）認爲，次級單位在實體位置或社會地位上接近公司中心的程度也是一個重要因素。他的論點在於，實體上的鄰近程度可以產生較多的互動機會、改善溝通狀況、增進與人員、資訊及工具間的接觸，並產生更多發揮影響力的機會。

權力與影響力的構面

除了上面提及的組成要素之外，組織學者也指出，我們可以由多個構面來觀察權力。這些構面中最常見的是感受到的權力（perceived power）、參與權力（participation power），以及地位權力（position power）。感受到的權力意指組織中的成員認爲某次級單位具有影響力。因此，感受到的權力可能等於眞正的權力，也可能不等於眞正的權力。然而，我們也認爲，被認爲具有權力的次級單位至少在某種程度上，也會因爲其他次級單位的感覺而獲得或增進其權力。參與權力意指次級單位對組織整體決策之影響力涉入的程度（involvement）與範圍。Kaplan（1964）描述了參與權力的三個次構面_重要性（weight）、範圍（scope）及領域（domain）。重要性意指次級單位能夠影響決策過程的程度。範圍意指次級單位能夠影響的決策之範圍；而領域則指其行爲與此決策有關之次級單位的數目。地位權力則是次級單位於組織內的正式合法地位，其基本指標爲此次級單於組織正式結構圖中的層級位置。

本研究意圖探討GSS與權力及影響力之間的關係，先前的討論提供了本研究一個理論基礎。由於在某種程度上，GSS可以減少不確定性、提供處理不確定性的能力、讓其他次級單位產生聯繫與依賴、促進對資訊、人員或其他組織資源的接觸，以及改變溝通及參與的模式，所以GSS可能會影響權力及影響力。

文獻的回顧顯示，目前相當缺乏深入探討GSS使用與權力及影響力之間關係的研究。雖然關於資訊技術建置（IT implementation）的模型的確存在（Ginzberg, 1981; Lucas, 1978; Markus, 1983），但這些模型主要與資訊系統發展過程中的使用者參與有關。因此，這些模型一般皆未能注意到和組織變革有關的議題（Orlikowski, 1993），更不用說是與GSS之引進與採用有關的議題。

本研究希望能把我們在此領域中所得到的見解，應用在組織中的GSS與權力及影響力間的關係上。

研究方法

Whyte（1984）指出，最能完全了解行爲的方式，便是在行爲的發生背景下研究行爲。因爲組織背景和GSS互動的方式，可能涉及許多有關權力及影響力的議題，故我們應在分析中明確地考慮背景，而不是只用假設的方式來處理背景。Yin（1994）定義了一種質性研究策略的類型（typology），適用於其目的是要探討「發生於眞實背景下的現象，特別是當現象與背景間的界線並不非常明顯時」（p. 13）的的實徵探究。本研究所探討之問題的本質跟這個描述是一致的，因此我們也採用了質性研究方法。由於本研究是首先開始嘗試於實際發生的情境中，探討我們所感興趣的這些關係的研究，這種情況下也會偏好選擇單一的研究場所。Whyte（1984）並建議在這樣的情況下，在比較群體或組織間的關係之前，應該先把重點放在群體中的個人上。

在本章中，我們以一項採用質性研究法的田野研究來幫助我們了解組織中社會與結構關係的改變。Kaplan & Maxwell（1994）認爲，由內部人員的觀點來了解現象的作法很好，但當文字性資料被量化時這樣作的目的便會迷失。質性方法的目的在於解釋與了解，而非預測及控制。Eisenhardt（1989）、Glaser & Strauss（1967）、Yin（1989），以及Orlikowski（1993）等幾位學者指出，雖然這種研究得到的結果是一個單一的特別案例，不能產生由樣本推論至母體的「統計一般性」（statistical generalization），但是經由結合田野研究中歸納產生的見解，以及由現存的正式理論所獲得的見解，就能夠得到由這樣一個研究結果推論至理論性觀念與模式的「分析一般性」（analytic generalization）。

質性研究可以是實證性（positivist）或解釋性（interpretive）的。實證性研究企圖檢驗理論，並增進人們預先對現象的了解（Myers, 1997）。Orlikowski & Baroudi （1991, p5） 認爲如果資訊系統的研究中包含了對正式命題的證據、可量化衡量的變數、假設檢定、以及對一現象由樣本到所指定之母體的推論，這個研究就可被分類爲實證研究。解釋性研究則企圖透過人們賦予現象的意義來了解現象 （Myers, 1997），並「意圖了解資訊系統的背景（context），以及造成此資訊系統的影響，以及資訊系統爲其背景所影響之程序」（Walsham, 1993, pp.4-5）。解釋性研究並不預先定義自變數與應變數，但著重於人類在狀況出現時知覺形成（sense making）的複雜性（Kaplan & Maxwell, 1994）。因此，目前的研究（意圖了解特定的社會及結構動態，而不是要檢定一組假設）在本質上應該被分類成解釋性研究，而非實證性研究。

因爲質性研究可以使結果於組織背景下被理解及解釋，故其產生的見解對數量性資訊系統研究可提供有用的補助。這種觀點相當重要，因爲這個學科的特性是在研究組織中的資訊，而且「興趣已經轉向組織性議題，而非技術性議題」（Benbasat, Goldstein, & Mead, 1987）。質性方法相當適合這項的研究，因爲它適合作爲一個「探索」（discovery）的方法。對先前未考慮過的關係來說，質性方法支持我們發展出對這些關係的認識（Eisenhardt, 1989; Orlikowski, 1993），例如GSS與權力及影響力之間的關係。田野研究設計能夠考慮到保留背景及程序性變數（contextual and process variables），這些變數則使我們能夠從組織背景的狀況與行動間的互動，來了解組織中的社會現象（Orlikowski）。只依賴變異模式（variance model）與數量資料的研究通常在分析時會忽略背景及程序性因素（Markus & Robey, 1988; Orlikowski; Orlikowski & Baroudi, 1991）。本研究所選擇的研究策略藉由整合多種的資料來源（訪問、直接觀察、文件等），由多個面向來考量證據，以減少變異並保留背景的因素。

研究場所

本研究選擇的組織是一個大型軟體公司於東南區的區域部門，這家公司專門爲桌上型個人電腦發展商用軟體工具（如文書處理器、試算表、商用圖表，以及資料庫管理系統等）。生產線所生產的產品包括一種「群組軟體」產品。此公司在全球僱用的員工超過5500人，且已營業超過13年。這家公司被公認爲產業的領導者，且上一個會計年度的盈餘超過一百萬美金。其產品的市場佔有率隨著生產線不同而有差異，範圍由最低5％到最高佔有90％。其大部分產品的市場佔有率都相當穩定，但文書處理產品及一種新出品的軟體（將五項商用軟體工具整合成一套軟體）的佔有率卻逐漸成長。正如許多組織，這家公司正慢慢減少員工的數量來盡量壓低成本，以回應組織結構及競爭壓力上的變化。

公司的總部設在美國的東北部，並有爲數衆多的辦公室與設備遍佈美國及全世界。公司的最高層級是功能性的組織，包括一個全球性的銷售與行銷部門、一個全球性的研究發展部門，以及一個全球性的財務部門。這三個主要的單位內再根據產品線分割（文書處理、試算表、溝通軟體等）。爲了確保每種產品都有相似的「外型與感覺」，很多活動都需要跨部門與部門內的合作。

公司內的決策相當分散，並以矩陣結構（matrix structure）爲其組織特點。工作團隊的組成與解散會視狀況發生時的需要而決定。由於這種方法造成常態性的變遷，不論在企業或部門的層次，正式的組織結構圖都無法維持。此公司在這個矩陣架構中，努力維持一個相對扁平的組織。目前的目標是公司「虛線的」層級深度不超過五個層級，而在同一時期內向同一個人報告的人數不超過八個。

東南部門（本研究於此進行）僱用了近250人，並獨自負責公司文書處理產品的發展、銷售及支援。此部門被分為六個正式團體（研究與發展、銷售與行銷、顧客支援、品質管理、文書、以及人力資源）。然而，在有需要時會組成或解散橫跨部門的工作團隊，以因應軟體產業變動的本質與快速的步調。參與者表示，工作場所給予他們的整體感覺是開放且友善的。研究者在許多不同場合的直接觀察支持了這種正面觀點。

東南部門使用三種不同的群體支援技術：語音郵件、視訊會議、及一種群組軟體，此產品是公司一個獨立的部門所發展及行銷的。語音郵件系統提供了傳統語音郵件技術的特色，且通用於整個組織。視訊會議系統主要是經理人所使用，使他們得以參與別處發生的會議及行政簡報。群組軟體包含了電子郵件系統的所有特性，但由於同時具有傳統電子郵件系統所沒有的額外特色，故被歸類為群組軟體產品。這些特色之中最重要的是資料庫的特色，它可促成部門間以及企業間的資訊分享。這個系統能夠支援跨越時間與空間的溝通，其應用範圍包括了從簡單的資訊儲存與檢索、合作工作（如聯合撰寫文件）、到群體討論以及決策之間的所有事。東南部門中的每個成員都可以使用這項群組軟體，而且使用時間已經超過四年了。

我們認為這個研究場所的特性對研究而言是很有利的：首先，群組軟體技術使用的範圍與經驗都很高。因此，如克服學習曲線，以及對新「玩具」的狂放熱情等採用新技術與創新時常會發生的奇怪效應應該可以減到最少。第二點，在Yin（1984）所提出的研究設計架構中，此場所代表一個「極端」的案例，亦即被認為最有可能會發現某效應的地方。在一家對GSS技術有既定興趣、且對此技術的引進與使用經驗都很高的公司中，如果組織成員們並不覺得權力與GSS的使用有任何關聯，則我們可以下結論說這種關係並不存在。

參與者

本研究根據他們在公司中的職位、對群體技術的熟悉程度、以及在組織中工作時間的長度，有目的的招募研究的參與者，以取得一個有代表性的跨部門使用者群體。對本研究而言，我們可以經由此群體得到許多有意義的資料。我們要求經理人員與非經理人員（涵蓋於各種功能領域、性別、以及種族）提供各種不同的觀點，包括了這些技術使用的情形，以及他們所感知這些技術與決策過程中的權力與影響力之間的關係。爲了盡量減少學習效應，我們尋求具備下列條件的參與者：至少對兩種群體技術具備合理的經驗水準；此外，我們只納入服務時間夠長的人員，因爲一般相信，服務時間不長的員工應該無法了解組織中的權力關係與決策程序。

資料收集方法

本研究採用了許多種資料收集方式，包括：個人訪談、文獻回顧、以及參與觀察，而個人訪談是主要的資料來源。訪談的問題經過預先測試，先對同事測試，再以另一個組織中的先導訪談來測試。本研究的訪談是半結構化的，允許開放式的答案。訪談由一組問題所導引，這些問體與參與者所感知之技術，以及技術與權力及影響力的決定因素間的關係有關。研究所收集的資料著重於下列主題：背景、技術、以及權力與影響力的理論性構成要素與構面。因此我們收集的資訊包括：對組織的環境、規模、結構、組成要素及位置的認識；群組技術的本質與描述，包括何時及如何利用這些技術；不確定性的程度與因應策略；溝通模式；資訊及相關人是否存在並可接觸；工作流程間的互動與相互依賴；普遍性；可替代性；決策的參與；以及參與者覺得與GSS使用有關的這些或其他因素的變化。

訪談主要在公司的會議室進行。在某些情況下會要求參與者示範他們使用系統的方式，此時部分訪談會在參與者的辦公室或工作場所進行。訪談的間隔爲兩小時，而每次預期進行一小時。訪談大多持續45至75分鐘。兩次訪談間的間隔則用來記錄額外的田野研究摘要，記下一些逐漸顯現出來之看法或型態。爲了讓參與者在訪談過程中能保持自在，我們要求每位參與者先描述其工作職務、工作經歷、以及在公司中的經驗。接著我們便提出一組標準的問題，詢問個人使用群組技術的頻率及目的，接著便引導出一系列的開放式問題，以詢問參與者感知這些技術是否及如何影響了權力及影響力的相關因素；這些因素包括了是否可以接觸到個人或資訊、決策的參與、決策角色的改變等等。我們努力探討受試者提出的概念，而不只將問題限制在學者提出的幾個構面上，或只根據這些構面引導受訪者的反應。這些訪談的目的即在藉由受訪者的感知與看法，來了解技術與權力及影響力之間的關係。因此，雖然事先計畫的問題會引導並束縛訪談，每個訪談卻都會以稍微不同的模式進行。也就是說，我們並不會逐字地讀出問題，而問題詢問的順序也不是固定的。這使我們能得到更自然的資訊流，並能夠進而更深入的探究參與者引人注意的反應。

本研究的研究設計並未預先設定訪談的次數，而是要求訪談以「回合」（round）或「波」（wave）的方式進行，直到收集的資料僅能提供些微的額外見解爲止，這與Yin（1984）及Eisenhardt（1989）提出的研究方法一致。第一回合的訪談約於初步拜訪研究場所後一個月開始進行。第二回合則約於第一回合訪談完成一個月後開始進行。第二回合訪談得到的回答模式似乎相當穩定，已無法界定出新的模式，因此我們便未再進行其他訪談。訪談最終的參與者包括了九位經理（總經理、產品經理、三位銷售經理、品管經理、文書經理、資訊部門經理，以及人力資源部門經理）及六位非經理人員（資深支援專家、行政助理、內部銷售協調人、產品銷售專家、公共關係專家，以及財務分析師）。由於（1）參與者橫跨了所有功能領域、男性與女性兼備、且在種族及組織層級上相當分散；而且（2）最後舉行的少數訪談並未改變已發現的基本論點；所以由這些參與者收集到的訪談資料，可以表示出反應可能的範圍。

資料分析方法

本研究遵循Glaser & Strauss（1967）、Yin（1984, 1989），以及Miles & Huberman（1994）所提出的反複式內容分析（iterative content analysis）及開放式編碼技術（open coding techniques）來分析研究得到的口語資料。這種質性資料分析在資料收集的初期，就必須開始反覆檢視資料與觀念，而不是等到資料收集過後才進行分析。這種方法必須在更寬廣的組織背景及本研究的理論架構中，來持續的解釋由許多個別受訪者所取得的資料，並使我們在下一回合的資料收集開始前，能得到前一回合訪談所提供的見解。這種方法的好處之一，是在新見解由資料中顯現出來時，能將新見解整合在一起，這使研究者們「得到能利用每一特定個案之獨特性以及新形成之主題來改善所得到之理論的好處」（Eisenhardt, 1989, p. 539; Orlikowski, 1993）。

開放式編碼技巧由下列動作展開：重複討論口語資料、重複標示出以界定之主題以及回答中重複出現的模式。如同Miles & Huberman（1994）所指出的，發展編碼的過程以逐行檢視資料的方式進行。類型（category）或標示（label）被寫在標示所得到之「chunk」（大塊資料）旁的邊緣上，並發展出一系列這種類型或編碼。例如，由如下一段訪談記錄中所摘錄出來的文字被分配一個編碼，將這個「chunk」界定成指出了「與人員接觸」的主題：

如果我希望的話，我就可以和總經理進行溝通，而且我知道他將會得到我的訊息。如果沒有這項技術，這將難以達成。

（於附錄中可看到其他編碼的例子，及一部份其所代表的文字記錄。）在分析接下來的每組訪談資料以及新見解出現時，都會修改編碼。在發展及改進編碼的過程中，我們致力將個別編碼組織成更抽象的類型，而這些類型可用來組織口語資料的內容。隨著先前未被分類過的模式逐漸出現，會持續重複進行特定層次及一般性層次的編碼。

最後一組編碼會在冗長的改善過程後出現。在多次重複檢閱整組資料集後，會建立起一組用來界定回答模式的初始編碼。一位研究助理會利用這組編碼來獨立編譯數頁訪談資料，主要的研究者會提供助理背景資料、解釋研究的目的、同時也提供每個編碼的書面說明。接著我們要求研究助理獨立編譯一部份口語資料，當她找不到適合的編碼時，我們也希望她提出補充的編碼。評價者間信度（interrater reliability）的計算方式是將「同意」的次數除以「同意與不同意」的總次數（Miles & Huberman, 1994）。第一次嘗試時信度低到無法接受，低同意率（低於30%）可歸因於兩個問題。首先，可能是兩個編譯者解釋回答的方式不同。大部分的「不同意」源自於下列事實：一個編譯者將編碼（且在某些情況下，數個編碼）分配給文字記錄中的個別單字，但另一個編譯者卻傾向於把編碼分配給語言單位的較大「chunk」（區塊）。爲了解決這個問題，這兩個編譯者必須一起工作，以決定一個「chunk」應該多大。一般同意，雖然一個「chunk」可以小到只由個別單字組成，但它更可能是由一群單字所組成，而這群單字在訪談問題的全部回答中能表示出完整的想法，並具有合理而清楚的意義。而且一般也同意，若可能出現多重編碼時，多重編碼所反應的應該是受訪者表示了不同的概念，而不是由於編譯者對讀入「chunk」的可能有多種解釋。

研究者及研究助理反覆的討論不同編碼的表示法法、修訂編碼表，並修改類型。在改善編碼第三回合的末期，評價者間信度達到91%的可接受水準（Miles & Huberman, 1994, 認爲以90%以上爲目標水準）。接著，主研究者使用最後的編碼表來編譯整套訪談資料。隨著主研究者在資料上的進展，他會定期要求研究助理編譯額外的訪談紀錄，持續檢驗信度。而評價者間信度一直都能維持在90%以上的水準。

同樣地，內部一致性也可以由評價者間信度來檢驗。信度的計算方式類似，會比較一位編碼者起初對一段資料編譯的結果，以及幾週後同一位編譯者對同一段資料編譯之結果間，「同意」與「不同意」次數。所得到評價者間信度都可達到或超過90%的接受水準。

結果與討論

內容分析揭露出訪談資料中許多共同的主題。這些受訪者認爲，使用群組技術會影響幾個關於權力及影響力理論上的決定因素。更明確來說，回答的模式指出人們覺得GSS（1）增進了所接觸的資訊，因而減少了不確定性；（2）增加參與決策過程中的程度；（3）提供更多影響他人意見的機會；以及（4）增進了人員間的接觸。因此，他們覺得與組織中關鍵人物間的「權力距離」縮短了（Hofstede, 1980）。此外，參與者覺得GSS（1）以許多有趣的方式改變了溝通模式、（2）被用在各式各樣的目的上、且（3）與工作實務的改變有關。

我們以下會討論出現的主題以及引發這些主題之資料的範例。表8.1彙總了參與者提及這些主題的相對頻率。值得注意且相當有趣的是，在本研究中經理與非經理人員並未出現可辨識的差異模式。

權力與影響力主題

接觸資訊

本研究的參與者覺得，群組支援系統不論在組織內外都改善了接觸的資訊。使用者覺得他們不只較以往接觸了更多的資訊，也接觸到和以往不同的資訊。特別是，人們覺得其所得到的資訊（1）更深入且詳細，而且（2）更程序導向，能引發一連串事件跟著發生。組織成員覺得增加接觸的資訊帶給他們被接受，以及自在與舒適的感覺。他們也認為，不需要過分依賴他人便可以找到需要的資訊，使他們覺得自己更有控制的能力。正如幾位參與者注意到的：

> 我用舊方法所獲得的資訊，不論是在資訊的深度及詳盡程度上，都無法和現在我所能獲得的資訊相比。……如果你必須走到別人那裡去問問題，你所能瞭解的就受到限制。你所詢問的人會決定你能得到多少資訊，他們究竟會回答你的問題並告訴你更多的事，或者只回答你的問題？我覺得現在我對我們的產品知道的更多了。

> 〔使用群組軟體〕，你可以了解到一連串的事件，你可以在當日就看到發生的事件，如果用的是電話就作不到了。

> 它幫助你覺得融入了群體。它幫助你知道你公司正發生什麼事，並能感覺成為其中的一份子。

就邏輯及理論上來說，如果人們能接觸到更多正確的資訊，則人們將更能妥善地處理不確定性。本研究的參與者覺得，內部或外部資料庫所提供的資訊使他們更能處理不確定性。他們覺得群組軟體使他們能夠找到工作所需的資訊，並能夠跟上產業與組織的脈動。如同兩

表8.1 主題在回答中被界定出來的次數百分比

項目	回答的百分比
權力與影響力主題	
資訊的接觸／不確定性降低	100
參與決策	87
發揮影響力的機會	73
接觸人員／權力差距降低	40
溝通模式主題	
資訊量增加	100
較喜愛的溝通管道	93
溝通範圍增加	87
依賴技術的程度提高	87
訊息收受者的回應增加	47
溝通頻率上升	20
資訊深度增加	20
系統使用目的主題	
分享／散播資訊	100
組織記憶	87
合作專案或程序	73
工作實務主題	
效率增加	87
提升效能／品質	80
增加運用控制力的能力	53
工作實務上的一般性改變	53

位參與者所指出的：

如果你對你正在做的某些事情感受到不確定性，你可以將你的觸角伸向你認識的人，尋求指引或援助。由於產業的不確定性，我每天使用[群組軟體]登入產業新聞，它可以讓我獲得最新且最重要的新聞。我無論何時都知道整個企業中所發生的事。所以，就某種意義來説……它是一種將你連到外界的溝通工具。所以，你不會被矇在鼓裡，你永遠會知道現在發生了什麼事。

我覺得它的確幫你應付了各種情形。實際上它已經變成你和公司及產業間的生命線。

本研究中的組織成員接觸多數資料庫的程度相同。因此，有了群組技術，接觸到的資訊被認為在整個組織中都是相近的，並不是視組織中之職位而定。但負面來說，某些參與者的確對可獲得資訊的數量感到憂心。如一位參與者所說：

這非常難受，因為我沈溺於〔群組軟體〕可提供給我的資訊量，但同時我也知道它已漸漸令我感到麻木。

參與決策活動

研究的資料顯示，人們認為使用群組支援系統會使組織中所有的個人擁有更多被聆聽或參與決策過程的機會。這種參與決策的增加有幾個層面值得注意。首先，群體技術被認為可以拓展溝通範圍，並進而拓展個別使用者可能的影響力範圍。人們相信，採用這種系統時，溝通的範圍、程度、及頻率將會增加。如同一位參與者所說：

我確實覺得我與許多人產生了關係，而我原先與這些人並不會有關係，可能永遠不會認識，也可能永遠不會交談，即使這些人和我在同一家公司工作。

參與者覺得，GSS使他們得以和範圍較大的組織成員溝通或建立工作關係，他們原先可能因為實體距離或組織位階（橫跨功能領域或管理層級）的差距，而與某些組織成員少有或甚至完全沒有接觸。參與者大多認爲，造成這種情形的原因是因爲缺乏群組技術，使得建立或維護這種溝通過於費時。

參與者也覺得，增加溝通會增進其參與決策活動的機會，且這些決策活動會橫跨整個組織的許多層級。使用者覺得他們能夠分享概念、提供資料、協商、及討論各種方案，而不須在乎組織位階、實體位置、或功能上的聯繫。許多參與者將這種系統描述成「包含性的」、能將「更多人引入程序之中」、以及「建立起某種討論場所，而不管你的位階」。因爲更容易尋求並獲得不同部門成員所提供的資料，人們覺得參與的廣度和範圍都增加了。同樣地，組織較低階層人員的參與機會也增加了，因爲組織也徵求他們提出意見與資料。因此，參與者認爲決策參與愈來愈不受到功能、位階或地理上的限制。如參與者們所述：

> 如果這是書面的，行銷或研發部門中的某人把我的名字擺上，並叫秘書把它送給我和其他人的機會就少的多。其中牽涉到更多要作的努力。在這裡，你只要將名字加上，就可以得到了。

> 〔沒有群組軟體〕，我大概沒有任何參與的機會，如果有也相當少。

與這一點相關的，參與者覺得參與機會增加，故參與頻率也增加了。換句話說，參與者回應了技術所提供的機會，並能妥善利用這些機會。參與者認爲造成這種現象的理由包括：容易使用與技術的方便性、系統的可靠度（即「丟失」訊息的風險降低）、電子媒介的半匿名性（quasi-anonymous）或「遠離」（removed）的本質、以及感覺電子溝通比書面及語音訊息更難忽略。

這是一個相當有趣的發現，參與者覺得電子郵件比書面或語音形式的相同訊息更難忽略。參與者對這種感覺提出了幾個理由。首先，很多使用者比較喜歡電子郵件，而且喜歡使用它，結果他們時常檢視電子郵件。本研究的參與者指出，他們每天都檢視電子郵件。第二，藉由除去按「電話號碼」的需求，以及降低丟失訊息的風險，此系統的方便性及可靠度提升了訊息接收者的回應程度。第三，本研究場所使用的群組軟體包含一項功能，可用來要求系統將接收者開啓郵件的日期與時間告知發送者。參與者覺得，這項特性使接收者更難忽略郵件，且實際上已除去了「我沒有收到郵件」的藉口。另一個相關發現，是使用者覺得電子郵件比其他形式的溝通更能讓他們得到良好且快速的回應。

參與者覺得，參與程度的增加在決策過程中資訊收集與方案評估兩階段中最爲明顯，而在實行階段也有些微幅度的增加。參與者覺得此系統造成了完整而大量的輸入資料、深入的概念交換、以及自由參與討論，而特別適合要花長期討論的組織事務。如一個人所說：

> 你想要在數個月的時間中找一大群人來談。這可不是你可以舉行一個會議，坐下，然後在一個小時內就決定的。

群體支援系統對決策過程的選擇階段所造成的衝擊較不明顯。參與者覺得重要的組織決策最終仍是由少數菁英所決定。然而參與者也說，群體支援系統促使這些決策能在更多人的想法所構成的知識基礎上制定，而促成更具參與性的管理風格。大體而言，參與者們認爲增加參與及溝通是一種平等化的力量。因爲個人們具有提供資料的機會，且可企圖影響決策結果，所以組織中的權力與影響力變得更平等。

本研究中的其他證據顯示，參與及溝通的增加取決於個人對書面溝通的偏好與技能。幾乎所有受訪者都表示，他們比較喜歡書面的溝通方式（不論是資訊的發送者或接收者都一樣），而比較不喜歡口頭的溝通方式，且60%的參與者覺得他們在書面媒體上的技能較佳，對書面溝通的偏好相當一致。此一致性橫跨了管理層級與功能部門。有趣的是，相信自己擁有優秀寫作技巧的人，也覺得電子郵件技術提供他們更多參與及影響決策結果的機會。無疑地，許多重要的議題都在電子管道中被提及、定義、評價、以及討論。善於以書面形式溝通的人可能會發現，群體技術提供了獲取可見度及影響力的機會，而這是他們原先所無法得到的。然而，沒有優秀書面溝通技巧的人可能無法利用這項技術所提供的機會。因此，當人們的寫作技巧較差時，此技術的平等化效應便降低了。

發揮影響力的機會

相信自己具有良好書面溝通技能的受訪者也覺得，群體技術讓他們有更多機會去影響組織中其他人的意見，包括層級較高的人。大部分的受訪者覺得，比起口語的溝通管道，書面溝通管道更能讓他們得到有力且具內聚（cohesive）的論點。書面溝通被認爲是更爲清楚、簡潔、眞誠、且完整的。如一位參與者所說：

> 當我試著坐在那裡並呈現某件事時，我會不由自主地迷戀上（get stuck on）我的文字，然而如果我把它寫下來，它可以是相當清楚且簡要的，而且我可以記起每件事並將它們都寫下。……當你和某人面對面談話時，你常會記不住你原先要講的東西。它是有幫助的，我認為我用寫的比用講的更好。

許多受訪者有一種有趣的感覺，他們覺得群組軟體增進了他們影響他人的能力，因爲這項技術讓他們可以表示自己的意見，不會被他人相反的觀點所打斷，因而使他們能夠清楚而完整地敘述其論點。例如參與者說到：

> 你的意見會比較容易表達，因為你知道沒有人會打斷你，而且你可以一次表達出所有的事，然後開始等待回應。

因為你不能打斷他人，故你有充分的餘裕（leeway）寫下你想藉以影響人們的文字。

多數參與者說，群組軟體不只鼓勵貢獻想法，並且能引發來自管理階層更高層次的回應。許多受訪者相信，群組軟體使他們在決策中有更多置喙的餘地，並讓他們有更多的機會去影響結果，而這些是他們以往無法擁有的。如一位參與者指出：

你會更加覺得你屬於其中一部份。如果你被包含進入決策之中，且你對某主題有看法的話，你會覺得你有機會貢獻自己的微薄力量。

然而，大部分的受訪者也公認，影響他人以及被他人影響的能力同樣的也取決於使用者的溝通技能。對有優秀書面溝通技能的人來說，群組軟體可能會提供有效的機會來發揮影響力。但對書面溝通技能較差的人來說，這項技術可能會對其影響他人的能力構成障礙。下面的評論說明了這種觀點：

我知道，對確實擁有優秀書面溝通技能，且寫作相當有說服力的人來說，〔群組軟體〕是使其論點被理解的好方法。

但某些人不太會寫作，你讀了他寫的東西之後，你並不一定會知道他要表達什麼，也不一定會被他影響。它是一種工具，但它並不是對每個人都有效。

接觸人員

許多受訪者覺得，使用群組軟體促進了人與人間的接觸。參與者舉出了許多聯繫人的困難所在，但使用群體技術似乎減緩了這些困難。他們相信群體支援系統能鼓勵跨層級及跨功能的公開資訊，因此可增進與人員間的「虛擬」接觸。本研究的參與者覺得，使用群體支援系統時，與組織中其他人間的可接觸性顯著地提升了，特別是與高階管理層級之間。決策者似乎變得比較容易接觸到，而組織成員也說，他們更加覺得自己是決策圈的一部份，且在將想法及概念告知關鍵人員（key player）時也比較自在。因此，參與者覺得下層與高層間的「權力距離」（Hofstede, 1980）縮短了。參與者覺得他們的訊息不僅被送給接收者閱讀，同時也得到更大的反應。結果，他們覺得比起其他的接觸方式，他們比較樂意及喜歡送電子訊息給高階管理者，同時也覺得比較自在。以下的意見相當有代表性：

如果有一個主管或在上位者，他們會收到我發的電子郵件，看到發生的一連串事情，因此我認為，相對於我留了一個語音郵件說「我的名字是___，你不認識我，但我有非常重要的事要談，請打電話給我」而言，如果他們了解事情的重要性，他們會比較快回應。我認為它的確開啓了通向高階管理階層的門，且這扇門是雙向的。我認為，階層較高者可以經由〔群組軟體〕了解到某些功能的重要性，而這些功能是他們平常不會接觸到的。

對公司中的每一個人（player）來說，你會有一種認識的感覺—當你一天至少在電子郵件上看到他們的名字數次，不論你是否碰過他們，你會覺得你認識他們。

我的第一個反應是說[與人員間的接觸]改善了。我可以和公司內的任何人聯繫，如果我想要的話……我覺得人們似乎在使用電子郵件比使用語音郵件時的的通信狀況更好，因為電子郵件就是比較簡單。以快速回信（quick reply）來回覆電子郵件，比打電話給我並回答我的問題來的簡單；所以我認為，電子郵件比較好。

雖然這是一般的模式，但也有例外。幾個受訪者覺得，由於增加了對電子溝通的依賴，使得組織成員間實體的接觸變得更難了；這顯示溝通形式的改變（由實體轉換成「虛擬」），減少了與其他個人間的面對面接觸的量。其他的考量則來自於與資訊超載（information overload）有關的問題。幾位參與者覺得，系統有時候會被不適當地使用，如任意拷貝訊息給許多人（dubbed "CYA" copying），致使大家收到過量的訊息。一般認爲，這使訊息接收者難以分辨重要和不重要的訊息。這個問題的解決方法之，是發展過濾訊息的過濾器（filter）。然而，一旦組織低階層的使用者開始覺得他們的訊息並沒有被閱讀，他們便會開始覺得此系統是一種阻礙的技術，而不是一種增加能力的技術。故以下的事項對經理人是相當重要的，評估自己的電子可接觸性，以及限制這種可接觸性會對組織中其他人造成什麼影響。

其他主題

溝通模式

表8.1所界定的許多溝通模式都已經在上一節中討論過。我們在這裡做一個總結：參與者覺得（1）使用GSS後，溝通的總量、深度、以及頻率都增加了；而且，（2）電子溝通不但擴大了溝通的範圍，也增進了訊息接收者的回應。一般說來，相較於書面的溝通管道，參與者似乎比較喜愛電子式的溝通管道。由資料中浮現的另一個主題，則是參與者覺得組織相當依賴各式各樣的群體技術。如一位經理所述：

> 我的溝通相當依賴於〔群組軟體〕。我總是告訴人們我和它一起工作，無論他們是在〔總部〕或哪裡，最容易和我連絡，或最有效率、最容易得到回應的連絡方式就是經由電子郵件，因為

我幾乎都不在電話旁。

系統的使用目的

正如我們所預期，所有參與者都覺得GSS被用來分享及散播資訊。而多數人也指出，他們使用系統來進行合作的專案。然而幾乎所有的參與者也都說，使用群體支援系統的主要理由是為了要提供一個追蹤機制。流行利用GSS作為一種組織記憶是另一個有趣的發現。對組織成員來說，GSS所提供「稽核線索」（audit trail）的能力似乎也相當重要。本研究的證據指出，包括追蹤及組織通信記錄、密切關注一連串事件的發展、以及證明是否曾發佈某指令等系統的功能，都是組織成員偏好這種溝通形式的重要因素之一。此外，以這種方法追蹤資訊的能力，可以建立一種清楚而不可否認的方式來追溯過去，或核對先前的活動、通信、以及決策與指令，因此也提供了使用者某種程度的控制能力。以下的意見是相當常見的：

> 你常會想要以文件來紀錄並將它存檔。……而且它是一種書面的證據，在某種意義上，它幫你管理它，並記住你到底說了什麼，且可回到那一時點以獲取更詳盡的資訊。

> 它允許你向後回溯。就像兩個月前我們開過會，且某人在這裡放了某個東西，則我可以經由翻閱以往的討論找到這個東西，我不知道如果沒有〔群組軟體〕你要怎麼找到。

工作實務主題

根據上述的許多理由，群體技術被認為可以使組織更具效能與效率。改善溝通的結果使人們覺得，愈來愈少有事情會「砰一聲的發生」（fall through the cracks），而且在許多情況下，這項技術使得「正確」的人（而不是最容易聯繫的人）會加入進來。組織成員覺得，和沒有這項技術時相比，他們變得更消息靈通、有更高程度的控制、且更融入於組織活動之中。而且使用者覺得，使用這項技術已改善了他們所能夠完成之工作的進度和本質。

使用者覺得群體技術能增加他們對所執行之工作的控制。參與者說，群組軟體使他們能夠在他們想要且準備好的時候處理問題、議題及人員。這使得個人更能保護他們的時間、避免不必要的干擾，並且在執行工作時能取得控制。與群體技術使用有關的第二個層面，則是逐步擴大問題（escalate problems）的能力，參與者覺得群組軟體帶來一種感覺，即人們有正當的權利期待及時回應，而且如果回應未及時送回，工作可以很有效且方便的繼續進行（必要的話可以發生一連串完整的事情）。參與者覺得，這使得個人得以在必要時採取主動，並轉移責任。由於可以追溯行動的先後次序，並可以在這種情況下闡明一連串的事件，群體支援系統的組織記憶能力也可以支援處理這種問題。

事實上，每個組織次級單位內的個人都覺得，群組軟體技術使得他們都被高度地連結到其他的組織次級單位。因爲所有的次級單位都可以分享組織資料庫中的資訊，與其他次級單位間的連結似乎變得更緊密且錯綜複雜。因爲資訊是由中央所供給的，且很容易接觸，是故可較不依賴其他次級單位中的某人提供需要的資訊，而所有的次級單位都依賴資料庫中的資訊。人們認爲，這種共同的依賴性是一種平等化的力量，在這種情形下，個別次級單位通常無法控制或限制組織資訊的存取。

此外，採用群體技術之後，實體中心（physical centrality）也變得較不重要。參與者覺得，不論個人與資訊的實體位置或組織地位如何，他們都變得比較容易接觸，且接觸的機會相同。因此，這項技術將「虛擬」中心提供給每個次級單位。

限制與結論

這個研究有幾項限制。因爲本研究只在一個組織內進行，研究結果對其他組織的一般性便受到限制。如前面所討論的，本研究的目的在探討可能的關係，並獲得對社會與結構上改變的見解，而這種改變與群體技術的使用有關。因爲這樣，我們的研究方法支持分析上的而是統計上的一般性。然而，仍需要其他的田野研究來確認、改善、並擴充本研究的結果。

第二個限制源自研究場所的潛在偏差，因爲此研究場所對群組軟體有既定的興趣。然而如同前面所討論的，這種特別的場所提供的好處要大於其引發的限制。如果本研究發現，群體支援系統與這個組織中的權力及影響力之間並沒有關係，這個結果就提供了強烈的證據來說明這種關係並不存在。但因爲本研究發現了一些關係，故需要對其他組織進行額外的研究，進一步探討這些關係，確認這些關係到底存不存在。這裡所界定出來的模式在不具備這項技術的組織中也有可能會出現。

另一個可能的限制，則是研究者的偏誤與先入爲主的看法，可能影響了資料的解釋。本研究希望能避免這種偏差，因此預先發展研究草案並使用多個評分者。然而，研究者的偏差對解釋資料的影響仍不能完全排除。

同樣地，本研究也受到另一事實的限制：隨著計畫的進行，研究者的訪談能力也會逐漸進步。因此，在計畫後期所進行的訪談可能比計畫早期所進行的訪談包含更多的資訊。而且，研究者是組織外的人，參與者可能會不願意與研究者分享某些會讓研究者產生負面感覺的想法。

本研究的結果指出許多未來研究的方向。首先，也是最重要的，應進行與其他組織及其他群體技術有關的田野研究，以確認這些田野研究發現的模式是否與本研究不同。與權力及影響力和群體支援系統這個問題有關之特定的組織情境議題可以再深入擴充。此外，本研究也界定出許多可以用質性方法來評估的新議題。例如，我們必須重視參與者的兩種感覺：（1）電子溝通的訊息遺失率較書面或語音溝通低；（2）電子訊息與書面或語音訊息在回應性上有所差異。此外，未來的研究應該更加重視下列三者之間的關係：使用者對書面溝通的偏好、實際的寫作技能、以及GSS的使用。

總之，本研究使用質性的田野研究方法，探討群體支援系統與權力及影響力之間的關係。收集到的證據指出，群體支援系統造成了對組織中的權力與影響力的許多理論性決定因素與構面平等化的力量，這些關係值得深入研究。

附錄

本節提供了編碼手冊的一些範例，這個編碼手冊用於口語資料的內容分析。這裡所說明的編碼與此系統使用的目的有關。

OM　此系統被用來提供一種「組織的記憶」。這個類型包括：使用這項技術來追溯、組織、及分類資訊。範例：

「我用它來追溯事情。」

「我將所有事情分類。」

「一年內的所有事情我都會留下來。」

SHARE　此系統被用來分享資訊。這包括：散播資訊（FYI-type stuff）、收集資訊、徵求他人的想法、及舉行線上討論。範例：

「我用它來通知我們將在禮拜五下午兩點舉行會議，而且也包括議程。」

「我用它來確保所有人都同時得到相同的資訊。」

「它將我們都放在同一頁上（似乎是指某項資訊）。」

「我用它來說『你有什麼點子？』」

「我用它來尋找工作需要的資訊，例如尋找零件號碼。」

「我用它來獲取競爭相關資訊。」

「我們在線上舉行討論。」

ATT　此系統被用來獲取某人的注意、識別或認識某人，或取得能見度。範例：

「我用它來讓某人認識我。」

「我在想要獲得某人的注意時使用它。」

「因為我想要他們認識我，所以我使用它。」

INFL 系統使用的目的是企圖影響決策結果或說服他人。這包括：當雙方的觀點衝突而需協商解決方案時。範例：

「我用它來說服某人了解我的觀點。」

「我們用它來設計解決方案，也就是協商。」

MOT 此系統被用來激勵，或讓某人採取行動。範例：

「我用它來讓某人採取行動。」

「我用它來激勵我的人。」

參考書目

Agervold, M. (1987). New technology in the office: Attitudes and consequences. *Work and Stress, 1*(2), 143-153.

Beauclair, R. A., & Straub, D. W. (1990). Utilizing GDSS technology: Final report from a recent empirical study. *Information & Management, 18*(5), 213-220.

Benbasat, I., DeSanctis, G., & Nault, B. (1991). *Empirical research in managerial support systems: A review and assessment.* Working Paper. University of British Columbia.

Benbasat, I., Goldstein, D. K., & Mead, M. (1987). The case research strategy in studies of information systems. *MIS Quarterly, 11*(3), 369-386.

Blau, P. (1964). *Exchange and power in social life.* New York: Wiley.

Buchanan, D. A., & Boddy, D. (1982). Advanced technology and the quality of working life: The effects of computerized controls on biscuit-making operators. *Journal of Occupational Psychology, 56*(2), 109-119.

Crozier, M. (1964). *The bureaucratic phenomenon.* Chicago: University of Chicago Press.

Dennis, A. R., George, J. F., Jessup, L. M., Nunamaker, J. F., Jr., & Vogel, D. R. (1988). Information technology to support electronic meetings. *MIS Quarterly, 12*(4), 591-618.

DeSanctis, G., & Gallupe, R. B. (1987). A foundation for the study of group decision support systems. *Management Science, 33*(5), 589-609.

Dubin, R. (1963). Power function and the organization. *Pacific Sociological Review, 6*(1), 16-24.

Eisenhardt, K. M. (1989). Building theories from case study research. *Academy of Management Review, 14*(4), 432-450.

Eisenhardt, K. M., & Zbaracki, M. J. (1992). Strategic decision making. *Strategic Management Journal, 13*(Special Issue), 17-37.

Emerson, R. E. (1962). Power-dependence relations. *American Sociological Review, 27*(1), 31-41.

French, J., & Raven, B. (1959). The bases of social power. In D. Cartwright (Ed.), *Studies in social power.* Ann Arbor: University of Michigan Press.

Ginzberg, M. J. (1981). Early diagnosis of MIS implementation failure: Promising results and unanswered questions. *Management Science, 27*(4), 459-478.

Glaser, B. G., & Strauss, A. L. (1967). *The discovery of grounded theory: Strategies for qualitative research.* New York: Aldine.

Gopal, A., Bostrom, R. P., & Chin, W. W. (1992). Applying adaptive structuration theory to investigate the process of group support systems use. *Journal of Management Information Systems, 9*(3), 45-69.

Gray, P., Vogel, D., & Beauclair, R. (1990). Assessing GSS empirical research. *European Journal of Operational Research, 6*(2), 162-176.

Hickson, D. J., Hinings, C. R., Lee, C. A., Schneck, R. E., & Pennings, J. M. (1971). A strategic contingencies' theory of intraorganizational power. *Administrative Science Quarterly, 16*(2), 216-229.

Hinings, C. R., Hickson, D. J., Pennings, J. M., & Schneck, R. E. (1974). Structural conditions of intraorganizational power. *Administrative Science Quarterly, 19*(1), 22-44.

Ho, T. H., & Raman, K. S. (1991). The effect of GDSS and elected leadership on small group meetings. *Journal of MIS, 8*(2), 109-133.

Hofstede, G. (1980). Motivation leadership and organization: Do American theories apply abroad? *Organizational Dynamics, 9*(1), 46-49.

Huber, G. P. (1984). Issues in the design of group decision support systems. *MIS Quarterly, 8*(3), 195-204.

Huber, G. P. (1990). A theory of the effects of advanced information technologies on organizational design, intelligence, and decision making. *Academy of Management Review, 15*(1), 47-71.

Kaplan, A. (1964). Power in perspective. In R. L. Kahn & E. Boulding (Eds.), *Power and conflict in organizations.* London: Tavistock.

Kaplan, B., & Maxwell, J. A. (1994). Qualitative research methods for evaluating computer information systems. In J. G. Anderson, C. E. Aydin, & S. J. Jay (Eds.), *Evaluating health care information systems.* Thousand Oaks, CA: Sage.

Kendall, K. E., Lyytinen, K., & Degross, J. I. (Eds.). (1992). *The impact of computer supported technologies on information systems development.* Amsterdam: North-Holland.

Landsberger, H. (1961). The horizontal dimensions in a bureaucracy. *Administrative Science Quarterly, 6*(3), 299-332.

Lawrence, P. R., & Lorsch, J. W. (1967). *Organization and environment.* Boston: Division of Research, Harvard Business School.

Lucas, H. C., Jr. (1978). Empirical evidence for a descriptive model of implementation. *MIS Quarterly, 2*(2), 27-42.

Markus, M. L. (1983). Power, politics, and MIS implementation. *Communications of the ACM, 26*(6), 430-444.

Markus, M. L., & Robey, D. (1988). Information technology and organizational change: Causal structure in theory and research. *Management Science, 34*(5), 583-598.

Mechanic, D. (1962). Sources of power of lower participants in complex organizations. *Administrative Science Quarterly, 7*(3), 349-364.

Miles, M. B., & Huberman, A. M. (1994). *Qualitative data analysis: An expanded sourcebook.* Thousand Oaks, CA: Sage.

Myers, M. D. (1997). Qualitative research in information systems. *MIS Quarterly, 21*(2), 241-242.

Nelson, D. (1990). Individual adjustment to information-driven technologies: A critical review. *MIS Quarterly, 14*(1), 79-91.

Orlikowski, W. J. (1993). CASE tools as organizational change: Investigating incremental and radical changes in systems development. *MIS Quarterly, 17*(3), 309-340.

Orlikowski, W. J., & Baroudi, J. J. (1991). Studying information technology in organizations: Research approaches and assumptions. *Information Systems Research, 2*(1), 1-28.

Perrow, C. (1970). Departmental power and perspectives in industrial firms. In M. N. Zald (Ed.), *Power in organizations.* Nashville: Vanderbilt University Press.

Pinsonneault, A., & Kraemer, K. L. (1989). The impact of technological support on groups: An assessment of the empirical research. *Decision Support Systems, 5*(2), 197-216.

Pinsonneault, A., & Kraemer, K. L. (1990). The effects of electronic meetings on group processes and outcomes: An assessment of the empirical research. *European Journal of Operational Research, 46*(2), 143-161.

Poole, M. S., & DeSanctis, G. (1990). Understanding the use of group decision support systems: The theory of adaptive structuration. In J. Fulk & C. Steinfield (Eds.), *Organizations and communication technology.* Newbury Park, CA: Sage.

Rebstock, S. E. (1995). *Group support systems and power and influence: A case study.* Unpublished doctoral dissertation, Oklahoma State University, Stillwater, OK.

Salancik, G. R., & Pfeffer, J. (1977). Who gets power—And how they hold onto it: A strategic-contingency model of power. *Organizational Dynamics, 5*(3), 3-21.

Saunders, C. S., & Scamell, R. (1986). Organizational power and the information services department: A reexamination. *Communications of the ACM, 29*(2), 142-147.

Tannenbaum, A. S. (1968). *Control in organizations.* New York: McGraw-Hill.

Walsham, G. (1993). *Interpreting information systems in organizations.* Chichester, UK: Wiley.

Whyte, W. F. (1984). *Learning from the field: A guide from experience.* Beverly Hills, CA: Sage.

Yin, R. K. (1984). *Case study research: Design and methods.* Beverly Hills, CA: Sage.

Yin, R. K. (1989). Research design issues in using the case study method to study management information systems. In J. I. Cash, Jr. & P. R. Lawrence (Eds.), *The information systems research challenge: Qualitative research methods*. Boston: Harvard Business School Press.

Yin, R. K. (1994). *Case study research, design and methods* (2nd ed.). Thousand Oaks, CA: Sage.

Zigurs, I., Poole, M. S., & DeSanctis, G. L. (1988). A study of influence in computer-mediated group decision making. *MIS Quarterly, 12*(4), 625-644.

第九章

高階主管資訊系統採用之相關因素的實徵研究

合作與決策支援的EIS之分析

ARUN RAI
DEEPINDER S. BAJWA

關於EIS新興的觀點

資訊技術的進展提供組織一個機會，重新設計傳統的、且通常是落伍的工作流程，高階主管資訊系統（EIS）便是這些資訊技術迅速發展下的一個產物。我們可以將EIS定義爲「一套以電腦爲基礎的資訊系統，被設計來支援高階主管管理性工作的活動」（Elam & Leidner, 1995）。事實上，不管是在系統的屬性，或是系統可能可以提供給高階主管的支援上，隨著EIS的演進皆產生了轉變。表9.1從四個維度來比較傳統EIS與新興EIS的觀點。

儘管傳統的EIS只能支援少數的高階主管，但是新興的看法則認爲EIS可以橫向散播並向下擴展至組織中的其他主管（Belcher & Watson, 1993）。因此，新興的趨勢是將EIS視爲「把資訊傳遞到企業

表9.1 EIS—傳統與新興的觀點

相關的屬性	傳統的觀點	新興的觀點
1. 使用者	少數幾位高層主管	各個階層的主管
2. 組織規模	大型公司	大型與小型公司
3. 資料／資訊來源	內部	內部與外部
4. 支援的功能類型	控制	溝通、協商、控制與規畫

中所有終端使用者（end user）的一項技術」（Volonino, Watson, & Robinson, 1995, p. 106）。過去人們相信EIS可能要根據大公司的情況來量身訂作（Rockart & DeLong, 1988; Watson, Rainer, & Koh, 1991），其背後的理論依據是EIS的售價高昂，只有在財力資源上不虞匱乏的公司才能夠支付這些費用。此外，大型組織營運的複雜度也使它們成爲較佳的EIS採用者。然而，諸如Lightship和Paradigm等EIS供應商目前也提供了以中小型企業爲目標市場的產品。傳統的EIS主要致力於內部資訊資源，並透過「下探細目資料」（drill-down）的應用程式向高層主管提供監控支援；而今日的EIS則提供了取得內外部資料（資訊）資源的便利方法（Rainer & Watson, 1995; Volonino et al., 1995; Watson, Watson, Singh, & Holmes, 1995）。結果，相對於傳統的EIS只提供了有限支援（一般是利用控制導向資訊的格式，提供給少數的管理者），現今的EIS採用了許多新進技術，像是電子郵件、語音郵件、電腦會議、電子行事曆、備忘錄檔案、資料分析工具、垂直與水平地「下探細目資料」以及模組化（模擬）功能等，可說對管理工作提供了相當多的援助。一些研究學者也已經指出：「隨著EIS的演進，它們很可能會對組織的規劃與控制系統帶來相當顯著的影響（Fried, 1991; Gulden & Ewers, 1989; Mitchell, 1988; Rockart & De Long, 1988; Shoebridge, 1988），並且使得組織的效能更上一層樓（Paller & Laska, 1990）。」近來的實徵研究結果指出EIS可以提升管理者的思維

模型（Vandenbosch & Higgins, 1995），並且可以使管理者對決策情境做出更迅速的回應（Leidner & Elam, 1993）。

目標與動機

儘管EIS可以招徠組織上的利益，但是卻只有極少數的組織可以成功地建置EIS（Watson et al., 1991）。針對EIS應用缺乏成長的現象，學者提出了一些說明：首先，建置EIS時需要大量的資金，根據報告指出：一套典型企業採用的系統，其耗費在硬體設備、軟體工具上的成本，加上建置時所付出的費用，總金額高達一百萬至兩百萬美元不等（Mohan, Holstein, & Adams, 1990, p. 435）。然而最近一份調查報告也提到：一般而言，一套EIS大約要花費32萬5千塊美元（Watson et al., 1995）。儘管購置一套EIS的費用已經逐年降低，但是對一些公司而言，其財力確實仍無法負擔目前EIS的高昂售價。其次，系統建置者經常發現要確認使用者的需求是一件困難的事情，這是由於他們所洽談的顧客（也就是管理者）經常處於不確定的環境中（Watson & Frolick, 1993）。雖然目前已經提出了數種策略，來協助系統建置者確定使用者的資訊需求（Wetherbe, 1991），但是以瞭解「EIS採用模式」爲目標的實徵研究卻仍屬少數。

由於EIS的新興角色正蔓延入高階主管及各個層級的管理者當中，因此我們必須明瞭當決策者風格、決策環境不同、以及決策的時間長短不一，會對採用EIS造成什麼影響（Elam & Leidner, 1995）。相較其他類型的主管，擁有分析式或命令式決策風格且要面對極大時間壓力的主管，有相當大的可能更會採用EIS。另一方面，學者也提到內在及外在的壓力常常迫使公司採用EIS（Watson et al., 1991）。內在及外在的情境因素（contextual factor）會促進或抑制資訊技術的採用，其影響的重要性在過去的研究中也已經被檢驗過（Zmud, 1982, 1984a, 1984b; Rai & Patnayakuni, 1996）。因此，情境因素也可能是是否採用EIS的重要決定因素。

我們的研究致力於探討哪些情境因素可能會影響EIS的採用，而不從「採用EIS後的結果」的觀點來審視EIS。雖然一些EIS採用的情境屬性（contextual attribute）已經在部份個案研討中討論過（Armstrong, 1990; Cottrell & Rapley, 1991; Fireworker & Zirkel, 1990; Gunter & Frolick, 1991; Houdeshel & Watson, 1987; Joslow, 1991; Rees-Evans, 1989; Wallis, 1989），但是它們只說明了在單一公司中不同採用程度（adoption level）的獨立事件。儘管這類個案研討可以掌握住整個事件的來龍去脈與不同事件間的微妙差異，並且有助於我們瞭解其背後的趨力，但是這類研究卻只具備有限的「一般性」（Harrigan, 1983）。Jenkins（1990）曾評述：「唯有研究學者願意分享他們的研究架構、構面、變數、及其關聯以便進行個案間的比較，這些個案研討的用途才能擴張。」

EIS的新興觀點結合了「資訊技術支援」中相關、互補，但是卻截然不同的兩種層面。首先，「合作技術」（collaboration technology）主要是支援溝通與協調時的管理性程序，我們將這類的EIS稱作「支援合作的EIS」（EISc）；其次，「決策支援技術」（decision support technology）則主要是支援進行規畫和控制時的資訊需求，我們將這類的EIS稱作「支援決策的EIS」（EISd）。在近來的資訊系統文獻中，學者已經確立「合作支援技術」和「決策支援技術」的區分（Turban, McLean, & Wetherbe, 1996）。同樣地，對於「提供管理者電腦的支援」也建立了類似的分類（Rockart & DeLong, 1988）。就EIS的角度來觀察，由於建立了此項區分，因此對於這兩個不同EIS層面與採用相關議題，探討其間的差異可能會衍生出有趣的見解。

再者，如果EIS可用來支援大多數的管理者，它所能產生的利益便可能會增加，組織可能就會探究EIS，甚至在某個時點決定提撥資源來採用EIS。在有關「組織創新」和「資訊系統採用」的大量文獻中，定義並且瞭解了「從不採用資訊系統的狀態轉變到採用初期」，以及「後續將此資訊創新擴展到組織中潛在採用者」這兩者間有很重大的區別（Rai, 1995; Zmud, 1982）。因此，本章的目的便是：

- 描述目前美國組織中，採用的狀況。
- 調查EISc和EISd採用與未採用者間情境的差異。
- 研究「情境因素」與「EISc和EISd採用程度」間的相關性。

本章節的其餘部份如下：首先，我們會呈現本研究的理論基礎及概念性架構；其次，我們會說明研究模型及相關的研究假設；第三，將詳細說明我們的實徵研究與統計分析；第四：我們會解釋研究結果，並討論這些結果背後的意涵；最後，我們會以建議一些未來研究議題來作爲結論。

理論基礎

應變數（dependent variable）：採用現況（adoption status）與採用程度

對於以「組織中資訊技術的採用」爲研究議題的學者而言，創新理論（innovation theory）已經是一個普遍使用的理論基礎（Grover, 1993; Grover & Goslar, 1993; Huff & Munro, 1985; Rai, 1995; Zmud, 1982, 1984a, 1984b）。組織創新的過程可以被定義爲：「在組織中，採用嶄新的自製或外購設備、系統、政策、計畫、程序、產品及服務（Daft, 1982; Damanpour & Evans, 1984）。」一般而言，我們利用二元衡量法（binary measure）來區別該組織是屬於採用者或未採用者，也就是評判它是否投入任何組織資源來進行創新。在本研究中，如果一個組織已經替一個以上的管理者建置並且安裝了EISc或EISd，則我們定義該組織已經採用此系統；而尙未以EISc或EISd來支援其管理者的組織便屬於未採用者。EISc和EISd的採用現況將組織區分成採用者或未採用者。

檢驗組織從未採用者轉變成採用者的非連續過程，可以得到有關「引發初次採用因素」的有用論點。除了調查「引發初次採用因素」之外，爲了使我們的研究益加完整，我們也需要瞭解到爲何組織在採用EIS的程度上會有所差異。在一些組織中可能只會有一個或少數幾個管理者得到EISc或EISd的功能支援；然而在其它的組織中可能會很明顯的有大量的管理者得到這些技術的支援。在本研究中，我們將EISc和EISd的採用程度定義成「受到這些技術支援的管理者比例」。

自變數（independent variables）：
情境變數的選擇

學者至今已經提出過數種會影響「組織對創新技術採用」之變數的類別（variable category）。基於對過去文獻的彙整，Kwon & Zmud（1987）確認有五種變數類別會影響資訊技術的創新，這些變數類別包括：使用者特性、環境特性、組織特性、技術特性與任務特性。在本研究中，我們將特別專注於調查環境特性、組織特性，以及額外加入的資訊系統特性。

過去對組織創新（Kimberly & Evanisko, 1981; Utterback, 1974）、策略管理（Miller & Friesen, 1982）、資訊系統（Lederer & Mendelow, 1990）、以及資訊技術創新擴散（Grover & Goslar, 1993）的種種研究中，都強調了「探討環境對組織關鍵能力影響」的重要性。在不同環境中營運的組織必須管理具有不同本質與複雜度的資訊，因此可以想見環境特性形成了一股驅動組織採用EIS的力量，而我們也將特別調查「環境的不確定性」與「EIS採用」間的關係，其基本原理是不確定的環境可能使得組織需要更有效率、有效能的管理資訊。以EIS來講，處於此種環境中的組織更會認爲EIS是有用的。

人們相信組織因素會影響到組織內的創新，此變數類別中被普遍採用的變數包括：中央集權、正式化、專業化、資訊來源、領導力、以及組織規模。唯有「研究者延伸擴散理論（diffusion theory），納入一些關於研究對象特定的資訊技術情境因素」時，這些研究才有可能得到最終的結論（Fichman, 1992, p. 195）。本研究將致力於「高階主管的支持」和「組織規模」這兩項變數，高階管理者的支持同樣也是影響組織中EIS採用程度的關鍵因素之一，創新理論的研究報告指出：「在組織中，發現到高階主管的支持與創新活動間的正向關係（Kimberly & Evanisko, 1981; Mever & Goes, 1988）。」從資源的觀點而言，高階管理者的支持可能是重要的，再者，高階主管對於政策上的支持也可以撫平組織中既得利益團體的抵抗。同樣地，過去大量有關創新理論的文獻中也提出：「組織規模對於組織創新的能力有正面的影響。」一般的理論指出較大型的組織通常擁有較多的資源來承擔採用創新時帶來的成本。EIS的文獻也提出：「相較於小型組織，大型組織更有可能採用EIS（Rockart & DeLong, 1988）。」因此，本研究也將調查組織規模與EIS採用程度間的關係。

本研究採用了另一個額外的變數類型一資訊系統因素，它有可能會影響到採用EIS的行爲，一些實徵研究的結果也支持「資訊系統因素是拓展資訊技術創新的一個關鍵因素」這個說法（Grover & Goslar, 1993），本研究在資訊系統因素中採用「資訊部門之支援」（IS support）與「資訊部門規模」這兩項變數。能夠從企業內部獲得適切的資源，比方說是能幹的內部資訊專業人員，不但可以提昇學習的過程，並且在採用複雜的創新資訊技術時可以迅速降低知識障礙（Attewell, 1992）。因此以EIS的狀況而言，資訊部門之支援將有助於拓展EIS的採用程度（Watson et al., 1995）；而與企業規模的理由相仿，我們同樣可以根據資訊部門的規模來確定組織中有多少技術資源可用來創造採用EIS的驅動力。

因此，我們研究組織採用EIS的情況時，將把重點放在五項情境變數上。其中的三項變數，也就是環境的不確定性、組織規模和資訊部門規模，是用來探討它們在採用者與未採用者之間的區別，以及它們對「促進EIS採用程度」的影響。而其餘的兩項變數，高階主管的支持和資訊部門之支援，是用來探討其對EIS採用程度的影響。

研究模型與假設

圖9.1展現了是我們基於上述討論後所提出的研究模型，應變數指的是EISc和EISd的採用現況和採用程度，而被考慮的情境變數則包括環境特性（不確定性）、組織特性（高階管理者的支持、組織規模）以及資訊系統特性（資訊部門之支援、資訊部門規模）。

環境的不確定性

公司外部環境的各種力量造成了環境的不確定性，Miller & Friesen（1982）這兩位學者證實有三種外在力量會導致環境的不確定性，分別是變動性（dynamism）、異質性（heterogeneity）、及敵對性（hostility）。變動性指的是「組織外部環境的起伏動盪」；異質性指「環境中的複雜度」；而敵對性則指「組織所面對的競爭壓力」。Rockart & Treacy（1982）兩人在一篇探討主管使用之電腦資訊系統的早期研究中，宣稱「由於易變的競爭狀態提昇了高階管理者對於更即時的資訊與分析的需求」，因此造成以電腦支援高階之主管系統的使用日益增加。幾年之後，Gulden & Ewers（1989）也注意到：

EIS已經成為管理者工具箱中的關鍵工具。在目前這個時代，組織重組、合併與併購的情況頻傳，再加上變動激烈的市場與日

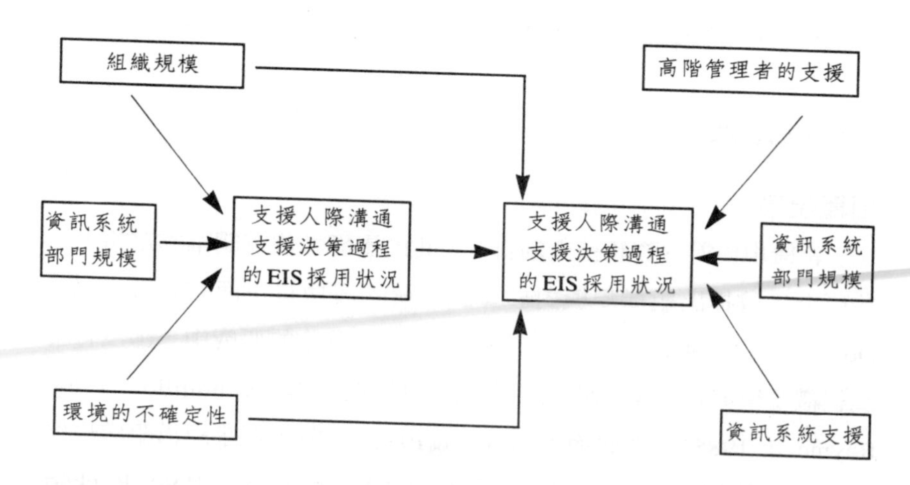

圖9.1 研究模型

益遽增的競爭，使得管理者比以往更加需要更有效的方法來幫助他們瞭解所面對的市場和競爭狀況，並且用來引導他們的營運和員工。

Watson et al.（1991）指出競爭充斥的環境、瞬息萬變的外在環境、再加上能夠事先應對外在環境的需要，都成爲組織建置EIS的主要因素。正如同這些學者所言，促使組織建置EIS的外在驅力通常來自變動的原物料成本、日益增加的同業競爭和政府管制的壓力。

因此，我們作出以下的假設：

H1a：已經採用EISc的公司比尚未採用的公司面對了更高程度的環境不確定性。

H1b：已經採用EISd的公司比尚未採用的公司面對了更高程度的環境不確定性。

H2a：環境不確定性與EISc採用程度之間具有正向的關係。

H2b：環境不確定性與EISd採用程度之間具有正向的關係。

組織特性

組織規模

組織規模對於資訊技術創新普及化的影響並沒有明確的定論，一些研究者曾提出組織規模對於資訊系統的成功有正面的影響（Ein-Dor & Segev, 1978; Raymond, 1990）；但在其它的研究中，卻沒有發現組織規模與資訊系統的成功之間有直接的關聯（Gremillion, 1984; Raymond, 1985）。然而絕大部份有關EIS的文獻，似乎認爲組織規模與此項技術的採用之間有正向的關係（Paller & Laska, 1990; Rockart & De Long, 1988），其理由包括：（1）較大型的組織擁有較多的管理者，由於他們位於不同的辦公地點，因此造成他們格外需要可以提供溝通與協調功能的複雜型資訊技術基礎建設；（2）較大型的組織由於營運上的複雜性，使得他們格外需要可以改善管理控制與規畫系統的資訊基礎建設；（3）較大的組織比較可能負擔得起組織創新所需要的費用支出。在既有的文獻與證據間取得一個平衡後，我們作出以下的假設：

H3a：較大型的組織比較小型的組織更可能採用EISc。

H3b：較大型的組織比較小型的組織更可能採用EISd。

H4a：組織規模與EISc採用程度之間具有正向的關係。

H4b：組織規模與EISd採用程度之間具有正向的關係。

高階主管的支持

高階主管的支持是指公司內高階或企業主管投入推展EIS工作的程度。研究文獻中普遍認同高階主管的支持對實施管理資訊系統是重要的。正如Jarvenpaa & Ives（1991）所說：「在開發與實施管理資訊

系統（MIS）時，很少有什麼解決方案會像『主管的支持』一樣，經常都會被人提醒，但又經常都會被忽略。」（p. 205）

實務界與研究者同樣都認同高階主管的支持對採用EIS的重要性。主要的建議包括：在開發的初期階段，就必須確保得到一位在政治上安全無虞之高階主管的支持、力邀資深主管參與資訊需求規畫階段的工作（Rinaldi & Jastrzembski, 1986a, 1986b）、以及取得高階主管中一位成員的承諾，願意負責管理此開發活動（Houdeshel & Watson, 1987; Rockart & De Long, 1988）。McNamara, Danziger & Barton（1990）三人也認爲高階管理者應該要熱心參與EIS的建置活動，以避免建置了不切實際的功能。因此，我們作出以下的假設：

H5a：高階管理者的支持與EISc採用程度之間具有正向的關係。

H5b：高階管理者的支持與EISd採用程度之間具有正向的關係。

資訊系統特性

資訊部門規模

在資訊系統的相關研究中，「資訊部門規模」與「創新資訊技術的採用」之間的相關性仍未受到重視，但資訊部門規模可能對新興創新資訊技術的採用有著顯著的影響。舉例來說，Rai（1995）發現在美國的組織中，資訊部門規模對於CASE相關技術的推展有顯著的影響。由於大型的資訊部門具有豐沛的資源與專業技術，它們在致力於組織創新活動上時便擁有較多的選擇性（Fuller & Swanson, 1992），也因此便可能對EIS創新活動提供更完善的支持。基於上述討論，我們作出以下的假設：

H6a：擁有較大型資訊部門的組織比擁有較小型資訊部門的組織

更可能採用EISc。

H6a：擁有較大型資訊部門的組織比擁有較小型資訊部門的組織更可能採用EISd。

H7a：資訊部門規模與EISc採用程度之間具有正向的關係。

H7b：資訊部門規模與EISd採用程度之間具有正向的關係。

資訊部門之支援

資訊部門之支援是指資訊部門涉入組織EIS建置活動的程度。Rockart & De Long（1988）發現資訊部門的員工在順利推展EIS採用上扮演了一個重要的角色，因此他們建議：

> 如果系統（EIS）會被大量的管理者使用並且會對組織本身有廣泛影響的話，由主流的資訊系統團隊搭配一個作業上強力的發起者來開發，將會使得成功的機會益加提昇。

然而，Rockart & De Long卻也提醒EIS系統開發時，不需過於涉入組織中主流的資訊系統。其他學者也指出，經由主動向高階管理者表達EIS的潛在利益，越來越多資訊部門正加入了EIS的開發（Volonino & Drinkard, 1989）。在一些組織中，EIS的開發事實上正是由資訊部門的員工所領導（Watson et al., 1991）。對於像應用程式開發、整合分割與異質資料庫（Barrow, 1990）、以及應用系統維護（Fried, 1991; Moad, 1988）有賴專業技術的工作來說，資訊部門員工的加入EIS也是相當關鍵的。基於上述討論，我們作出以下的假設：

H8a：資訊部門之支援與EISc採用程度之間具有正向的關係。

H8b：資訊部門之支援與EISd採用程度之間具有正向的關係。

實徵研究

研究樣本

本研究採調查研究法，問卷寄給了隨機選取的1423個組織中的高階電腦部門主管（Directory of Top Computer Executives, 1992）。問卷之首頁信函（cover letter）解釋了此研究的目的、請求參與者合作、並要求能請組織中最瞭解EIS建置活動的人填寫此問卷。在第一封信件寄出之後兩個禮拜，我們再寄出含有問卷與催卷函的第二封信件。

我們自美國境內42個州的13種關鍵產業中，共回收了238份問卷，問卷回收率（response rate）達16.7%。在這些回收的問卷中，有28份因爲資料不足而捨棄不用。表9.2列出了樣本中各產業採用EIS的情形，而表9.3則特別列出答卷者所處的組織位階以及公司採用EIS的情形。多數的答卷者擔任高階主管（包含資訊部門與企業）的職務（62%）、另外有32%擔任中階主管（包含資訊部門與功能性部門），最後剩下的4%則屬於基層主管（包含資訊部門與功能性部門）。

在210份有效的回收問卷中，有140個組織（66.7%）尚未採用EIS。這些組織的受訪者便不需要回答與高階主管的支持、資訊部門之支援、及組織採用程度等變數相關的問題，但仍須提供有關人口統計變數與環境變數的資訊。另外的70家組織（33.3%）則已經採用一些EIS功能來支援一個或多個管理者。

問卷回收率與未回卷偏誤

16.7%這偏低的問卷回收率使我們關切可能的回卷偏誤（response bias）。有數項原因可以解釋我們這個研究的低問卷回收

表9.2 答卷者所屬的產業概況

產業別	寄出數目	回卷數目	(%)	非採用者	採用者：EISc或EISd
銀行	61	4	(1.9)	3	1
金融	43	7	(3.3)	3	4
教育界	144	30	(14.3)	23	7
政府					
聯邦	63	7	(3.3)	2	5
州	53	8	(3.8)	3	5
地方	95	15	(7.1)	10	5
健康服務	84	14	(6.7)	10	4
保險	59	11	(5.2)	5	6
製造	680	90	(42.9)	66	24
零售	62	8	(3.8)	6	2
運輸	21	2	(1.0)	1	1
公用事業	41	12	(5.7)	8	4
其他	17	1	(0.5)		1
		1	(0.5) *		1*
總計	1,423	210	(100)	140	70

*有一位答卷者來自採用EIS的組織，但是他並沒有提供有關產業的資訊。

率：首先，我們的問卷（問卷）內容確實冗長，而且一些問題還需要根據事實證據來回答；第二，EIS的使用仍處於發展的初期，尚有許多潛在會使用的組織目前仍未採用，對這些只有少量使用或甚至根本沒有使用EIS的組織而言，可能會認爲此問卷之問題仍言之過早，自然也就忽略了此問卷；第三，我們的問卷可能沒有直接送達對EIS建置活動最爲熟悉的管理者手中，我們希望轉送問卷給這些人士的要求也可能會造成不適切的調查後果；最後一個原因，這種全國性的調查

表9.3 答卷者所處組織位階的概況

答卷者的職位位階	N = 207	非採用者	採用者：EISc或EISd
資訊系統高階管理者（副總裁、主管）	114	78	36
資訊系統中階管理者（經理）	60	36	24
資訊系統基層管理者（程式設計師與分析師）	6	2	4
企業主管（董事長、總裁、副總裁）	18	15	3
功能性部門中階管理者（經理）	7	5	2
基層管理者（單位主管等）	2	1	1

研究方式，也可能會降低問卷回收率。

爲了深入調查上述的問題，我們決定將本研究的問卷回收率與樣本概況（sample profile）和其它的EIS研究相比，我們選了六篇實徵研究（Benard & Satir, 1993; Fitzgerald, 1992; Leidner & Elam, 1993; Watson & Frolick, 1993; Watson et al., 1991; Watson, Rainer, & Frolick, 1992）以進行比較。儘管這六篇研究報告皆採用選擇性抽樣的方法（selective sampling methodology），但是本研究的回收率和樣本概況還是比得上這些先前的研究，而本研究更增加了是取自於大規模的全國性調查這個優點，此外，而且我們的樣本也涵蓋了EIS的採用者與未採用者。

我們也針對一些常用的檢測因素對我樣本進行未回卷偏誤檢驗，經過卡方檢定，證明收到問卷的全體受訪群體與回答的受訪群體，在產業與地域的比例結構上並無顯著的差異（α =.05）。我們也進行了早期回卷者與晚期回卷者之間的比較，同樣地，數項研究變數的平均值在兩個群體之間並沒有顯著的差異。

變數衡量（measurement）

缺乏可信賴且有效用的衡量方式，一直是管理資訊系統實徵研究中受到學者關切的一個議題（Jarvenpaa, Dickson, & DeSanctis, 1984; Sethi & King, 1991; Straub, 1989）。我們依據Straub、Sethi & King三人所提出來的指導方針，以三階段來發展問卷。在第一個階段，我們徹底檢閱了有關創新理論、資訊技術實施及EIS的文獻，以便確認在這些研究中，有哪些相類似的變數已經理論的探討或操作化。如果還沒有現成的測量方法，我們會由檢閱過的文獻整理出一組題項，來描述所要測量之變數的特性。表9.4列舉我們使用的變數以及相關的參考文獻。

第二個階段，我們與學校中實際從事EIS研究的人員，以及一位任職於一家電腦租賃業領導廠商中主導EIS採用的主管進行群體訪談（group interview），這家公司有多位主管都使用了EIS。這個討論會談是半結構化的，討論的焦點在於第一階段所整理出來的題項是否適合衡量所要研究的變數。問卷的內容則根據所得到的意見再行修改。

在第三個階段，首先進行一項可被視為先導研究（pilot study）的活動，我們試著與六家組織中負責EIS開發的關鍵成員接觸，並探詢他們參與會談的意願。經過他們的同意，我們分別在他們各自組織所在地與他們進行單獨會談。平均而言，每次的晤談大約都進行了一個小時左右，在晤談中我們要求這些受訪者提供他們對問卷項目適切度與清晰度的建議。而我們也會在寄發全國性的問卷之前再作一次修正，附錄中列出了問卷中每一個多項目尺度（multi-item scales）的題項。以下我們將分別討論每一個變數的操作化測量方法，以及信度與效度的問題。

表9.4 研究模型之構面的相關參考文獻

構面	參考文獻
環境的不確定性	Miller and Friesen(1982); Sabherwal and King(1992); Grover and Goslar(1993)
高階主管的支持	Garrity(1963); Bean, Neal, Radnor, and Tansik(1975);Vanlommel and De Brabander(1975); Kimberly and Evanisko(1981); Meador, Guyote, and Keen(1984); Sanders and Courtney(1985); Rinaldi and Jastrzembski(1986); Houdeshel and Watson(1987); Meyer and Goes(1988); DeLone(1988); Rockart and De Long(1988); McNamara et al.(1990); Reich and Benbasat(1990); Jarvenpaa and Ives(1991)
資訊部門支援	Rockart and De Long(1988); Moad(1988); Volonino and Drinkard(1989); Paller and Laska(1990); Barrow(1990); Watson et al.(1991); Fried(1991)
組織規模	Utterback(1974); Ein-Dor and Segev(1978); Kimberly and Evanisko(1981); Gremillion(1984); Raymond(1985, 1990); Rockart and De Long(1988); Meyer and Goes(1988); Paller and Laska(1990); Watson et al.(1991)
資訊部門規模	Fuller and Swanson(1991); Rai(1995)

應變數

我們在問卷中請受訪者分別指出就組織中的關鍵高階管理者而言，已開發並安裝了EIS應用來支援其溝通、協調、控制、及規畫等管理功能的人數比例佔了多少。管理者比例將根據如下的五等分尺度來區別：0（沒有）、1（一個）、2（少數）、3（許多）、4（大部份）。在問卷中也包含了支援上述每一項功能之常見的應用程式，以作爲範例說明。受訪者對於問卷中這些問題（列於附錄）的回答，是計算應變數的基礎，表9.5a彙總了每個應變數的衡量方式。

採用現況

本研究將採一個二元尺度（dichotomous measure）將組織區隔爲EISc和EISd的採用者與未採用者，每個組織必須依照其採用EISc和EISd的現況來評分（採用者則給1分；未採用者給0分）。如果一個組織已爲至少一位管理者安裝支援溝通或協調功能的應用程式，就可被視爲EISc的採用者；同樣地，如果一個組織已經爲至少一位管理者安裝支援控制或規畫功能的應用程式，則可視爲EISd的採用者。

採用程度

本研究採用兩項衡量方式，來代表組織間EIS採用程度的差異。第一項衡量方式是用來評估EISc的採用程度，而第二項方式則是用來評量EISd的採用程度。有關EISc採用程度的衡量方法，我們是計算在既定的管理者群體中，組織已經替他們開發並安裝EIS應用程式來支援溝通、協調之比例的總和；同樣地，有關EISd採用程度的衡量，則是計算在既定的管理者群體中，組織已經替他們開發並安裝EIS應用程式來支援控制、規畫之比例的總和。

對於溝通、協調、控制、規畫這四項管理功能進行EIS採用程度的因素分析，會得到一個雙因子解（two-factor solution）（表9.5b）。有關管理性溝通、協調功能的EIS採用程度落於其中一個因素，而有關管理性控制、規畫功能的EIS採用程度則落於其中第二個因素。這個雙因子解驗證了我們將EIS區隔爲「支援合作的EIS」（因素1）和「支援決策的EIS」（因素2）的概念性區分。

表9.5 EIS採用的定義與衡量方式

a. EIS採用的衡量

	支援合作的EIS	支援決策的EIS
採用現況	採用二分法。若該組織已經為了至少一位管理者安裝可支援溝通或協調的應用軟體，則認定此組織為採用者；其他則被視為未採用者	採用二分法。若該組織已經為了至少一位管理者安裝支援控制或規劃用的應用軟體，則認定此組織為採用者；其他則被視為未採用者
採用程度	原始的衡量值範圍為2-10。為在既定的管理者群體中，組織已經替他們開發並安裝EIS應用程式來支援溝通、協調之比例的總和	原始的衡量值範圍為2-10。為在既定的管理者群體中，組織已經替他們開發並安裝EIS應用程式來支援控制、規劃之比例的總和

b. 對EIS採用程度進行因素分析的結果

因素及其項目（N = 70）	因素負荷
因素一：「支援合作的EIS」的採用程度 （特徵值(Eigenvalue) = 1.71）	
1. 支援溝通的應用功能	.85
2. 支援協調的應用功能	.83
因素二：「支援決策的EIS」的採用程度 （特徵值 = 1.14）	
1. 支援控制的應用功能	.86
2. 支援規畫的應用功能	.79

自變數

環境的不確定性

在本研究中，我們採用Miller & Friesen（1982）兩位學者對於組織外部環境特質的見解，來衡量環境的不確定性，也就是說我們利用14個題項來評估組織環境的變動性、異質性、及敵對性。由於所有受訪者都提供了關於組織不確定性的資訊，因此我們參照了全部的210份意見，來確認這個類別因素結構（factor structure）的效力。Nunnally（1978）建議如果一個題項的分項一總和相關係數（item-total correlation）偏低，由於它們會降低衡量尺度（measurement scale）的內部一致性，因此我們應該將此題項剔除。經過分析後，共有三個題項的分項一總和相關係數偏低，因此在往後分析時將不予列入，其中的一個題項是衡量變動性的構面，其他兩個則衡量敵對性的構面。

Stewart（1981）建議研究時應該檢視一組變數經過Bartlett球型檢定（test of sphericity）及Kaiser-Meyer-Olin樣本適當性衡量（measure of sampling adequacy; MSA）的結果，以評估其是否適合拿來進行因素分析。Bartlett檢定是用來評量相關矩陣（correlation matrix）是否是由一群獨立的變數中取得，如同我們事前所預測，在.000的顯著水準之下，對此11個題項之變數間爲獨立的虛無假設都遭到了拒絕。而MSA則提供了衡量變數之間彼此相關程度（belong together）的方法。Kaiser & Rice（1974）提供了一個用來檢測MSA結果的標度（calibration）：他們將衡量結果大於0.90的歸類爲「極出色的」，而大於0.80的則歸類爲「有價值的」。本研究使用的11個題項經過MSA衡量後的結果爲0.884，因此證明它們皆適合被使用於因素分析。

經過主成分分析之後，我們接著對此11個題項進行變異數最大轉軸法（varimax rotation）分析。如我們所預期，其結果呈現由

Miller & Friesen（1982）提出，並經Sabherwal & King（1992）、Grover & Goslar（1993）等人確認其效力的三因子架構（表9.6a）。接著我們繼續利用變動性、異質性、敵對性等衡量構面的題項平均值來進行第二次的因素分析，並且希望能得到一個單一因素以代表環境不的確定性（表9.6b），結果這個因素幾近可以解釋這三個題項目所呈現之變異性的70%。我們同時也利用Cronbach α的衡量來檢測環境不確定性構面的內部一致性，其結果爲0.78。

高階主管的支持

經由前述的三階段問卷發展過程，我們對於高階管理者的支持提出了六個題項的衡量方法。我們採取七等分的李克特尺度（Likert type scale）來評估每個題項，衡量刻度的範圍自「強烈地反對」至「強烈的贊同」。經由在.000的顯著水準之下進行Bartleet球型檢定，對6個題項的變數間獨立的虛無假設都遭到了拒絕。而經過MSA衡量後的結果則爲0.79，因此意指它們皆適合被用於因素分析。另外在主成分分析所得到的一因子解則幾近可以解釋六個主題項所呈現變異的61%（參考表9.7）。

我們也對這些題項進行分項一總和相關係數分析，但是並無任一題項被剔除，證明了這些題項之間的同質性，而Cronbach α衡量值爲0.87，表示這些衡量題項之間具有高度的內部一致性。

組織規模

我們用員工數目的題項來衡量組織的規模，其他一些關於組織創新（Kimberley & Evanisko, 1981; Meyer & Goes, 1988）與資訊系統創新（Rai, 1995; Zmud, 1982）的研究同樣此採用了這種方法。由於組織規模的變異很大，並且爲了要採取的根先前研究同樣的作法，我們計算出組織規模的自然對數z分數（z score）並將用於後續的分析。

資訊部門規模

本研究利用評估部門全職員工人數這一個客觀的題項，來衡量資

表9.6 外部環境不確定性的因素分析結果

a. 第一次因素分析

因素與題項（N = 199）	因素負荷
因素一：環境的變動性（特徵值 = 5.02）	
1. 行銷實務的改變	0.70
2. 產品或服務過時的速度	0.66
3. 競爭者行為的預測	0.60
4. 消費者需求與偏好的預測	0.74
5. 產品或服務相關技術的改變	0.71
因素二：環境的異質性（特徵值 = 1.07）	
產品或服務間的差異，根據：	
1. 消費者的購買習慣	0.84
2. 競爭的本質	0.82
3. 市場的動態與不確定性	0.74
因素三：環境的敵對性（特徵值 = 1.01）	
對組織存活的威脅，根據：	
1. 激烈的價格競爭	0.68
2. 產品品質的競爭	0.76
3. 產品的市場萎縮	0.71

b. 第二次因素分析

因素與題項（N = 199）	因素負荷
因素一：環境的不確定性（特徵值 = 2.12）	
1. 環境的變動性	0.85
2. 環境的異質性	0.85
3. 環境的敵對性	0.82

訊部門規模。類似的衡量方法同樣用於Nilakanta & Scamell（1990）、Fuller & Swanson（1992）以及Rai（1995）的研究所採用。如同組織規模一般，我們也計算出資訊部門規模的自然對數z分數，後續分析將用此z分數進行。

資訊部門的支援

經由前述的三階段問卷發展過程，我們對於資訊部門的支援提出了有六個題項的衡量方法。如同高階主管的支持，我們一樣採取七等分的李克特尺度來評估每個題目，衡量標度的範圍自「強烈地反對」至「強烈的贊同」。在.000的顯著水準之下使用Bartleet球型檢定，對

表9.7 「高階主管的支持」與「資訊部門之支援」的因素分析

因素與題項	因素負荷
高階主管的支持（特徵值＝3.6645, N＝68）	
1. 贊助者參與EIS的開發	0.7385
2. 高階管理者與贊助者間對於EIS相關議題的聯繫	0.8019
3. 對於EIS所提供之資源	0.7340
4. 高階管理者對於EIS重要性的認知	0.8209
5. 高階管理者對於EIS應用提出之建設性的回饋	0.7881
6. 高階管理者認為發展EIS具有的優先程度	0.8015
資訊部門的支援（特徵值＝3.8696, N＝65）	
1. 資訊部門管理者參與EIS開發過程	0.7647
2. 與資訊部門合作確認資料來源	0.8535
3. 與資訊部門合作解決技術性問題	0.9203
4. 資訊部門接受承擔EIS的責任	0.6621
5. 資訊部門與高階主管對於EIS所扮演角色的溝通	0.8154
6. 資訊部門高度參與開發過程	0.7786

此6個題項提出之變數間獨立的虛無假設都遭到了拒絕。而經過MSA衡量後的結果則為0.85，因此它們皆適合被用於因素分析。另外在主成分分析所得到的單一因子解可以解釋六個項目所呈現變異的64.5%（參考表9.7）。我們也對這些題項進行分項一總和相關係數分析，但是並無任一題項被剔除。而Cronbach α衡量值為0.89，表示這些衡量題項之間具有高度的內部一致性。

計量心理特質（Psychometric property）的概述

Venkatraman & Grant（1986）建議研究所之調查工具的衡量尺度應該（1）多個的較高層級的題項而不是單一、名目尺度（nominal scale）的題項；（2）內部一致的；以及（3）具有效力。在本研究中，我們對於環境特性是採用先前研究的衡量方式，而高階主管對EIS的支持以及資訊部門之支援的衡量則是本研究自行發展的。經由與資深主管會談及後續的預測，我們確定了每一變數所採用之衡量項目的適合性，接著對於衡量題項進行因素分析後，得到了預期中可以證明衡量效度（validity）的因素結構。表9.8彙整了自變數及其信度間的「交互相關性」（intercorrelation）。

結果與分析

採用者與未採用者之間的差異

表9.9列出了關於回卷者的一些基本資料，有59個組織的管理者（至少一位）採用EISc，而有54個組織採用了EISd。對於EISc和EISd的採用者與未採用者群體，我們使用變異數分析來檢定其所面對的環境不確定性之平均值是否不同。在組織規模與環境不確定性間具有低相關性，以及在資訊部門規模與環境不確定性間沒有顯著的相關

的條件之下，使用ANOVA比使用MANOVA更爲適合。在表9.10中是ANOVA檢定結果的摘要，對採用者與未採用者間環境不確定性的差異提供了強力的支持，這意指採用EISc和EISd的組織比起未採用的組織面對了較高層的環境不確定性。對於EISc的採用者與未採用者間環境不確定性有差異這項檢定結果，其產生型I誤差的風險爲0.031；而對EISd而言則爲0.02。

雙變項的相關矩陣（correlation matrix）（參照表9.8）顯示出組織規模與資訊部門規模間具有中度的相關性。在觀念上我們對於採用和未採用組織間與規模相關的變數，可能會採用MANOVA來檢查其間的差異性，然而如此一來，一項變數的資料缺乏就必須放棄整筆資料。我們認爲使用平均數來取代短缺資料的方法並不恰當，這是因爲此類方法普遍會造成略微高估的結果。我們的樣本中，分別有53個組織在組織規模、以及40個組織在資訊部門規模的資料短缺，總計共有80個組織至少在其中一個變數有資料短缺的情況。以資料短缺的狀況而言，在這種情況下使用MANOVA來進行檢定，我們會面對樣本資料顯著的耗損。基於上述原因，對於EISc、EISd的採用者與未採用者間有關規模方面的變數，本研究一律採用ANOVA來檢定其間的差異性。

採用者與未採用者間有關組織規模和資訊部門規模平均值的差異，我們同樣利用ANOVA分析與有向性（directional）的t檢定來檢驗，表9.10概述了檢定結果。我們發現不管是EISc或EISd的採用者與未採用者之間，其組織規模並沒有顯著的不同；另外，雖然EISc的採用者與未採用者之間，其資訊部門規模並沒有發現有顯著的不同，但是在EISd的採用者與未採用者之間，卻顯現出出有顯著的差異，我們發現採用EISd的組織比起未採用的組織顯然有較大的資訊部門。

表9.8 描述性統計與交互相關

自變數	樣本數	平均值	標準差	標準α係數	環境的不確定性	自然對數		高級管理者的支持	資訊系統的支援
						組織規模	資訊系統部門規模		
環境的不確定性	201	15.17	4.16	0.78	1.00				
組織規模（員工人數）	157	5482	172267						
組織規模的自然對數	157	7.01	1.75		0.21*	1.00			
資訊系統部門規模（員工人數）	172	53.06	75.51						
資訊部門規模的自然對數	170	3.26	1.22			0.41**	1.00		
高級主管的支持	65	27.17	8.84	0.87				1.00	
資訊系統的支援	65	32.65	8.01	0.89			-0.27*	0.41**	1.00

* p < 0.10（雙尾的顯著水準）；** p < 0.05

表9.9 樣本概述—採用者與未採用者

	開發並安裝應用程式		
EIS支援的種類	否	有	缺乏資料
EISc（支援合作）	145	59	9
EISd（決策支援）	151	54	5

表9.10 採用者與非採用者間，有關平均值的比較

	「支援合作的EIS」採用者 vs. 未採用者			「支援決策的EIS」採用者 vs. 未採用者		
	F	p*	n	F	p	n
環境的不確定性	3.52	0.031	204	9.97	0.002	205
資訊部門的規模的自然對數	1.85	0.085	165	4.26	0.020	165
公司規模的自然對數	0.05	0.415	152	0.24	0.313	153

* 由於我們的假設有方向性，因此所列出的顯著值是根據單尾的t檢定算出的

情境變數與採用程度之間的關係

衡量EISc與EISd採用程度的方法，是估算已經提供了支援合作和支援決策這兩項功能的管理者所佔的比例。這個衡量方法是用來評估在被區分爲採用者的組織中，這個技術擴展的程度到底如何。表9.11顯示了EISc的平均採用程度大幅超越EISd，而這也證明了EISd的推展工作比起EISc而言，可能遭遇到較大且不同的挑戰。

表9.12彙總了EISc、EISd的採用程度與每一個情境變數間的簡

單相關，其中三項自變數（環境的不確定性、高階主管的支持，和資訊部門的支援）與EISc的採用程度有顯著的相關，而所有五項情境變數則都跟EISd的採用程度有顯著的相關。

我們使用多元迴歸分析來檢定EISc、EISd的採用程度與情境變數有關的假設，如同之前所討論的，資料短缺的限制我們無法將組織規模和資訊部門規模納入迴歸模型當中。對於這兩項迴歸分析，我們皆仔細檢驗了是否違反有關直線性（linearity）、常態性（normality）、以及齊一性（homoscedasticity）的條件。根據標準殘差圖與逐步（step wise）的離群值統計量（Mahalonobis距離, Cook's D），我們可以發現一些觀察值明顯地違反這些假設，因此這些有問題的觀察值便被刪除，剩餘的樣本則更貼迴歸分析所需要的假設。在EISc與EISd的迴歸分析中，我們得到了適切的觀察值來建立這兩個具有三個自變數的模型。

表9.13a彙總了有關EISc採用程度與環境不確定性、高階主管支持、資訊部門支援等變數之間迴歸分析的結果。我們發現整個分析模型明顯地擁型Ⅰ誤差風險很低（p = 0.0003）。29%的修正後R-square也指出本模型可以充分地解釋EISc採用程度的變異。有趣的是，高階主管的支持是整個模型中唯一展現出顯著影響的自變數，因此歸分析的結果強烈的支持「組織中高階主管的支持對推廣EISc採用程度而言是重要」的這個論點。

表9.13b彙總了有關EISd採用程度與環境不確定性、高階主管支持、資訊部門支援等變數之間迴歸分析的結果。我們也發現整個分析模型明顯地型Ⅰ誤差風險（p = 0.0004）很低。34%的修正後R-square值也意指本模型中的三項變數可以充分地解釋EISd採用程度的變異，另外，三項變數皆呈現顯著的影響。

迴歸分析的結果證實了「高階主管支持會影響EISc與EISd的採用程度」的假設，另外此分析也支持「環境不確定性及資訊部門之支

表9.11 樣本概述：採用程度

	描述性統計				
EIS支援的種類	間距	平均值	標準差	最小值	最大值
EISc（支援合作）[n = 59]	1-8	5.83	1.90	2	8
EISd（支援決策）[n = 54]	1-8	4.13	1.83	1	8

表9.12 零階相關（zero-order correlations）：自變數對應變數

	EIS採用程度			
自變數	EISc（支援合作）		EISd（支援決策）	
環境的不確定性	0.19*	(59)	0.27**	(54)
組織規模的自然對數	n.s.	(46)	0.28**	(43)
資訊部門規模的自然對數	n.s.	(45)	0.33**	(42)
高階主管的支持	0.29**	(58)	0.22**	(53)
資訊部門的支援	0.25**	(58)	0.17*	(53)

注意：括弧中的數目為樣本數。

*p < 0.10; **p < 0.05

援會影響EISd的採用程度」的假設；然而「環境不確定性及資訊部門之支援會影響EISc的採用程度」這個假設卻無法得到證實。

雖然基於之前所提到的理由，我們無法將有關規模的假設納入整個迴歸分析模型之中，但是由自變數與EISc、EISd的採用程度間的簡單相關而言（參照表9.12），組織規模和資訊部門規模與EISd的採用程度間確實有明顯的相關性。因此這也可以證實「組織規模、資訊部門規模會影響EISd的採用程度」的假設，但卻無法證實「組織規模和資訊部門規模會影響EISc的採用程度」的假設。由於我們沒有

表9.13 迴歸分析的結果

a. EISc的採用程度

	自由度	平方和	平均平方和
迴歸	3	9.12	13.04
殘差	46	78.10	1.70

F = 7.68, F的顯著值 = 0.0003

自變數	標準β係數	T	p <
環境的不確定性	0.12	0.93	0.18
高階主管的支持	0.53	4.02	0.00
資訊部門的支援	0.04	0.32	0.37

R-square ：0.33, 修正後R-squar = 0.29

b. EISd的採用程度

	自由度	平方和	平均平方和
迴歸	3	40.79	13.60
殘差	37	63.99	1.73

F = 7.96, F的顯著值 = 0.0004

自變數	標準β係數	T	p <
環境的不確定性	.40	3.09	.002
高階主管的支持	.28	2.04	.024
資訊部門的支援	.29	2.14	.020

R-square ：0.39, 修正後R-squar = 0.34

將有關規模的變數納入多元迴歸分析模型之中，因此在探討其他的情境變數時，我們並不評估組織規模和資訊部門規模與EISd的採用程度是否有明顯的關係。

對於不顯著結果在統計上的解釋

Cohen（1988）注意到許多領域的學者在應用傳統的統計推論時普遍存在著一個問題，即常常將缺乏顯著性的結果解釋爲沒有任何影響，使得研究者躍入判斷爲支持虛無假設的這個錯誤陷阱中。Baroudi & Orlikowski（1989）兩人對管理資訊系統的研究也重複的強調了此一觀點，並指出大多數此領域的實徵研究都因此作了錯誤的結論。除了要注意可能會有虛假關係（false positive）（即型 I 誤差）之機率外，要避免虛假的無關（false negative）或型II誤差也是很重要的。

由於對高度影響效力（large effects）進行統計分析完全是一種「統計性淨化」（statistical sanctification）（Cohen, 1988）的過程，所以我們會在僅有輕微或中度影響效力之假設之下，來檢驗我們對不顯著的結果之統計檢定力（power）。我們採用了Cohen所提出，且Baroudi、Orlikowski（1989）用來評量管理資訊系統實徵研究之檢定力時，所採用之輕微或中度效力規模（effect size）之標準來檢驗。

由於我們處理的是不均等的樣本，因此在計算不顯著的ANOVA結果之檢定力時，我們便使用調和平均數（harmonic mean）作爲有效樣本數，所有方向性檢定的顯著水準都固定在0.10。在輕微或中度效力的假設下，將本研究檢定力之值與Baroudi & Orlikowski（1989）的資料比較。在EISc與EISd的採用者和未採用者間，有關組織規模的平均值是不顯著的；在EISc的採用者和未採用者之間，有關資訊部門規模的平均值同樣也是不顯著的。這三項測試在0.4和0.5的效力規模水準下，都具有極高的檢定力水準（0.80）。因此我們雖然不能斷言採用者與未採用者在這些方面並沒有差異，不過以我們的立場卻可以說如果在不同的群體中這些規模的差異的確存在的話，事實上其差異也很輕微。

本研究採用相關分析來評估資訊部門規模、組織規模與EISc、EISd採用程度間的關係。經過分析之後，我們並沒有發現規模大小與EISc的採用程度間有顯著的相關。這兩項分析的檢定力範圍由中度效力規模（0.3）的0.67，一直到高度效力規模（0.5）的0.98，都算是相當高的值。因此同樣地，我們也有立場可以說如果這兩項有關規模的變數與EISc採用程度相關的話，其關連事實上強度也相當輕微。

在有關情境變數與EISc採用程度的迴歸模型當中，只有高階主管的支持有顯著的效果。因此，我們要評估分別用以比較環境不確定性與資訊部門支援相對高階主管支持而言，能解釋EISc變異程度之F檢定的檢定力。基本上，我們先排除可用高階主管支持來解釋之EISc採用程度的變異，而後再評估分別增加環境不確定性與資訊部門支援來解釋EISc採用程度之變異時可額外增加的解釋能力。結果當型I誤差風險值固定在0.05時，此檢定拒絕能以資訊部門支援與環境不確定性來解釋額外的變異，而且其檢定力高達0.95以上。

討論

根據我們檢閱相關研究文獻，觀察到EIS對組織的支援分爲兩種不同的面貌，因此我們也認爲將EIS應用的目的區分爲提供合作的支援（EISc）以及決策的支援（EISd）是有幫助的。本段落將有系統地探討本研究的三個目的，首先，我們將集中於現今美國組織對於EISc與EISd的採用概況；接著我們將專注研究環境、組織、及資訊系統這些因素，在EISc、EISd的採用者與未採用者間之差異；第三，我們將討論環境、組織、及資訊系統這些因素，與EISc、EISd採用程度間的關聯性。

採用概況

由我們的研究結果中可以得到EIS尚未被廣泛採用的看法。整體而言，在我們的樣本當中，只有三分之一的組織採用EISc或EISd，其中有59家公司採用EISc、有54家公司採用EISd支援至少一位以上的管理者。我們的研究分析指出EIS應用的採用程度呈現顯著差異，EISc比起EISd採用的更為廣泛。要確認有關制訂管理決策的資訊需求是頗複雜且不容易的一件事，而且Rapley（1993）觀察到目前組織中建置EIS的心力，可能不是以對管理者複雜的資訊需求之瞭解為基礎。因此關於EISd技術的發展與發展的方法，都應該要能使EISd之功能和管理決策制訂環境的資訊特質能更妥善地配合。

採用者與未採用者間的差異

表9.14列出研究結果的摘要以及統計分析所支持的假設。我們可以發現，環境不確定性的增加與由未採用EISc或EISd移轉至採用的狀態有關的假說（H1a與H2a），受到相當高度的支持。環境不確定性增加了組織（包括管理者）所需資訊之變動速度、多樣性、以及精細度。在這種情況下，由於採用EIS被視為一種可以擴展其管理者資訊處理能力的方法，因此若組織處於較不確定的環境，便較有可能會面對更多需求EIS的「推力」。

由於在EISc或EISd的採用者和未採用者間，我們並沒有檢測到公司規模造成的顯著影響，因此結果並不支持H3a與H3b這兩項假說，這也使得傳統上認為EIS適合大型公司的這種概念似乎減弱了。很明顯地，EIS由一種導向控制的技術，轉換到包含合作與決策支援功能的技術的這個演進過程，使得EIS無論對大、中、小型的公司而言，皆能成為一選擇可實行的方案。而目前相對上較為便宜的EIS產

表9.14　統計分析彙總

	採用者與非採用者間平均之比較		與採用程度之相關分析***		對採用程度之迴歸分析	
	EISc	EISd	EISc	EISd	EISc [Adj R^2 = .29]	EISd [Adj R^2 = .34]
環境不確定性	H1a**	H1b**	*	**	H2a(n.s.)	H2b**
組織規模	H3a(n.s.)	H3b(n.s.)	H4a(n.s.)	H4b**	資料缺漏一迴歸分析不包括此變數	
資訊部門規模	H6a*	H6b**	H7a(n.s.)	H7b**		
高階主管支持	N/A		**	**	H5a**	H5b**
資訊部門支援	N/A		**	*	H8a(n.s.)	H8b**

說明：n.s. = 不顯著，* $p < 0.10$，** $p < 0.05$

***由於資料缺漏的問題，複迴歸分析中並不包括這些變數，因此使用相關分析來評估與規模相關之變數與EISc和EISd採用程度間之關係

品的出現，也使得小公司有更多接觸EIS的機會。

儘管在EISc採用者與未採用者間，資訊部門規模沒有檢測到顯著的差異，不過EISd的採用者較未採用者的資訊部門規模則較大，因此H6a的假設並不被支持，但H6b的假設則受到支持。爲何在EISd的採用者與未採用者間會檢測到明顯的差異，但是在EISc的採用者與未採用者間卻沒有呢？我們的看法是EISd可能需要大量的資訊系統資源來確立使用者需求、整合分散的功能性資料庫之資料、以及進行系統開發、擴充與維護等；相對而言，採用EISc所需的技術則較爲標準化，而且僅需著手進行少量的技術發展工作。

EIS的採用程度

我們的分析指出環境不確定性與EISd的採用程度間有顯著的相關，但是與EISc的採用程度間卻沒有，因此分析結果支持H2b的假說，但不支持H2a的假說。因此，環境不確定性對EISc與EISd而言，皆會刺激組織自未採用狀態演變到採用的狀態的刺激，並且也促使EISd在組織中的普及化。我們將可預見在不確定環境中營運的組織，將會爲他們爲數衆多的管理者提供（或是被他們的管理者要求提供）EISd相關功能，以改善他們存取適時且正確之資訊的能力。掛載於EIS系統中的資訊搜尋工具可以提醒管理者發生的特殊狀況，並藉由確認行動模式，管理者也可以得到更佳的支援來回應環境中的變動狀態。

本研究檢驗到高階主管的支持與EISc和EISd的採用程度間有顯著的相關，因此支持H5a及H5b的假說。研究文獻中也強調高階主管的支持在成功建置EIS上扮演了關鍵的角色（Houdeshel & Watson, 1987; Rinaldi & Jastrzembski, 1986a, 1986b; Rockart & De Long, 1988）。正如Rainer & Watson（1995）兩人所提到的：「影響（EIS）發展過程最重要的變數，是管理者在發展過程中，藉由領導能力與持續不斷的參與所貢獻出心力（p. 97）。」EISc系統的功能可以幫助管理者與股東溝通及與他人協調相關行動；而EISd系統的功能則可以提供管理者彙整或條列的詳盡資訊、探究不同操作變數（operational variable）間的關係、並且以有意義的方式來呈現資訊。諸如上述的系統功能可以協助管理者進一步擴展他們對於組織活動的思維模型。因此，高階主管強力支援EIS的開發活動可以導致組織採用程度更普及的這項結論，並不格外令人意外。

我們的迴歸分析指出資訊部門的支援與EISd的採用程度間有正向相關，但與EISc的採用程度間沒有，因此支持了H8b的假說，但卻不支持H8a。與目標著眼於支援管理者決策過程的應用相比，由於支援合作的技術相對上較爲標準化，可能使得它較容易在管理者間拓展。由於每個組織對於決策性資訊的需求有明顯的差異，因此導致在需要整合之內外部資料來源、需要開發的模式、以及需要提供的使用者介面之特性等，都有極大的變異，每種應用也都必須根據管理者及其所決策問題大幅地修改。因此，很明顯地需要資訊部門充分的支援，才能將這些系統推廣到各層級管理部門的成員。

結論

管理者眞的可以由EIS得到有效的支援嗎？高階管理者資訊處理工作的本質指出一項重要的結構性觀點（Rai, Stubbar, & Paper, 1994），當組織變的更加龐大與多樣化時，管理者所需處理之資訊的複雜度也會隨之增加。同樣地，當一個組織所面對的環境不確定性增加時，管理性資訊的變異性、複雜度、及模稜兩可的狀況也會跟著增加。今日，無論大型或小型公司，皆面臨了日益提高的環境不確定性，這些因素明顯地創造了對可以更妥善處理管理性資訊之技術的需求，這也促成大型和小型的組織，都開始探究以EIS支援其管理者的資訊需求。

人類認知上的基本限制同樣也適用於管理者身上，這個長期一直存在但經常被忽略的因素，進一步增強了對改善主管資訊之管理的需求。儘管對資訊處理之支援的需求看似明顯，但是低迷的EIS採用程度說明了組織仍缺乏投資新技術的熱情。在我們的研究中，絕大多數的受訪組織甚至尚未替他們任何管理者建置可以支援合作或決策的EIS。更進一步而言，那些已經開始採用的組織，也尚未深入進展到將此項技術推廣到各個管理者的程度。然而在這些組織中，EISc的推廣程度相較下仍是比EISd更勝一籌。

爲了增進對合作的支援，必須要建構可以增加管理者之「接觸」的資訊技術基礎建設。如果有這種功能，即使管理者在空間上處於不同地點，也可以與他人傳遞資訊並進行互動，甚至可能是即時的。顯而易見地，公司外部環境的不確定性同樣也是建置此種資訊技術基礎建設的一股驅動力。動盪的環境創造出對更有效率溝通以及更妥善協調組織活動的需求，然而一旦引入了系統之後，高階主管的支持似乎就成爲影響這類系統在組之內擴散的關鍵議題。提供所需要的資源，設計並實施企業內關於如電子郵件、排程系統、文件管理系統等使用的政策，都可以增強系統在組織內部的擴散。此外，由於加值網路與合作的軟體環境來臨，也使得此類基礎建設不單單只是「內部」資訊系統開發的議題而已了。

目標屬於提供決策支援的EIS應用比起提供合作支援的EIS應用而言，被採用的程度相對上較低。傳統的EIS應用主要用於監控關鍵企業活動，此系統傳遞的資訊一般而言都是內部且具有良好的結構，因此最主要的邏輯挑戰便是確認並提供相關資訊來支援管理者的決策角色；然而支援管理者制訂決策的資訊具有非結構性並包括了來自內部與外部這兩種傾向，因此挑戰並不單單只是要能接觸這些資訊來源，而是要能夠眞正的整合及轉換資料，並以適當的型態呈現資訊，以供管理者決策之用。要支援管理者決策必須深入瞭解他們在面對特殊問題狀況時的資訊需求，因此在應用程式開發與改良的階段，必須提出並討論一些諸如「在特定的問題的情境中，我們是否已經確認了能夠建立、挑戰、或增強管理者心智模式（metal model）的資訊」的問題。近來的實徵研究說明了如果EIS能夠建立管理者心智模式的話，將可獲得競爭上的優勢（Vandenbosch & Higgins, 1995）。

資訊部門與資料管理功能要在語意上及技術上整合片段之資料庫，是一項艱鉅的任務，此時管理者有義務提供有關政策、資源上的必要支援。他們也藉由參與確認需求的過程，及提供關於所傳送之資訊的內容、與傳送的格式是否適當等問題之回饋的方式，會對EIS的品質有很顯著的影響。

在EIS採用現今的階段，新興的技術是否有助於促進美國組織EIS應用的成長？就整體而言，我們認為是有希望的。新興的資訊技術具有擴展EIS應用之「接觸」範圍以支援合作的能力，諸如無線區域網路、蜂巢式通訊技術（cellular technology）、多媒體及手提電腦等技術來臨，再加上硬體價格下滑，都使得工作場合中EIS應用的可攜性（portability）更為提高（Volonino et al., 1995），因此與資料存取、資訊分享、及增進溝通等工作相關的實體範圍限制，都可以系統化地改善。正如這些研究者所提及：「當資訊傳送範圍被侷限於管理者常常試著逃離的桌上電腦時，便會存在一道門檻，使得此系統不容易被普遍接受，但是行動通訊技術（mobile technology）卻可以破除此道門檻」(p. 112)。

同樣地，在大型文件資料庫、資料與資訊倉儲、資料分析與報告系統（Data Analysis and Reporting Tools; DARTs）、知識庫系統、群體支援系統等技術上的進展，都分別但又集體顯示了未來EIS的重大展望。比方說許多專家系統可以跟EIS連結並整合，以改善環境偵測（environmental scanning），並在確認問題與制訂決策上提供智慧的支援（Chi & Turban, 1995）。同時將群體支援系統功能納入EIS，也可以提昇管理者間的合作狀態。

雖然新興技術可能可以大幅提昇EIS的功能，然而與引導、融入EIS應用有關的組織和資訊系統情境才是關鍵的因素。環境因素確實會影響組織導入EIS功能的情況，較易變動的資訊環境提供了一項催化劑來探索EIS應用，我們可想見此時每位管理者都嘗試著在複雜的資訊環境中作出更好的決策，因此這種環境也推動了EIS在管理者之間的普及化。我們也可以看到不論規模大或小的組織，都將必須致力改善他們的管理者關於資訊管理方面的問題。

雖然說一家公司對其面對的環境大概只有很微弱的控制力，然而它仍然能在某種程度上控制一些其他因素，這些因素包括資訊部門規模、資訊部門的支援、以及高階主管的支持。假設支援合作的功能相對上較爲標準化，則在決定是否要探究這項系統功能時，內部資訊系統資源就不可能扮演關鍵的角色；反過來說，如果能得到內部資訊系統資源，我們就可能更有辦法去探究支援決策的EIS。要在管理者與其問題中推廣這類系統的採用程度，資訊部門的支援也是關鍵；而高階主管的支持，對於在組織內推展我們討論的兩類EIS功能而言，則是最重要的一項因素。

附錄一問卷

給受訪者的說明

這份問卷是有關於您的組織環境與高階主管資訊系統（EIS）的發展狀況。我們將EIS視爲「一套以電腦爲基礎的應用，用以支援關鍵管理者（主管）溝通、協調、控制、及規畫的功能」，EIS相信有提昇管理者生產力與組織效能的可能性。本研究主要的工作，是希望能更加瞭解影響EIS之成功的因素，我們需要您藉由回答這份問卷來參與本研究，這應該至多會花費您10分鐘的時間。您的回答對本研究相當重要，並且也會得到完全地保密。

環境特性

下列的問題項目與佔您的產品銷售中最大比重之主要產業有關。請在下列每題的刻度中，圈選最符合實際狀況的數字。

在您的主要產業內，下列每一項敘述的狀況有多迅速或激烈？

我們的組織或部門，極少更動其行銷實務，以跟上市場及競爭者的腳步。	1	2	3	4	5	6	7	我們的組織或部門，必須非常頻繁地更動其行銷實務。
在我們的主要產業內，產品或服務的過時速度非常慢。	1	2	3	4	5	6	7	產品或服務的過時速度非常地快。

在我們的主要產業內，要預測競爭者的行動是非常容易的。	1	2	3	4	5	6	7	競爭者的行動是不可預測的。
在我們的主要產業內，要預測消費者的需求及偏好是相當容易的。	1	2	3	4	5	6	7	消費者的需求及偏好幾乎是不可預測的。
產品或服務的相關技術並不會非常大幅度的改變。	1	2	3	4	5	6	7	產品的樣式或服務的模式經常大幅度地改變。
外在環境對我們組織或部門的存活，帶來相當多的威脅。	1	2	3	4	5	6	7	外在環境對我們組織或部門的存活，並沒有什麼威脅。

您所提供的產品或服務是否存在著相當程度的差異，請根據下列的每一項敘述來選擇：

我們所有的產品幾乎都雷同	1	2	3	4	5	6	7	每條生產線都有相當程度的變化
消費者的購買習慣	1	2	3	4	5	6	7	
競爭的本質	1	2	3	4	5	6	7	
市場的變動與不確定性	1	2	3	4	5	6	7	

以下所列出的各項挑戰，其艱難的程度為何？

不是一項很嚴重的威脅	1	2	3	4	5	6	7	是很嚴重的威脅
激烈的價格競爭	1	2	3	4	5	6	7	

產品品質的競爭	1	2	3	4	5	6	7
產品的市場萎縮	1	2	3	4	5	6	7
勞工或原料短缺	1	2	3	4	5	6	7
政府的介入	1	2	3	4	5	6	7

組織的EIS的建置狀況

對於下列所敘述的各項EIS應用，請根據您的組織為了關鍵管理者（主管）安裝這些程式的比例，圈選出適切的答案。

	1 沒有	2 一個	3 很少	4 很多	5 大多數
諸如電子郵件、語音郵件等溝通的支援	1	2	3	4	5
諸如電腦會議、電子行事曆、備忘錄等協調的支援	1	2	3	4	5
諸如監控關鍵成功因素、差異報告、垂直與水平的「下探細目資料」等控制性支援	1	2	3	4	5
諸如存取Newswire或Dow Jones之資料、若則分析（what if analysis）、趨勢分析等規畫性支援	1	2	3	4	5

組織的支援因素

請根據您的組織發展EIS的狀況，圈選出敘述最為適切的答案。

SD	D	DS	N	AS	A	SA
強烈反對	反對	稍微反對	沒意見	稍微贊成	贊成	強烈贊成

a. 贊助的主管個人會例行性的參與EIS的發展過程。	SD	D	DS	N	AS	A	SA
b. 高階或企業管理者會經常與贊助的主管對EIS相關議題維持聯繫與互動。	SD	D	DS	N	AS	A	SA
c. 高階或企業管理者提供了EIS充足的資源。	SD	D	DS	N	AS	A	SA
d. 高階或企業管理者認為EIS是重要的。	SD	D	DS	N	AS	A	SA
e. 高階或企業管理者經常對EIS應用的適切性提供建設性回饋。	SD	D	DS	N	AS	A	SA
f. 高階或企業管理者認為發展EIS具有高度的優先權。	SD	D	DS	N	AS	A	SA
g. 資訊部門管理者參與EIS發展的相關會議。	SD	D	DS	N	AS	A	SA
h. 與資訊部門員工一起確認EIS應用的資料來源。	SD	D	DS	N	AS	A	SA
i. 與資訊部門員工一起解決EIS開發的技術性問題。	SD	D	DS	N	AS	A	SA
j. 員工接受承擔關於EIS的責任。	SD	D	DS	N	AS	A	SA
k. 資訊部門管理者與高階或企業管理者間，會積極且雙向的溝通EIS所扮演的角色。	SD	D	DS	N	AS	A	SA
l. 資訊部門高度的涉入EIS的發展過程。	SD	D	DS	N	AS	A	SA

參考書目

Armstrong, D. A. (1990). How Rockwell launched its EIS. *Datamation, 36*(5), 69-72.

Attewell, P. (1992). Technology diffusion and organizational learning: The case of business computing. *Organization Science, 3*(1), 1-19.

Baroudi, J. J., & Orlikowski, W. (1989). The power of statistical power in MIS research. *MIS Quarterly, 13*(1), 87-106.

Barrow, C. (1990). Implementing an executive information system: Seven steps for success. *Journal of Information Systems Management, 7*(2), 41-46.

Bean, A. S., Neal, R. D., Radnor, M., & Tansik, D. A. (1975). Structural and behavioral correlates of implementation in U.S. business organizations. In R. L. Schultz & D. P. Slevin (Eds.), *Implementing operations research/management science* (pp. 77-132). New York: Elsevier North-Holland.

Belcher, L. W., & Watson, H. J. (1993). Assessing the value of Conoco's EIS. *MIS Quarterly, 17*(3), 239-253.

Benard, R., & Satir, A. (1993). User satisfaction with EISs: Meeting the needs of executive users. *Information Systems Management, 10*(4), 21-29.

Chi, R. T., & Turban, E. (1995). Distributed intelligent executive information systems. *Decision Support Systems, 14*(2), 117-130.

Cohen, J. (1988). *Statistical power for the behavioral sciences* (2nd ed.). Hillsdale, NJ: Lawrence Erlbaum.

Cottrell, N., & Rapley, K. (1991). Factors critical to the success of executive information systems in British Airways. *European Journal of Information Systems, 1*(1), 65-71.

Daft, R. L. (1982). Bureaucratic versus nonbureaucratic structure and the process of innovation and change. *Research in the Sociology of Organizations, 1*.

Damanpour, F., & Evans, W. M. (1984). Organizational innovation and performance: The problem of organizational lag. *Administrative Science Quarterly, 29*(3), 392-409.

DeLone, W. H. (1988). Determinants of success for computer usage in small business. *MIS Quarterly, 12*(1), 51-61.

Directory of top computer executives. (1992). Phoenix, AZ: Applied Computer Research, Inc.

Ein-Dor, P., & Segev, E. (1978). Organizational context and the success of management information systems. *Management Science, 24*(10), 1064-1077.

Elam, J. J., & Leidner, D. G. (1995). EIS adoption, use, and impact: The executive perspective. *Decision Support Systems, 14*(2), 89-103.

Fichman, G. R. (1992). Information technology diffusion: A review of empirical research. In *Proceedings of the Thirteenth International Conference on Information Systems* (pp. 195-206). Dallas, TX.

Fireworker, R. B., & Zirkel, W. (1990). Designing an EIS in a multidivisional environment. *Journal of Systems Management, 41*(2), 25-31.

Fitzgerald, G. (1992). Executive information systems and their development in the U.K.: A research study. *International Information Systems, 1*(2), 1-35.

Fried, L. (1991). Decision-making prowess. *Computerworld, 25*(9), 59-60.

Fuller, M. K., & Swanson, E. B. (1992). Information centers as organizational innovation: Exploring the correlates of implementation success. *Journal of Management Information Systems, 9*(1), 47-68.

Garrity, J. T. (1963). Top management and computer profits. *Harvard Business Review, 41*(4), 6-12, 172-174.

Gremillion, L. L. (1984). Organization size and information system use. *Journal of Management Information Systems, 1*(2), 4-7.

Grover, V. (1993). An empirically derived model for the adoption of customer-based interorganizational systems. *Decision Sciences, 24*(3), 603-640.

Grover, V., & Goslar, M. D. (1993). The initiation, adoption, and implementation of telecommunication technologies in the U.S. *Journal of Management Information Systems, 10*(1), 141-163.

Gulden, G. K., & Ewers, D. E. (1989). Is your ESS meeting the need? *Computerworld, 23*(28), 85-89.

Gunter, A., & Frolick, M. (1991). The evolution of EIS at Georgia Power Company. *Information Executive, 4*(4), 23-26.

Harrigan, K. R. (1983). Research methodologies for contingency approaches to business strategy. *Academy of Management Review, 8*(3), 398-405.

Houdeshel, G., & Watson, H. J. (1987). The management information and decision support (MIDS) system at Lockheed-Georgia. *MIS Quarterly, 11*(1), 127-140.

Huff, S. L., & Munro, M. C. (1985). Information technology assessment and adoption: A field study. *MIS Quarterly, 9*(4), 327-340.

Jarvenpaa, S. L., Dickson, G. W., & DeSanctis, G. L. (1984). Methodological issues in experimental IS research: Experiences and recommendations. In *Proceedings of the Fifth International Conference on Information Systems* (p. 1030). Tucson, AZ.

Jarvenpaa, S. L., & Ives, B. (1991). Executive involvement and participation in the management of information technology. *MIS Quarterly, 15*(2), 204-224.

Jenkins, A. M. (1990). Executive education and executive information systems: Problems, solutions and research. In *Research issues on information systems: An agenda for the 1990s* (pp. 153-172). Dubuque, IA: William C. Brown.

Joslow, S. (1991, Winter). Case study: Building an EIS. *Information Center Quarterly,* pp. 6-9.

Kaiser, H. F., & Rice, J. (1974). Little jiffy mark IV. *Educational and Psychological Measurement, 34*(2), 111-117.

Kimberley, J., & Evanisko, M. (1981). Organizational innovation: The influence of individual, organizational, and contextual factors on hospital adoption of technological and administrative innovations. *Academy of Management Journal, 24*(4), 689-713.

Kwon, T. H., & Zmud, R. W. (1987). Unifying the fragmented models of information systems implementation. In R. J. Boland & R. Hirschheim (Eds.), *Critical issues in information systems research.* New York: Wiley.

Lederer, A. L., & Mendelow, A. L. (1990). The impact of the environment on the management of information systems. *Information Systems Research, 1*(2), 205-222.

Leidner, D., & Elam, J. J. (1993). Executive information systems: Their impact on executive decision making. *Journal of Management Information Systems, 10*(3), 139-155.

McNamara, B., Danziger, G., & Barton, E. (1990). An appraisal of executive information and decision support systems. *Journal of Systems Management, 41*(5), 14-18.

Meador, C. L., Guyote, M. J., & Keen, P. G. W. (1984). Setting priorities for DSS development. *MIS Quarterly, 8*(2), 117-129.

Meyer, A. D., & Goes, J. B. (1988). Organization assimilation of innovations: A multilevel contextual analysis. *Academy of Management Journal, 31*(4), 897-923.

Miller, D., & Friesen, P. H. (1982). Innovation in conservative and entrepreneurial firms: Two models of strategic momentum. *Strategic Management Journal, 3*(1), 1-25.

Mitchell, R. (1988, June). How top brass is taking to the keyboard at Xerox. *Business Week,* p. 86.

Moad, J. (1988). The latest challenge for IS is in the executive suite. *Datamation, 34*(10), 43-52.

Mohan, L., Holstein, W. K., & Adams, R. B. (1990). EIS can work in the public sector. *MIS Quarterly, 14*(4), 435-448.

Nilakanta, S., & Scamell, R. (1990). The effect of information sources and communication channels on the diffusion of innovation in a data base environment. *Management Science, 36*(1), 24-40.

Nunnally, J. C. (1978). *Psychometric theory.* New York: McGraw-Hill.

Paller, A., & Laska, R. (1990). *The EIS book.* Homewood, IL: Dow Jones-Irwin.

Rai, A. (1995). External information source and channel effectiveness and the diffusion of CASE innovations: An empirical study. *European Journal of Information Systems, 4,* 93-102.

Rai, A., & Patnayakuni, R. (1996). A structural model for CASE adoption behavior. *Journal of Management Information Systems, 13*(2), 205-234.

Rai, A., Stubbart, C. S., & Paper, D. (1994). Can executive information systems reinforce biases? *Accounting, Management and Information Technologies, 4*(2), 87-106.

Rainer, R. K., & Watson, H. J. (1995). What does it take for successful executive information systems? *Decision Support Systems, 14*(2), 147-156.

Rapley, K. (1993). A plausible impossibility: Supporting top executives with information systems. In D. Avison & J. E. Kendall (Eds.), *Human, organization, and social dimensions of information systems development* (pp. 375-380). IFIP North Holland Proceedings.

Raymond, L. (1985). Organizational characteristics and MIS success in the context of small business. *MIS Quarterly, 9*(1), 37-52.

Raymond, L. (1990). Organizational context and information systems success: A contingency approach. *Journal of Management Information Systems, 6*(4), 5-20.

Rees-Evans, H. (1989). Top management transformed as EIS arrives. *Accountancy, 103*(1148), 143-144.

Reich, B. H., & Benbasat, I. (1990). An empirical investigation of factors influencing the success of customer-oriented strategic systems. *Information Systems Research, 1*(3), 325-347.

Rinaldi, D., & Jastrzembski, T. (1986a). Executive information systems put strategic data at your CEO's fingertips. *Computerworld, 20*(43), 37-50.

Rinaldi, D., & Jastrzembski, T. (1986b). Golden rules: EIS installation. *Computerworld, 20*(43), 51.

Rockart, J. F., & De Long, D. W. (1988). *Executive support systems.* Homewood, IL: Dow Jones-Irwin.

Rockart, J. F., & Treacy, M. E. (1982). The CEO goes on-line. *Harvard Business Review, 60*(1), 82-88.

Sabherwal, R., & King, W. R. (1992). Decision processes for developing strategic applications of information systems: A contingency approach. *Decision Sciences, 23*(4), 917-943.

Sanders, G. L., & Courtney, J. F. (1985). A field study of organizational factors influencing DSS success. *MIS Quarterly, 9*(1), 77-89.

Sethi, V., & King, W. R. (1991). Construct measurement in information systems research: An illustration in strategic systems. *Decision Sciences, 22*(3), 455-472.

Shoebridge, A. (1988). EIS: Friend or foe. *Accountancy, 102*(1142), 150-151.

Stewart, D. W. (1981). The application and misapplication of factor analysis in marketing research. *Journal of Marketing Research, 18*(1), 51-62.

Straub, D. W. (1989). Validating instruments in MIS research. *MIS Quarterly, 13*(2), 147-165.

Turban, E., McLean, E., & Wetherbe, J. (1996). *Information technology for management: Improving quality and productivity.* New York: Wiley.

Utterback, J. M. (1974). Innovation in industry and the diffusion of technology. *Science, 183*(2), 620-626.

Vandenbosch, B., & Higgins, C. A. (1995). Executive support systems and learning: A model and empirical test. *Journal of Management Information Systems, 12*(2), 99-130.

Vanlommel, E., & De Brabander, B. (1975). The organization of electronic data processing (EDP) activities and computer use. *Journal of Business, 48*(3), 391-410.

Venkatraman, N., & Grant, J. H. (1986). Construct measurement in organizational strategy research: A critique and proposal. *Academy of Management Review, 11*(1), 71-87.

Volonino, L., & Drinkard, G. (1989). Integrating EIS into the strategic plan: A case study of Fisher-Price. In *Transactions of the Ninth International Conference on Decision Support Systems* (pp. 37-45). Providence, RI.

Volonino, L., Watson, H. J., & Robinson, S. (1995). Using EIS to respond to dynamic business conditions. *Decision Support Systems, 14*(2), 105-116.

Wallis, L. (1989). Power computing at the top. *Across the Board, 26*(1-2), 42-51.

Watson, H. J., & Frolick, M. (1993). Determining information requirements of an EIS. *MIS Quarterly, 17*(3), 255-269.

Watson, H. J., Rainer, R. K., & Frolick, M. N. (1992). Executive information systems: An ongoing study of current practices. *International Information Systems, 1*(2), 37-56.

Watson, H. J., Rainer, R. K., Jr., & Koh, C. E. (1991). Executive information systems: A framework and a survey of current practices. *MIS Quarterly, 15*(1), 12-30.

Watson, H. J., Watson, R. T., Singh, S., & Holmes, D. (1995). Development practices for executive information systems: Findings of a field study. *Decision Support Systems, 14*(2), 171-184.

Wetherbe, J. C. (1991). Executive information requirements: Getting it right. *MIS Quarterly, 15*(1), 50-65.

Zmud, R. W. (1982). Diffusion of modern software practices: Influence of centralization and formalization. *Management Science, 28*(12), 1421-1431.

Zmud, R. W. (1984a). The effectiveness of external information channels in facilitating innovation within software groups. *MIS Quarterly, 7*(2), 43-58.

Zmud, R. W. (1984b). Examination of "push-pull" theory applied to process innovation in knowledge work. *Management Science, 30*(6), 727-738.

第十章

虛擬團隊與面對面團隊

網路會議系統的探索性研究

MERRILL WARKENTIN
LUTFUS SAYEED
ROSS HIGHTOWER

線上合作的團隊在溝通能力上會遭受到限制嗎？實施虛擬團隊的公司，在指派員工群體合作之任務時，能和對透過傳統面對面會議之群體一樣有信心嗎？當虛擬團隊變的越來越普遍，這些問題對於管理者也變得越來越重要。最近幾年研究發現的答案並不是肯定的。很多研究都發現在許多情況下，利用電腦媒介溝通系統（computer-mediated communication systems）溝通的團隊比透過面對面會議的團隊來得沒有效。例如Hightower & Sayeed（1995, 1996）發現虛擬團隊在資訊交換上比面對面團隊的效能較低。

然而，這些最近的研究多半有兩像重要的限制。首先，他們研究的對象是因應研究而成立的團隊，或是沒有給這些團隊成員足夠的時間彼此適應，以及適應溝通的媒介。最近的研究證據認爲當虛擬團隊擁有足夠的時間，以發展堅強的內部人際關係並適應溝通媒介，他們將可以達到和面對面團隊同樣的溝通效率（Chidambaram, 1996）。第二個限制就是在關於電腦媒介溝通系統的文獻中，在數量上使用同步（同一時間）技術的研究比使用非同步（不同時間）技術的研究佔有絕對的優勢。但在企業界，包含電子郵件與討論區等非同步技術，可能比同步技術還要普遍（Kinney & Panko, 1996）。此外，非同步技術在團隊資訊交換上擁有某些特定的優勢，並可讓團隊成員專注於訊息的內容上。舉例來說，個人能夠花時間思考他們收到的訊息，並且仔細的考慮他們如何因應。

本研究比較了使用非同步系統的團隊以及面對面溝通的團隊，這些團隊都要執行一個特定的資訊交換任務，研究的主要問題是使用非同步系統的團隊是否能夠發展出和面對面團隊一樣堅強的社會或人際關係。下一段將會簡短的描述電腦媒介溝通系統，重點在討論同步與非同步系統的不同；接著，彙總介紹電腦媒介溝通系統對於團隊之影響的相關文獻，並發展一套研究假說。而後會描述研究之實驗設計與假設檢定的結果，並在最後討論此結果的含意。

電腦媒介溝通系統

電腦媒介溝通系統是一社會科技系統（sociotechnical systems），用來支援與加強應用電腦輔助群體工作（Computer-Supported Cooperative Work; CSCW）之團隊，成員彼此間的溝通活動。科技簡化了團隊成員間溝通與協調的活動，這可由時間、空間、與所支援團隊的層級這三個連續的特徵說明（Alavi & Keen, 1989; DeSanctis & Gallupe, 1987; Johansen, 1988）。團隊之間可以進行同步或非同步的溝通，他們可以聚在一起或處於遠端來溝通；而科技可以支援團隊成員個人的任務，也可以支援團隊整體的任務活動。電腦媒介溝通系統主要是用來克服空間與時間的限制，這些限制是面對面團隊的沈重負擔；同時它也被用來增加所取得資訊的廣度與深度；以及改善團隊績效，特別是克服「程序損失」（process losses）（McGrath & Hollingshead, 1993, 1994）。此外，電腦媒介溝通系統增加管理性溝通的範圍、容量、以及速度（Culnam & Markus, 1987），它們也「減少或消除了分散式工作的花費與不便」（Galegher & Kraut, 1994, p. 111）。使用這些技術的另一項目的在於創造能與傳統會議相比擬的溝通速度與效率。

電腦媒介溝通系統提供了同步與非同步會議的支援。同步會議是即時的，意見以非結構化的方式交換。參與者用這種方式彼此溝通，有時候會很難想起某個意見是誰提出的，或是為什麼會下此決定。估計管理者花費60%的溝通時間在同步會議上（Panko, 1992），包括面對面會議、電話、桌上會議、網路聊天室、與網路多人線上交談系統（Internet Relay Chat ； IRC）。

在另一方面，非同步會議則比同步會議較具結構化。這些會議是藉由參與者之間的文件交換來進行。跟同步會議比較起來，非同步會議的參與者有較長的時間構思他們的訊息，因此較容易追蹤意見的原生者是誰，或是某個特定決策背後的原因。然而，因為資訊交換需要較長的時間，非同步會議也比同步會議需要更長的時間。當至少有一參與者位於遠端的地點時，團體時常使用非同步會議（Kinny & Panko, 1996）。促進非同步會議的電腦媒介溝通系統技術包含電子郵件（email），電子文件管理（Electronic Document Management）、電子布告欄系統（bulletin board systems）、與網路新聞群組（Internet Usenet newsgroups）。有一個研究（Straub & Karahanna, 1990）指出電子郵件（在工作場合最常使用的溝通媒介）能夠讓使用者在會議前分享資訊，使會議進行時能有更好的溝通效率。

電腦會議，是一種「結構化的電子郵件應用，會根據主題組織相關訊息，並作為對話媒介」（Baecker, 1993, p. 1; 同時也見Hiltz & turoff, 1987）。電腦會議可以是非同步的（如電子布告欄系統與網路新聞群組）或是同步的（如聊天室與網路多人線上交談系統）。本章所探討的技術MeetingWebTM是一項非同步的電腦會議技術，接下來將會詳細的介紹。

虛擬與面對面團隊：電腦媒介溝通系統對團隊的影響

簡化的溝通形式（communication modality）對虛擬團隊成員的影響，以及產生這些影響的情境是許多電腦媒介溝通系統研究的重點（McGrath & Hollingshead, 1994）。雖然無法很明確的指出特定的效果，但這個領域的研究都認爲電腦媒介溝通系統團隊與面對面團隊的溝通方式是不同的（Chidambaram, 1996; Hoghtower & Hagmann, 1995; Hightower & Sayeed, 1995; Hiltz, Johnson, & Turoff, 1986; Keisler, & McGuire, 1986; Wiseband, Schneider, & Connolly, 1995）。儘管目前已經有太多的研究描述電腦溝通媒介的各種不同技術，但仍然缺少研究來檢視「在大多數眞實世界之組織很重要的在持續性、專案導向的團隊工作之應用」（Galegher & Kraut, 1994, p.111）。因此現在也需要先分析電腦媒介溝通系統的特性。

當前的研究在探究電腦媒介溝通系統，在促進虛擬團隊成員彼此間溝通所扮演的角色。電腦媒介溝通系統對溝通帶來的限制很可能會影響團隊的績效，在面對面的對話中，人們依賴多種不同的模式來溝通，例如口語的（聲音語調、變化、音量）及非口語的（眼光的移動、臉部表情、手勢、及其他肢體語言）線索。這些線索可以幫助控制對話的連貫、促進輪流對話、提供回饋、並傳送微妙的意思。因此，面對面對話很明顯的是一個輪流發言有次序的過程。在一般的面對面對話中，很少會中斷或是長時間的暫停，而且雖然會較爲偏向高職位的成員，但一般來說發言在參與者間的分佈可說是一致的

（McGrath, 1990）。電腦媒介溝通系統排除了這些次級的溝通模式，因此改變了資訊交換的順序性及有效性（Hightower, Sayeed, Warkentin, & McHaney, 1997）。這種溝通形式會依據技術系統的特性被限制在不同的範圍。舉例來說，電子郵件阻礙了口語及非口語線索，電話會議則保留了大部分口語線索，但是無法提供非口語的線索，而視訊會議則擴大了口語與非口語線索的使用範圍。

虛擬團隊無法複製如面對面討論一樣「給與取」（give and take）的對話模式。舉例來說，使用同步式電腦媒介溝通系統的團隊成員發表評論意見時，有些成員可能並未處於對話的情境中，或是因為許多成員同時發言，導致對話失去焦點。使用缺乏效率的鍵盤輸入使得情況更加惡化，而且每個人打字及閱讀的速度也不相同（Siegal et al., 1986），當那些打字較慢或是較認眞仔細編輯訊息的成員準備送出訊息時，可能會發現他們的意見已經和當時討論的主題無關。此外，因爲每個人可以同時送出他們的意見，團隊成員可能必須在短時間內去處理大量的意見。而對非同步式的電腦媒介溝通系統來說，訊息送出與回應之間通常都會有一段延遲，這個特性使得維持一連串的思考或是一個討論主題變得很困難。

缺少口語及非口語的線索同時也減少了虛擬團隊成員間資訊傳遞的豐富性。Daft & Lengel（1986）把媒體的豐富性定義爲「在一段時間內，資訊對於改變某項理解的能力」（p. 560）。豐富的媒體提供了多樣的資訊線索（說話的字彙、聲音語調、肢體語言等等）以及回饋。而在例如電腦媒介溝通系統這些貧乏的媒體，團隊成員則需要花更多的時間與努力，才能達到和在像面對面溝通這類豐富媒體上，相同的相互瞭解程度。

有大量的證據證明虛擬團隊的溝通比起面對面團隊而言較沒有效率（hightower & Sayeed, 1995, 1996; McGrath & Hollinshead, 1994）。因爲交換資訊比較困難，虛擬團隊較傾向於任務導向，並且較少交換社會情感資訊，減緩了關係性聯繫的發展（Chidambaram, 1996）。發展關係性的聯繫是很重要的，研究者認爲許多正面的結果和堅強的人際關係聯繫息息相關，包括增進創造力與動機、提升士氣、較好的決策、以及較少的程序損失等（Walther & Burgoon, 1992）。

McGrath的時間互動績效（Time-Interaction-Performance; TIP）理論提供了一個瞭解在團隊中人際關係聯繫發展的方法（McGrath, 1990）。根據時間互動績效理論，團隊執行的功能包括（1）生產、（2）成員的支援、以及（3）團隊福利這三項，這些功能會透過屬於下列四種模式之一的活動來達成：

模式I：關於選擇目標與目的的活動

模式II：關於如何達成團隊目標之技術性解決方案之活動

模式III：關於解決衝突之活動

模式IV：關於要執行團隊之任務的需求之活動

發展人際關係聯繫牽涉到執行與成員的支援以及團隊福利功能有關的活動，這些活動包括如建立成員在團隊中的地位、定義成員的任務角色、與建立成員互動之規範等。定義團隊人際關係發展的活動最常見於團隊經歷了顯著的變革，例如團隊剛成立之初，或是成員有所改變的時候。已建立的團隊較少花時間在發展人際關係的活動上，而花較多的時間在任務導向的活動，因此完成任務的效率應該也較高。因爲電腦媒介溝通系統減低了所能交換之資訊的數量及豐富性，因此虛擬團隊比面對面團隊更難以完成人際關係發展的活動。

有些研究人員提出了一個疑問，究竟電腦媒介溝通系統的限制是阻礙了發展和面對面團隊一樣強大的人際關係聯繫，或僅僅只是增加了發展人際關係所需要的時間（Burke & Chidambaram, 1995; Chidambaram, 1996; Chidambaram & Bostrom, 1993）。這些研究人員認爲若有足夠的時間，使用電腦媒介溝通系統的團隊將能克服媒體的限制，並且建立和面對面團隊相同程度的人際關係聯繫，以及相同程度的績效。

因此，比較性的研究應該允許虛擬團隊有足夠的時間去發展和面對面團隊相同程度的人際關係聯繫。此外，許多研究虛擬團隊中人際關係聯繫的調查使用了同步的系統，如電腦會議與支援同一地點的群體支援系統（Chidambaram, 1996）。一個沒有效率的溝通媒介在同步的會議中，其影響的程度比在非同步會議中來的更廣大。同步會議的時間壓力不會出現在非同步會議當中，因此非同步會議的參與者有更多的時間思考她（他）的訊息、決定要說什麼、花費必要的時間傳達她（他）的想法、並且校正訊息以達到必須的清晰度。訊息的接收者可以在她（他）空閒的時間讀取，並且在回應之前仔細的思考。並且除了完成任務所必須的資訊之外，也有更多的時間可以加入一些社會情感的訊息。然而，由於媒體的貧乏與通訊模式的限制，使用非同步之電腦媒介溝通系統來建立堅強的人際關係聯繫應該仍然比面對面團隊困難。因此，我們的第一個假說是：

H1：面對面團隊會展現出比虛擬（電腦媒介溝通系統）團隊更堅強的人際關係聯繫。

團隊中堅強的人際關係聯繫和高績效有密切的關連。本研究所執行的任務需要團隊成員間有效率的交換資訊，先前的研究已經顯示面對面團隊與使用同步電腦媒介溝通系統的團隊都拙於交換資訊（Hightower & Sayeed, 1995, 1996; Stasser & Titus, 1985, 1987）。非同步電腦媒介溝通系統在這種類型的任務上有明顯的優勢，團隊成員能夠花費必要的時間去構思清晰與完整的訊息，時間壓力或資訊負擔應該並不會影響團隊績效。

團隊內部的動態或人際關係聯繫對資訊交換也有很大的影響。影響資訊交換的兩個因素爲提供資訊的機會與動機（Hightower &

Sayeed, 1996）。機會部分是受到社會地位之效果的影響：社會地位較低的團隊成員通常沒有和高地位成員同樣的機會可以提供資訊。動機則受到團隊成員提供和他們本身或是其他成員之看法相左的資訊之意願的影響，也會受到團隊成員認爲團隊之成果與本身之利害關係的影響。不管非同步電腦媒介溝通系統在交換資訊上有什麼優勢，堅強的人際關係聯繫會使得面對面團隊的資訊交換更有效率。我們的第二個假說分成兩部分：

H2a：在資訊交換的效能上，面對面團隊將會展現比虛擬（電腦媒介溝通系統）團隊更高的績效。

H2b：資訊交換效能與人際關係聯繫有正向相關。

本研究所使用與Hightower & Sayeed（1995, 1996）同樣的資訊交換效能指標，將在研究方法中介紹。

研究

本研究採用包含三個成員的團隊，這個團對要完成一項資訊分享的任務，團隊會使用非同步電腦媒介溝通系統或面對面的溝通。以下將分別介紹任務、實驗對象、使用的電腦媒介溝通系統、以及研究過程與研究方法。

任務

我們採用了Pfeiffer & Jones（1977）所使用的個案，要在一個謀殺案件中選出最有可能的嫌犯。我們提供受試者個案描述以及謀殺案中三個嫌犯的相關資訊，並告訴受試者個案描述爲他們初步調查的結果，現在他們必須和其他兩位也已完成初步調查的調查員合作，以解決這件案件。個案中包含的資訊如表10.1所示。選擇這個現成的任務而不選擇商業性的個案，是因爲這個個案不需要如會計、財務、行銷等功能性的背景知識，因此可以將解決一個簡單任務時，溝通面的因素獨立出來。這個個案用常識即可解決，而且我們的經驗顯示這類的個案較容易引起受試學生的興趣與動機（Hightower & Sayeed, 1995, 1996）。

個案描述的長度約半頁，並提供了八個用來辨識兇手的重要屬性，嫌犯描述列出了嫌犯與罪犯相符以及不相符的屬性。交換獨有的資訊是關鍵的研究變數，其中有些資訊所有的成員都會知道（共同資訊），有些資訊只有某個成員知道（獨有資訊）。除非團隊成員選擇與其他成員分享這些資訊，整個團隊就無法知道並考慮這些獨有的資訊。交換資訊是關鍵的研究變數。

根據Laughlin（1980）的類型學，這個任務是一項智慧性的任務（intellective task），團隊需要去尋找一個正確的答案。此外，因爲正確答案用常識就可以找到，這個任務的複雜度很低，一旦團隊成員每個人都把資訊攤開來，答案就出現了。換句話說，解決這個問題的基本需求就是有效的溝通。

表10.1　兇殺案之謎的相關資訊

個案特徵	有罪的證據	無罪的證據
初步研究顯示兇手透過一個秘密通道繞過安全系統進入房子。	嫌犯是最初建築物的承包商之一。	嫌犯對於房子建築沒有明顯的了解。
受害者對於蜜蜂螫的過敏反應並不是大家都曉得的常識。	嫌犯是兇手的醫生。	嫌犯對於過敏的知識不了解。

受試者

受試者為三家不同大學的大學生，這個實驗為某一堂課課程要求的一部份。參與的學校是東北大學（Northeastern University），一家位於波士頓很大的私立學校；堪薩斯州立大學（Kansas State University）以及舊金山州立大學（San Francisco State University），兩者都是很大的州立大學。這個課程部分的分數會根據受試者參與實驗的結果來評分，以提供受試者解決此一難題的誘因，而問題則需要透過團隊合作來解決。三十三位受試者（都是東北大學的學生）在得到提示後兩天，便會經由面對面的會議共同合作解決問題，而每個團隊的三個成員是隨機指派的。另外三十九位受試者（虛擬團隊的三個成員分別從三個大學個別隨機挑選一位）則透過MeetingWebTM的支援進行合作，下面將會詳細的描述。研究中總共有十三個虛擬團隊以及十一個面對面團隊，包含七十二個團隊成員，因此抽樣數為72。參與的個人以及團隊則用有意義的方法進行比較，將在下面說明。

程序與團隊

面對面團隊的受試者在進行會議之前兩天得到個案的描述，並且被告知要仔細的研讀這些提示。在前往會議之前，受試者必須將個案描述（有關嫌犯的線索）交還給實驗者。這些團隊被告知他們的目標是討論這個個案並且嘗試對於最有可能的嫌犯達成共識。他們會面的時間將近二十五分鐘，直到每一個團隊都達到了共識為止。實驗後的檢定則在會議之後進行。

由於虛擬團隊（電腦媒介溝通系統團隊）使用非同步媒介，在閱讀及回應電腦會議之訊息時需要額外的往來時間，很顯然需要超過二十五分鐘的時間完成合作。由於受試者位於不同時區、有不同的課表、並需要到學校電腦實驗室存取資訊，因此使得所需的時間將更加延長。實驗也提供了虛擬團隊個案描述，並且給他們三個禮拜的時間合作解決這個謀殺案。他們知道他們的伙伴可能在其他的學校，但是並沒有辦法從研究員、軟體、或他們的名字中得到任何關於他們的地點的資訊。當進行合作時，允許受試者被保留他們的個案描述（有關嫌犯的線索）。實驗經過三週的時間完成後，進行後續的檢定工作。

這七十二位受試者與二十四個團隊根據數個因素進行比較。所有七十二個受試者皆主修企管，爲了得到課程成績而嘗試解決這個謀殺案。除了受試者的背景與動機相同，這些團隊除了溝通媒介以外，也都非常類似。所有的團隊都包含了三個成員，沒有領導者。所有的團隊都在進行關於兇手以及已知線索的討論。所有的受試者都有足夠的時間進行個別評估線索並與其他團隊成員合作。雖然相對於虛擬團隊有三週的時間（爲了彌補時間的差異與技術限制），面對面團隊只有兩天的時間評估線索，但是所有的參與者都表示他們有足夠的時間評估並考慮這個謀殺案。

系統

本研究使用的非同步電腦溝通系統是MeetingWeb™，這是一個經由WWW存取，安全、受到管理的電子布告欄系統。MeetingWeb™是一個特製的專屬合作軟體系統，位於東北大學企管學院的網頁伺服器，只要有合法的使用者名稱與密碼，就能夠讓任何連上網際網路（如連上網際網路服務提供者）的人，透過任何網頁瀏覽器（如Netscape）存取。這是一個電腦會議系統，提供使用者文字與圖形的溝通的能力。

MeetingWeb™的設計讓使用者有和使用全球資訊網（WWW），這個新的電腦通訊標準平台相同的外觀和感覺。「對大部分的使用者而言，介面就是系統，不管設計的好或壞，就代表了這個系統呈現出來的樣子」（Kendall & Kendall, 1995, p. 635）。MeetingWeb™系統很容易使用，先導的測試確認了經過簡短的介紹後，參與者即能學會並使用此系統。系統允許團隊成員透過層級方式張貼文章來進行溝通。任何的「意見」（訊息）可以是一個新張貼的「主題」（在層級的最左端）、或是回應某一個主題（內縮於該主題下），或是回應某一篇回應的文章。新聞討論群組（Usenet newsgroup）把這種結構稱為「連慣式討論」（threaded discussion）。內縮的訊息結構也是一種我們所熟悉的大綱格式，這種直覺的結構使得訊息的組織清晰明白。此外，系統也提供了命名的功能，以確認每一個訊息的來源。

系統一些其他與支援團隊成員溝通無關的特性，並不是本研究所要探討的因素。附帶一題，系統預設只會顯示新的或未讀取的意見，除非另外設定成顯示所有意見，這樣的特性可能會減緩一些參與者接

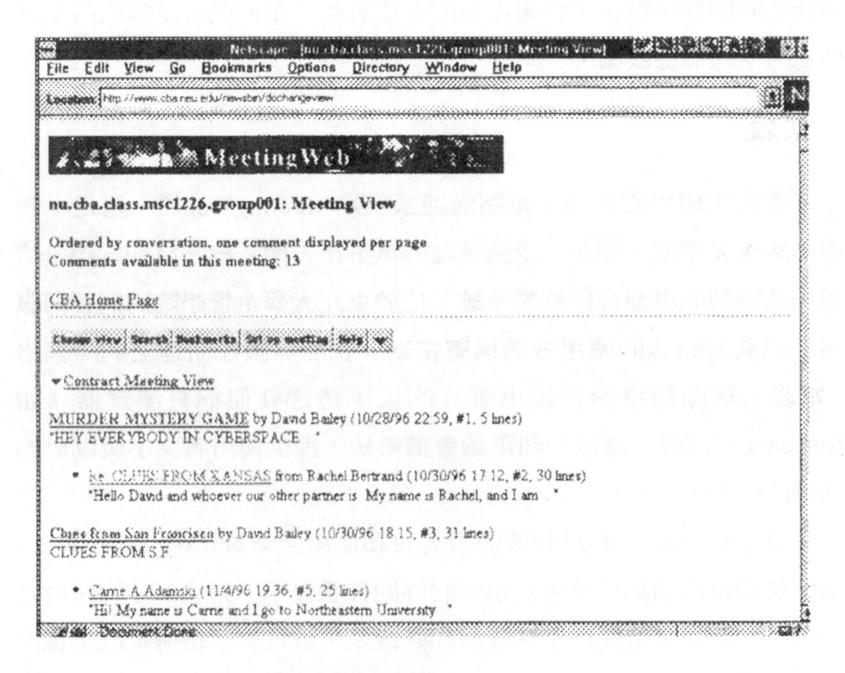

圖10.1　MeetingWeb™的範例畫面

受此軟體的速度（他們會以為他們先前讀過的訊息不見了！）。在所有的參與者都重新設定系統後，這個事先未預料到的有趣因素在團隊中就不再造成差異了。

MeetingWeb™是由CitySource公司開發與授權，並且有東北大學企管學院進行客製化的擴充。圖10.1顯示MeetingWeb™會議系統呈現的畫面。更多關於MeetingWeb™的資訊可以在 http://www.cba.neu.edu/MeetingWeb 上找到。

在今日，幾乎無所不在的WWW使得MeetingWeb™（與其他以網頁為基礎的電腦媒介溝通系統）能夠讓廣大的對象使用。此外，全球資訊網的通訊協定（Hypertext Transfer Protocol; HTTP）與硬體獨立，因此提供了一個可支援虛擬團隊成員間溝通的通用平台。

衡量工具

實驗後之檢定的問卷衡量了三組變數：包括衡量關係聯繫、團隊績效、以及使用者使用WWW的變數。其中關係聯繫又包括衡量團隊聚合力（group cohesiveness）、對團隊互動程序的看法，以及對團隊成果的滿意度這三個關係變數（見表10.2）。

聚合力定義為團隊成員對團隊以及成員相互間的吸引程度，研究已發現這會與許多團隊吸引人的特性有關（Chidambaram, 1996）。對

表10.2 影響團隊成員間關係聯繫的因素

相關變數	定義
對聚合力的看法	團隊以及成員之間對於成員個人的吸引力程度
對團隊互動過程的看法	包含信任、公開、與公平參與。
對團隊成果的滿意度	團隊成員對其他成員正面的態度

來源：Chidambarum（1996）

團隊互動過程的看法則包含了信任、公開、與公平的參與等，對互動過程正面的看法會與這個過程產生的效益有關，而負面的看法則與過程造成的損失有關（Steiner, 1972）。對結果的滿意度在某種程度上則與團隊成員彼此間的態度相關（Chidambaram），當團隊成員彼此之間發展出積極的態度，他們對於團隊工作的滿意度將會增加。本研究中聚合力使用了Seashore（1954）的團隊聚合力指數，而其他的變數則使用Chidambaram發展的工具來衡量。

實驗中收集兩種資料來衡量團隊績效。每一個受試者都會個別指出她（他）認爲最有可能的嫌犯，並且用7等分的Likert尺度來衡量她（他）是否確信這個結果。首先，每個團隊都要指出他們認爲最有可能的嫌犯。其次，受試者會個別寫下他們對於三個嫌犯所知道的所有事情，包括他們從自己有的資料中所得到，以及從團隊討論中所得到的。計算受試者所獲得在討論前她（他）所不知道的其他人獨有資訊的數目，可用來衡量資訊交換的效率。這個數字除以全部受試者在討論前所不知的獨有資訊的數目，所得到的結果就是一個單獨的資訊交換變數。這個資訊交換效率的衡量方式與Hightower & Sayeed（1995, 1996）所使用的方法相同。

實驗中也衡量電腦媒介溝通系統團體成員對電腦媒介溝通系統與全球資訊網的經驗。虛擬團隊使用的問卷列於附錄，而面對面團隊所使用的問卷幾乎相同。

結果

H1認爲面對面團隊會擁有比電腦媒介通訊系統團隊更強的人際關係聯繫。資料分析的結果支持這個假說。多變量變異數分析（MANOVA）指出這兩組團隊間，三個關係聯繫的變數是不同的（F=3.05, p=0.422）。表10.3顯示每一個人際關係聯繫變數變異數分析的結果。聚合力，對團隊互動過程的看法、與結果滿意度的差異都是顯著的。三個人際關係變數的平均數顯示在表10.4。結果顯示面對面團隊有較高的聚合力、對於決策過程較滿意、對於團隊結果也較滿意。

H2a認爲面對面團隊的資訊交換比電腦媒介溝通團隊要更具效率。資料分析的結果並不支持這個假說。變異數分析結果指出在兩個團隊類型中，獨有資訊的交換率並沒有顯著的不同（F=3.84, p=0.065）。這個相依變數（獨有資訊項目的交換比率）的平均，面對面團隊（0.439）高於虛擬團隊（0.318）。雖然統計的結果不顯著，面對面團隊在會議中，還是比電腦媒介溝通系統團隊經過三週線上溝通後所交換的獨有資訊數目多。

表10.3 假說一的變異數分析結果

變數	F（df=1,24）	P Value
聚合力	7.78	.0107
對團隊互動過程的看法	7.36	.0127
對團隊成果的滿意度	11.64	.0025

表10.4 相關變數的平均數

變數	F（df=1,24）	P Value
相關變數	遠端（n=13）	面對面（N=11）
聚合力（25）	16.7	19.7
對團隊互動過程的看法（35）	23.8	29.0
對團隊成果的滿意度（28）	19.8	25.2

備註：括弧中的數字為該變數的最大值

表10.5　獨有資訊交換變數的迴歸分析結果

變數	迴歸係數	Partial R^2	t統計量	P值
對團隊互動過程的看法	0.01	.072	5.57	.021

H2b認爲擁有較強人際關係聯繫的團隊資訊交換效率較高。本研究使用獨有資訊交換數爲依變數、四個人際關係聯繫變數爲自變數，並以逐步迴歸法來檢定這個假說，結果顯示在表10.5。在0.05的信心水準下，唯一顯著的預測變數爲對團隊互動過程的看法（F=5.57, p=0.021）。而迴歸係數顯示聚合力較高的團體比低聚合力的團隊交換更多的資訊。然而，R^2只有0.072，顯示人際關係聯繫仍然無法解釋依變數。

討論與結論

本研究的發現提供了關於虛擬團隊中溝通過程幾個深入的觀點。第一，合作技術的優點不一定總是比缺點重要。雖然合作技術能夠爲分散在不同時間地點的虛擬伙伴建立一個溝通的環境，但它們可能也阻礙了發展堅強的聚合力與團隊互動過程的滿意度。第二，人際關係聯繫的強度與資訊交換的效率有正向相關。

因此，傳統的會議可以用來彌補使用電腦媒介溝通系統無法建立人際關係的缺點，使虛擬團隊也能建立團隊意識。McGrath（1990）建議在團隊發生變動的期間，如團隊成立初期或成員改變時，應該要花較多的時間來發展人際關係。已建立的團隊則花多一點時間在任務導向的活動上。如果開始時缺少進行面對面會議的能力，就必須建議其他方法來建立堅強的人際關係，以確保團隊互動的聚合力與效能。圖10.2顯示一個虛擬團隊中包括了任務導向溝通與人際關係發展的

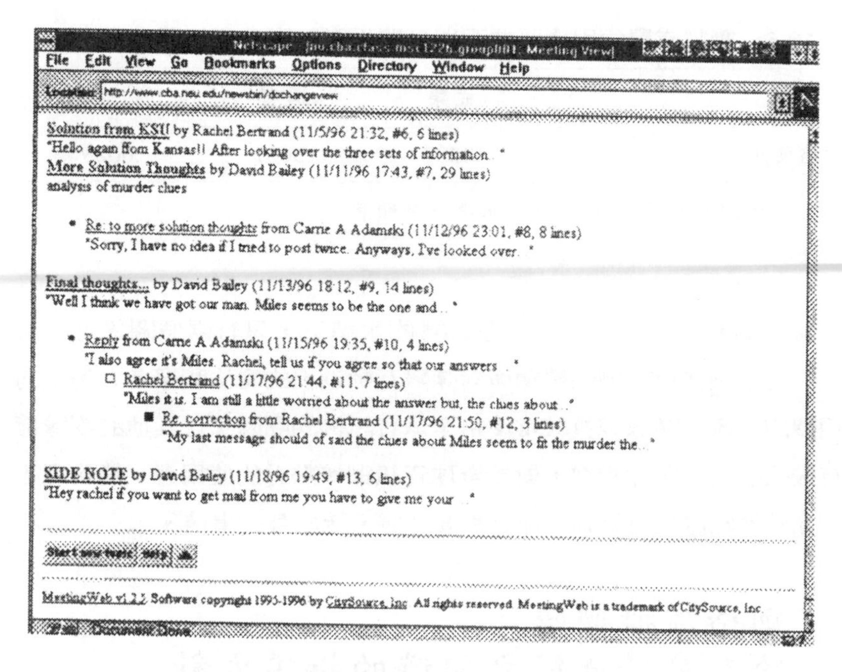

圖10.2 一個虛擬團隊的範例畫面

訊息。

本研究的結果本質上是屬於探索性的。使用電腦媒介溝通系統對於大部分的參與者來說是特殊的經驗。當人們練習過後，使用電腦媒介溝通系統將會更爲有效（Hollingshead, McGrath, & O'Connor, 1993）。經常使用網際網路上討論論壇及線上服務的使用者，已經發展了一些在訊息中傳遞更多意義的方法，以取代喪失的口語及非口語的線索。使用網路上的溝通符號（emoticons）就是一個例子（McGrath & Hollingshead, 1994）。非同步媒介例如電子郵件、電子布告欄、以及本研究使用的MeetingWebTM，比起如GroupSystems V及視訊會議等同步會議系統來說，更有助於仔細的建構對話。表10.6可以用來支持這個論點，表中顯示使用者網路電腦經驗變數與三個人

表10.6　團隊成員使用網路情況與其關係聯繫變數的相關

	成果	過程	聚合力
網路使用	.4587	.5667	.6023

備註：粗體值表示在.05的信心水準下為顯著

際關係聯繫變數的相關性。在0.05的水準下，只有兩個關係是顯著的。使用全球資訊網的經驗與對團隊互動過程的看法和聚合力是正向相關的。表示團隊成員較常使用全球資訊網的團隊，比其他的團隊擁有較強的人際關係聯繫。對於全球資訊網較熟悉的使用者，能夠專心於和其他團隊成員互動，而不需要考慮系統本身的事情。

創造虛擬團隊：給在痛苦邊緣之組織的指導方針

雖然結果顯示面對面團隊對團隊互動過程有較高的滿意度，但資訊交換並不會比虛擬團隊來的有效。換句話說，在溝通效能上（以資訊交換來衡量）並沒有顯著的不同，但是傳統團隊對於互動性與結果有較正面的感覺。因此，由於虛擬團隊正在逐漸發展成一項必須的工具，組織必須設法支撐電腦媒介溝通系統的滿意程度。如果能做的好，使用虛擬團隊就沒有顯著的缺點，有許多方法可以使得虛擬團隊較能令人接受與滿意。

雖然已經發表了大量關於科技支援工作團隊的研究報告，但因為科技領域的複雜性，目前所能確認的原則仍然很少，而在社會與心理方面的深入探討則更為罕見。對創造與管理電腦媒介溝通系統來說，要描述社會與心理的面向可能比技術層面要更為困難。不過在此還是必須嘗試著提出一些通用的規則，使組織能取得使用這些新技術的優點。

Jay（1976）曾建議一組關於組織與進行會議的指導方針，可以提供給電腦媒介溝通系統設計者一些有用的看法。他首先強調要先定義會議的目標，以及評估會議每一項議程的方法。他提到爲了確保一個團隊的成功，必須要有適當的準備，這包含確認適當的參與者、事前發送適當的文件、以及建立領導者的角色。其他的指導方針還包括了「避免沈默」、「保護弱者」、以及「鼓勵意見的激盪」。

實施電腦媒介溝通系統通常都是因爲團隊成員分散在各地。但是在理想上，使用時還是必須講清楚電腦媒介溝通系統比起面對面會議或其他溝通模式所擁有的特點。Zack（1993）表示面對面會議本身的高互動性，使得這種模式「適合用來建立團隊成員間對於問題背景共同的解釋，而電腦媒介溝通系統由於較不具互動性，較適合在已建立之背景下進行溝通」（p. 207），就如同進行中的談話主要是由「相鄰的配對」（adjacency pairs）所組成。進行中的團隊也有已經建立的文化與慣例，並且可能已經建立了要達成有效溝通這個重要的承諾。此外，Zack並認爲當「社會顯露」（social presence，一種歸屬感）在電腦媒介溝通系統中消失，缺乏互動性就會成爲電腦媒介溝通方式的主要限制。

建立有效的虛擬團隊時，還有一個因素必須考慮，就是特定成員的心理與人格特質。要在這個環境中成功，參與者必須具有耐心、堅持、以及努力不懈的特質，也要有某種程度的忍耐力、彈性與知識。在孩童時代，我們社會化的過程中所使用的控制與影響等傳統方法，已經不適用於電腦媒介的環境。電腦媒介溝通系統的使用者必須運用在社會控制的概念中沒意義的領導與影響力，也有些成員可能會在網路空間中迷失，或者因爲缺少了熟悉的溝通方式而脫離了團隊。這種新的社會互動工具與技術必須要用心的發展並培養，這代表人們必須要學習一個完全新的溝通典範，就好像小孩必須學習面對面溝通的規則與方法一樣。

電腦媒介溝通系統的最重要的目標是促進互動、涵蓋（inclusive）、以及參與（McGrath, 1991），這些全部都與社會顯露性有關。社會顯露性是指溝通媒介允許參與者能夠感受到彼此存在或心理上接近的程度（Fulk & Boyd, 1991）。舉例來說，面對面溝通的特徵就是具有如口語與非口語的通道，以及連續的回饋等社會的訊號（Rogers, 1986）。電腦媒介溝通系統的成功，部分決定於提供參與者分享社會感情的內容之能力。很明顯的，視訊會議比文字溝通方式提供了較大的機會來分享這些社會訊號，但後者也並非完全沒有（Rice & Love, 1987; Walther & Burgoon, 1992）。電腦媒介溝通系統的設計者必須致力於整合新方法，並提供新的管道讓參與者可以分享不同的訊號。舉例來說，使用者可能會學到使用Internet溝通的符號（emoticons；也稱爲smileys）來增加他們溝通的媒體豐富性。電腦訊息中許多語言學上的縮寫也成爲使用者的文化，如「BTW」代表「by the way」、「IMHO」代表「in my humble opinion」，這可以創造較熟悉與非正式的溝通感覺，也有助於增加社會顯露性。許多第一次使用如電子郵件等電腦媒介溝通系統的使用者，可能使用很正式的寫法，讀起來像商用信函，但經常使用的人到最後通常都會逐漸改變成使用較熟悉的語氣來寫個人意見，並能創造出像是眞的在跟某人說話的感覺。

Kraut, Fish, Root & Chalfonte（1993）認爲正式溝通的事項、時程、參與者都是事先安排好的，內容也缺乏創造性，而非正式溝通則無法事先安排，參與者也是臨時加入，內容較豐富。此外，他們指出非正式的相遇可以創造能用以支援規劃與協調群體工作的共同背景與看法。缺少非正式的資訊交換，合作將很難展開，就算開始了也缺乏生產力（Kraut et al., p.313）。在單純的電腦媒介溝通系統中，參與者若從來沒有見過面、進行過非正式的談話，則會出現強烈的渴望想要這麼做。無論環境是否提供這個機會，電腦媒介溝通系統的發展者應該要在專案生命週期的早期就能促進非正式面對面的接觸。

想要在工作場合中引進這些技術的管理者，應該要能發揮電腦媒介溝通系統正面的效益並減少負面的影響。新的溝通技術如MeetingWebTM使得組織能夠創造虛擬團隊，而不管團隊成員在地理上的位置。許多新的技術仍在發展當中，當新的組織結構形成，特有的議題會跟著出現。因此，每一個情節都會創造一些新的問題，現代的管理者面對問題時，必須彈性的重新組織他們的社會技術系統。這需要管理者熟悉這些相關技術的長處與限制。這個研究強調了一些以網路為基礎的會議系統的特性。這類型的相關系統將會由企業內部網路（intranet）轉變成組織間應用廣泛的溝通平台。

未來研究方向

本研究的發現提供了數個未來的研究方向。第一，可以針對有經驗的使用者重複進行一次實驗，看看對於電腦及網路熟悉度較高的使用者在面對面以及虛擬團隊兩種不同類型間會不會產生有趣的差異。第二，並不是所有的團隊都是絕對的虛擬或是絕對的面對面團隊，也可以針對不同組合的混和型團隊（使用兩者型態的互動方式，或是有些成員使用一種媒介，其他成員使用其他類型的媒介）進行測試。

第三，可以探討TIP理論中所描述，一個團隊要執行三種團隊的功能的能力（McGrath, 1991）。舉例來說，也許需要進行詳細的團隊互動分析，來追蹤團隊執行了什麼活動，以及執行的成效如何。也追蹤一段時間的人際關係聯繫發展，來判斷電腦溝通團隊的人際關係發展活動是否和面對面團隊同樣有效，以及電腦溝通團隊是否能達到和面對面團隊相同程度的人際關係聯繫。

另一個可以研究的方向是檢查虛擬團隊成員在執行某個任務時究

竟選擇哪一個媒介，以及是否他們選擇了合適的媒介。相關的問題是不同的溝通媒介如何影響虛擬團隊的績效。另一個有趣的主題是文化素對虛擬團隊過程果的影響。可以發展一個完整的情境架構以納入這些系統與環境因素的關係，作爲電腦媒介溝通系統研究與實務的指南。

組織的次文化是另一個會影響使用者如何接受電腦媒介溝通系統的因素。研究發現特殊次文化中之成員的身份對於預測使用者對資訊系統的滿意度而言，比起衡量如人口統計變項（demographic）等其他的變數來得更有用（Kendall, Buffington, & Kendall, 1987）。雖然假設和其他資訊系統一樣，電腦媒介溝通系統的滿意度也會被次文化影響是很合理的，但目前還不知道次文化對於使用電腦媒介溝通系統會有什麼影響。

然而，對於虛擬團隊而言，還有另一個需要考慮的因素，就是團隊成員不一定是同一個組織的成員，或是屬於組織中同一個部門。因此，團隊成員間的組織文化可能差異很大。這個因素對於團隊績效與滿意度的影響仍然是個非常有趣而且還沒有答案的問題。

附錄：研究問卷（虛擬團隊部分）

團隊聚合力

1. 你是否覺得你真的屬於這個團隊的一分子？

   □ 我真的屬於工作團隊的一分子。

   □ 我大部分時候都這麼覺得。

   □ 我有時候這麼覺得。

   □ 我並不覺得完全屬於這個團隊。

   □ 我一點都不覺得我屬於這個團隊。

2. 如果你有機會再從事一樣的工作，你覺得你會想換到另一個團隊還是留在原來的團隊？

   □ 我非常想留在原來的團隊。

   □ 我比較想留在原來的團隊。

   □ 對我來說沒有差別。

   □ 我比較想換到另一個團隊。

   □ 我非常想換到另一個團隊。

在下列各題中，這個團隊和其他的團隊相比起來如何？

大家都	非常好	比大多數都好	和別人差不多	比大多數差	非常差
3. 和睦相處	□	□	□	□	□
4. 一起工作	□	□	□	□	□
5. 互相幫助	□	□	□	□	□

對過程的看法

很少			中等			極高
1	2	3	4	5	6	7

6. 團隊成員對團隊目的與目標的承諾（在這個專案中）？

1 2 3 4 5 6 7

7. 團隊內部展現的信任關係（在這個專案中）？

1 2 3 4 5 6 7

8. 成員對於團隊是否有強烈的歸屬感（在這個專案中）？

1 2 3 4 5 6 7

9. 團隊成員是否能認清且尊重個人的差異與貢獻（在這個專案中）？

1 2 3 4 5 6 7

10. 團隊成員是否公開且坦白的陳述他們的想法與感覺（在這個專案中）？

對成果的滿意度

非常不同意			無法決定			強烈同意
1	2	3	4	5	6	7

11. 整體來說，我個人對於團隊的決策過程感到滿意。

1 2 3 4 5 6 7

12. 這個團隊在專案過程中得到了有效且有價值的結果。

1 2 3 4 5 6 7

13. 我同意團隊的最後決定。

1 2 3 4 5 6 7

14. 整體來說，這個團隊會議的互動品質很好。

1 2 3 4 5 6 7

你自己

15. 描述（評價）你對電腦的一般性技能水準：

0	1	2	3	4	5
無	非常低	低	中等	高	非常高
（無知的）	（「新手」）	（初學者）	（中等程度）	（高等程度）	（專家）

16. 描述（評價）你在使用全球資訊網（World Wide Web）方面的技能水準：

0	1	2	3	4	5
無	非常低	低	中等	高	非常高
（「文盲」）	（「新手」）	（初學者）	（中等程度）	（高等程度）	（專家）

17. 你使用全球資訊網的頻率如何？

0	1	2	3	4	5
從未	很少	偶爾或每月一次	定期或每週一次	頻繁（幾乎每天）	持續的或每天

參考書目

Alavi, M., & Keen, P. G. W. (1989). Business teams in an information age. *The Information Society, 6*(4), 179-195.

Baecker, R. M. (1993). *Readings in groupware and computer-supported cooperative work.* San Mateo, CA: Morgan Kaufmann.

Burke, K., & Chidambaram, L. (1995). Developmental differences between distributed and face-to-face groups in electronically supported meeting environments: An exploratory investigation. *Group Decision and Negotiation, 4*(3), 213-233.

Chidambaram, L. (1996). Relational development in computer-supported groups. *MIS Quarterly, 20*(2), 143-163.

Chidambaram, L., & Bostrom, R. P. (1993). Evolution of group performance over time: A repeated measures study of GDSS effects. *Journal of Organizational Computing, 3*(4), 443-470.

Culnan, M. J., & Markus, M. L. (1987). Information technologies. In F. M. Jablin, L. L. Putnam, K. H. Roberts, & L. W. Porter (Eds.), *Handbook of organizational communications: An interdisciplinary perspective* (pp. 420-443). Newbury Park, CA: Sage.

Daft, R. L., & Lengel, R. H. (1986). Organizational information requirements, media richness, and structural design. *Management Science, 32*(5), 554-571.

DeSanctis, G., & Gallupe, B. (1987). A foundation for the study of group decision support systems. *Management Science, 33*(12), 1589-1609.

Fulk, J., & Boyd, B. (1991). Emerging theories of communication in organizations. *Journal of Management, 17*(2), 407-446.

Galegher, J., & Kraut, R. (1994). Computer-mediated communication for intellectual teamwork: An experiment in group writing. *Information Systems Research, 5*(2), 110-138.

Hightower, R. T., & Hagmann, C. (1995). Social influence on remote group interactions. *Journal of International Information Management, 4*(2), 17-32.

Hightower, R. T., & Sayeed, L. (1995). The impact of computer mediated communication systems on biased group discussion. *Computers in Human Behavior, 11*(1), 33-44.

Hightower, R. T., & Sayeed, L. (1996). Effects of communication mode and prediscussion information distribution characteristics on information exchange in groups. *Information Systems Research, 7*(4), 451-465.

Hightower, R. T., Sayeed, L., Warkentin, M. E., & McHaney, R. (1997). Information exchange in virtual work groups. In M. Igbaria & M. Tan (Eds.), *The virtual workplace* (pp. 199-216). Hershey, PA: Idea Group.

Hiltz, S. R., Johnson, K., & Turoff, M. (1986). Experiments in group decision making, 1: Communications process and outcome in face-to-face vs. computerized conferences. *Human Communication Research, 13*(2), 225-252.

Hiltz, S. R., & Turoff, M. (1978). *The network nation: Human communication via computer.* Reading, MA: Addison-Wesley.

Hollingshead, A. B., McGrath, J. E., & O'Connor, K. M. (1993). Group task performance and communication technology: A longitudinal study of computer-mediated versus face-to-face work groups. *Small Group Research, 24*(3), 307-333.

Jay, A. (1976, March/April). How to run a meeting. *Harvard Business Review,* pp. 43-57.

Johansen, R. (1988). *Groupware: Computer support for business teams.* New York: Free Press.

Kendall, K. E., Buffington, J., & Kendall, J. E. (1987). The relationship of organizational subcultures to DSS user satisfaction. *Human Systems Management, 7*(1), 31-39.

Kendall, K. E., & Kendall, J. E. (1995). *Systems analysis and design* (3rd ed.). Upper Saddle River, NJ: Prentice Hall.

Kiesler, S., & Sproull, L. (1992). Group decision making and communication technology. *Organizational Behavior and Human Decision Processes, 52*(1), 96-123.

Kinney, S. T., & Panko, R. R. (1996). Project teams: Profiles and member perceptions—Implications for group support system research and products. In *Proceedings of the Twenty-Ninth Hawaii International Conference on System Sciences* (pp. 128-137). Kihei, Maui.

Kraut, R. E., Fish, R. S., Root, R. W., & Chalfonte, B. L. (1993). Information communication in organizations: Form, function, and technology. In R. M. Baecker (Ed.), *Readings in groupware and computer-supported cooperative work* (pp. 287-314). San Mateo, CA: Morgan Kaufmann.

Laughlin, P. R. (1980). Social combination processes of cooperative, problem-solving groups as verbal intellective tasks. In M. Fishbein (Ed.), *Progress in social psychology* (Vol. 1). Hillsdale, NJ: Erlbaum.

McGrath, J. E. (1990). Time matters in groups. In J. Galegher, R. E. Kraut, & C. Egido (Eds.), *Intellectual teamwork: Social and technological foundations of cooperative work* (pp. 23-62). Hillsdale, NJ: Lawrence Erlbaum.

McGrath, J. E. (1991). Time, interaction, and performance (TIP): A theory of groups. *Small Group Research, 22*(2), 147-174.

McGrath, J. E., & Hollingshead, A. B. (1993). Putting the "group" back in group support systems: Some theoretical issues about dynamic processes in groups with technological enhancements. In L. M. Jessup & J. S. Valacich (Eds.), *Group support systems: New perspectives.* New York: Macmillan.

McGrath, J. E., & Hollingshead, A. B. (1994). *Groups interacting with technology: Ideas, evidence, issues and an agenda.* London: Sage.

Panko, R. R. (1992). Patterns of managerial communication. *Journal of Organizational Computing,*

2(1), 95-122.

Pfeiffer, J. W., & Jones, J. E. (1977). *A handbook of structured experiences for human relations training* (Vol. 4). La Jolla, CA: University Associates.

Rice, R. E., & Love, G. (1987). Electronic emotion: Socioemotional content in a computer-mediated communication network. *Communication Research, 14*(1), 85-108.

Rogers, E. M. (1986). *Communications technology: The new media in society.* New York: Free Press.

Seashore, S. E. (1954). *Group cohesiveness in the industrial work group.* Ann Arbor: University of Michigan Press.

Siegal, J., Dubrovsky, S., Kiesler, S., & McGuire, T. W. (1986). Group processes in computer-mediated communication. *Organizational Behavior and Human Decision Processes, 37*(2), 221-249.

Stasser, G., & Titus, W. (1985). Pooling of unshared information in group decision making: Biased information sampling during group discussion. *Journal of Personality and Social Psychology, 48*(6), 1467-1478.

Stasser, G., & Titus, W. (1987). Effects of information load and percentage of shared information on the dissemination of unshared information during group discussion. *Journal of Personality and Social Psychology, 53*(1), 81-93.

Steiner, I. D. (1972). *Group process and productivity.* New York: Academic Press.

Straub, D. W., & Karahanna, E. (1990). *The changing role of telecommunications technologies in the workplace: E-mail, voice-mail & fax.* Working Paper Series, MISRC-WP-90-10, Management Information Systems Research Center, University of Minnesota.

Walther, J. B., & Burgoon, J. K. (1992). Relational communication in computer-mediated interaction. *Human Communication Research, 19*(1), 50-88.

Weisband, S., Schneider, S. K., & Connolly, T. (1995). Computer-mediated communication and social information: Status salience and status differences. *Academy of Management Journal, 38*(4), 1124-1151.

Zack, M. H. (1993). Interactivity and communication mode choice in ongoing management groups. *Information Systems Research, 4*(3), 207-239.

11(1), 95-122.

Pfeiffer, J. W., & Jones, J. E. (1977). *A handbook of structured experiences for human relations training* (Vol. 4). La Jolla, CA: University Associates.

Rice, R. E., & Love, G. (1987). Electronic emotion: Socioemotional content in a computer-mediated communication network. *Communication Research, 14*(1), 85-108.

Rogers, E. M. (1986). *Communication technology: The new media in society*. New York: Free Press.

Seashore, S. E. (1954). *Group cohesiveness in the industrial work group*. Ann Arbor: University of Michigan Press.

Siegel, J., Dubrovsky, V., Kiesler, S., & McGuire, T. W. (1986). Group processes in computer-mediated communication. *Organizational Behavior and Human Decision Processes, 37*(2), 157-187.

Stasser, G., & Titus, W. (1985). Pooling of unshared information in group decision making: Biased information sampling during group discussion. *Journal of Personality and Social Psychology, 48*(6), 1467-1478.

Stasser, G., & Titus, W. (1987). Effects of information load and percentage of shared information on the dissemination of unshared information during group discussion. *Journal of Personality and Social Psychology, 53*(1), 81-93.

Steiner, I. D. (1972). *Group process and productivity*. New York: Academic Press.

Straub, D. W., & Karahanna, E. (1990). *The changing role of telecommunications technology in the workplace: Knowledge worker mode choice*. Working Paper Series, MISRC-WP-91-11. Management Information Systems Research Center, University of Minnesota.

Walther, J. B., & Burgoon, J. K. (1992). Relational communication in computer-mediated interaction. *Human Communication Research, 19*(1), 50-88.

Weisband, S., Schneider, S. K., & Connolly, T. (1995). Computer-mediated communication and social information: Status salience and status differences. *Academy of Management Journal, 38*(4), 1124-1151.

Zack, M. H. (1993). Interactivity and communication mode choice in ongoing management groups. *Information Systems Research, 4*(3), 207-239.

Part 3

資訊基礎建設的促成科技

第十一章

網路的Pull與Push技術

資訊傳遞系統的現在與未來

JULIE E. KENDALL
KENNETH E. KENDALL

今日的網站發展地非常迅速而且混亂，像是沒有嚮導的旅行者似的。使用者在網路上點選一個連結，但對於要通往的道路所知有限。旅行者艱難往前行，尋找可以幫助他達到目的地的地標（資訊）。隨著網站技術的進步，旅行者的旅途越來越容易了。旅行者可以雇用一個有經驗的嚮導，再雇用並教導一個新的嚮導，讓其可以找到更特別的項目，進一步激發這位嚮導發展自己新的尋找方法。

這時有人開始對於這項旅程的商業觀點感興趣了，試著要使旅行者的經驗更美好。第一步，將一般的資訊發佈給所有旅行者。第二步，訪問旅行者想要的東西，再依照訪問結果選擇資訊，這樣的結果將被包裝好傳回給旅行者。隨著工商業的進步，現在只要根據過去旅行者的行爲，傳送關鍵資訊就夠了。最後，企業界發展到一個程度，使用關鍵資訊的篩選、過濾，讓旅行者可以得到他們的需求。

上述的比喻簡短的敘述資訊傳遞系統（Information delivery systems, IDSs）的發展史，這是今日新興的技術（更多詳細敘述於

Kendall & Kendall, 1993）。第一部份將介紹旅行者使用的pull技術，或是從網站中尋找資訊。Pull技術是指個人在網路上探險時，由獨立進化的代理程式將這些網站介紹給你，而以各種形式出現的代理程式都稱之。

第二部份將介紹push技術的發展。Push技術，與網路角色有關，它並不只侷限在桌上型電腦。眞正的push技術可以尋找你的傳呼器、數位電話或個人數位助理掌上型電腦，並且通知你交通擁擠、颱風警告或者是在上下班的途中有個藝術表演。Push技術是有智慧的，它知道你的興趣與偏好，而且還知道你目前的位置。Push技術這個術語可以用來描述任何使用複雜的（sophisticate）進化型代理程式來傳送被選擇的資料模式。

我們使用資訊傳遞系統一詞描述同時使用pull與push技術的先進方式，從網際網路中獲取資料。但現在我們先要介紹較低等的形式。我們將先定義與評估不同形式的pull技術與push技術。在這之後，我們將展現他們在管理決策與社會上的應用。本章的目的是加強你對資訊傳遞系統的瞭解與他們未來的展望。

Pull技術

每個曾經嘗試從網站中尋找資訊的人都體驗過pull技術。Pull這個字是從網際網路上抓取、拉出東西的意思。當人們到圖書館的時候，從架子上取出一本書；類似的意思，他們抓取網站上的一些資訊。使用者收集他們所需要的資訊。

Pull技術有許多的特點。爲了方便討論，我們設計一個分類系統，共分四個類型，如表11.1所示。每個技術是由分類的前一項技術精緻化（refine）而來的。我們將會給每個技術連結到一個清楚的比喻，然後再敘述其滿足使用者需求的技術。

表11.1 Pull技術類型

名稱	敘述	對提供者的說明	使用者取得種類
α-pull	點選鏈結	在網路上瀏覽	想像他們所要的
β-pull	使用搜尋引擎	使用導遊；詢問圖書館員	認真思考他們要的
γ-pull	採用自動代理者	使用個人搜尋器	真正的想要
δ-pull	產生進化型代理者	產生友善的搜尋器，可以瞭解使用者並且隨著時間改變	真正的需要

Alpha-Pull（α-Pull）技術

我們將pull技術分爲四個類型，從最簡單的到最複雜的，就從α-pull開始。α-pull技術是最基本的搜尋技術，例如上網者點選超鏈結來瀏覽網站。

軟體能夠給上網者的幫助是很有限的。有些產品幫助上網者快速下載網站上的所有內容，像是WebWacker。如此上網者就可以在離線狀態下瀏覽網站。

其他幫助上網者的產品還包括瀏覽器加速裝置。這類大部份都使用代理主機的裝置。列舉三個這類的加速裝置：PeakJet、Speed Surfer與NetAccelerator。大部份也可以提供離線的瀏覽。

也有書籤管理員，像是Quicklink Explorer或Linkman。另外像GoZilla可以幫忙找出下載檔案最快的網站（Keller, Lake, & Littman, 1998）。以上這些工具都有一個共同點—他們幫助使用者從網站抓取資料，用簡單的α-pull方法。

α-pull技術（如圖11.1所示）就是到網路上尋找有興趣的網站，將其標上書籤作為未來的參考。這就是稱為「瀏覽網站」。

圖11.1 使用α-pull技術，使用者從網路瀏覽中抓取資訊。

Beta-Pull（β-pull）技術

第二個類型β-pull是比較複雜的，但是它仍是有限的搜尋技術。例如許多早期的搜尋引擎：Infoseek、Excite、Alta Vista、Lycos、HotBot、Yahoo!，與Northern Light。我們一會兒再回來討論這些。

當使用者進入搜尋引擎尋找網站，他們當然不是直接尋找網站，而是尋找一個由許多網站網址所構成的資料庫，他們是事先建立好並且按時更新的。每個資料庫都有其獨特的特點。（在1997年，Alta Vista允許使用者限制搜尋的語言，HotBot的優點是它有能力設定網頁的深度，以及使用布林搜尋這些較彈性的方法）。在1997年，HotBot宣稱他們的資料庫擁有五千萬筆網頁（Notess, 1997），在當時估計有兩億五千萬到三億個網頁存在。

搜尋引擎專心致力於文字，更正確的說是關鍵字。許多人比較喜歡視覺，或是希望能在網站上找到數位影像與影片。Chang、Smith、Beigi與Benitez（1997）研究WebSEEk的案例，檢索大量分散於網路上的圖像資訊來作分析。更進一步的，他們評估一個名為MetaSEEk網際網路視覺化資訊檢索系統的雛型，類似一個文字模式的搜尋引擎。

搜尋引擎是沒有人情味而且令人感到挫折的。有一種方法稱為環狀網路（Web ring）針對這項缺點而發展出來（Basch, 1998）。在環狀網路裡，每個網站與之前、之後的都連結在一起。這樣的優點是很清楚的。當一個使用者使用傳統的搜尋引擎，容易偏離他原本所期望的搜尋內容。當使用者在一個被建立的環狀中瀏覽，他可以在任何時間回到原來的位置。

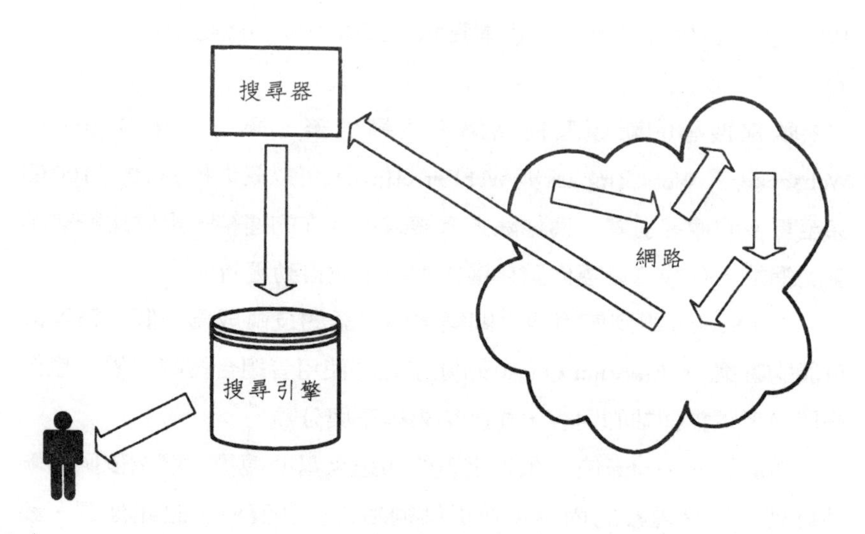

圖11.2　使用β-pull技術，使用者從搜尋引擎的資料庫中抓取資訊，資料庫的資訊是使用搜尋器從網路上獲得

β-pull技術使用一般的搜尋器來蒐集資料，讓一般大眾可以得到有用的資訊，並且組織資訊讓使用者可以更進一步的搜尋，如圖11.2所示。這個非個人的β搜尋比之前的技術進步了，但仍然不夠完善。

Gamma-Pull（γ-Pull）技術

γ-pull技術允許使用者直接控制網站的搜尋。搜尋引擎使用搜尋器來建造目錄。問題出在於每個搜尋器有不同的演算法在網路間遊走，尋找有意義的網站。一大群的搜尋引擎，但沒有一個搜尋器是屬於你自己的，也沒有一個會照著你的需求去行動。

γ-pull技術做了一些假設。我們在Excite上尋找影片與導演，搜尋引擎會建議我們加上一個或多個可能相關的關鍵字。這些建議的關鍵字與影片或演員、導演相關。但若我們從當紅的影星開始查詢，就很難連結到莎士比亞的舞台劇。相同的道理，我們也很難找到一個軟體的特定版本。假如你搜尋HyperCase 2.1（Kendall & Kendall, 1999），你將會得到所有的版本資訊。搜尋引擎仍然是蠻沒有人情味的。

離線搜尋的新類型稱為個人搜尋引擎。像是WebSleuth、Webseeker、WebCompass與WebFerretPro，可以幫你搜尋10到100個甚至更多的搜尋引擎，為你除去重複或不存在的連結，提供比較有希望的網站。有些可以讓你儲存這些搜尋，並自動更新。

WebSeeker提到使用限定關鍵字與片語的技術成為一個「精鍊且可能的答案」。InForian Quest 98除了允許使用者組合搜尋引擎，也允許使用者預覽網站的內容，並將結果排序與分類。

Copernic 98plus使用預先定義的頻道來幫助搜尋。網站依照關聯性排列；消除重複的內容；並提供網站的統計資料，諸如標題、敘述、隱藏計數、發現日期……等等。Copernic的結構與搜尋策略可以依照使用者或不同的搜尋個別訂作，發展出成套的頻道。

其他重要的網站搜尋智慧代理程式有Headliner與Press Agent。這些個人搜尋引擎向前邁進了一步，仍需要更顯著的使用者個人化，才會更有價值。

IBM的「Clever」計畫涉及一個代理程式的發展，這個代理程式可以找出一組很可靠、符合要求的資訊。這個研究使用Kleinberg（1997）與Chakrabarti等人（1998）所發展的演算法，建立在Kleinberg的系統上，稱為Hyperlink-Induced Topic Search（HITS）。在這個系統當中，使用一個標準的搜尋引擎（像是Alta Vista）集合鏈結的來源，再往外擴展收納數千個網頁。每個網頁根據其鏈結類型（鏈結出或被鏈結入）的數量，給予一個「權重（authority weight）」與一個「集中權重（hub weight）」。經過數量分析後，可以整合成一個高品質的列表。這個表編輯成一個簡明的集合，而不再是列出所有可能的來源。

要完全瞭解γ-pull技術的潛力，這獨立的代理程式需要到別的電腦上繞一繞，參觀一陣子之後，傳回有用的資訊。本質上，這些代理程式就像在別人的電腦上生活的病毒一樣。IBM發展一個由Java程式構成的代理程式，可以結合這兩者組成一個名為「釦鍊（aglet）」的東西。（「Applets With Attitude,」 1997）

γ-pull技術如圖11.3所示，使用個人的代理程式找出網站上所連結的其他網站。在本文書撰寫的時候，獨立代理程式能做的事比搜尋代理程式多不了多少。當個人搜尋引擎可以讓使用者指定更多的敘述性參數與個人要求、設定時，他們就可以成為獨立代理程式。就如前面所述的pull技術一樣，重點都在於使用者的需求。

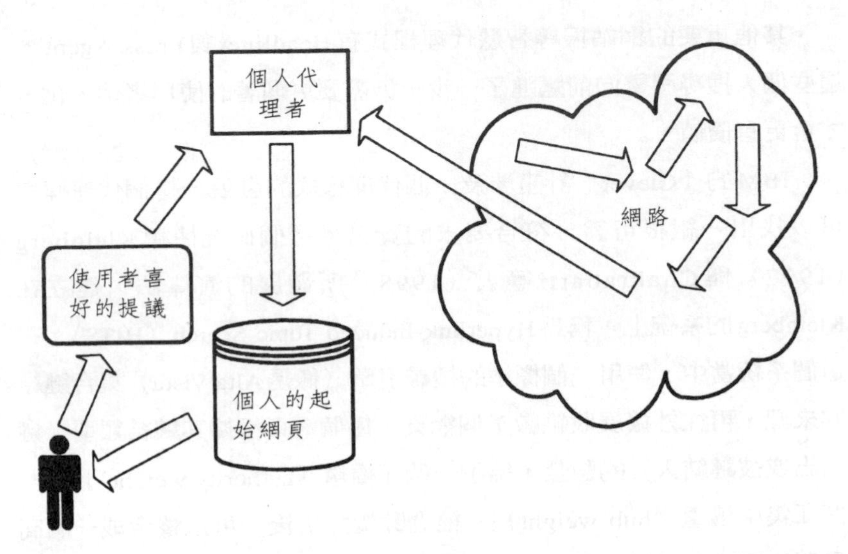

圖11.3 使用γ-pull技術，使用者傳送意見給個人代理者，它將從網路中抓取較適當的資訊並且傳送這項意見給個人設定的網站。

Delta-Pull（δ-Pull）技術

最後，δ-pull引入進化型代理程式，取代了許多搜尋。進化型代理程式可以在網站進行精細搜尋時觀察、判斷、行動並反應。未來的進化型代理程式在搜尋時將不需要先給假設，假設通常會使我們偏離眞正的需要。

進化型代理程式會觀察使用者與資訊的互動模式，並不只針對搜尋，還包含使用、儲存、轉換的模式，如圖11.4所示。進化型代理程式可以減少無效與沒有用的資訊，聚焦在決策者所需要的資訊上。

使用δ-pull的代理程式將會隨著決策者的行爲與世界的變化成長而改變。他將如名字一般，眞正做到「進化」。關於進化型代理程式可以在Kendall（1996）的未來人工智慧計畫中找到更完整的討論。

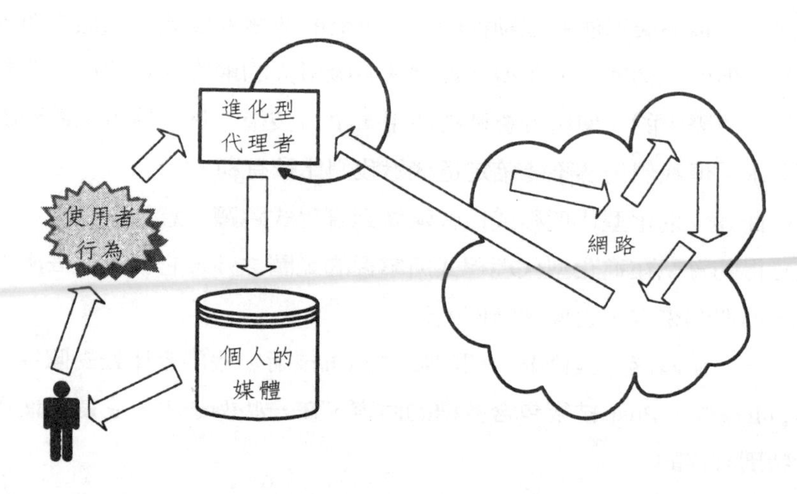

圖11.4 使用δ-pull技術，進化型代理者從互動中收集使用者行為的相關資訊，從網站上抓取使用者需要的資料，並傳送資訊到個人的媒體上讓使用者瀏覽。

δ-Pull技術比低階的pull技術更優秀。舉例來說，「sabre」這個字是American Airlines的線上旅遊訂位與資訊系統，也可以指其他沒有相關的東西。「sabre」可以是藝術工作室名字，汽車公司的名字（像是Honda Sabre或Buick Le Sabre），快艇公司的名字，學校專題討論的名字，慈善基金會的名字或是曲棍球隊的名字。隨著所使用的δ-pull搜尋引擎的不同，你會得到非常不一樣的結果。

從另一方面來說，δ-pull技術可以觀察使用者與使用者操作的資訊，使它在尋找連結時更有選擇性。如果使用者之前訂購過運動頻道的曲棍球新聞，進化型代理程式可以假設使用者對曲棍球有興趣，搜尋結果就會將Sabres曲棍球的網頁列出來。

當人們針對特別的作業時，該用獨立代理程式或進化型代理程式呢？這永遠是值得討論的議題。Wegner（1997）提出一個有說服力的論點：這個演算法的互動性較差，詞彙的改變會使演算法無法與人互動。但個人助理（進化型代理程式）吸引人的地方就是他可以非常瞭解你所需求的。使用者會堅持使用δ-Pull技術，只要他可以做到瞭解需求。但我們仍然不能確定這樣對我們比較有利。

此外，進化型代理程式比較難做到直覺式跳躍。意思就是說，如果獲得的資訊在進化型代理程式所掌握的範圍之外，它就很難去處理了。簡單的來說，它會被慣例困住。

下一個段落，我們要介紹四類的push技術，我們會比較對照這四種pull技術。Push技術包含多種的內容，在一些例子中，它是為使用者特別訂作的。

Push技術

Push技術也有很多種類。我們創造一個原始的類別系統，將push

表11.2 Push技術類型

名稱	敘述	對提供者的說明	使用者取得
α-push	廣播與網站廣播	像電視般廣播內容	想像他們要的
β-push	將訊息過濾	透過選擇廣播頻道提供有用的內容	認真思考他們要的
γ-push	使用經驗傳遞訊息	知道使用者想要的而且將資料適時地傳送	真正想要的
δ-push	進化型的push提供者	提供使用者正確的需求	真正的需求

技術分爲四類，如表11.2所示。跟之前一樣，我們將這些類別命名，從最基礎的α-push技術開始。每一個類別（β-push、γ-push、δ-push）都是建立在之前的類別上，並精緻化。我們爲每一個技術提供一個主要的譬喻，然後再說明這個技術嘗試要達到什麼地步，以符合使用者需求。

Alpha-Push（α-Push）技術

最基礎的push爲播放，與電視播放類似。這一類包含網站廣播的各種形式：新聞服務、現場轉播、事件重現。網站廣播在圖書館員與行政人員的心中信度是不足的，並不是因爲內容的不足，而是因爲品質的缺乏（Bing, 1997）。有些甚至宣稱push已死（Pflug, 1997）。很少有其他的聲音爲其爭辯，許多選擇過的文章宣稱「少就是好」（Cronin, 1997）。當push技術出現時，許多專家認爲push並沒有什麼新的、特別的地方，只是將網頁重新包裝成捷徑罷了。

早期的線上新聞服務像是CNN電視節目、倫敦時報、紐約時報、ABC新聞，都是只是被動式的網站，沒有個人式的東西。儘管文字與靜態的照片讓人印象深刻，但只能滿足最低需求的使用者。

很快的，卡通片、聲音、影片融入頻道中，像Shockwave（from Macromedia）這款plug-in提供了卡通片的標準化格式。RealPlayer（from RealNetworks, Inc.）產生的RealAudio成爲瀏覽器重要的影音plug-in。RealNetworks採用一個標準化的RealTime streaming protocol（RTSP），擁有不同等級的智慧瀏覽功能，Microsoft要用它來跟NetShow競爭。

讓使用者享受影音內容的方法，是早期成功的關鍵。不需要下載很大的檔案再播放，而是只需要很少的延遲。但是網路的表現很差，影音內容可能因爲網路的擁塞而導致沒有回應（Radosevich & Fitzloff, 1998）。伺服器提供者與頻寬管理商需要提昇影音傳輸的效率。

RealPlayerPlus讓使用者選擇主要新聞頻道，如CNN、NPR與ABC，再選擇有興趣的頻道如體育、財經、娛樂或科技。此外，許多音樂與新聞頻道是事先設定的。

Broadcast.com（之前是AudioNet）是一個提供網站上網頁或目錄即時廣播的網站。既然是線上的廣播導遊，broadcast.com現在要帶領你找到影片或聲音，或是讓你瀏覽未來事件的行程表，有些可以由其他型式的溝通物來幫助，像是文字。

有些人說事件重現比現場看見更好。我們可以看影片廣播的同時，開啓另一個視窗讀相關的文章。例如，你可以在看運動比賽的同時叫出特定選手的統計資料，或是在實況轉播的同時叫出關鍵鏡頭的重複慢動作。你可以在股東會議的廣播中，眞實的看到視覺化協助工具的展現，因爲你可以隨心所慾的放大它們。

網路的軟體視訊會議搬到桌面上，像是Microsoft NetMeeting與White Pine Software的CU-SeeMe。這些套裝軟體讓每個人可以廣播他們自己的頻道。

並不是每個人都樂於見到無限制資訊廣播的可能性。網站廣播者下載非永久性的cookies來維持連結的追蹤與統計，並在使用者電腦中儲存圖片來加速處理。快取記憶體偶爾會被清除。最後，有些人感到使用push媒體的廣告是不請自來的垃圾或「罐頭」。

α-push技術只是簡單的廣播，只要它是個新聞服務、影片或事件重現。α-push技術就如圖11.5所示。

Beta-Push（β-Push）技術

Push技術下載資訊到本地的硬碟。使用者對於冗長的下載時間與無預警的塞滿磁碟感到厭煩，這些並不是他們想讀的東西。因此push技術像是PointCast、Marimba Castanet、Microsoft Webcaster與

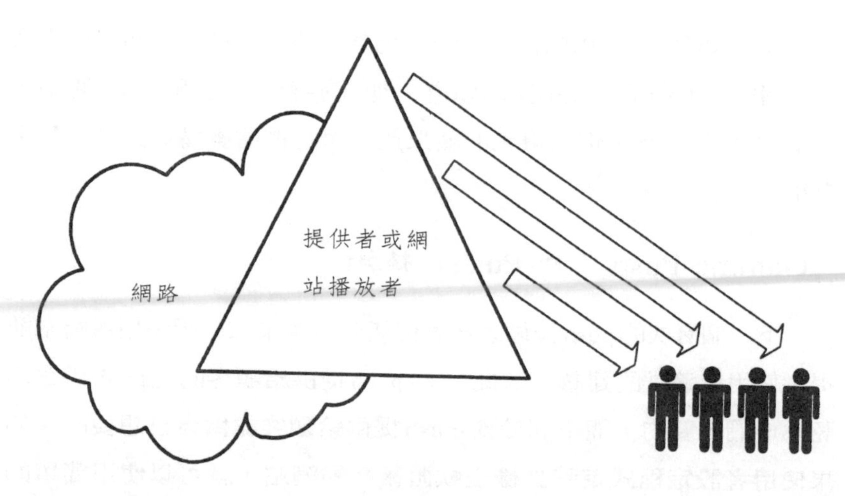

圖11.5 使用α-push技術，網路播放者使用廣播push資訊給一般聽眾

Netscape的Netcaster就爲了滿足使用者需求而設計用來控制頻道的接收。

然而選擇頻道並不像選擇關鍵字一樣。使用者得到了結合新聞報導、資訊與無聊廣告資訊。PointCast讓使用者選擇12個頻道，雖然許多新聞服務的新聞報導很冗長。身在美國的使用者可能想閱讀英國的新聞報導，只要選擇「國際性的」就可以得到訊息。

對於內容，push技術恐怕要面對未來更惡化的局面，而商業界並沒有push標準化的認定。Netscape使用Apple格式的MCF（Meta-Content format），然而Microsoft將他們的格式訂爲CDF（Channel Definition Formant）（Dugan, 1998）。Marimba與Netscape合作，而PointCast與BackWeb傾向於學習Microsoft。其他的網站管理員將要選擇一個格式。這時，並不能清楚的說哪一種標準會獲勝，不過大衆在定案之前是不會接受push的。

β-push如圖11.6所示。β-push仍然在關心什麼是push提供者所要廣播的。他們選擇頻道與副頻道。他們選擇何時訂閱與何時更新。β-push有其限制，但所得到的結果比簡單的網站廣播更具體而且更有用。

Gamma-Push（γ-Push）技術

下一個層次的push技術意味著促使公司企業來分析使用者需求並提供使用者適當的建議。因此，γ-push提供給顧客的是push供應商認為他們想要的，而不同於β-push提供給顧客認為自己想要的。如果使用者設定程式定時去檢查軟體廠商的網站，就可以使用簡單的gamma-push技術於軟體的自動修補（委婉的說是「升級」）。其中一個例子就是Quicken98。如OilChange這樣的產品嘗試在所有的軟體上執行這樣的功能，但是並不是完全成功的。在他們真正有用之前仍需

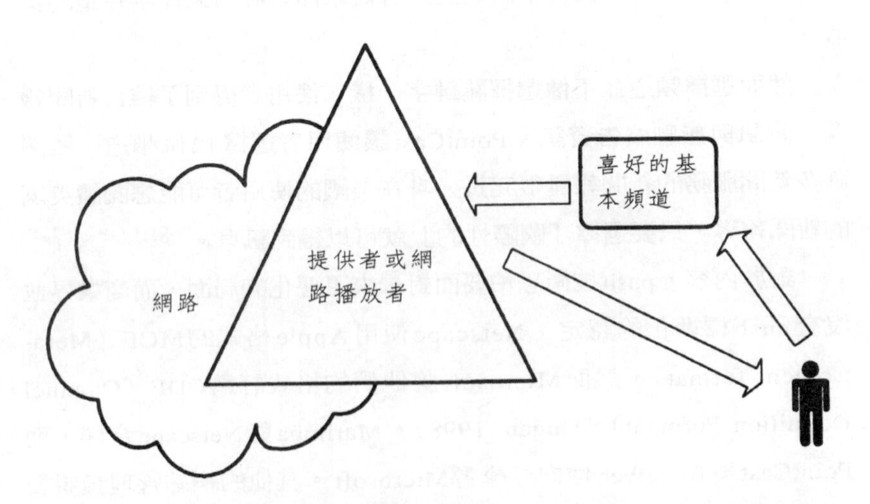

圖11.6 使用β-push技術，網站廣播者push資訊的頻道給使用者，使用者可以選擇自己喜愛的頻道

要更多的研究發展。資訊以「cookies」的形式被儲存在使用者的硬碟之中，因此push供應商可以很快的看見是否需要升級。

這種趨勢現在是很明顯的。無數的公司競相想成為使用者的個人首頁。Microsoft現在有InternetStart、Netscape有Netcenter，但是與Yahoo、Excite、Infoseek、Lycos、Snap相比仍是不足的。

雖然他們都可以允許廣泛的使用者自訂功能，但是這些自訂的功能仍然非常有限。舉個例子，在Excite你可以選擇一般類別的娛樂（藝術）而不是特定的藝術（歌劇）：或者你可以選擇運動的類別（NHL曲棍球）而不是球隊（Buffalo Sabres，水牛城軍刀隊）。因此使用者最後可能收集到零零散散或不感興趣的報導。

此外，這些個人化的網頁（也是知名的入口網站），不但允許購物也鼓勵消費。在Excite的個人首頁可以發現一些欄位為「My Services」（注意，這裡並不是使用者實際選擇的服務，而是由Excite推薦，使用者並不能更改這些列表。）

一些創新的產品如Wayfarer與BackWeb以企業界為主要對象。他們的方法是發展出一套系統，可以讓主管用它來協助他們做關鍵性決策。同時監控內部與外部的網頁來得到新的資訊，基本要素包括追蹤公司的資源、資料倉儲、財務申請與報告的撰寫者。Wayfarer也提供員工傳遞訊息與報告書的範本。Gamma-push技術的目的不但在自動收集資訊，而且最後將指導使用者往它認為使用者需要的方向前進。舉例來說，Amazon.com是最大的網路書商使用關鍵字搜尋器來追蹤使用者的喜好。

當搜尋器（bots）被用在pull技術，它們可以找到便宜的機票、感興趣的書籍讓使用者購買、修復你想儲存但損壞的電話號碼或者提供股票的情報與投資機會。當搜尋器被用在push技術，它們可以確認旅行的人並且傳送關於旅遊計劃的電子郵件、建議閱讀的書籍，傳送最新的電話簿並且使得股票經紀人冷不防的打電話給潛在的投資人。

這些動作有的很吸引人，然而有的卻不是。

廣告與推銷產品是令人惱怒的。潛在的濫用gamma-push技術不在於這些少數討人厭的事，而可能是具有破壞性的廣播方法。網站可以散發出可能造成危險的病毒。我們將在稍後討論這個重要的事情。

Gamma-push技術，如圖11.7所示嘗試著匹配push供應商想要傳送的與使用者想要接受的東西。這需要假設push技術眞正知道使用者所要的是什麼。眞正有效的模型不但可以洞悉使用者的行爲，進而擷取、分析，並且運作在從使用者身上收集來的訊息上。

Delta-Push（δ-Push）技術

在未來，新聞報導與服務將可以被個別的訂做設計。統計資料與資料挖掘、新聞報導、服務與廣告將可以直接送往使用者。網頁的鏈結特性將由自主性的代理程式觀察使用者感興趣的事物，如使用者點

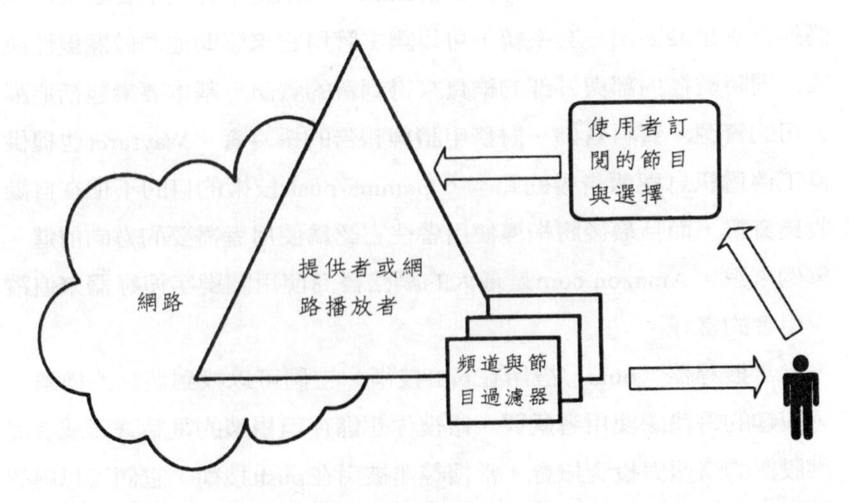

圖11.7 使用γ-Push技術，網路播放者push特定的節目，這是基於使用者選定想要的。

選的鏈結與他們所選擇相類似的網站。

Alexa是第一個嘗試做這件事而且容易取得的產品。第一個被稱爲「領航工具軟體」，這個工具列與瀏覽器一起運作使搜尋引擎可以做出更多功能。Alexa提供一個詳盡的網站統計（擁有人的地址、身份與聲望）甚至說明相關資料的來源。Alexa提供下一個你可能要去的地方的建議，它並且嘗試著爲你找出符合的網站。當然，Alexa實際上不會觀察或分析個別的決策行爲，所以它並不可以稱爲一個眞正的delta-push技術。Alexa仍處於發展的階段，而且距離達到delta push的能力還有一段距離。

Delta-push技術將包含關鍵字搜尋引擎，但是每次使用者閱讀一則從push頻道下載的新聞報導，將會引起搜尋引擎的注意。然後，關鍵字搜尋引擎將會因爲這些反應而成長並且送出一個新的頻道或訊息。當然，具有人工智慧的基因式代理程式的進步將使這成爲可能。在這個世界，每一次新世代的誕生將產生另外的消費或喜好的改變。

引用一個政治界的例子可以容易地說明delta push潛在的問題。自由主義者可能寧願不去抨擊保守主義的觀點，但是兩者的對立仍然眞實的存在。Delta-push技術將可以有效率的遮擋這些造勢宣傳，提供個別偏好者的避風港，使用者將會樂於見到這種結果。無論如何，它可以讓個人或團體更感興趣於兩邊的政治爭議，以便做更聰明的政見選擇或者投票給哪位候選人。

相同型態的錯誤可能發在企業界。如果公司提供他們認爲員工想要的資料，最後可能過濾掉公司最感興趣的有用資料。因此在我們歡迎這項新技術的同時，也應該防止任何形式的誤用。

顯而易見，它在架構上與delta-pull是部份相似的，用來發展資料挖掘。利用資料挖掘技術來控制關於人們的重要資料與資訊的使用是具有爭議的（Codd, 1995; Gray & Watson, 1998; Watson & Haley, 1997）。

Delta-push技術如圖11.8所示。在這裡的關鍵是進化(evolution)。Push供應者，現在適當地描述爲一個「進化的push代理程式」，調查使用者的行爲-使用者閱讀、儲存、與使用的決策-更進一步的調整要提供給他或她的資訊。

在這個舞台，push提供者將焦點放在它們認爲什麼是使用者需要的。這與之前的push技術不同。當push提供者的目的是正當的，有用的資訊將被傳遞給使用者。當push提供者的目的是惡劣的，使用者可能遭受到病毒的攻擊或被病毒感染。

Delta-push技術的優缺點仍在定義當中，但現在可以做出一些評估。瞭解目前此技術在公司、消費者、與商業界中所顯現的優點。在企業組織中，主管將使用眞正動態執行的資訊系統，從delta-push技術中獲得成長。在個人的領域，消費者只會收到他們需要的消費相關訊息。人們將會很高興，因爲會進化的資料挖掘搜尋器將會爲他們做

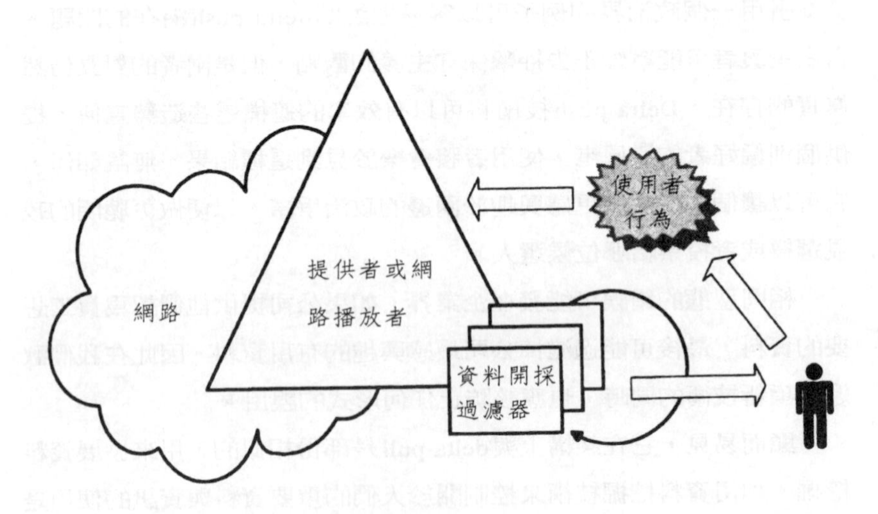

圖11.8 使用δ-Push技術，經由分析使用者互動行為之後，網路播放者push使用者需要的資料。

那些曾經令他們徒勞無功而且沮喪的工作，並且做得更好更成功。它宣稱使用者會得到他們眞正需要的資訊，因此任何擾人的delta-push技術應用都會消失。

如論如何，delta-push技術的評價不應該侷限於對未來過度的樂觀。它確實有一些缺點。我們不僅會有被破壞性病毒入侵的風險，而且這些病毒也可以有根據地突變或進化。當病毒變形並且擴張，他們可以被歸類爲有思考力的病毒，如一種思想，我們可以讓這思想繼續演化下去並宣揚給其他人。Push技術可以將思想推廣的非常遠。

企業界的資訊傳遞系統

當push被組織使用來傳送資料，push技術將會成形。當公司企業認識內部區域網路的價值，將會發現在公司中使用push技術的所有潛能。

舉例來說，National Semiconductor在PointCast加入屬於自己的頻道。這個頻道被稱爲National Advisor，可以傳遞三種產品相關資料。第一種是較爲傳統的行銷資料與銷售員記錄的其他資訊。第二種型態的資料是從網站擷取下來的。這些資料包括好幾期的熱門排行榜，使用者搜尋與要求的產品資訊類型。第三種資料類型是從電子郵件的詢問所產生。

Push系統有很多的優點。它們以即時的方法將訊息送給使用者。以push 的方法傳遞訊息將比等待每週的出版品還快。一些人甚至相信便宜且普遍的push技術將會終結乏味與缺乏媒體的辦公司環境(「Push!」1997)。

Push技術也可以傳遞人們需要的資訊。將訊息廣播給所有的員工比將訊息列印出來便宜，並且管理者不需要在意某些特定的員工是否應該拿到一份報告。

更進一步，push技術可以更具有彈性。當資料經由區域網路傳遞到員工的電腦，使用者可以用很多的管道取得與訂定資料。舉例來說，一個員工可決定加班去檢驗一項產品或者他可能想要去產生銷售的圖表。這是可以被實現的，因爲所有的相關資料將在最可能的時間被推送到正確的人手上。

National Semiconductor並不是唯一發展具有內部網路push技術的公司。Wheat First Securities使用Wayfarer來傳遞資訊給它的股票經紀人。MCI’s網路操作團隊使•ŒPointCast透過很長的網路來傳送能源中斷的警告給7,000名的員工。Arm and Hammer小蘇打產品的生產商Church and Dwight，正使用Diffusion公司的技術發展一個資訊傳遞系統（Sliwa & Stedman, 1998）。其他企業內部網路的push技術平台包括Astound Webcast與Intermind Communicator（Strom, 1997）。

資訊傳遞系統在管理方面的意涵

試想，許多管理人員的工作領域與主管的工作，因爲push與pull的技術而變得較爲簡單與有趣。決策的支援可以透過push技術的預報模組附帶的企業資料、每天最熱門的網站統計與企業宣佈最新的目標，而被決定。決策者將可以使用自行制訂顯示方式，即時地以不同的方式來檢視並且播放不同的資料。這個具有創造力與務實方法的好處，將促使決策者使用創新的方法來思考如何達成目標而不是用傳統的方法解決問題。

除此之外，它擁有可以分享同事之間想法的能力，不論想法在什麼時候、在哪裡發生。舉個例子，公司企業使用push技術意味著你可以透過email的方式傳送多媒體訊息的完整超鏈結，而不是傳送單純的文字。Downes and Mui（1998）提出一個push技術的例子，它們寫到：

何不傳送一封包含完整內容的有趣文章與指向其出處的超鏈結給公司裡的每一個人呢？不論收件人是否在家或者正在斯里蘭卡，只要敲幾個鍵，就可以存取此資料。E-Mail，如一個組織的殺手，始於替代郵局的地位，但可能結束於人類通訊結構的改變。

在這件事上，決策者以能夠創造與傳送完整多媒體訊息超鏈結的方式變爲內容的創造者與提供者。

Lederer, Mirchandandi, and Sims（1998）一份由其主導的調查報告指出，商業界採納以網路爲基礎的資訊系統（Web-based information systems, WISs）回應一件重要的事，就是使用網路來「提昇競爭力與創造策略上的優勢」。它們的評估大多是「資訊較容易取得」，意味著提供較新的產品或服務給使用者。接著，他們舉出能夠「改進資訊要求的彈性」，在他們列表的第五項寫著「增進顧客關係」。無論如何，管理者必須被授權去了解這件事，push技術只有與有效且有力的方法結合時才有助於得到這些好處，這與管理者今天使用的傳統工具不同。

成爲內容的創造者與只是成爲使用者的模糊界線，是push技術另一個重要的管理方面的意涵。管理者將被讚許，不僅是因爲他們擁有創新的方法來解決問題，而且是他們有能力結合多媒體工具，將它經由企業內部網路推廣，進而激發同事與部屬用創新的方法來解決問題。

在組織中，push與pull技術可以動態地改變企業結構，以便將一些專案委託給一位管理者，在第二個專案中他或她雖然不是領導者，但是可以擁有專業顧問的身分或甚至在發生問題的期間提供技術支援（Kendall, Kendall, Smithson, & Angell, 1992）。以非正規的方式重繪組織的架構是必要的，不必僱用或解僱短期的專業雇員，因爲職權的交互影響將會透過push與pull而被偵測出來。

管理人員，只是普通的人，與其他push與pull技術的使用者有相同的經驗，會遭遇到資訊超載、迷失方向與挫折感。已知有一些執行者（包含比爾蓋滋）會設定一些的時間，故意不與電子工具接觸（除非是緊急情況），他們不在任何科技技術的打擾下，與員工面對面進行互動。豐富想法來自於這種集思廣益的型態，創造出24小時持續性的有價值的非傳統管理。

無論如何，一位學者舉出一項見解，並非時間的長短可以讓我們免於與科技的關聯，而是應該反省我們已經處於在這個重要的時刻當中（Heim, 1993）。一些宗教團體的確鼓勵遠離電視與其他科技來進行反省（Yuen, 1998），以重新結合靈魂的價值與其他的世界觀。試圖向管理者說明經由非傳統的push或pull技術所得不到的，他們可能對於團體的想法不敏銳，當他們的重新結合時，可能帶來更多具有想像力的方法來發展他們的組織。

資訊傳遞系統在社會方面的意涵

Push與pull技術在社會方面的意涵是相當深遠的。Push與pull技術正開啓一場革命。當它們將建構出我們的未來時，社會、組織與個人將會做出什麼樣的反應，擁抱或輕視？這場革命擴張我們大部份的認知領域而且是超出我們所知的，並且它允許成爲Turoff與Hiltz（1998）所討論的「超導電性」，無論人們在哪裡都可以具體地與另一個人進行通訊，他們的電子交流可能注重兩個人之間感興趣的事，不論他們相隔多遠。

決策者的生活型態與習慣正在改變。他們的生活是忙碌的，他們的行程被切成許多片段。這場革命改變我們建構演講的方式，我們說話與思考的方式。它改變我們許多陳述報導的方式。它持續改變記敘文的結構。爲了完整了解正在發生什麼事，我們必須了解他已經成爲一場革命。

Postman（1984）觀察得到：

> 許多重要的新媒體改變談話的結構。它以助長某種思維的使用、偏愛某些智慧與才智的定義、需求某些片語與創造新的說話形式來達成這件事……我們已經到達……一個已經被電子媒體改變且無法回頭的符號化環境。我們處在一個訊息、想法與知識都是從電視而來的文化中，而不是從印刷的文字而來……印刷品知識的剩餘價值將繼續存在，以輔助電腦、報紙與雜誌使它們看起來如同電視螢幕一樣。

自從Postman寫下的評論至今，push與pull技術的出現證實他的話是眞的。這些技術已經帶動科技的革命到達一個位置，就是電視不能做到的，以個人要求的內容與客戶訂定的時間播放。新聞媒體可以被客戶指定以不同的方式寄往他們居住的地方。與其限定於晚間新聞的播放，人們寧願使用網際網路的push技術在他們喜歡的時刻接收到新聞。這個趨勢將會繼續下去。根據Pew研究中心的報告，在1995有4%的美國人使用新聞網站，到了1998年增加至20%（“The News Business,” 1998）。世界上越來越多的人將會從網路新聞中取得對自己有用的東西，其中有許多人使用push技術的優點來做到這些事。

一項Push技術與傳統廣播最大的不同點是，push擁有較高的個人化程度。使用者可以設定系統只顯示他或她特別感興趣的節目。資料的種類可以被認定爲「新聞」的，也就是符合個人或個人制定的節目才會被傳送。伴隨著網路的出現，人們不需要費盡心力去查看新聞的關聯或者其他與他們生活有關的節目。他們已經從可用的push頻道中選擇了要顯示的節目，因此他們認爲這些節目將會確實的與他們有相關性。他們所看到的是他們自己選擇的，我們可以說他們的世界是由他們自己建造的。

除了試著去了解push與pull技術的革命觀點，我們也必須去教育實業家或組織的領導者關於push與pull技術如何改變大衆的思考模式。我們也可以教育push工具的決策者與其他使用者關於哪些平衡原則什麼是被同意的與如何使用工具。

資訊傳遞系統的設計者也必須研究他們的設計將如何影響使用者的觀念與理解能力。雖然印刷術不再佔有優勢，但條理清楚的報導與線性的陳述仍然是重要的。網站發展的實驗已經引領研究人員聲明標準規範的細節，即視窗型態的交談介面對網路使用者仍相當重要（Dennis, 1998）。雖然push網站允許使用者跳往超鏈結的部份去尋找更多的東西，人們仍需要被展現足夠的資料來激發他們的好奇心並且以詢問下一個問題或者點選至下一個鏈結的方法來提示他們。

因爲push與pull的技術，世界各國將會面對關於資訊爆炸與看法分歧的實際問題。有多少的資訊需要被政府部門、商業界、宗教團體、學校或家庭過濾掉呢？這個問題的興起不但是關於審查制度而且與商業針對個人的資訊之合法性議題，又是否自由的社會是push與pull技術形成的基本要求。

我們不知道人們可以掌握多少資訊，也不知道持續的連接，立即的存取，或甚至資訊的轟炸會有什麼影響。我們知道資訊確實影響人類，這些人著迷於網際網路如同一個上癮的人，正常人的工作與生活型態正被以網路爲基礎的活動所取代，進一步導致失去工作或翹家等等。Crabb（參考Kelley, 1998）提到，沒有私人的時間與空間時，在任何文化中的人類將會變的緊張與容易生病。其他的研究學者，如Friedman（Kelley, 1998），擔心連接上網際網路不會自動地轉變成較高的生產力或較好的生活品質。

Push與pull技術之間的關係千變萬化，資訊的選擇性與品質相對於資訊超載，與商業對個人與公衆的使用權，應該用多年的時間透過團體被公開地討論才能定案。體認、理解與教育可以幫助我們認識這些要求加入使用者與供應商的決策爭議，他們已經了解他們的選擇所帶來的衝擊是極大的。

資訊傳遞系統在未來的意涵與結論

我們已經開啓資訊傳遞系統這項術語，用來表示新興起的技術，這包含push與pull技術，而且他們的供應商正打算讓使用者以有用的方式去掌握網路的資訊。使用資訊傳遞系統，在組織中，管理者與其他使用者從網路中找出有用的資料，並且他們可以設置它、分析它、使它具有意義，這將確保競爭上的優勢。因爲push與pull技術的型態正在出現，使用者也能將資訊的可靠度、完整度、正確度加以具體化與豐富化，以便用來做一個重要的決策。

我們已經確認與歸類八種型態的資訊傳遞系統，就是我們稱爲的alpha-、beta-、gamma-、delta-pull技術與alpha-、beta-、gamma-、delta-push技術。我們在這裡的分析得相當清楚，資訊傳遞系統正在興起而且當企業組織將其運用在在新的用途上，其接受度將會持續增長。特別引人注意的是使用push技術在企業內部網路將使得管理者以創新的方法推動多樣的視覺顯示方式與其他資料作結合。Pull技術也將更廣泛的被使用與接受，當進化型的代理程式更精緻（refined）時，搜尋將會變得讓人較容易得到更好，更精確的結果。

我們相信pull技術將包含一個進化型的代理程式，它將觀察使用者與資訊互動的模式-包含什麼被搜尋、什麼被使用、什麼被儲存、與它如何被傳送與如何決策中的資訊。進化這個術語代表著代理程式將根據它所觀察到的及它被期望的而變得更好，隨著時間改變而改變。這個代理程式如同我們所提到的delta-pull技術，將會搜尋出使用者需要的資訊。

當delta-pull技術徹底的被使用，進化型的代理程式將減輕一些搜尋的負擔，因為它將觀察與推斷一位使用者的行為，並且找出使用者想要的資訊。此外，在網站之中搜尋將變得較有效率。與最原始的搜尋相比，它產生較令人滿意的結果，這意味著搜尋是較有效率的。

在push這方面，我們提到delta技術，這是一個先進的push種類，它使用資料挖掘的觀念與進化型的代理程式去觀察使用者的行為，然後傳遞他們所需要的。這包含資訊傳遞、軟體的更新、企業的資料，當然也包含廣告。delta-pull過程將會進化，因此傳遞的動作將會根據觀察使用者作決定的行為而來。

使用者進化型push代理程式的出現將讓網站在使用者需要的時刻傳遞他們想要的資料成為可能。除此之外，push供應者將能夠在許多重要的管道中影響使用者。其中一種應用是指示使用者前往一項特別的產品，但更強而有力的用途可能是簡單的過濾資料與訊息給企業中有影響力的決策者，讓他們將焦距放在爭議的關鍵上。再者，delta-push技術可以減少使用者接收到沒有用的資訊之數量，因此多數的使用者將對於收到的資料品質感到滿意。

社團與企業同樣面臨關於資訊傳遞系統之採用與使用的爭議。但各界反應不一。舉例來說，一些公司正以push技術進行實驗，然而一些企業卻懷疑它，認為它是一套員工們將會漸漸厭倦的玩具或遊戲。對他們來說，它是一項科技，但最後會被厭棄。

我們相信資訊傳遞系統將會持續發展。資訊傳遞系統是一項正在興起的技術。有一些阻礙需要克服，pull與push技術都會往前發展一但不一定如我們所預期。我們將在這裡探索幾個較富有想像力的可能性。第一種處理資訊傳遞系統的方式是經由傳遞比一般電腦螢幕更人性化的資訊到各式設備中（可能是電腦或其他設備），第二種探索資訊傳遞系統使用的新技術，如同報紙的外觀與感覺。

以較人性化地方式傳送個人資訊的方法使得資訊傳遞系統可以被

廣泛的認同。如果你全部的小型可攜性裝置（行動電話、掌上型電腦、呼叫器、手錶）可以使用特別的方式與電腦連接在一起呢？我們就不會因爲出國旅行而失去生產力，不需要煩人的連接線，我們在飛機上撰寫的email可以在我們一降落之後馬上傳送出去。藍芽（名稱取自十世紀的維京國王，Harald Bluetooth）是由國際的通訊與電腦廠商組成的組織所命名的代號，包括Ericsson、IBM、Intel、Nokia與Toshiba。他們正發展一種由廉價、低功率、與無線連接所構成的技術，他們希望爲無線通訊訂出一個整體規格（Kelly, 1998: www.bluetooth.com/news/text.Techback.htm）。如果其中一個裝置擁有ISP播號的能力，然後所有的裝置皆可連接上Internet。這個技術鼓勵以個人的目的使用資訊傳遞系統傳送資訊-以你的行動電話或掌上型電腦。當使用者在有需要的情況下，他們將選擇使用pull與push技術

我們花了相當多的時間在討論什麼將會被顯示在使用者的電腦螢幕上，我們必須提醒，最新的push技術不需要做成一個你最習慣的電腦螢幕。它可能以一些「最新的書籍」出現在使用者眼前，這是一種電子化的資訊顯示工具，「由上百頁的電子記錄組成，顯示在眞實的紙張材質上，這些書頁可以被排版，因此賦予這些書可以成爲任何一本書的能力」（Jacobson, Comiskey, Turner, Albert, & Tsao, 1997, p.457）。當使用者閱讀完內容，這個工具可以用電子的方式改變顯示幕的電荷，因此新的一頁將會出現。甚至這些工具可以被回收，它看起來如同傳統的報紙一般。MIT與一家稱爲E Ink的公司（早期Motorola與Hearst的投資者）結盟，目前持續不斷的努力發展這種有彈性、質量輕、並且可再充電的工具（Peterson, 1998）。

資訊傳遞系統是正在興起的科技。許多使用者對於今日的pull技術感到失望，一些評論家也宣稱push已死。他們並未看到整張藍圖。當新的科技讓它能爲我們在何時何地取得需要的資訊，資訊傳遞系統的時代就要來臨。資訊傳遞系統正要來，但也許不是我們現在所想像

的方式。

參考書目

Applets with attitude. (1997, May 17). *The Economist*, p. 89.

Basch, R. (1998). Web rings offer a new way to sift through loads of information. *Computerlife, 5*(1), 62-64.

Bing, M. (1997). Implementing Webcasting as a communication tool. *Database, 20*(6), 42-44.

Brodie, R. (1996). *Virus of the mind.* Seattle, WA: Integral Press.

Chakrabarti, S., Dom, B., Gibson, D., Kleinberg, J., Raghavan, P., & Rajagopalan, S. (1998). Automatic resource compilation by analyzing hyperlink structure and associated text. In *Proceedings of the 7th World-Wide Web conference.* Amsterdam: Elsevier Sciences. Available: http://decweb.ethz.ch/WWW7/1898/com1898.htm.

Chang, S., Smith, J. R., Beigi, M., & Benitez, A. (1997). Visual information retrieval from large distributed on-line repositories. *Communications of the ACM, 40*(12), 112-113.

Codd, E. F. (1995, April 13). Twelve rules for on-line analytic processing. *Computerworld*, pp. 84-87.

Cronin, M. (1997, September 29). Using the Web to push key data to decision makers *Fortune*, p. 254.

Dennis, A. (1998). Lessons from three years of Web development. *Communications of the ACM, 41*(7), 112-113.

Downes, L., & Mui, C. (1998). *Unleashing the killer app: Digital strategies for market dominance.* Boston: Harvard Business School Press.

Dugan, D. (1998, January 26). Who will win the push war? *Infoworld, 20*(4), 81.

Gray, P., & Watson, H. J. (1998). *Decision support in the data warehouse.* Upper Saddle River, NJ: Prentice Hall.

Heim, M. (1993). *The metaphysics of virtual reality.* New York: Oxford University Press.

Jacobson, J., Comiskey, B., Turner, C., Albert, J., & Tsao, P. (1997). The last book. *IBM Systems Journal, 36*(3), 457.

Keller, A., Lake, M., & Littman, D. (1998, July). Pump up your browser. *PC World*, pp. 171-174, 178, 180.

Kelley, T. (1998, June 28). Only disconnect (for a while, anyway): A few of the well-connected who take time off from e-mail, and survive. *The New York Times*, pp. G1, G8.

Kelly, S. (1998). Viking radio. *Equip, 3*(1), 128.

Kendall, J. E., & Kendall, K. E. (1993). Metaphors and methodologies: Living beyond the systems machine. *MIS Quarterly, 17*(2), 149-171.

Kendall, J. E., Kendall, K. E., Smithson, S., & Angell, I. O. (1992). SEER: A divergent methodology applied to forecasting the future roles of the systems analyst. *Human Systems Management, 11*(3), 123-135.

Kendall, K. E. (1996). Artificial intelligence and Götterdämerung: The evolutionary paradigm of the future. *The DATA BASE for Advances in Information Systems, 27*(4), 99-115.

Kendall, K. E., & Kendall, J. E. (1999). *Systems analysis and design* (4th ed.). Upper Saddle River, NJ: Prentice Hall.

Kleinberg, J. (1997). Authoritative sources in a hyperlinked environment. In *Proceedings of the 9th ACM-SIAM Symposium on Discrete Algorithms.* Available: http://www.cs.cornell.edu/home/kleinber/auth.ps.

Lederer, A. L., Mirchandandi, D. A., & Sims, K. (1998), Using WISs to enhance competitiveness. *Communications of the ACM, 41*(7), 94-95.

The news business. (1998, July 4). *The Economist,* pp. 17-19.

Notess, G. R. (1997). Refining the Internet in '97. *Database, 20*(6), 62.

Peterson, I. (1998). Rethinking ink: Printing the pages of an electronic book. *Science News OnLine* at www.sciencenews.org/sn_arc98/6_20_98/bob2.htm.

Pflug, O. (1997, January 27). Push technology: Dead on arrival. *Computerworld,* p. 37.

Postman, N. (1984). *Amusing ourselves to death: Public discourse in the age of show business.* New York: Penguin.

Poynder, R. (1997). It's "Push," Jim, but not as we know it. *Information Today, 14*(11), 18, 20.

Push! Kiss your browser goodbye: The radical future of media beyond the Web. (1997, March). *Wired,* cover, pp. 12-23.

Radosevich, L., & Fitzloff, E. (1998, March 2). Damming the stream. *Infoworld,* pp. 1, 18.

Sliwa, C., & Stedman, C. (1998, March 23). "Push" gets pulled onto intranets. *Computerworld,* p. 6.

Strom, D. (1997). Tune in to the company channel. *Windows Sources, 5*(9), 149-150, 154, 156, 158.

Turoff, M., & Hiltz, S. R. (1998). Superconnectivity. *Communications of the ACM, 41*(7), 116.

Watson, H. J., & Haley, B. (1997). A framework for data warehousing. *Data Warehousing Journal, 2*(1), 10-17.

Wegner, P. (1997). Why interaction is more powerful than algorithms. *Communications of the ACM, 40*(5), 81-91.

Yuen, E. (1998, July 12). An ideal Buddhist vacation: Travel combined with mindfulness meditation. *Philadelphia Inquirer,* p. H7.

第十二章

電子商務的結構及其宏觀層次上的衝擊

由技術上的基礎建置到電子市場

VLADIMIR ZWASS

序論：由傳統式電子商務至網際網路所促成的電子商務

隨著電子商務（electronic commerce, E-commerce）不斷地被網際網路的動態性所重新定義，我們希望能對這種環境下的企業本質加以分析，並展望未來的發展。我們將爲電子商務提出一個階層性的架構，其中我們將以分析性的角度來檢視企業實務及基本資訊科技的變化，而且此兩方面的變化會互相增強。

電子商務藉由通訊網路來分享企業資訊、維護企業關係，以及進行企業交易。在今日的企業環境中，公司間的作業界線已經不再固定，因此，不論是在理論上或實際上，想要將組織間的企業流程與組織中的企業流程分開都是相當沒有效益的。因此，就我們的了解，電子商務包括了公司間的關係與交易，以及支援個別公司內部商務的企業流程。

電子商務是一個新名詞，無疑地也是一個趨勢性的名字，但它所指的業務卻來自於半世紀前的柏林空運（Seideman, 1996）。這種業務後來轉變成電子資料交換（Electronic Data Interchange, EDI）－電腦與電腦之間互相交換標準的電子交易文件。雖然傳統電子商務所涵蓋的範圍已不限於EDI，且包括了一些其他的業務，例如，在電腦與電腦之間交換訊息表格、條碼及檔案，我們仍認爲EDI的使用導致了最顯著的組織轉型及市場主動權（例如，見Jelassi & Figon, 1994）。一些著名的重要案例包括了Wal-Mart、Levi Strauss、General Motors，以及一些其他的公司，例如，藉由雙方的電子聯繫而與其供應商及顧客建立起新的關係型式的公司。EDI及其他資訊科技所支援的電子整合（electronic integration）劇烈地減少了公司在時間及空間上的緩衝，而這些緩衝雖然保護了公司，但也限制了公司的競爭機會。

電子整合導致了虛擬公司（virtual company）的出現，因而使公司的定義產生巨大的轉變；而虛擬公司運送產品到市場的能力主要是由它們在組織及維護企業關係網路上的能力來定義，而不是由它們在生產產品或傳送服務上的能力來定義。許多企業網路已經在這種形式的整合上形成；目前使用新加坡的TradeNet的區域性或全球性企業便是一個良好的例子（而且已經這麼做了（例如，荷蘭鹿特丹港官方）。所有的產業都在迅速地變動中；例如，以EDI爲基礎的效率化客戶回應（Efficient Customer Response, ECR）已經重塑了美國的零售業，而專家們預期這可在銷貨通路上爲整個產業省下數十億美金的花費（「H.E. Butt」, 1994）。爲了瞭解個別公司的作業，並將其合理化，有必要對公司所處的企業網路加以研究。

由於全球資訊網的興起，網際網路自1993年起開始產生商業用途，這使得電子商務被重新定義[1]。幾項主要的資訊科技與企業實務的聚合（convergence）使得電子商務得以興起。在這些基本科技中，直接導致現代電子商務出現的是電腦網路及電信科技：主從式運算（client/server computing）、多媒體（multimedia），超媒體（hypermedia）、資訊檢索系統（information retrieval systems）、EDI、訊息處理（message handling）與工作流管理系統（workflow management systems）、群組軟體（groupware）與電子會議系統（electronic meeting systems），以及公開金匙加密（public key cryptography）；而其中的超媒體特別重要。若以更寬廣的角度來看，所有主要的電腦及電信科技，以及（特別是）資料庫管理，都是電子商務的基礎。目前，所有驅動電子商務的資訊科技都可以具體表現在網際網路之上。這種聚集（Conglomerate）是一種轉變科技（transformational technology）（由Fedorowicz & Konsynski的看法，1992），而它已對過去的假設造成挑戰，並幫助我們塑造新的工作場所、組織，以及市場。網際網路爲電子商務提供了一個開放式平台，而此平台以傳統私有EDI爲基礎，去除了較長的先導時間（lead times）、資產的特有性，以及電子商務的對稱性。

如果說電子商務主要是一種技術上的發展，則這種說法完全錯誤。當企業採用了資訊科技，並且在組織與管理上有所進展，企業便可以了解這種營運的方式；而這些組織與管理上的進展吸引了科技的加入，但科技也轉而成爲這些進展的推力。這些進展包括：以團隊爲中心的工作組織（如果想要的話，國際團隊可以日以繼夜的工作）、電傳工作（telework）、將產品及作業移入虛擬價值鏈、藉由著重於核心能力來削減企業規模，以及轉變的組織（translational organizations）。在Schumpeter（1950, 1975）所描述的創造性毀滅的過程中，轉變科技的使用對企業以往的營運、合作及競爭的方式構成了挑戰。以更寬廣的領域來看，全球的、可存取的、非私有網路連結的基礎科技，無論在公有或私有的領域中，都對我們生活的許多層面造成了改變。

本章首先呈現一個系統性的觀點，以一個階層性的架構來檢視複雜的電子商務企業，而此階層架構的範圍則由網路基礎建置延伸到全球市場。接著我們分析電子商務的一些衝擊，並建立出它們與此架構的關係。分析後將出現一些開放性問題。

電子商務的架構

電子商務的階層式架構及宏觀層次（metalevel）

分析並發展非常複雜的系統（如電子商務）的制式方法便是把它組織成階層式的架構，其中，下面的層次為上面的層次提供了定義良好的功能支援。電子商務這種階層式架構如表12.1所示，且此架構是修改自Zwass（1996）。接下來我們在分析電子商務的衝擊時，此架構將幫助我們形成意義。

此架構認為電子商務由下列三個宏觀層次組成：

1. 基礎建置一硬體、軟體及電信技術，用來提供某些功能，如網際網路上的全球資訊網；或用來支援網際網路或加值網路（value-added network）上的EDI，以及其他形式的訊息傳遞服務。
2. 服務一訊息傳遞服務及各種實現資訊搜尋與傳遞的服務，包括找尋潛在的企業夥伴，以及企業交易上的協商及付帳。
3. 產品與結構一對客户及供應商直接提供商業性資訊的貨品或服務、組織內或組織間的資訊共享或合作，以及電子市場與供應鏈的組織形式。

我們將討論這三個宏觀層次中的個別層次，然後我們將檢視這些層次的功能所造成的衝擊。

表12.1 電子商務的階層式架構

宏觀層次	層次	功能	範例
產品及結構	7	電子市場及電子階層	電子拍賣、經紀、經銷，以及直接搜尋市場組織間的供應鏈管理
	6	產品及系統	遠端客户服務（零售業、銀行業及股票經紀） 提供符合需求資訊的服務（付費式內容網站、教育課程） 供應商—客户聯繫 線上行銷 電子效益系統 企業內部網路或企業外部網路的合作
服務	5	致能服務	電子目錄、聰明的代理程式 電子貨幣、智慧卡系統 數位認證服務 數位圖書館、著作權保護服務 流量稽核
	4	安全的訊息傳遞	EDI、電子郵件、EFT
基礎建置	3	超媒體／多媒體物件管理	使用Java的全球資訊網
	2	公共的或私有的通訊設施	網際網路及加值網路（VANs）
	1	廣域的電信基礎建置	有線及無線媒體網路

技術性基礎建置

此階層式架構的前三層是電子商務的技術性基礎建置。其基礎是將廣域電信網路（wide area telecommunication network）互相連結的網路，而由都會網路（metropolitan net）及區域網路（local area net）所延伸。藉由裝設電腦控制的有線（如光纖及同軸電纜）及無線傳輸媒體（如衛星微波及無線電），使得這些網路遍佈於全球。電子商務本來就具有全球性，然而，由於許多國家或地區在基礎建置上的差異，以及各國在電信管制上的不同，加上許多國家的政府壟斷，以上這些因素都限制了電信的發展，也導致了高昂的電信成本；而且，這種情形可能仍會持續下去。在歐洲及某些拉丁美洲的國家，電信民營化的運動已經展開，而這也被預期會對價格及服務產生良好的影響。在政府干預的正面案例中，如新加坡，國家的發展計畫支持了電子商務的發展。由於許多發展中國家並未適當地建設其電信基礎建置，故它們不可能分享到電子商務的好處，而它們的發展自然也停滯不前。

企業必須以兩種必要的方法才能夠使用到電信能力。舊方法是供應商所建立的私有加值網路（VANs），這些網路於一般媒體上傳遞服務，而這些媒體業者有政府的授權，可為社會大衆提供通訊服務。新方法則是網際網路，此方法已成爲電子商務的主要媒介。網際網路的興起歷程廣爲人知－由美國國防部所發起，原先是支援研究用的網路。這個全球性資訊基礎建置的發展軌跡使自己產生了許多明顯的特性：世界中較先進的國家都能容易地接觸到它，且相對較便宜；缺乏中央控制以及有組織的成長，且安全性、可靠度及頻寬皆相當有限；依賴於一套開放而簡單的封包轉換（packet-swithching）通訊協定組合（TCP/IP），因此能以路由器（router）輕易地連結上其他網路，也依賴於網際網路社會（Internet Society）及其附屬團體（如網際網路架構委員會，Internet Architecture Board）所維護的標準。

全球資訊網的發明使自己成爲資訊分享的主要方式，而瀏覽器則成爲通用的前端。因此，網際網路之所以能成爲電子商務的推動者，主要該感謝全球資訊網。全球資訊網將網際網路轉變成一個全球的、分散的，且超連結的多媒體資料庫。藉由使用主從式架構（client/

server architecture），全球資訊網更進而建立在網際網路的分散式模型之上。一小群或一大群人都可以很容易的參加或組織起一個資訊空間。網際網路社區可以開創及塑造出適合它們目的的空間（Armstrong & Hagel, 1996）。對主動或被動（以軟體的觀點）的資訊物件來說，全球資訊網可以作爲展示（presentation）、散佈（distribution）及使用者爲基礎的銷售（user-based sale）的媒介。與平台無關的專業程式語言，如Java，使全球資訊網的電子網頁成爲主動式軟體物件的一個來源。我們必須看清，作爲一個分離且軟體導向的層次，全球資訊網在未來可能會被一個資訊管理機制所取代，而此機制將更能滿足由許多網路構成的全球網路的大規模使用需求。

服務：企業的促成者

通訊與商業

服務的宏觀層次爲電子商務提供了安全訊息傳遞（secure messaging）及致能服務（enabling services），而這些服務合在一起便提供了電子商務的基礎建置。

傳統的EDI式電子商務以安全的VANs爲基礎，相反的，新式電子商務的公共通訊功能則以TCP/IP通訊協定組合爲基礎，但TCP/IP的發展目的只是用來自由分享資訊，而不是用來作爲市場的基礎。網際網路基礎建置中的根本性安全瑕疵包括：任何電腦皆可潛伏於兩部電腦的通訊路徑上進行竊聽（且可作爲竊取資訊的工具，如信用卡號）；缺乏通訊雙方的認證（故可假扮任何一方）；以及，沒有任何措施以預防訊息內容被修改（Bhimani, 1996）。

企業交易處理的安全訊息傳遞特性包括下列屬性：機密性（confidentiality）（一般是藉由加密的方式來達成，但即使在公共金匙系統中，祕密金匙的運送也仍是一個問題）、訊息完整性（藉由將訊息與一些雜湊表或類似的權杖一起傳送來達成）、雙方的認證（一般是由數位簽章或私匙的持有來完成），以及雙方的不可拒絕性（nonrepudiation）（由上述提及的許多方式聯合達成）。某些交易尙須一些其他的屬性；因此，電子錢（electronic cash）的交易需要購買者匿名（藉由加密中的混淆因素來達成）。

考慮到網際網路通訊協定組合的限制後，我們必須以其他方式來提供安全訊息傳遞的屬性，通常以防火牆（firewall）將組織本身的資訊系統與公共網際網路分開，而防火牆的目的即是希望能遮蔽掉未授權的網路流量。學者們已經主動爲各個通訊層次考慮了許多安全通訊協定，範圍由網路層（network layer）至應用層（application layer）。Visa及MasterCard組織所發展的安全電子交易（Secure Electronic Transaction, SET）通訊協定層次即是一個著名的例子，可用來保護網際網路上的信用卡交易；它發給持卡人一個數位簽證（digital certificate），而持卡人必須在交易時出示這些證明。到目前爲止，一致的安全環境尙未產生，而大家對安全性的憂慮也是電子商務的一大阻礙。特別是因爲我們通常認爲必須將結帳（settlement）由取貨（acquisition）中的資訊步驟與訂約步驟分開，安全性的考量仍然是客戶導向電子商務的嚴重阻礙。

基本的訊息傳遞服務包括了EDI、電子資金轉移（electronic funds transfer, EFT），以及電子郵件。語音訊息傳遞與電報傳眞也可以在網際網路上實現，同時也可能成爲商業上的主動權。建置EDI的基本動機是經濟。因爲公司平均須花費150美金來處理一份書面訂單，但只須花費約25美金來處理一份電子訂單（Verity, 1996）。除了經濟動機之外，公司也尋求策略效益，如壓縮企業週期或強化與企業夥伴間的關係。EDI使下列兩件事成爲可能：藉著由供應鏈「拉進」（pull in）被需要的產品，來制定出快速回應零售（quick-response retailing）的時間導向競爭對策；以及，幾乎保持著零存貨的及時製造（just-in-time manufacturing）。

傳統EDI主要依賴於「中心—與—輪幅式模型」（hub-and-spoke model），在這種模式中，主要的企業夥伴（中心）逐漸地被它的供應商、客戶及合作公司所環繞。這種形式的EDI仍然相當VAN導向，其標準是私定的，且提供的服務有相對較高的成本。雖然在某些產業中，產業標準已經出現，如零售業或鐵路業，國際EDIFACT標準的採用情形仍然相當不理想。此時，許多領導廠商已將其EDI通訊移至網際網路上，以追求低成本及密切全球網路連結的效益。這種轉移將對許多產業及整體經濟造成重大的影響，如果這股風潮再與開放式EDI（open-EDI）結合，則其影響將更為深遠。這樣的開放式EDI將可為企業提供公用的國際性標準，以作為通用的企業方案。其目的是要能自發地與新貿易夥伴進行互動，且事先不須再彼此磋商互動時所使用的通訊協定。而這也可以促進多國間的互動。全球的企業對企業式電子商務（business-to-business E-commerce, B2B）也被預期可由此趨勢而獲得巨大的效益－由傳統EDI的簡單交易組合，轉移到更精密、更有效且更顧客化的開放式EDI企業方案。

訊息傳遞的某種形式也可以用於電子資金轉移系統（Electronic Funds Transfer Systems, EFTS）之中，而成為安全性EDI的一種特定類型，而電子資金轉移系統則可以資訊的形式於銀行間轉移資金。電子郵件已經被普遍地使用在通訊與組織上的整合，且常對組織造成深遠的影響[2]。網際網路上最受歡迎的應用仍然是電子郵件，而這種情形應該會持續下去，且將來會加入傳輸多媒體文件的功能，並與一些致能服務結合，如協商工具及聰明的軟體代理程式。

變化最大的技術活動及企業活動都發生在致能服務的層次。而這些服務促使企業得以找尋企業資訊及企業夥伴、協商及維護企業關係，以及，藉由財務清償（financial settlement）及其他資訊式的移轉（information-equivalent transfers）來完成企業交易。電子商務層次包括了：數位圖書館（digital library）（Fox, Akscyn, Furuta, & Leggett,

1995）；電子型錄（electronic catalog）；聰明的代理程式（smart agents），可幫助我們找出想要的商品或服務；電子認證服務（electronic authentication service），可幫助建立夥伴的誠信；著作權保護服務（copyright protection service）（可能有賴於數位浮水印）；流量稽核（traffic auditing），可幫助電子網站建立其於廣告用途上的價值（廣告為許多全球資訊網網站的主要收入來源，而這些網站也的確擁有驚人的收入）；智慧卡系統（smart-card system），可促進各種財務或資訊上的移轉；以及，各式各樣即將發明或推出的服務（Kalakota & Whinston, 1996）。

特別是電子現金（electronic money, E-money）的發展，更是許多論文及流行的主題。某些學者（Clemons, Croson, & Weber, 1996-1997）將它稱為現金再造（reengineering of money），並預期它將進一步地限制現金在經濟體系中所扮演的的角色。電子現金被預期可以不同的形式來取代貸方工具（例如，信用卡）或借方工具（例如，支票或提款卡），或取代銀行的紙幣及錢幣，因為雖然它們讓持有人保有匿名性（在美國須在某合法的限制之內），但將它們帶到商業組織卻需要花費相當大的代價。目前，美國的貨幣供應超過4兆美元，但只有十分之一，也就是4千億美元是以鈔票或硬幣等實體形式存在。而且，這個數目也只有三分之二在流通，大部分是100美金鈔票的形式，多數是由國外的代理商所發行，且銀行業對這並不感興趣（Gleick, 1996）。因此，美國及其他先進國家目前所流通的貨幣多數都存在於電腦系統輔助儲存裝置的磁區裡。除了購買者與銷售者之外，許多角色也都對電子貨幣的未來發展非常有興趣；這包括了新工具的供應商、銀行、管理者，以及負責國家安全及法律執行的行政機關。

電子商務的標準與結構

電子商務的產品與結構涵蓋了它的三個種類：消費性電子商務（customer-oriented commerce）、企業對企業式電子商務（business-to-business commerce），以及組織內電子商務（intra-organizational business）。三種電子商務的發展都相當迅速，儘管它們導致了不同的經濟結果。

最受歡迎的電子商務應用是消費性電子商務。它們包括了遠端（或在家）購物、銀行業及股票經紀，且通常伴隨著線上廣告（在某些案例中，也以此支付費用）。雖然此市場的巨大潛力已經驅動許多對電子商務感興趣的人，例如，如我們先前所述，許多注意到電子商務的公司已經開始將資金投入股票市場；但是，此市場的愛好者尚未達到關鍵數量，這反應在下面的現象上：相對上較成功的供應商都相當有名。這些供應商包括了Amazon.com，一個虛擬書商，雖然公司是虛擬的，其書籍存貨卻多達250萬種；而這家公司也吸引了相當驚人的股票投資，只在1997年的第三季就成長了54%（Carvajal, 1998）。根據報導，CDnow和N2K是唱片市場的獲利廠商，且它們的市場價值相對於它們的銷售量來說，可說是相當高。Virtual Vineyard，一個賣酒及美食的虛擬店面，以及賣運動用品及服飾的SportSite.com，也都是相當著名（雖然規模有限）的例子。在許多情況下，網際網路上的購買行為已經替代了實體通路上的購買行為。例如，Dell Computers便藉由在全球資訊網上進行銷售的方式而節省了大量的成本，並且每天售出價值三百萬美元的個人電腦硬體與軟體[3]。許多公司提供遠端財務服務。Security First National Bank於網際網路上成功地引入了無分行式銀行（Clark & Lee, 1998），並被加拿大的Royal Bank以驚人的金額併購，而此數字遠大於Security First所累積的存款額（五千四百萬美元）。Lombard Brokerage（現在名為

Discover Brokerage Direct）是首先在網際網路上出售證券的著名先驅，它也提供了許多免費的資訊服務。為了掌握在顧客市場中成功的機會，公司必須確認出實際的客戶需求，並將公司與客戶間的關係建立在這種媒介的關鍵互動特性之上（Hoffman, Novak, & Chatterjee, 1996）。

另一個主要的顧客導向部份是提供符合需求的資訊服務（infotainment-on-demand）。此部份建立在全球資訊網上，而這種新媒介的本質仍有待探索。所提供的資訊範圍包括了教育、專業資訊的傳遞，到娛樂。許多教育課程可即時回應學員的需求。某些教育計畫及課程也被預期會有適當的評核及學位；虛擬大學也逐漸成形，有些人甚至認為它會威脅到傳統的大學模式。此部份也包括一些內容網站，如全球資訊網式雜誌（webzines）（如HotWired及Microsoft的Slate，但目前都尚未能商業化）、電子報及電子書籍，以及，讓我們能接觸到分析性報導、專家評論及專家本身的一些網站。

專業的合法化、各種來源的知識與資訊的包裝、智慧財產權的維護，以及使用者付費等議題，都有待將來我們以此市場中的研究、發展及實驗來解決。在娛樂方面（與資訊方面有所重疊）則包括了數種全球資訊網式雜誌與電子書籍，以及提供隨選視訊的服務（video-on-demand）、隨選的虛擬實境經驗，也包括一些遊戲，而這些遊戲可讓多位玩家感受到引人入勝的持續性經驗。成人娛樂這一部份則相當著名，因其為提供的資訊服務中最具獲利性的層面（Weber, 1997）。

我們預期消費性電子商務會往多個方向擴展，但我們只能預見到其中的幾個方向。例如，電子效益系統（electronic benefit systems）可被用來在網際網路上配發公債，接著更可用來直接付費；多媒體功能可重新定義「雜誌」的觀念，例如，在雜誌中加入電影片段；而且，我們也預期觀眾與資訊創作者間的各種電子即時互動能使其創作更臻完美。

EDI所維護的企業—企業或供應商—客戶連結是基礎最為穩固的電子商務應用類型。這種類型的應用將因新式電子商務的成長而大量擴張，且在許多情況下將促進組織的供應鏈管理，我們稍後將對此做討論。企業對企業式電子商務是由許多企業夥伴（如CommerceNet）以及在全球資訊網上組成產業市場的公司（如Industry.Net）所推動的。IDC（International Data Corporation）預估，1997年美國國內的企業對企業購買量總額約為100億美金（"Commerce by Numbers", 1998）。

在此電子商務層次中成長最快速的領域就是企業內部網路（intranet）或企業外部網路（extranet）的資訊共享或合作。企業內部網路支援公司內的組織資料庫或資料倉儲，以及網頁資訊的散佈，同時也能支援企業防火牆內的團隊導向式合作，而這些合作與地理分布無關。Morgan Stanley便採用典型的企業內部網路，在全球都可以存取的全球資訊網站上顯示，此網站每分鐘對資料進行彙整，以分析公司的投資情勢。許多企業正在發展更為主動的企業內部網路使用方式，包括於線上合作進行同一計畫；而達成此目標的方法便是在電子文件上工作，並以視訊會議進行通訊。因此，福特汽車公司（Ford Motor Company）已將其位於美國、亞洲及歐洲的設計中心以企業內部網路連結起來，使工程師們得以於線上共同發展汽車及零件的電子雛形。利用網際網路功能所建立的企業外部網路可以產生驚人的投資報酬（"The Chief Executive", 1998）。一個可接觸到Harley-Davidson業者的企業外部網路，使它們得以將保證書歸檔、檢查訂單取消狀態，並把財務報表傳送給機車製造商，而這也使它們具備了訂購零件及配件成品的能力。這已經變成一種將書面通訊轉換成電子通訊的經濟方式（Kalin, 1998）。

電子商務架構的頂點是電子市場（electronic marketplace）及電子階層（electronic hierarchy），它們可以改善企業內部關係及企業間的交易。電子市場是用來在電信網路上促進多個購買者與多個銷售者之間的交易。而電子階層則是公司間的供應商—顧客關係，此長期性關係是以電信網路來維護，且應由管理力量而非市場力量來協調。

市場式協調可分成下列四種類型（Garbade, 1982）：直接搜尋市場（direct-search market）（互相尋找未來的合夥人）、仲介市場（brokered market）（仲介者負責搜尋功能）、商人市場（dealer market）（商人持有他們買來或意圖賣出的存貨），及拍賣市場（auction market）。例如，Industrial.Net便是一個爲了工業產品而建立的直接搜尋市場；OnSale則提供了一個拍賣市場。Lee與Clark（1996）對幾個電子市場進行了深入的分析。

供應鏈整合促發了由實際客戶訂單所引發的及時製造，而這股整合風氣同時也支持了組織間電子階層的成型。資訊系統及電信網路的使用也顯著地整合了企業夥伴間的價值鏈。若整個供應鏈中的存貨水準可見度高，則可幫助存貨最小化並減少作業成本。這種作業模式使組織內及組織間的協調產生緊密的限制，而企業內部網路、企業外部網路及網際網路都被預期可在這種協調過程中扮演重要的角色。當然，對供應鏈整合而言，這三種網路絕對必須依賴相同的基本套裝軟體。藉由將自己及企業夥伴的子網路安全地連結在一個企業外部網路（依靠網際網路的連結與軟體）上，企業及參與的夥伴便可藉以協調產品研發、生產，以及運送。例如，Heineken U.S.A.便以其HOPS企業外部網路與批發商及供應商進行合作，合作的範圍包括了排程、預測及庫存的及時補貨（just-in-time replenishment），所有的企業夥伴並一致地往電子整合供應鏈的方向邁進。必須有新的組織間與組織內結構，我們才能在供應鏈管理上獲取網際網路科技的效益。

個別公司的階層與開放市場的階層可被視爲企業管理的兩端，而電子階層則位於中間。就像即將於下一節中敘述的，新式電子商務的散佈將改變階層導向式協調與市場導向式協調之間的相對優勢，同樣的，也將改變各種市場組織方式之間的協調優勢。在電子商務對企業管理的影響上，仍有許多重大的問題有待討論。

電子商務的衝擊與議題

電子商務在企業、社會及研究上的問題涵蓋了相當大的範圍，這反應了迅速擴張的企業（任何企業，包括教育與行政機構）營運模式所造成的改變有多麼深遠。當然，我們現在就可以在我們討論過的架構中指出一些衝擊及議題。為了維護架構的本質，我們以宏觀的角度來討論這些問題。

在討論電子商務的議題時，我們將由基礎建置到企業管理來逐步考慮表12.1中的階層。我們將討論電子商務的下列層面：網際網路技術性基礎建置的限制與不對稱；將交易過程整合進入消費性電子商務（藉由整合付費階段來達成）；顧客市場的建立；將供應鏈的產品與階段移入市場；企業管理上的改變；以及，電子市場中的新式仲介。

基礎建置上的限制與不對稱

雖然我們應該謹防科技中心式、「夢幻的領域」（field-of-dreams）的成功因素觀點，適當的基礎建置仍為電子商務的發展所必須。我們已經承認網際網路的基礎建置（實際上就是目前的全球性資訊基礎建置）有些問題。網際網路的議題在於是否能夠提供足夠的頻寬以應付激增的使用量，而此使用量有逐漸偏向多媒體傳輸的趨勢；另一個議題則在於網際網路的分散本質所引發的問題。

許多分析家認為，電信基礎建置的頻寬是一個嚴重的限制。目前的網際網路2.0版本中，骨幹的運作速度是每秒45到155百萬位元（megabits），雖然這對全球資訊網來說已經足夠（Bell & Gemmell, 1996），但對許多其他應用則仍嫌不足，例如，大量使用的隨選視訊服務。然而，使用者所感受到的不良績效常起因於設備的限制，以及連線提供者的連線限制，而非起因於有限的主幹頻寬。大型組織實際上可獲得的頻寬與小企業及家庭（顧客、遠距辦公者，以及數量漸增的超小企業都是）可獲得的頻寬之間有顯著的不對稱現象。解決不對稱問題的方法，如著名的「最後一哩問題」（last mile problem）及「佈光纖到家庭」（fiber to the home），在郊區重新佈線是相當昂貴而不可行的。高頻寬的T-1線以及更新且更便宜的數位訂購線路（Digital Subscriber Line, DSL）科技的使用增加稍微緩和了這個問題。但這個議題與許多發展中國家的基礎建置限制比起來，便變得不那麼嚴重。根據Market Wizards於1998年1月所作的主機調查，在特定50個的發展中國家的主機非常少，而這50個國家的主機數總和只有9部，但網際網路上的主機總數卻約有3千萬部（"Distribution", 1998）。

已開發或正迅速發展中的國家正在觀望市場導向式的解答，而在某些情況下，這些解答是由政府的干預所促發的。許多美國公司正在平行營利網路上獲取必要的頻寬，並獲得優質的高頻寬連結，而這些美國公司也正在使用某些公司的服務－藉由「直接租用數據專線」（direct leased circuit）來提供連結的公司（如夏威夷歐胡島的Digital Island）的服務；而且，這些美國公司也正在重複存取特定的的商業網站。供應優質高頻寬服務的趨勢已被預期會迅速的擴散，而供應的服務通常都會使用多重定價。這將使公共存取的議題由開放式系統的議題中分開。隨著優質基礎建置服務的供應增加，以及資料流量開始大於聲音流量，直到現在都仍受到競爭保護的區域電信服務提供者將逐漸感受到壓力。強大的新進者將出現於市場中，以競爭「全球資訊網音調」（web tone）—對網際網路的即時寬頻連結—的供應（Woolley, 1998）。

多媒體網際網路3.0版本的骨幹將可以同時傳送資料、影像及聲音等通訊，故其未來的發展將成爲一個開放式的議題。撇開財務危機及技術問題不談，存取上的公共政策問題也將浮現。但大家預期管理上的改變將可促進資金的投入。

因爲網際網路功能的使用量呈指數成長，擴張的非常迅速，網際網路通訊協定也必須隨著更新。網際網路目前所使用的IPv4協定是一個32位元的位址系統，因此，在進入網際網路連結式應用（由個人數位助理到汽車）的時代時，網際網路位址的不足將成爲嚴重的限制。新推出的IPv6協定雖然是128位元的位址系統，但尚未被網際網路設備（如路由器）的製造商採用。

基礎建置的全球資訊網層次有許多明顯的限制，而它們也確實轉變成企業的問題。許多解決整合問題的方式是使用介於客戶端軟體與服務端軟體之間的中介軟體或系統。因爲超文件傳輸協定（hypertext transfer protocol, HTTP）的非連結性（sessionless）本質，因此，若要做生意，你便須在單一連結內依據某網站的每個電子網頁來辨識出自己。沒有任何內建的方式可維持連結的持續性（且呼叫者下次撥接進來時會提供另一個連結）。這明確地彰顯了技術限制對企業的影響（以及它在無意間所造成的結果－對隱私權的侵犯。「傳送cookie」（dropping a cookie）到使用者的系統中是一種減輕這種限制的方式，但它對使用者的隱私權具有侵略性。使用者電腦系統中的全球資訊網伺服器將「cookie」存成文字檔，而在接下來的存取中，這個「cookie」便可以讓伺服器辨識出使用者，而使用者的偏好及過去的採購行爲也都將無所遁形。

基礎建置上的主要問題依然存在，如下面幾個問題：假設網際網路將持續發展成全球性的資訊基礎建置，則它將來在本質上仍然會是分散的嗎？我們可以在分散式的基礎建置上創造出一個受保護的、安全的且可靠的企業環境嗎？在網際網路管理上出現更透明的組織結構的時機已經到了嗎？頻寬的限制對消費者而言眞的是一個障礙嗎？或者，有其他的持續性力量在運作？什麼樣的基礎建置可以增進供應商提供差異化服務的能力，以及顧客比較這些服務的能力？（Baty & Lee, 1995.）

將電子付費整合進入購買過程

消費性電子商務明顯地落後於企業對企業式電子商務，專家估計目前消費性電子商務所佔的總額比率小於10%。網路交易的結帳階段一直被認爲是一個限制因素。應該要讓消費者能在網路上輕易地付費，並認爲此付費行爲是安全的。雖然現在網路上整體的購物經驗、產品感覺，以及客戶服務未能讓潛在顧客滿意（Jarvenpaa & Todd, 1996-1997），並且亟需廠商與學者的注意，結帳問題卻是一個能用系統性方法解決的問題。如本章先前所述，所有目前正在使用的付費手段都逐漸以電子化的形式出現在網路上（"Electronic Money", 1997）。

最令人感到興奮的則是電子現金的發展，即實體鈔票與硬幣的資訊化形式。電子現金可以提供的利益包括：使用者匿名性、全球通用性，以及可分割性（divisibility）；其中，可分割性可讓使用者在所謂的小額付費（microparment）（例如，某軟體物件每次使用須付費0.10美元，或者，在http://www.bylines.org內容網站上閱讀文學散文每次須付費0.19美元）的情況下，獲得比實際現金更符合成本效益的結果。電子現金的廣泛使用對國家銀行體系有重大的意義，因爲它們將失去部份的硬幣鑄造利潤，以及對流通貨幣的控制。

就在此時，（阿姆斯特丹的）Digicash及密蘇里州的Mark Twain Bank已建置出一個叫做ecash的電子現金系統，而此電子現金系統已由一些主要的銀行如Deutsche Bank及Bank Austria所提供。美國的主要銀行則採取觀望的態度，並各自於內部研究電子現金的衝擊。Mondex（http://www.mondex.com）是一個類似現金系統的系統，主要依賴於智慧卡，它已經在幾個國家中測試過，結果使用者不太能接受這個系統（Clemons et al., 1996-1997; Westland, Kwok, Shu, Kwok, & Ho, 1998）。Montex International Limited，一些銀行機構的聯合投資，則發行Montex科技的專利權。南加州大學的資訊科學學會所發展的NetCheque系統讓註冊過的使用者可以「簽訂」電子支票（http://gost.isi.edu/info/netcheque）。付費議題的另一個層面則是財務仲介，像First Virtual Holdings便藉由外部方式來支援電子商務交易的付費階段，而此方式從頭到尾都不需要讓財務憑證（如信用卡號或銀行帳戶資訊）出現在網際網路上（http://www.fv.com）。這種作業模式的提議者認為，在網際網路進行財務交易基本上是不安全的（Borenstein et al., 1996）。就在此時，一種相當盛行的輿論認為，在顧客的眼中，網際網路上的財務交易並不會比現在的實體世界交易來的不安全，但因為此種系統的複雜性與全球分散的本質，他們也擔心「來自網際空間的巨大打擊」（a big hit from cyberspace）是可能的。

電子銀行在多種層面上的衝擊需要學者們針對下列幾個方面進行研究：顧客對各種解決方案的接受度、風險的分攤、制度性的架構、電子現金對經濟的影響，以及，最重要的，讓交易的電子結帳能安全地進行。

建立電子顧客市場

某些人認為，目前電子商務的主要問題應該是如何藉由創造出一個資訊、服務及貨品的市場，來將網友們由瀏覽者轉變成消費者。由統計上來看，網際網路使用量的驚人成長－1997年底時美國有2900萬個全球資訊網使用者（“Commerce by Numbers”, 1998），而在1998年1月一個月之中就有2780萬個使用者瀏覽過排名第一的網站：「雅虎」（Yahoo!）（「Top 20 Sites」, 1998），而且這一切是在4年的時間內達成的－被審慎統計的實際顧客購買量所抵消。但此部份的迅速成長還是相當明顯。根據報告，電子商務的顧客在1995年花費了近1億

3200萬美元（根據Martin, 1996），但只在1997年的第四季就成長到10億美元（根據Forrester Research; Guglielmo, 1998），如果把這種結果放到其他背景的預測上，這個數字實在是太高了。也有許多人對未來的成長做出不同但都高度樂觀的預測（Foley & Sutton, 1998）。這些統計數字是有爭議的，特別是推測的部份，但成長的趨勢卻毋庸置疑。

顧客市場包含了拍賣網站、反向市場（reverse market），以及數位零售商店。如我們先前所述，網際網路媒體的存取性相當普遍而方便，而拍賣方式便是一種成功利用這種特性的方法。除了其他角色之外，拍賣仲介商也幫助消費者探索價格。這種網站的例子包括OnSale（拍賣電腦與電子設備）與eBay（拍賣珍藏品），而這兩者都是規模有限的美國拍賣商。這兩家公司是建立在不同的企業模式上。OnSale現在是一家上市公司，它是一種經銷型的市場，在商品的所有權與運送以及客戶服務上扮演了主動的角色。這可反應在淨收益佔營業額的百分比上，OnSale的百分比便比eBay的來的高，因爲eBay只是提供一個網站作爲購買者與銷售者的數位市集廣場，再收取單品價格的1.5%至5%作爲佣金。這兩個網站的成功彰顯了在全球資訊網式電子市場上所能採取的方法的多樣性。拍賣商將來可能與承擔額外仲介責任的市場結合，而這些大型且多層面的市場可藉由保證商品品質及改善後勤來降低交易雙方的風險。

反向市場也以網際網路媒體的低花費與普遍性爲基礎，並讓消費者處於推動者的地位。藉由將個人的需求廣播於網際網路上，產品或服務（或工作，雖然在關係上已不再是消費者）的預定購買者可以獲得更多有利的供給，故能藉以增加他的消費者剩餘（consumer surplus）。一些反向市場的促進者更提供了「徵求」（wanted）網站。

某些方法已經在全球資訊網式數位零售的一般企業模式中以固定價格（與包含價格探索的創造性市場相反）確認過。這些線上零售通路被Hoffman et al.（1996）分類成：（a）線上店面或線上型錄（on-line storefronts or catalogs），實際銷售產品或者只建立產品印象；（b）內容網站（content sites），提供資訊或支援；（c）全球資訊網流量控制網站（Web traffic control sites），如購物中心或搜尋引擎。Westland與Au（1997-1998）則將數位零售方式分類成型錄網站（catalog sites）、配套銷貨通路（bundling outlets），以及虛擬實境店面（virtual reality storefronts）。配套銷貨及虛擬實境方式被認爲是在全球資訊網上實驗零售業時的特殊先決條件。理論性的論文指出，配套銷貨對下列商品具有吸引力：邊際成本低且與需求無關的商品，以及，與消費者的估價大致相等的商品，資訊商品（如軟體）便是一個顯著的例子（Bakos & Brynjolfsson, 1997）。配套銷貨對某些商品而言也相當看好，如花卉佈置及禮品，因爲在這種情況下，消費者可以方便地限制必要的決策制定程度，而供應商可以任意的替換產品。Westland與Au（1997-1998）在一項街頭式的實驗中發現，與虛擬實境互動時所需要的額外時間並不會增加消費者的支出。

Spiller與Lohse（1997-1998）利用其經驗，將實際存在於網際網路上的型錄式網站分成五類，如表12.2所述。需注意的是，幾種數位零售店的網站有一種叫做抵押特性（bonding features）的特色，而專家們預期這種特色會刺激網友們的再度造訪。這些特色包括與產品有關的全球資訊網式雜誌、彩卷，以及附加物。這些學者發現，數位零售商店僅提供有限的產品選擇，且幾乎沒有服務特色，而其界面更是不良。隨著消費者確認了這樣的感覺，他們便會發現商品型錄是膚淺的。同時他們也關心績效與個人風險，如付費的安全性及隱私權等（Jarvenpaa & Todd, 1996-1997）。

數位零售目前已經進入其低階門檻。許多學者宣稱，多國企業可能會發現自己在全球資訊網上受到小暴發戶的挑戰，而學者們也認爲這些企業需要重新檢視他們的企業模式（Ghosh, 1998; Quelch &

表12.2 型錄式數位零售策略的經驗性分類

策略	主要特色	範例
大型商場	型錄尺寸大	L.L. Bean
	瀏覽工具	Online Sports
	抵押特性	
	大量的資訊及持有物	
促銷商店	產品範圍有限	AWEAR
	龐大的公司資訊	Cheyenne Outfitters
	抵押特性	
	社區導向式資訊	
純銷售式型錄	中等或大型尺寸的型錄	Milano
	大型照片或略圖	First Lady
一頁式型錄	型錄尺寸有限	Alaska Mountaineering
	產品瀏覽功能	Close To You
產品列表	中等尺寸的型錄	Rocky Mountain Outfitters
	產品影像小	Dance Supplies

Klein, 1996)。然而，要建立一個具「侵略性」的全球資訊網站，亦即，一個互動的、商業的且具有活力的網站，所需要的成本據估計應該超過100萬美元(「Commerce by Numbers」, 1998)。專家們預期，當消費性電子商務成熟時，公司的規模、範圍以及現存的商標都將轉變成全球資訊網零售業上的優勢。

就數位產品如軟體、音樂或多媒體而言，網際網路扮演著散播媒體的角色。例如，許多公司在網際網路上行銷其軟體，包括Cybermedia、TestDrive，以及Tuneup.com。更名過的Egghead.com的未來值得我們觀察，這個網站在競爭的壓力下，於1997年9月將其軟體零售業務由規模有限的磚頭與水泥式(brick-and-mortar，變體通路的比喻)通路移到網際網路上，且取得相當令人振奮的初步結果。數位產品的範圍將隨著電子商務的成長而迅速擴張，而許多新產品也漸漸出現，例如，取代硬式商品（hard goods）的符號性標記（symbolic tokens）（Chio, Stahl, & Whinston, 1997）。稍後，我們將深入討論產品的虛擬化。

小零售商在全球資訊網上會採取的一種象徵性發展軌跡，即依照GolfWeb的模式，這家公司在其網站上勤勉地建立起一個以高爾夫球爲中心的社區（在將它轉換成零售通路之前。藉由提供許多深入的高爾夫球相關特色與資訊，GolfWeb 在開啓虛擬專業商店以製造業績之前，已經能在一天內吸引50萬人次拜訪其25000個網頁，且以廣告爲其全部收入。藉由提供互動式的特色，如適合顧客的虛擬設備，這家公司的確把全球資訊網視爲一種新媒體。然而問題仍然存在—許多小公司將遭遇到相對較低的進入門檻（GolfWeb投資了170萬美金），而這些小公司在全球資訊網上會賺錢嗎？這種企業模式，如GolfWeb的企業模式，最終將導致獲利嗎？在網際網路上，什麼是成功的顧客導向式企業模式？以及，我們如何衡量網際網路上實際上發生了什麼？

除了能夠促進顧客搜尋及接受訂單的效率，我們可以從一些具有更深遠用途的實驗中看出網際網路式顧客市場的擴張潛力。建立產品需求、依據個人需求而將產品顧客化，以及發展供應商與顧客間的持續性關係，都是網站的長期目標。特別是，無論最終的採購方式爲何，刺激的網站（stimulating sites）都可以建立起產品需求。這種媒體的互動性大幅提升了顧客化的機會，從而也使得一對一行銷能以相當低的成本來進行。如果某人似乎不太可能會在網際網路上購買鞋子，則提供顧客化的產品應該可以大幅提高其購買鞋子的機率；而達成產品顧客化的方式便是利用網路來傳送腳的尺寸資訊，就像目前某些磚頭與水泥式通路所提供的服務。

網站可用來與個人建立起持續性關係，並進而發展出品牌。在消費性電子商務的這個發展階段中，特別重要的是網站的社群建立特性（community-building features）。這些特性循著人口統計資訊、興趣甚或煩惱的路線吸引個人進入「物以類聚」（birds of a feather）的社群。社群網站吸引了會員的巨大流量，並成為會員們的全球資訊網入口，故這些網站對廣告商相當具有吸引力。注意特定社群的需求是成功的關鍵因素。Tripod，一家成立2年的公司，經營一個每月有270名個別造訪者的網站，其於1998年對Lycos的5800萬美元營業額為這種社群的價值提供了財務上的估計。GeoCities則是另一家吸引了巨額投資的社群導向公司。在追求行銷目標時，可以有創意的使用科技來加強社群意識。例如，Firefly technologies（http://www.firefly.com）便是一個有名的例子，能從具有相似概況資料（user profile）的社群成員中推論出個人的購買需求，並根據這些結果提供產品。這家公司敏感的隱私權策略使它成為Microsoft相當感興趣的併購目標。

全球資訊網上的銷售行為可為這些虛擬社群提供線上示範、諮詢及援助。無疑地，許多現存的電子社群的本質是與商業對立的，且必須為其建立起企業營運的消費者需求拉動模型（pull-model）。數位零售的社群導向模式是否將只是使消費者接受「新」購買地點的一個階段？而純粹交易方式是否會隨著網路銷售的成熟而取代固有的產品？互動式媒體可吸引數以百萬計的潛在購買者，數位零售業務必須將各式各樣的方法包含進入這互動式媒體所提供的機會之中。在建立顧客市場方面，未來的研究若能對全球資訊網站採用這種較寬廣的方法，則將能獲得良好的結果，當然，這需要更長久的經驗及更長期性的研究。

將供應鏈及產品移入市場

大家已經承認，網路基礎建置能提供增加價值的新機會，其方式是將企業價值鏈中的活動移入資訊處理的範圍，以節省處理的金錢與時間（Rayport & Sviokla, 1994）。我們正經歷價值鏈各個部分的虛擬化，而未來或許也會經歷更多產品的虛擬化。企業流程可被移入虛擬及資訊的價值鏈之中，並使其成爲無紙化的交易處理或電子雛形。波音777飛機的發展以虛擬雛形爲基礎，應該是最著名的例子。快速雛形化及快速製造科技將產品的電子模型由電腦輔助製造（computer-aided manufacturing, CAM）檔案直接移入機器之中，而這些機器逐層或逐微粒地建構出最終的實體雛形－或最終產品（Bylinsky, 1998）。一個用來發展定做服飾的虛擬實境系統（叫做Virtuosi）在全球資訊網上提供了造型設計的三度空間視覺及操縱；聲控式人體模型則在此實驗系統的虛擬通道上展示服飾（Gray, 1998）。確實，使用領域可程式化閘門陣列（field-programmable gate arrays）時，便可在全球資訊網上傳送電腦硬體設計（Mangione-Smith et al., 1997）。

產品及程序的虛擬化才剛起步，我們可預期它將會帶來可觀的發展及效率。隨著虛擬化由純資訊式使用轉入合作式使用，企業內部網路可作爲這些價值鏈虛擬要素的媒介。對企業夥伴、供應商及顧客開放的企業外部網路，則可成爲組織間市場網路中的網際網路安全性議題的延伸。

哪些商品或服務可以被轉換成可在電子市場中來往及買賣的資訊？Rayport與Sviokla（1995）提供了一個答錄機的例子。現金是商品可被虛擬化的另一個例子，而videocassettles則是另一種這樣的商品。零售服務已經在全球資訊網而非實體商店上提供，且許多個人電腦可被轉換成適當的網上服務。畢竟，網路電腦即是這種嘗試。我們必須有系統地陳述並研究一些問題－和實體組織與虛擬組織間的相對經濟效率有關的問題。

企業管理上的改變

Coase（1939）的劃時代論文將我們對公司的整體了解予以問題化。由此論文興起的交易成本經濟學幫助我們看到公司的界限，而此界線是由兩方面利益間的平衡所定義的——一方面是內部生產的較低交易成本所帶來的利益，而另一方面則是較低的仲介成本（如管理成本）與經濟規模及外部採購範圍（Williamson, 1975）。換句話說，進行市場交易所需要的成本（即，資訊搜尋、協商費用以及結帳）在很大的程度上定義了公司所要購買而非自己製造的東西。所以，一般認爲（根據Malone, Benjamin, & Yates, 1987的分析），將來會有愈來愈多的外包—（購買而非內部製造）發生。相當多的證據顯示，資訊科技的使用確實與小公司的興起有關。而這是將非核心活動外包出去的結果（Brynjolfsson, Malone, Gurbaxani, & Kambil, 1994）。網際網路是否會再肯定及加強這種趨勢？逐漸成熟的網際網路是否會增加較小型公司的機會？如果會，則會增加到什麼樣的程度？

除了企業界有限分析之外，Malone et al.（1987）所提出的電子市場假設認爲，以電信網路爲基礎的組織間系統的發展會將管理移至市場末端，其中多重供應商也將導致購買的增加。然而，Clemons, Reddi及Row（1993）所提出的移至中點（move-to-the-middle）假設則假定，外包只會到達與有限的供應商間長期協調相同的限度。同樣地，Bakos與Brynjofsson（1993）認爲，協調成本的考量須與非訂約性投資（noncontractable investments）的動機結合，而供應商便是以這種投資來維護與購買者間的關係。公司必須進行這些與特定關係有關的投資以確保某些事務，例如，適當的品質控制、資訊分享系統的實行，以及企業流程的修改。這些考量使作者們做出移至終點的假設。

目前已有的證據傾向於支持第二個假設。例如，一項針對電腦化貸款發起系統的研究並未發現移向市場的趨勢（Hess & Kemerer, 1994）。一個與French Teletel系統影響有關的研究結果則發現了穩定的消費者－供應商關係（Streeter, Kraut, Lucas, & Caby, 1996），而此系統的Minitel終端機則已成爲那個國家的一部份景色（未退休人口的40%已存取過）。然而，新式電子商務所依賴的工具與French

Teletel（其技術已經過時）完全不同，且環繞在網際網路上的發展必然會導致此議題的更深入分析。

我們可以預期市場管理會有更深遠的改變。例如，網際網路的全球性接觸範圍及低存取成本促進了拍賣市場的成長[4]。能開發出狂熱使用者社群的電子拍賣公司即將成功。可讓有意願的購買者搜尋出售者的反向市場也正在擴張。這自然會導致下一個問題：企業仲介者在這個商業世界中是否會有角色？在商業世界中，終端代理程式—買方與賣方—可在網際網路或類似的全球開放網路上互相搜尋、協商費用，以及支付費用。

銷貨管道的新式仲介與衝擊

某論點正被普遍提出－企業營運對開放式電信網路的依賴漸深將會導致「去仲介化」（disintermediation）：逐漸消失的仲介者角色，諸如商人或經紀人。確實，在車商的角色上已可感受到明顯的壓力（Armstrong, 1998）。人所創造出來的電子商品及股票交易將某些仲介者擠壓出交易之外，如同在London Stock Exchange或Swiss Electronic Exchange中發生的一般。將仲介者由供應鏈中去除會產生顯著的經濟效應，節省下來的費用將會遭到激烈的競爭，並返回成爲消費者剩餘的一部分（Benjamin & Wigand, 1995）。

強大的社會及組織障礙抵制了這種發展（Lee & Clark, 1996）。此外，仲介者也的確在企業交易中扮演了重要的經濟角色，因其可減少交易團體的風險、創造經濟規模及範圍，以及促進交易。仲介者現今的角色包括了搜尋交易夥伴、議價（或拍賣市場中的價格探索），以及結帳時的支援。甚至可能有人認爲仲介者的角色於電子商務中將被增強（Sarkar, Butler, & Steinfield, 1996）。

電子仲介者的新種類（所謂的網際仲介者）可以變得相當有價值。它們可以藉由虛擬商場或線上拍賣員的形式促進產品搜尋、估價，以及銷貨。購買者搜尋成本在市場行為及分配效率上是重要因素（Bakos, 1991），且仲介行為對內容更複雜的產品也可能是必須的。新式電子商務已經導致全球資訊網式仲介者產生新的類型，而這些類型的仲介者可藉由減少特定產業市場中的搜尋成本而創造出企業模式。Realbid已經創造出一個拉攏商業不動產購買者與出售者的網站（http://www.realbid.com）（Jones, 1998）。這家公司以電子郵件啓事吸引潛在的購買者，而這些購買者由其逐漸成長的資料庫來識別。其提供的服務在去除購買者的需求，以研究數個數百頁長的提案，進而尋找可能的採購者。在另一項產業中，Cattle Offering Worldwide在其網站上張貼家畜胚胎的系譜及遺傳特質，並且讓家畜購買者在網路上出價競標。如果某種產業具有分布範圍廣泛分散的出售者與購買者，且提供的複雜服務可以利用可搜尋的資料庫來幫助他們簡化，則這種產業是這種仲介相當有前景的目標。

AUCNET是一家日本的二手車電子拍賣屋，AUCNET的成功，品質認證扮演了關鍵性的角色（Lee, 1998）。平均而言，在那個國家裡，AUCNET在電子拍賣中所能引出的價格較傳統拍賣屋所能引出的更高。這可由下列理由來解釋：電子拍賣可以避免將汽車運送至拍賣會場，而較低的交易成本、較寬廣的範圍便進而在出售方吸引了較佳的汽車，以及，汽車的區域可獲得性（local availability）為購買者在金錢上所產生的節省。合理的漲價吸引了高品質的汽車，自然值得較高的價格。

新式仲介者可藉由許多方式來封裝及改善資訊式商品，例如，提供顧客化的多媒體資訊套裝軟體、對智慧財產權所有人採用使用者付費模式，以及提供與作者接觸的額外服務。供應商獲得單一付費的效率，顧客則節省搜尋成本並獲得更專門化及精巧的產品。仲介者可以追蹤版權及執照付費，並推行網站執照協定（site-license agreement）。在未來，如果許多產品不需製造持久性的軟體拷貝版本，只需在每次使用時下載，則其付費方式便可由仲介者來提供。仲介者也可以經營支援服務及資訊式產品的更新。同時，傳統的資訊式產品出版商及轉售者若已停止在新的群集中提供價值，則確實可能會被去仲介化。

Healtheon是新式仲介者所開拓的一個絕佳例子，其爲Jim Clark所創立的公司，而Jim Clark即是Silicon Graphics及Netscape Communication的創立者。Healtheon預定要將其服務賣給保險公司及保健機構，這些公司可以使用Healtheon的軟體來將它們的服務展現給客戶，並爲其員工註冊。此公司也將爲其客戶提供健康計劃管理。它將以全球資訊網爲作業平台，並已試圖擴張成一個無所不在的健康諮詢網站。

傳統仲介者可以自我調適，以增進自己所能提供的價值。Marshall Industries，一個電子產品的批發商，已藉由建立一個網站（http://www.marshall.com）來開拓全球資訊網的能力，而此網站上時時都有來自全球的數百萬名工程師。此網站提供150個主要供應商產品的即時資料表、價格與存貨資訊，這些資訊的格式皆可按照個別需求而顧客化。此外，此網站製作可被下載至顧客網站的足夠軟體，以設計欲與Marshall Industries批發晶片一起運作的虛擬晶片。描述新設計晶片的軟體程式碼可經由此網站上傳給批發商。批發商馬上將這些設計燒成雛形晶片，再將這些雛形晶片郵寄給顧客。藉由將本身置入最終顧客的虛擬價值鍊之中，仲介者得以使自己對供應商與顧客都具有不可或缺的重要性（Hartman, 1997）。

表12.3將電子商務對銷貨管道可能產生的主要衝擊予以彙總。若管道中的某個角色對某因素所造成的衝擊感受最深，表12.3便將此因素分配給這個角色。例如，雖然出售者與購買者的公司規模在網際網路上並不明顯，但出售者的部份不明規模（partly opaque size）對交易的過程有重大的影響。值得注意的是出售者所承受的價格壓力，

表12.3 電子商務對銷貨管道的主要衝擊

出售者	仲介者	購買者
部份不明的公司規模	繞道的可能性	促成反向市場的可能性
價格競爭愈趨激烈	傳統仲介者可能會被網際仲介者取代	搜尋成本降低
使價格區別成為可能	在價格探索上的角色增加	風險增加
可能需要豐富的產品描述	可能成為負責擔保的第三者	網路效應（出售者數目增加所增加的效益）
尋找購買者的搜尋成本降低		
可觀察及可測量的購買者行為		
產品品質及付費方式需被獨立認證		
貨品輸送與倉儲成本可能降低		
網路效應（購買者數目增加所增加的效益）		

而此壓力是由於購買者的搜尋成本降低所引發的（Bakos, 1991, 1997）。表中列出的所有管道衝擊都需要更深入的研究。

新式仲介者所引發的收入將視其活動所附加的價值而定；此附加的價值可能會被假設成與表12.1的架構中的層次有關（仲介者便是在此架構中運作，且層次較高的產品與服務會產生較高的利潤）。[5]下列問題便自已浮現：哪種仲介者注定要被淘汰？仲介者如何在電子商務中增加價值？對仲介者而言，成功的新式企業模式是什麼？傳統仲介者如何轉變成新式仲介者？新式仲介者的角色與類型將會是什麼？企業交易中，各陣營間的利益與福利將如何重新分配？

結論

新式電子商務仍然處於成型階段。企業對企業型電子商務與組織內電子商務目前在電子商務產業中佔有主要地位。許多主要的數位零售商仍處於投資及建立品牌的階段，且顯示出其並未獲利；然而，許多基礎穩固的零售商卻已由新的銷售管道中獲取利潤。大體而言，逐步成長的情形相當明顯。

以上所展示的階層式架構提供了分散顧慮，以及分析此企業各個層面的機會。技術性基礎建置目前在全球市場的發展及參與者的個人便利性上引發了一些限制。一個整合的、顧客導向的交易空間已經興起。顧客市場正由許多具企業家精神的先行者開發，而其中多在市場邊緣嘗試。供應鏈與產品的連結移入市場，爲製造業及服務業的經濟效率提昇都提供了主要的前景。當這種移入過程發生以及供應鏈被重塑時，我們預期許多新公司可能會興起，並專擅於新近重新定義的核心能力。許多現存公司的企業模式將受到威脅。雖然一些仲介角色可能會被電子商務威脅，但有些並不會，且新的仲介機會也逐漸出現。

新市場結合了媒體與全球位置的特質，而這些新市場的能力將被利用來重新定義許多產品與市場。值得注意的包括：將供應鏈的更大部分移至網際網路的過程中，提供顧客化產品的可能性、藉由結合一個全球資訊網站並進而與贊助者結合來進行品牌的創立（branding）、虛擬拍賣的好處，以及，創造大型反向市場的可能性。

隨著時間的進行，新式電子商務將對我們的經濟與社會展現出無數的機會與挑戰。商業的擴張與技術的創新是經濟成長的兩種手段（Mokyr, 1990）。這些力量在電子商務的進展中結合在一起。電子商務對國家、區域經濟，以及國際貿易的宏觀經濟影響，將需要審慎的評估與分析。在電子商務的這個發展階段中盛行著一種判斷－藉由極度的政府法令允許自由市場力量來保護自己不受妨礙（“A Framework,” 1997）。傳統機構諸如銀行、商業銀行、大學、穩固的企業仲介者，以及媒體與出版公司等，將發現它們有必要在新環境裡重新定義其所扮演的角色。在網際網路上進行全球貿易，其課稅議題仍是一個開放的問題。而可以被轉換成線上內容的智慧性財產，其價值在全球市場中也會被重新估量。

地點採購的交易效率（由電子市場所增進）以及信任與寬容的長期關係需求（電子階層所促成）之間的張力仍將繼續存在，並需要更多的研究。將居住地點與工作地點束縛在一起的地理限制則已漸爲遠距工作的成長所打破，這種束縛的力量將愈來愈小。確實，都市居民漸移出都市而遷徙至鄉下地區的可能性已經引發環境的警訊（Snider & Moody, 1995）。許多被其地理位置邊緣化的鄉村地區對電子商務顯露出相當大的興趣，因爲它們把電子商務視爲可以藉以將自己移至虛擬地理中心的途徑。而工作的重分配則需由許多維度來研究。

電子商務已經進入持續快速發展的階段，且許多企業模式也已被電子商務所促成。這裡提出了許多問題。而這些問題及許多其他的問題也都需要更深入的實驗、體驗、觀察、分析，以及研究。

註解

1. 帶領人們進入網際網路的全球資訊網是由Tim Berners-Lee於1989所設計的，原先設計的目的是要讓物理學家們得以合作進行國際研究中心CERN的研究計劃。然而，實際上是第一個流行的全球資訊網瀏覽器，NCSA Mosaic（由Mark Andreessen所設計，不久後便創立了Netscape），於1993年春開始將人們及企業帶入全球資訊網的世界。

2. 根據Sun Microsystem的科學辦公室主管John Cage的說法：
你的電子郵件流量決定了你是否真正是組織的一部分；你的郵件名單可大致說明你所擁有的權力。我曾經在Sun的Java Group待了四到五年。最近，有人錯誤地把我的名字由Java電子郵件名單中除去。我的資訊流量便中斷了一而我也不再是組織的一部分，不論組織架構圖怎麼說……了解公司正發生什麼事的最佳方式便是取得公司的代號檔案（alias file）一公司所有電子郵件名單的主名單（Rapaport, 1996, p. 118）。
3. Dell Computer的總經理Michael Dell說：「網際網路對我們來說就如同美夢成真一般。它就像零變動成本的交易一般。更好的事大概只有心智上的感應能力，」（"The Chief Executive", 1998, p. 22）。
4. Xerox Corporation已發展出一個有趣的系統，此系統呈現出一個幾乎完全沒有摩擦產生的拍賣市場。此系統將建築物內的冷空氣或熱空氣拍賣給個別的房間。軟體仲介者追蹤各房間內的氣溫，並根據冷熱來出價。此系統一天約舉辦1500次拍賣，一分鐘超過一次。結果發現，在分配建築物中的冷熱空氣時，「市場式」系統較傳統的「階層式」系統為佳。
5. 這裡有一個新式仲介的發展方向範例。Andrew Klein，Spring Street Brewing Company的創建者與總裁，首先在網際網路上完成其公司股票的首次公開發行新股（initial public offering, IPO）一去除了投資銀行的仲介行為。那時起，他便成立了Wit Capital Corporation，一家將專注於網際網路IPOs的投資銀行。此公司目前正以其獨自管理的網上服務來接訂單，處理一家叫做Sandbox Entertainment的網際網路遊戲開發商的股份（Schifrin, 1998）。我們可以推想，藉由將表12.1中最頂層的功能移至第五層，創業者所能獲取的剩餘將較傳統仲介者所能獲得的要少。

參考書目

A Framework for Global Electronic Commerce. (1997). The White House. http://www.ecommerce.gov/framewrk.htm.

Armstrong, A., & Hagel, J., III. (1996, May-June). The real value of on-line communities. *Harvard Business Review*, pp. 134-141.

Armstrong, L. (1998, March 9). Downloading their dream cars. *Business Week*, pp. 93-94.

Bakos, J. Y. (1991). A strategic analysis of electronic marketplaces. *MIS Quarterly, 15*, 295-310.

Bakos, J. Y. (1997). Reducing buyer search costs: Implications for electronic marketplaces. *Management Science, 43*, 1676-1692.

Bakos, J. Y., & Brynjolfsson, E. (1993). Information technology, incentives, and the optimal number of suppliers. *Journal of Management Information Systems, 10*(2), 37-54.

Bakos, J. Y., & Brynjolfsson, E. (1997). *Bundling information goods: Pricing, profits and efficiency.* Working paper, Sloan School of Management, MIT, http://www.gsm.uci.edu/bakos/big/big.html.

Baty, J. B., II, & Lee, R. (1995). InterShop: Enhancing the vendor/customer dialectic in electronic shopping. *Journal of Management Information Systems, 11*(4), 9-32.

Bell, G., & Gemmell, J. (1996). On-ramp prospects for the information superhighway dream. *Communications of the ACM, 39*(7), 55-61.

Benjamin, R., & Wigand, R. (1995). Electronic markets and virtual value chains on the information superhighway. *Sloan Management Review, 37*, 62-72.

Bhimani, A. (1996). Securing the commercial Internet. *Communications of the ACM, 39*(6), 29-35.

Bons, R. W. H., Lee, R. M., & Wagenaar, R. W. (in press). Designing trustworthy interorganizational trade procedures for open electronic commerce. *International Journal of Electronic Commerce.*

Borenstein, N. et al. (1996). Perils and pitfalls of practical cyber-commerce. *Communications of the ACM, 39*(6), 36-45.

Brynjolfsson, E., Malone, T. W., Gurbaxani, V., & Kambil, A. (1994). Does information technology lead to smaller firms? *Management Science, 40*, 1628-1644.

Bylinsky, G. (1998, January 12). Industry's amazing instant prototypes. *Fortune*, pp. 120b-120c.

Carvajal, D. (1998, January 5). In the publishing industry, the high-technology plot thickens. *The New York Times*, p. D18.

The Chief Executive's Guide to the Internet. (1998, January). *Supplement to CIO.*

Choi, S.-Y., Stahl, D. O., & Whinston, A. B. (1997). *The economics of electronic commerce.* Indianapolis, IN: Macmillan Technical.

Clark, T. H., & Lee, H. G. (1998). Security First National Bank: A case study of an Internet pioneer. In R. W. Blanning & D. R. King (Eds.), *Proceedings of the 31st Annual Hawaii International Conference on System Sciences* (Vol. 4, pp. 73-82). Los Alamitos, CA: IEEE Computer Society Press.

Clemons, E. K., Croson, D. C., & Weber, B. W. (1996-97). Reengineering money: The Mondex stored value card and beyond. *International Journal of Electronic Commerce, 1*(2), 5-31.

Clemons, E. K., Reddi, S. P., & Row, M. C. (1993). The impact of information technology on the organization of economic activity: The "move to the middle" hypothesis. *Journal of Management Information Systems, 10*(2), 9-36.

Coase, R. H. (1937). The nature of the firm. *Economica, 4*, 386-405.

Commerce by Numbers. (1998, January 26). *Computerworld Emmerce*, http://www2.computerworld.com/home/emmerce.nsf.

Distribution by Top-Level Domain Name by Host Count. (1998). *Internet domain survey of January 1998.* http://www.nw.com/zone/WWW/dist-bynum.html.

Dutta, A. (1997). The physical infrastructure for electronic commerce in developing nations: Historical trends and the impact of privatization. *International Journal of Electronic Commerce, 2*(1), 61-83.

Electronic Money: Toward a Virtual Wallet. (1997). *IEEE Spectrum, 34*(2), 18-80.

Fedorowicz, J., & Konsynski, B. (1992). Organizational support systems: Bridging business and decision processes. *Journal of Management Information Systems, 8*(4), 5-25.

Foley, P., & Sutton, D. (1998). The potential for trade facilitated by the Internet 1996-2000: A review of demand, supply and Internet trade models. In R. W. Blanning & D. R. King (Eds.), *Proceedings of the 31st Annual Hawaii International Conference on System Sciences* (Vol. 4, pp. 210-221). Los Alamitos, CA: IEEE Computer Society Press.

Fox, E., Akscyn, R. M., Furuta, R. K., & Leggett, J. J. (Eds.). (1995). Digital libraries [Special section]. *Communications of the ACM, 38*(4), 23-96.

Garbade, K. (1982). *Securities markets.* New York: McGraw-Hill.

Ghosh, S. (1998, March-April). Making business sense of the Internet. *Harvard Business Review,* pp. 127-135.

Gleick, J. (1996, June 16). Dead as a dollar. *The New York Times Magazine,* pp. 26-30+.

Gray, S. (1998). In virtual fashion. *IEEE Spectrum, 35*(2), 19-25.

Guglielmo, C. (1998, February 9) The mezzanine may be closed for merchants. *Inter@active Week,* p. 44.

Hartman, C. (1997, June-July). Sales force. *Fast Company,* pp. 134-146.

H.E. Butt Grocery Company: A Leader in ECR Implementation. (1994). Harvard Business School Case #196-061.

Hess, C. M., & Kemerer, C. F. (1994). Computerized loan origination systems: An industry case study of the electronic markets. *MIS Quarterly, 18,* 251-275.

Hoffman, D. L., Novak, T. P., & Chatterjee, P. (1996). Commercial scenarios for the Web: Opportunities and challenges. *Journal of Computer-Mediated Communication, 1*(3), http://www.usc.edu/dept/annenberg/journal.html.

Jarvenpaa, S. L., & Todd, P. T. (1996-97). Consumer reactions to electronic shopping on the World Wide Web. *International Journal of Electronic Commerce, 2*(1), 59-88.

Jelassi, T., & Figon, O. (1994). Competing through EDI at Brun Passot: Achievements in France and ambitions for the single European market. *MIS Quarterly, 18,* 337-352.

Jones, K. (1998, March 23). Vortex businesses find vitality on the net. *Inter@active Week,* pp. 60-61.

Kalakota, R., & Whinston, A. B. (1996). *Frontiers of electronic commerce.* Reading, MA: Addison-Wesley.

Kalin, S. (1998, April 1). The fast lane. *CIO Web Business,* pp. 28-35.

Lee, H. G. (1998). Do electronic marketplaces lower the price of goods? *Communications of the ACM, 41*(1), 73-80.

Lee, H. G., & Clark, T. (1996). Impacts of electronic marketplace on transaction cost and market structure. *International Journal of Electronic Commerce, 1*(1), 127-149.

Malone, T. W., Benjamin, R. I., & Yates, J. (1987). Electronic markets and electronic hierarchies: Effects of information technology on market structure and corporate strategies. *Communications of the ACM, 30*(6), 484-497.

Mangione-Smith, W. H., Hutchings, B., Andrews, D., DeHon, A., Ebeling, C., Hartenstein, R., Mencer, O., Morris, J., Palem, K., Prasanna, V., & Spaanenburg, H. A. E. (1997). Seeking solutions in configurable computing. *Computer, 30*(12), 38-43.

Markoff, J. (1996, June 24). Can Xerox auction off hot air? *The New York Times,* p. D5.

Martin, M. H. (1996, February 5). Why the Web is still a no shop zone. *Fortune,* pp. 127-128.

Mokyr, J. (1990). *The lever of riches: Technological creativity and economic progress.* New York:

Oxford University Press.
The Open-EDI Reference Model. (1996). IS 14662, ISO/IEC JTC1/SC30, International Standards Organization.
Quelch, J. A., & Klein, L. R. (1996). The Internet and international marketing. *Sloan Management Review, 37*, 60-75.
Rapaport, R. (1996, April-May). Interview with John Gage. *Fast Company*, pp. 116-121.
Rayport, J. F., & Sviokla, J. J. (1994, November-December). Managing in the marketspace. *Harvard Business Review*, pp. 141-150.
Rayport, J. F., & Sviokla, J. J. (1995, November-December). Exploiting the virtual value chain. *Harvard Business Review*, pp. 75-85.
Sarkar, M. B., Butler, B., & Steinfield, C. (1996). Intermediaries and cybermediaries: A continuing role for mediating players in the electronic marketplace. *Journal of Computer-Mediated Communication, 1*(3), http://www.usc.edu/dept/annenberg/journal.html.
Schifrin, M. (1998, January 12). E-threat. *Forbes*, pp. 152-153.
Schumpeter, J. A. (1975). *Capitalism, socialism and democracy* (3rd ed.). New York: Harper & Row. (Original work published in 1950)
Seideman, T. (1996, Spring). What Sam Walton learned from the Berlin airlift. *Audacity: The Magazine of Business Experience*, pp. 52-61.
Snider, J. H., & Moody, A. (1995, March-April). The information superhighway as environmental menace. *Futurist*, pp. 16-21.
Spiller, P., & Lohse, G. L. (1997-98). A classification of Internet retail stores. *International Journal of Electronic Commerce, 2*(2), 29-56.
Streeter, L. A., Kraut, R. E., Lucas, H. C., Jr., & Caby, L. (1996). How open data networks influence business performance and market structure. *Communications of the ACM, 39*(7), 62-73.
Top 20 Sites. (1998, February 9). *Inter@active Week*, p. 16.
Verity, J. W. (1996, June 10). Invoice? What's an invoice? *Business Week*, pp. 110-112.
Weber, T. E. (1997, May 20). For those who scoff at Internet commerce, here's a hot market. *The Wall Street Journal*, pp. A1, A8.
Westland, J. C., & Au, G. (1997-98). A comparison of shopping experiences across three competing digital retailing interfaces. *International Journal of Electronic Commerce*, 2(2), 57-69.
Westland, J. C., Kwok, M., Shu, J., Kwok, T., & Ho, H. (1998). Customer and merchant acceptance of electronic cash: Evidence from Mondex in Hong Kong. *International Journal of Electronic Commerce, 2*(4), 5-26.
Williamson, O. E. (1975). *Markets and hierarchies: Analysis and anti-trust implications*. New York: Free Press.
Woolley, S. (1998, January 26). Dial tones? No, Web tones. *Forbes*, pp. 84-85.
Zwass, V. (1996). Electronic commerce: Structures and issues. *International Journal of Electronic Commerce, 1*(1), 3-23.

第十三章

主從式系統的活躍

人類面探索

TOR GUIMARAES
MAGID IGBARIA

以一門新技術而言，主從式系統的實戰結果是很弔詭的。一方面，越來越多的公司大筆投資，不少的企業宣稱已經獲得顯著的成效。某份報告中，90%的CIO提到，他們支出在主從式系統的費用將會「大幅成長」，最起碼也有一定的提昇。就是那些年利潤不到一億美金的企業也有類似的看法。該報告顯示：開發中的新應用程式中，採用主從式架構的比例從93年的27%，到94年已躍升到43%（Plewa & Pliskin, 1995）。然而，不管是開發新系統或者改良舊系統，每間公司對主從式系統的認可程度卻有很大的分歧。某些組織中，已有很高比例的應用程式是採用主從式架構了。就拿Textron來說吧，他們只剩下60%的系統是採用傳統的大型主機，而採用主從式架構的，卻已經攀升到40%（Bucken, 1996）。這些大幅採用主從式架構的企業裡面，某些宣稱他們獲益不淺。就1995年的Sentry Market研究報告中指出，25%的組織已採用主從式架構，18%正在測試，32%正在開發中，另有15%處於設計階段；唯獨10%的企業對主從式架構無動於衷。另外還有一份Infoworld調查報告（Willett, 1994），訪問了一共711位資訊主管，他們有70%的人不是正在使用主從式架構，就是正準備在18個月中引進。而且，主從式架構的應用程式裡面並非都是一些實驗性的小系統，反而有不少是對組織有重大影響的。幾近25%的受訪者提到他們正在把「關鍵性任務」的系統改版到主從式架構平台。還有，另一份報告指出，有78%的企業再造工程是在主從式導向的環境下實施的（Cox, 1995）。換句話說，主從式系統擔負了企業程序「激烈變革」的任務，而非單單把一些現存的程序與以自動化。

另一方面，儘管組織對於採用主從式架構不惜血本，成效卻很難保證，而且也還有不少沒解決的問題（Hufnagel, 1994）。許多公司只有9%的主從式系統是按時，按預算完工的。一般而言，花費的時間是預估的230%。系統開發的延誤甚至導致不少CIO（Radosevich, 1995）。Gartner Group調查了117件的主從式系統企劃，其中55%的參與人員反映開發系統的時間比先前料想的長。一半人說案子超出預算，另有59%的人說系統比原先預估的更複雜。不過，這麼多的負面聲音中，依然只有4%的受訪者覺得案子失敗了。另有27%的人認爲下結論還言之過早。很明顯的，經理人員願意慢慢的去爬那條學習曲線。

總的說，儘管有不少潛伏的問題，採用主從式架構仍然可以從中得到不少好處，誠如某位資訊主管下的結論：

> 好像很有潛力，但是並非空穴來風。終端使用者喜歡這種新系統，開發工具也是採用當今的技術，開發人員自然興趣很高，唯一剩下的問題，是公司是否有資源和時間來打好這一仗。很顯然的，對於主從式系統的成功因素得有更深一層的理解才行。

主從式系統的特徵和研究動機

如同Sinha（1992, p97）定義的：「所謂主從式計算架構是說，一或多個客戶端和一到多個伺服端，再配上一個基層的作業系統和程序間的通訊系統，總合成一個系統，使得分散式運算、分析得以遂行」。客戶端提供使用者介面，而且還要可以把結果呈現出來；伺服端則提供服務給一或多個客戶端。它要可以處理客戶端丟出來的查詢和指令才行。在多伺服端的環境裡，這些伺服端能夠互相傳遞訊息，並服務客戶端。在儘可能的情況下，伺服端的工作不能讓客戶端看到。自資訊系統管理的角度而言，主從式架構可以說成是終端使用者計算和資訊系統開發方法的結合。客戶端要具有大型主機友善的終端使用者工具，而伺服端要提供更有規劃的系統開發方法。就大部分的企劃來看，研發程序對使用者都太複雜太困難了，他們需要資訊部門的配合和指導才行。

無庸置疑的，把應用程式分成客戶端和伺服端，再同步使用物件導向的方法來設計程式，和傳統的做法有很大的差別。時間，金錢上都所費不眥，實行起來又困難重重，那麼爲什麼主管人員仍不顧死活的一頭熱呢？對使用者來說，主從式架構讓他們更容易取得他們要的資訊。如同Atre（1994）所提到的，主從式架構的一大目標正是「讓使用者可在任何地方點選他們要的東西」（p72）。對那些提供情緒動力（impetus）的業務主管，便於使用和易於獲取資訊正是主從式架構的兩大優勢（Brousell, 1995, p6）。Baum和Teach（1996）也得到類似的結論，主從式架構的優勢是「把決策權和運算能力下放到基層使用者」。Seymour（1994, p5）宣稱，對主從式架構，「大家都很滿意」。某些情況下，滿意的人甚至不只公司的內部而已。把過去的系統改版成主從式架構，儘管得花上一筆費用，但是卻可換來更高的服務品質和更多的商機，相形之下，絕對是划算的（Nielson, 1994）。

前面已經提過，採用主從式架構是為了讓使用者更有效率地運用資訊科技：易學，易用，使用者滿意，還有，優良系統更可提升工作和生活品質。主從式架構對人因介面的重視，迥然不同的設計理念，並且促使企業投下了大筆銀子，當然是研究的好題材。和其他湧現中的新技術一比，主從式架構對「人」的重視更是獨樹一格。當前新技術多半不大考量「人」的因素。舉例來說，有些研究指出美國製造業採用新技術失敗率高達50%甚至75%，原因正出在他們對人類因素的忽視（Sarah & Sebastian, 1992）。總結以上理由，本研究針對主從式架構中的人類因素予以探討。我們主要想測試一個模型，這個模型在理論是已經是相當穩固的了，它牽涉到三個人類成分：使用者，開發人員，組織。說精確一點，有四個關鍵性的因素：使用者特徵，開發人員的技能，前者與後者在開發過程中的協調，上級主管的支持。至於主從式架構成功與否，我們採用三個量度：使用者滿意程度，系統使用率，對使用者工作的影響。之所以會有這股主從式架構的風潮，很大成分是為了要讓使用者更易上手，給他們更友善的環境，因之，我們預期這幾個因素主宰了系統的成敗。

我們預期本研究能夠有一定的貢獻，其因有三：（1）本研究有相當完備的理論基礎，因此，架構組成和提出的關係是早已為眾所周知。那麼，有人會問，那為什麼在主從式架構下再測一次？大家早已發覺哪些變數決定了「非」主從式系統的成敗了。然而，既然主從式架構的開發方法和別的系統有那麼大的分歧，不經過一點實驗就驟然下結論，未免失之武斷。至少，現存文獻中還沒看到任何的證明。（2）把這個模型拿到主從式是很切題的。就像剛剛說的，主從式架構之所以興起正是為了讓系統更友善，這暗示著它們和傳統的系統有極大的不同。（3）其中一個變數（對使用者工作的影響）的量度比以前進步許多，但是和另外兩個相關變數（系統使用率和使用者滿意度）

一比，卻比較不可靠。本研究是極少數中採用這種量度的，因此對後來的研究提供了寶貴的資料。再者，考慮到使用者促使了主從式架構的興起，然而後者對前者會產生什麼樣的反應呢？這是個很值得探討的現象。本研究補足了Yoon和Guimaraes（1995）的研究。該研究提出，專家系統危及使用者（專家）的工作機會，使用者當然大力反對。這個情形和主從式架構恰恰相反。

理論模型：主從式架構的人類面

本研究的理論基礎算是相當完備的。在研究各種影響使用者對資訊科技接受度的因素時，MIS研究者採用兩個模型：一個是Fishbein和Ajzen（1975）的理性行爲理論（TRA）；另一個則是Davis, Bargozzi和Warshaw（1989）的科技接受模型（TAM）。Hubona和Cheney（1986）探討了這兩個模型，他們的關係，牽涉層面。

TAM把原來TRA改良，變成專門用來分析使用者對資訊科技的接受度，把原來各行爲態度的決定因素，換成一對變數（認知的使用簡易度和認知效度）。這兩個模型都能正確的估計使用者意圖和使用率。然而，兩個模型中TAM更簡潔更易用，也更能精確的評估使用者對資訊科技的接受度，而且，TAM的態度決定因素也勝過TRA較龐大繁雜的評估量度。Adam、Nelson和Todd（1992）都提出了使用TAM來衡量使用者接受度的卓越見解。

以更普遍的角度來看，大部分分析系統的研究多偏重於電腦面。（Cheney, Mann & Amoroso, 1986; Guimaraes, Igbaria, & Lu, 1992; Liang, 1986; Rivard & Huff,1988; Swanson,1988）。先前的研究採用了各種量度來評估系統（DeLone & McLean,1992），包括本研究模型中所採用的：使用者滿意度（Galletta & Lederer,1989; Kendall, Buffington, & Kendall, 1987; Mahmood & Sneizek, 1989; Yoon,

Guimaraes, & O" neal, 1995），對使用者工作的衝擊（Byrd, 1992; Sviokla, 1990; Yoon & Guimaraes, 1995; Yoon, Guimaraes, & Clevenson, 1996），和系統使用率（Fuerst & Cheney,1982; Igbaria, Guimaraes, & Davis, 1995; Mykytyn, 1988）。如同Delone和McLean（1992）提到的，採用何種量度來評估完全要看研究的性質爲何。過去的研究也考慮了不少影響系統成敗的因素：使用者參與度（Barki & Hartwick, 1989; Baronas & Louis, 1988; Yoon et al., 1995），上級主管支持（Lee, 1986; Leitheiser & Wetherbe,1986; Yoon et al., 1995），使用者的期待和態度（Ginzberg, 1981; Maish, 1979; Robey,1979），政治因素（Markus,1983），開發人員和使用者的溝通情形（Igbaria et al.,1995），任務結構（Guimaraes et al., 1992; Sanders & Courtney, 1985），和使用者訓練和經驗（Fuerst & Cheney, 1982; Nelson & Cheney, 1987）。

針對一門強調人類因素的新技術，本研究的前提是，主從式架構的成功與否（我們用三種人類相關的因素來定義）取決於一小組廣知的因素所決定的。這個模型裡面特別研究它們之間的關係：主管支持，使用者特質，開發人員技能，前者和後者在發展階段的協調。至於成功的量度包括：使用者滿意度，使用率，對使用者工作的衝擊。圖形13.1裡面顯示了模型的大綱。在下一個章節裡面，我們針對這三個量度做更細部的分析，接著討論各主要的獨立變數和他們之間可能的關係。

主從式架構對於使用者工作的衝擊

談到資訊系統對於使用者工作的衝擊，DeLone和McLean（1992）提出兩個因素，認爲資訊系統的應用造成使用者工作上的極大衝擊：使用者滿意度和使用率。此外也有人提出一些不同的因素。Benbasat和Dexter（1982）用的是決策的平均花費時間。Byrd（1992）是去檢驗使用者對系統的恐懼感和害怕被炒魷魚的心理。Sviokla（1990）

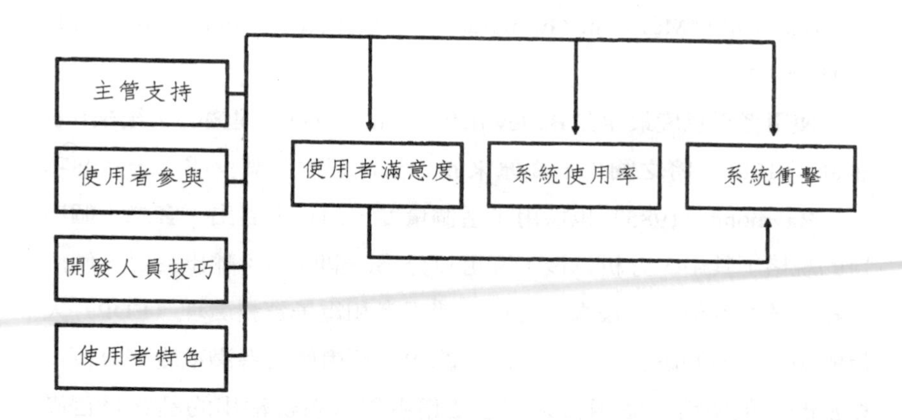

圖13.1 GSS成功指標與決定因素

則觀察系統的輸入，輸出，工作的正確性，工作完成量，以及使用者角色和責任的轉變，還有工作滿意度。大部分的研究都使用一到兩個量度來評估系統對使用者工作的衝擊。參照過去的研究（Yoon & Guimaraes, 1995; Yoon et al., 1996），我們使用了十一個變數來評估。包括使用者工作的重要性，工作量，對工作的精確性有多高，需要哪些技能，工作的吸引力，工作的回饋，是否能獨立完成工作，升遷的機會，工作的穩定度，和同事的人際關係，和工作的滿足感。

終端使用者的滿足感

Hamilton和Chervany（1981）認為使用者的滿足感是評估系統效率最有效的參數。而且，它也可以拿來代替其他用來評估的客觀參數（Ives, Olson, & Baroudi, 1983）。在Delone和McLean的精采分析中，認為在評估系統的時候，使用者滿足感長期以來都被用來代替其他的參數，因此可以在各研究報告間作為比較的依據（Galletta & Lederer,1989; Guimaraes et al., 1992; Kendall et al., 1987; Mahmood &

Sniezek, 1989; McKeen, Guimaraes, & Wetherbe, 1994; Yoon et al., 1995)。

使用者滿意度最早是Bailey和Pearson(1983)建議的，後來Ives et al.,(1983)將之簡化，從原來的三十九個項目減少成二十六個項目。Raymond(1985)也採用了這個量度，而且發展出一套二十個項目的規格，其中，分析以後，又可以分爲四個因素：輸出品質、使用者和系統的關係、(技術)支援、使用者和電子資料處理(EDP)人員的關係。他的研究並不是在所有的領域都用使用者滿意度來分析，相反的，他使用十個項目來評估使用者對於系統輸出的品質是否滿意。大家都認爲這個方法運用於主從架構上較理想，而且和傳統上那些用來評估產出、解決問題，和測量系統介面所產生品質的模型很類似。此研究方法把一些不能用使用者滿意度來評估的項目排除掉了：上級主管的支持、使用者和電子資料處理人員的關係、供應商的的支援。至於留下來的十個項目則包括：輸出價値、使用率、時效性、可靠性、回應時間、正確性、完備性、易於使用、易於學習和文件的效用。如前所述，Delone和McLean建議拿使用者滿意度來評估資訊系統對使用者工作的衝擊。本研究採用此建議。

系統使用率

Thompson, Higgins,和Howell(1991)強調系統使用率，特別是那些導致使用者對電腦排斥的因素。儘管，系統使用率高並不保證就會有使用者工作效率高，更不表示投資進去的錢沒有白花，但這個參數仍然是一個很好用的指標，可以用來衡量組織在新科技上得到的眞正效益。如前面所說的實際上已有不少研究專門分析影響使用者對新科技的接受度受到那些因素的影響，特別那些新的重大變因，例如主從式架構。目前已經出現不少模型是專門用來分析這些因素。這些因素可以區分成個人、組織，或者系統本身(D avis et al.,1989; Franz &

Robey, 1986;Fuerst & Cheney, 1982; Igbaria, 1990; Igbaria et al., 1995; Lucas, 1978; Swanson, 1988; Zmud, 1979）。系統使用率既然如此重要，本研究自然不會遺漏了。

獨立變數

前面提過，Delone和McLean（1994）認爲使用者滿意度和系統使用率影響了系統對使用者工作品質的衝擊。無獨有偶的，不少作者認爲這兩個因素又受到許多獨立變數的控制（Benbasat & Dexter, 1979; Byrd, 1992; Sviokla, 1990）。本研究使用的框架中，採用了四個很常見的變數：終端使用者特質，終端使用者在系統發展階段的參與度，設計者技能和主管人員的支持。

終端使用者特徵

根據Zmud（1979）提出的理論模型，使用者特質是作業系統成敗的決定性因素。使用者對資訊科技的接受程度，不僅要看是什麼樣的技術，使用者自身的技巧也佔了相當大的比重（Nelson, 1990）。使用者的訓練，經驗，都會影響到他們對系統的信賴度和使用頻率。關於使用者的信賴度和使用頻率的重要性已經有很精采的論文分析了（Igbaria, 1990; Schewe, 1976; Zmud）。上述的幾篇論文和不少其他的研究都認爲，使用者訓練的良窳決定了他自身對於這個系統的信賴度，而訓練課程的設計是否完善，又控制了使用者對於新技術的掌握能力（Gist, 1987）。最近的研究（Davis & Bostrom, 1993; Igbaria & Chakrabarti, 1990; Nelson & Cheney, 1987）中證明：訓練課程的類型影響了後來使用者的表現，還有他們是否有信心去磨練出精良的控制技巧；還有，如果能給使用者更多的機會去接觸這些新技術，他們也會更有信心（Igbaria; Rivard & Huff, 1988）。使用者的訓練和對電腦的經驗，也是和系統使用率產生正相關的（DeLone, 1988; Fuerst & Cheney, 1982; Igbaria, Pavri, & Huff, 1989; Kraemer, Danziger, Dunkle,

& King,1993; Lee, 1986; Schewe, 1936）。訓練不良往往導致系統失效。再者，用電腦越熟練，對系統的使用頻率也就越高。使用者特質中，決定了主從式系統成敗的，包括：使用者態度、使用者期盼和使用者對於這門技術的專業知識（Smith, 1988）。使用者態度之所以重要，是因爲如果使用者已經抱著先入爲主的反感，那麼他日後對系統必然持負面態度，當然也不會喜歡去用它了，如此一來，投資進去的大筆資金等於扔到水裡面。更進一步說，要是使用者心理挾著反感，那麼對系統滿意度無論如何也不會高。根據先前的討論，我們可以假定使用者特質會影響到他對主從式系統的滿意度、使用頻率、還有對他自身的工作品質。

使用者參與

一般認爲，主從式架構和決策支援系統是很相近的，後者極端的依賴使用者的參與來釐清使用者的需求（Guimaraes et al., 1992; Igbaria & Guimaraes, 1994; McKeen et al., 1994）。要提高使用者滿意度和決策支援系統的使用率，許多人建議要讓使用者更深入的參與系統設計，這樣才可以建構出更有親和力的介面，讓使用者更易上手。在Yoon et al（1995）的分析裡，一共有九個階段，包括：初期規劃、設定目標、確認定使用者需求、研究如何符合使用者需求、明定資料（資訊）來源、畫出資料流的大綱、設計輸入表單／畫面、設計輸出表單／畫面、決定系統的使用權和使用方式。根據上面的討論，我們可以假定使用者的參與決定了他對主從式系統的滿意度、使用頻率，以及系統如何改變他自身工作的型態。

設計人員的技能

人們發現某些設計人員的特質會影響系統的成功。什麼樣的特質呢？那就是，系統設計者能否儘可能的減少和使用者間的矛盾（Green, 1989; Kaiser & Bostrom, 1982; Lucas, 1978; Yoon et al., 1995）。White和Leifer（1986）探索設計人員的技能對系統的影響，結果他們發現，要保證系統成功，影響的因素非常之多，可以畫分成技術面以及處理面。儘管，各研究中所針對研究對象的技巧和能力略有差異，Nunamaker、Couger和Davis（1982）把他們分成了六個大類：人事、模型、系統、電腦、組織和社會性的。人事類包括溝通能力和做人處世的技巧。模型技巧是指，能否把作業研究型態規劃成模型，以及分析的能力。系統技巧是說，能澄清狀況並與將之定義爲一個系統：擬定元件、功能、範圍。電腦技巧包括軟硬體的知識、程式語言、主從式架構的技巧。組織技能是說，明確掌握了組織各部門的執掌以及公司整體的狀況。對組織各部門的工作越清楚，越能和使用者明確的溝通，省下大家的時間精力。說的更明白一點，要能夠認知，並且描述主從式架構對於組織任一個部門產生的影響。因爲主從式架構本質上就很重視對使用者的親和力和發展的階段（複雜的系統設計，新的開發方法和開發工具），對於設計人員的要求比起傳統系統一比，想當然爾，是更嚴苛的。根據前面的討論，我們假定設計人員的技巧會直接影響使用者對主從式系統的滿意度、系統使用率以及系統對使用者工作的衝擊。

主管支持

上級主管的支持和系統成敗之間的關聯，已經被提了好多次了（DePree, 1988; Keyes, 1989; Smith, 1988）。在Igbaria（1990）和Igbaria與Chakrabarti（1990）對主管支持的精采分析裡，使用了一特殊的評量方法，他們把所謂的支援分成兩個大類：（1）使用者的支持，包括系統發展階段時使用者的協助、詳細的指示，和使用小型電腦應用程式時的指導；（2）主管支持，包括高階主管的鼓勵和充裕的預算。高階主管的支持不但可以讓使用者更有信心，也可以幫資訊部門的人打一計強心針（Igbaria & Chakrabarti; Lucas, 1978）。主管越支持，使用者對系統的感覺就越好，連帶使用頻率也越高。更有甚者，主管的冷漠，往往導致資訊設備被荒廢一旁（Fuerst & Cheney,

1982; Igbaria; Lucas）。Triandis（1980）提出一個模型，Thompson et al（1991）測試後，發現對使用者的支持也會影響系統的使用率。Igbaria et al（1995）發覺主管支持會影響到系統使用率。至於Barsanti（1990）則提到，一個組織的興衰，往往取決於組織能否整體支援。

至於主管階級的支持之所以重要，有好幾個因素。首先，主管支持，才能保證系統得到源源不斷的人員和財力支援。主管不支持，系統囊空如洗，自然也就沒有成功的希望了。第二，引進了新技術，往往連帶影響了組織決策的方式，以及組織處理業務的方式，也會導致權力的洗牌。組織的變革通常會讓使用者不安，而使用者不安又導致對系統的抗拒（Sloane, 1991）。既然主從式系統耗資龐大，而且又多半用在組織再造上，這些因素自然是關係重大的了。根據以上的討論，我們假定主管支持會直接影響使用者對主從式系統的滿意度、系統使用率和系統對使用者工作的衝擊。

研究方法

抽樣的程序

下面這份問卷，裡面的變數和衡量的方法，是由六個公司裡面的九位主從式系統的資訊系統開發主管所設計，內容和可讀性都經過他們的測試。根據他們的建議，我們將某些問題重新措詞，讓人更容易清楚我們想表達的意思。我們分發了五百份問卷，對象都是那些參與主從式系統廠商研討會的資訊系統主管。問卷前面有一份說明，告訴受訪者這份問卷的動機，保證對他們的資料保密，同時如果想要的話，也可以要求這份實驗的結果。雖然說這份問卷是發給資訊主管，但是實際上問卷可以分成兩個部分，第一個部分是由資訊主管來填寫，另一個部分則是由使用者部門的主管塡寫。這兩個部分塡寫完以後，可以摺疊起來，分別寄給研究人員。這種做法可以讓資料更可靠。

資訊主管人員要選出一項最近才啓用，而且啓用時間高達一年以上的主從式系統。這樣要求是避免他們刻意去挑出他們「最喜愛」的終端使用者；至於說要求一年以上，這樣才可以確定說系統對於使用者工作的影響，還有那些使用者滿意度和使用頻率不是一些暫時性的錯覺造成的。最後一點，終端使用者的主管應該要針對該項系統。這五百份問卷中，148份回收而且可以彼此印證，另外還有十六組資料湊不起來（九份是資訊主管，七份是使用者主管），另外還有五份問卷我們不使用，因爲裡面資料無效或者缺少太多我們要的訊息。這份問卷的回收率是29%，就這一類的問卷調查來說，這是很不錯的結果了。

抽樣結果

表格13.1和13.2列出選定的受訪者資料和他們的組織。由表格13.1裡面可以看得出來，樣本涵蓋了很廣泛的產業範圍，大約有一半是製造業，13%是金融業。從表格中的公司總收益亦可以看出我們並沒有侷限在某種特定的產業中。表格13.2可以看出主從式系統的特徵，例如對主從式系統的經驗，主要應用的範圍，系統的主要目的，目前系統的結構（2或3 tiers），還有使用的資料庫數目。所謂的大型主機系統，是指主從式系統使用大型主機的伺服器來存取公司的資料庫。

變數衡量

本研究使用的變數大多已經被人測試和發表過了。大部分變數根據Likert和語意上的差異層級，而且包括好幾個項目。

表13.1 公司統計資料

	次數	百分比
a.主要公司業務		
製造業	67	45.3
零售商	9	6.1
金融服務業	20	13.5
保險業	9	6.1
醫療業	2	1.4
日常生活類（電，水）	9	6.1
運輸業	10	6.8
開採自然資源類	8	5.4
總經銷商	6	4.1
其他	8	5.4
	148	100.0
b.組織的總利潤		
少於五千萬	9	6.1
五千萬到一億	14	9.5
一億到三億	23	15.5
三億到六億	36	24.3
六億到十億	25	16.9
十億到百億	17	11.5
超過百億	24	16.2
	148	100.0

主從式系統對使用者工作的衝擊

我們用績效察覺（perceived performance）來衡量主從式系統的衝擊。這是因為沒有一套客觀的量度來評估工作品質，更何況，每個人工作的內容有很大的差異。我們使用十一個問題（從 Millman &

表13.2 主從式環境與CSS的特性

	次數	百分比
a. 主要公司業務由主從式架構支援		
1. 會計	29	19.6
2. 金融	15	10.1
3. 客户服務	14	9.5
4. 工程	8	5.4
5. 管理	7	4.7
6. 研發	4	2.7
7. 製造	33	22.3
8. 市場	16	10.8
9. 人員	8	5.4
10. 後勤	8	5.4
11. 購買	5	4.1
b. 系統主要本質或者目的		
1. 交易處理	15	10.1
2. 決策分析	37	25.0
3. 兼前二者	96	64.9
4. 重要任務	34	23.0
5. 線上	63	42.6
c. 主從式組態		
1. 2tier（客户端,伺服端）	113	76.4
2. 3tier.（客户端, 伺服端, 中間軟體）	35	23.6
d. 資料庫伺服器		
1. LAN（資料庫放在一到多個伺服器）	96	64.9
2. 中間軟體（資料倉儲伺服器放在客户端和其他的伺服器）	39	26.4
3. 大型主機（大型資料庫放在主機的伺服器）	3	8.8

Hartwick, 1987年改良而來）。這些問題要求使用者自述系統對他們的工作品質、生產力，工作效率產生了什麼樣的影響。其中有七個問題是來自Hackman和Oldham（1980）的研究，用來分析個人工作的各個層面（包括工作的重要性，該工作需要多少的工作量，該工作要有多高的精確度，該工作需要什麼要的技能，完成該工作有多少的彈性，工作的吸引力，工作品質的回饋。）另外四個問題則是討論工作的滿意度，這也是出自文獻（Bikson, Stasz,& Mankin, 1985; Kraut, Dumais, & Kock, 1989）。問卷裡面詢問部門主管旗下部屬的人際關係，工作的穩定性，升遷的機會，和工作得到的滿足感。每個問題都是採用Likert的量度，從最低的1（極度反對）到最高的7（舉雙手贊成）。這些問題都是由終端使用者來回答。

系統使用率

根據過去的研究報告（Igbaria et al.,1989; Srinivasan, 1985; Thopson et al., 1991），本研究使用兩個指標：（1）一天花在系統的時間（根據Lee在1986年的研究報告，每個人都要回答主管花費了多少小時在主從式系統上）。（2）主從式系統的使用頻率。使用頻率最早是Raymond（1985）提出來的，可以用來分析實際的使用情形，它和使用時間有微妙的差異。使用頻率的評估方式是一個6級的量度，從最少的1（一個月用不到一次），到最高的6（一天好幾次）。這兩個指標都是使用者自己去評估的，因爲沒有其他客觀的量度。它們常用來分析系統的使用和接受情形。自己去衡量使用頻率其實是不精確的，不過先前的研究指出這種方法至少有參考價值。這些問題是由終端使用者回答。

終端使用者的滿足程度

本問卷的滿足程度是從改良自Yoon et al.（1995）而來的。Yoon原本使用了十個項目。本量度用來分析使用者對於主從式系統滿足程度。它也討論主從式系統是否能符合使用者需求：提供的資訊內容，資訊的正確性，是否符合時效，還有資訊系統回應的時間，系統人性化的程度（易學易用），參考文件的內容，系統的功效。每個項目都是採用Likert的量度，從最差的1（強烈反對）到最好的7（誓死擁護）。這些問題都是由終端使用者回答。

主管支持

這個指標是由Igbaria（1990）發展出來的，它從兩個角度來分析主管的支持程度，一個是主管對這項科技的鼓勵程度，另一個是他分撥多少的經費。一共有六個項目：主管對主從式系統的潛力了解有多少、主管鼓勵員工使用主從式系統來處理業務的程度、提供足夠的訓練、協助、資源、主管是否盡力使員工接受主從式系統。我們詢問主管這六個項目，回答方式是根據Likert的量度，從最高的7（非常贊成）到最低的1（絕對反對）。這些問題是針對資訊主管和專案主管。

終端使用者的參與

對於使用者參與程度的衡量，是從Doll和Torkzadeh（1989）的研究改良而來的。方法是詢問主管他們對於主從式系統的九項活動參與程度有多高。例如初步規劃系統、建立系統目標、決定系統的使用權、規劃出資料流。這些問題也是由Likert的量度來評估，從最低的1（強烈反對）到最高的7（強烈贊成）。這些問題是由資訊主管或者專案主管來回答。

設計人員的技巧

本指標是由Yoon et al.（1995）發展出來的一共有五個項目。包括個人技巧、模組技巧、系統技巧、電腦技能和組織技能。採用Likert量度，從1（非常反對），到7（非常贊成）。本問題由資訊主管或者專案主管來回答。

終端使用者的特質

衡量終端使用者的特質的方法是Yoon et al.（1995）發展出來的。我們詢問主管他們對以下的陳述贊成亦或反對，還是不置可否：

包括對使用者態度、使用者期待、使用者的抗拒和電腦背景。每個類別都有三個陳述。採用Likert量度，從1（非常反對），到7（非常贊成）。本問題由資訊主管或者專案主管來回答。

資料分析

PLS（Partial Least Square）是用來測試研究變數之間的假定關係，屬於第二代的測試工具。它可以用來測定量度的心理計量學的（psychometric）分析屬性和模組變數關係的強度和方向（Fornell, 1982; Lohmoller, 1989; Wold, 1982）。

PLS包含抽象和實驗變數，而且可以找出這兩類變數在理論模型中的關係。因果（causal）模型技術，一般稱之爲結構等式模型，包含了先驗知識（priori-knowledge），所謂的先驗知識，是指從過去的理論或者實驗得到的知識。根據Fornell（1982），這些方法利用實驗數據來結合並對照理論，可以爲一些無法用實驗或者描述的關係，提供科學的解釋。PLS特別適用在一些理論架構不完全，無法達到LISREL的領域（Fornell & Bookstein,1982; Igbaria,1990）。根據Hohmoller（1981, P7）的意見：「PLS方法更接近資料，更能解釋，分析」。對本研究來說，更重要的一點是，PLS不需要多變數常態分佈的資料（任意分佈）。最後一點，PLS可以用在非區間尺度的資料，而且不需要大樣本。

PLS在因果模型中使用兩個模型：結構模型和評估模型。圖13.1就是把結構模型中每一樣結構加以檢驗。該模型描述理論結構之間的關係。再者，圖13.1裡面每一個結構都有一個相關的評估模型，結構模型藉由數個相關項目與評估模型做連結。舉例來說，認知效用就是和四個相關項目組合起來的。本模型可以評估研究裡面的結構的有效性有多高，也就是說，衡量每個結構是否眞能檢驗出實際發生的情形。所謂的有效性包括兩個維度，（1）收斂有效性，包括可靠度，

（2）差別有效性。

PLS也可以拿來測驗結構模型。結構模型的基本上是利用迴歸技術，最早從路徑分析發展出來的。它常被不太精確的稱做因果模型，算是蠻新的技術，大多用來測試實驗數據（Wold,1982）。結構模型是由無法觀測的結構和它們之間的理論關係（路徑）所組成。它評估該模型的解釋能力和模型裡面路徑的重要性，而所謂的路徑，正是我們想要測試的假說。結構模型和評估模型結合起來，組成了一個架構和量度的網路。各項目的加權和分配顯示該量度的實際值，而估計路徑的共變數顯示理論關係的強度和徵兆（sign）。要評估結構模型必須用到所有的樣本。常用來分析的電腦軟體是LVPLS 1.6（Latent Variables Path Analysis using Partial Least Squares），這軟體是Lohmoller（1981, 1989）研發出來的。至於測定路徑的共變數，我們使用T分配，顯著水準是用所謂的折攏（Jackknifing）（Tukey, 1958; Wildt, Lambert, & Durand, 1982）。

外生的路徑共變數表示它對另外一個外生變數的影響。所謂的間接影響表示一個特定的變數，如何透過某個第三者變數，間接的影響到另一個變數值。間接影響是由某條因果路徑裡面所有的共變數相乘的結果（因果路徑又是由箭頭方向組成的）。如果有多於一條因果路徑，那麼間接影響就是各路徑的總和。把直接影響和間接影響累加在一起，就是一個變數對外生變數的總影響（Alwin & Hauser, 1975; Ross, 1975）。

結果

評估模型

表格13.3就是評估模型測試的結果。從資料中的alpha共變數中我們可以得知，本研究中架構的評估，如果分析他們內部的一致性，是相當精確的。本模型中的合成信賴度從最低的.82到最高的.96，這比Nunnally（1978）建議值要高。資料中亦顯示收斂有效性和差別有效性都得到滿意的結果。從全部的架構中得到的平均變數，超過了.50，這也和Fornell和Larcker（1981）建議的吻合。每個建構中的物件相關性，比不同建構間的物件相關性更高。

結構模型的檢定

表格13.3和13.4顯示結構模型的測試結果。從表格13.4中我們看到結構模型解釋了32%的使用者滿意度變數和67%的系統使用率變數（p<0.001）。表格13.3顯示前提變數可以解釋67%的使用者工作衝擊

表13.3　測量模式的評估

變數	合成信賴度（Alpha係數）	平均變數提出／解釋
獨立變數		
使用者參與	.95	.69
上級主管支持	.86	.52
開發人員技巧	.84	.51
使用者特質	.91	.71
依賴變數		
使用者滿意度	.96	.69
系統使用率	.82	.69
對使用者工作的衝擊	.95	.62

表13.4 終端使用者滿意度與系統使用率的預測

變數	終端使用者滿意度	系統使用率		
		直接	間接	總和
使用者參與	.19*	.02	.02	.04
主管支持	.02	.26*	.00	.26*
開發人員技巧	.45*	.11*	.04	.15*
使用者特質	.11*	.50*	.01	.51*
使用者滿意度		.09*	.00	.09*
R^2	.32*	.67*		

*p < .01

變數。總的來說，這個計量的模型解釋了相當高比例的系統對使用者工作衝擊的變數。（R^2=.67）這符合本研究的基本假定，那就是，在主從式系統中，人的因素比起技術層面的因素要重要的多。

和我們預期的相仿，開發人員的技術、使用者的參與程度，以及使用者特質與使用者滿意度有正相關（分別是g=.45,.19,.11, p<.05）。出乎我們意料之外，上級主管的支持不見得會影響到使用者滿意度。不過值得注意的是，主管支持和使用者滿意度仍然有顯著相關（r=.33 p<.05）。主管支持之所以沒有顯著效果，可能是獨立變數之間的相互關係造成的。

表格13.4中，我們發覺使用者特質對系統使用率有最強烈的關連，然後才是主管支持，開發人員的技巧（分別是g=.50,.26,.11 p<.05），最後是使用者滿意度（beta=.09,p<.05）。該注意的是，開發人員的技巧會透過使用者滿意度，間接影響到系統使用率。

主從式系統對使用者工作的衝擊的獨立變數，分佈情形在統計學上是顯著的。表格13.5中可看出主管支持是最主要的一個因素（g=.43 ,p<0.01），接著是人員的技巧（g=.31, p<.05），終端使用者的參與，和終端使用者的特質（都是g=.8,.8,p<.05）。表格13.5也顯示終端使用者的滿意度和系統使用率，對於主從式系統造成的衝擊也有正面關係（分別是beta=.09和.15,p<.05）。另外該注意到，終端使用者特質，開發人員的技巧，和主管支持，透過系統使用率和系統滿意度，對於系統衝擊也有間接影響。

總結起來，結構模型的測試結果，顯示開發人員的技巧和組織的支持是系統對使用者衝擊中最關鍵的因素。開發人員的技巧對系統滿意度最為至要。從資料中也可以看到，使用者特質對系統使用率有最強烈的影響。

討論和總結

本實驗中的數據顯示，在使用主從式系統的時候，人類因素是極為重要的（使用者在開發階段的參與、終端使用者特質、開發人員技巧、主管支持），而且可以解釋相當比例的系統評估變數：使用者滿意度、系統使用率、和系統對使用者工作的衝擊。結果也顯示系統的開發方法和開發工具的重要性，而且專案主管應該更花心思（特別在主從式技術系統演化的早期階段）。主從式系統的專案主管必須要特別注意主從式系統的開發與應用的人為因素。再者，主從式系統的開發工具和開發方法漸趨成熟，開發人員的技巧也越來越嫻熟，人為因素的重要性可說是相形提高了。

廠商宣傳，主從式系統一旦啓用，對使用者來說容易上手也容易操作。儘管如此，使用者的介面的品質和使用者的需求有很大的關連。因此，初始階段在定義使用者的需求時，使用者的參與是極其重要的。至於在開發系統的其他階段中，使用者參與的重要性，依據系

表13.5 終端使用者滿意度與系統使用率的預測

變數	直接	間接	總和
使用者參與	.08*	.02	.10*
主管支持	.43*	.04	.47*
開發人員技巧	.31*	.06*	.37*
使用者特質	.08*	.09	.17*
使用者滿意度	.09*	.01	.10*
系統使用率	.15*	.15*	.30*
R^2	.67*		

*$p < .01$

統的用途與類別，也有很大的差別。舉例來說，對於關鍵業務的主從式系統來說，雛形階段的時間是非常短暫的，在所有階段中，使用者都必須和開發人員密切聯繫配合。另一個情況是，如果這個主從式系統是用在高交易量的業務上，系統的設計最好完全交給資訊人員，使用者只要參與評估階段即可。儘管有這些技術上的差異，主從式系統的專案主管還是應該盡量教育使用者關於系統的潛力和優點，好讓他們更積極參與系統的開發。與使用者部門建立良好的人際關係，清楚瞭解其他部門的結構和任務，還有對各個使用者的能力有清楚的瞭解，能夠保證開發系統的時候，可以得到某些最重要使用者的協助。

主從式科技是一門相當新穎的技術，開發工具和方法都還在不斷的快速演進。過去產業經驗告訴我們，使用新工具時，訓練和開發人員的技能可以保證系統的生產力。因此，主管應該分配給系統開發小組充足的預算和時間（包括訓練人員的經費），要不然就把主從式系統的發展任務外包給技術更精良的公司。

在發展新的重要主從式系統時，特別是那些涉及企業再造或者組織關鍵性任務的系統時，專案的主管應該先弄清使用者的特質：有任何理由會使他們對系統產生抗拒心理：他們過去對電腦科技的經驗、還有他們對於系統有什麼樣的期待、他們對新系統的態度、使用者的教育、如何改善他們對系統的態度，還有保持他們對系統的期待，這些問題在開發系統之前就應該先考慮過。發展融洽的合作關係，還有培養一個能靈活運用資訊科技的環境，都是長期該努力的目標。要減少長期的政治問題，主從式系統的主管和使用者部門的主管應該要保持良好的合作關係，如果眞的有衝突的話，應由高階主管來仲裁。

最後，如果要讓主從式系統對使用者的工作有好的影響，主管的支持是最迫切的。這包括主管要鼓勵使用主從式系統，盡力使員工樂於運用此項新科技，同時還要提供足夠的協助和資源。如果系統必須融合好幾個過去的舊應用程式，要連結分散在各處的資料庫，或者是需要更具親和力的使用者系統，對於主從式架構的組態都必須審愼的評估。對這些系統，特別是那些使用者期待很高的，資訊系統主管必須遊說高級主管，設法弄到足夠的經費，而且讓這些高級主管對這門有潛力卻才在萌芽階段的新技術有好感。

研究的侷限和未來發展

儘管本研究強烈支持人性相關因素的主從式系統模型，同時也分析了一些系統的特質與內涵。管理人員仍必須要特別注意下面討論的幾個獨立變數，這幾個變數也是將來研究的好對象。

1. 本論文是近來少數嚴格探討主從式系統的研究之一，然而我們卻刻意的排除了一些重要的變數。我們集中焦點在人爲因素上面，可是卻也犧牲了研究模型的全面性。未來的研究應該要擴展模型，將其他可能影響到系統成敗的因素考慮進來。說的更精確一點，近年來開發的工具和方法大量的出現，而他們如何影響到系統的成敗呢？這是極爲迫切的問題。該考慮的因素包括這些新工具的品質，他們和現存系統的相容性以及和整體的資訊架構的相容性。另外，現在的趨勢是不斷的將主從式系統應用到各種組織的程序上，這麼做的同時也該考慮應用時的環境特質。如果系統必須整合好幾個資料庫和系統，也要提供更友善的使用介面，那麼主從式系統的組態是很重要的。

2. 使用網際網路相容的溝通模式，以及企業內部網路（Intranet）的概念，例如網頁（Homepages），對於主從式系統的方法，不論是動機或者運作層面，都有很深遠的影響。發展系統時，若能更順暢的和網際網路結合，能夠加速把現存的系統轉化成物件導向的主從式系統。考慮到現在有越來越多的組織使用資訊科技，不論是對外部或者內部的使用者，提供應用系統（例如網頁），那些以伺服器爲基礎的軟體，還有關於資料存取，完整性的控制介面無疑會更加重要。對於各種新科技的組合方式，還有他們適用的應用程式，都是我們應該要進一步理解的。除此之外，關鍵成功因素的排行榜很可能重新洗牌，新的因素可能會變的很重要，而那些目前榜上的重要因素也可能變的無關痛癢，到那時候，有必要再重新測驗各個預測模型。

3. 對任何一個模型來說，最重要的是，它是否能在預定的環境中，產生我們想要的結果。因此，未來的研究應該要檢定我們建議的管理行爲是否眞能產生期望的效果。未來的研究若能結合各理論模型，運用第二代的多變量分析，再配上領域內的，準實驗的介入，不管在理論層面或者實用層面，都應該可以得出更精確的見解。

4. 儘管一般由偏誤（bias）造成的方法變數在本研究中不成問題，研究者仍然應該要發展更直接也更客觀的量度來分析本實驗中的各項變數，避免得到錯誤的結果。下面的幾點可以證明本研究是沒有偏誤的：（1）不管問題的內容是怎麼樣，受訪人員並沒有產生一路贊成到底或者一路反對到底的現象。（2）如果是用在單項目的評估或者設計不良的量度，一般方法變數的風險會比較高。（3）客觀量度（例如，人口統計學上的變數）之間的關係，還有可疑變數，都和過去的研究還有實際經驗吻合。本研究對於第一還有第二項測試都順利通過了。然而第三項測試卻是不可能的，因爲目前並沒有其他關於主從式系統發表的試驗證明。然而，就我們幾位作者和一些審稿人員來看，是沒有什麼明顯的偏誤。

參考書目

Adams, D. A., Nelson, R. R., & Todd, P. A. (1992). Perceived usefulness, ease of use, and usage of information technology: A replication. *MIS Quarterly, 16*(2), 227-247.

Alwin, D. E., & Hauser, R. M. (1975). Decomposition of effects in path analysis. *American Sociological Review, 40*(2), 37-47.

Atre, S. (1994). Twelve steps to successful client/server. *DBMS, 7*(5), 70-76.

Bailey, J. E., & Pearson, S. W. (1983). Development of a tool for measuring and analyzing computer user satisfaction. *Management Science, 29*(5), 530-545.

Barki, H., & Hartwick, J. (1989). Rethinking the concept of user involvement. *MIS Quarterly, 13*(1), 53-63.

Baronas, A. M. K., & Louis, M. R. (1988). Restoring a sense of control during implementation: How user involvement leads to system acceptance. *MIS Quarterly, 12*(1), 111-124.

Barsanti, J. B. (1990). Expert systems: Critical success factors for their implementation. *Information Executive, 3*(1), 30-34.

Baum, D., & Teach, E. (1996). Putting client/server in charge. *CFO, 12*(1), 45-53.

Benbasat, I., & Dexter, A. S. (1982). Individual differences in the use of decision support aids. *Journal of Accounting Research, 20,* 1-11.

Bikson, T. K., Stasz, C., & Mankin, D. A. (1985). *Computer-mediated work: Individual and organizational impact in one corporate headquarters.* Santa Monica, CA: RAND.

Brousell, D. R. (1995). Can we justify client/server? *Software Magazine, 15*(9), S3-S24.

Bucken, M. (1996). Textron stays on client/server course, as legacy application migration nears completion, IS officials reflect on the journey. *Software Magazine, 16*(3), 42-43.

Byrd, T. A. (1992). Implementation and use of expert systems in organizations: Perceptions of knowledge engineers. *Journal of Management Information Systems, 8*(4), 97-116.

Cheney, P. H., Mann, R. I., & Amoroso, D. L. (1986). Organizational factors affecting the success of end-user computing. *Journal of Management Information Systems, 3*(1), 68-80.

Chervany, N. L., & Dickson, G. W. (1974). An experimental evaluation of information overload in a production environment. *Management Science, 20*(10), 1335-1349.

Cox, J. (1995). Client/server is pricey but effective. *Network World, 12*(49), 29-32.

Davis, F. D., Bargozzi, R. P., & Warshaw, P. R. (1989). User acceptance of computer technology: A comparison of two theoretical models. *Management Science, 35*(8), 982-1003.

Davis, S. A., & Bostrom, R. P. (1993). Training end users: An experimental investigation of the roles of computer interface and training methods. *MIS Quarterly, 17*(1), 61-85.

DeLone, W. H. (1988). Determinants of success for computer usage in small business. *MIS Quarterly, 12*(1), 51-61.

DeLone, W., & McLean, E. (1992). Information systems success: The quest for the dependent variable. *Information Systems Research, 3*(1), 60-95.

DePree, R. (1988). Implementing expert systems. *Micro User's Guide,* Summer Edition.

Doll, W. J., & Torkzadeh, G. (1989). Discrepancy model of end-user computing involvement. *Management Science, 35*(10), 1151-1171.

Fishbein, M., & Ajzen, I. (1975). *Belief, attitude, intentions and behavior: An introduction to theory and research.* Boston: Addison-Wesley.

Fornell, C. R. (Ed.). (1982). *A second generation of multivariate analysis, Volume I and II: Methods.* New York: Praeger Special Studies.

Fornell, C. R., & Bookstein, F. L. (1982). Two structural equation models: LISREL and PLS applied to consumer exit-voice theory. *Journal of Marketing Research, 19*(4), 440-452.

Fornell, C. R., & Larcker, D. F. (1981). Structural equation models with unobservable variables and measurement error. *Journal of Marketing Research, 18*(1), 39-50.

Franz, C. R., & Robey, D. (1986). Organizational context, user involvement, and the usefulness of information systems. *Decision Sciences, 17*(4), 329-356.

Fuerst, W., & Cheney, P. (1982). Factors affecting the perceived utilization of computer-based decision support systems in the oil industry. *Decision Sciences, 13*(4), 554-569.

Galletta, D. F., & Lederer, A. L. (1989). Some cautions on the measurement of user information satisfaction. *Decision Sciences, 20*(3), 419-438.

Ginzberg, M. J. (1981). Early diagnosis of MIS implementation failure: Promising results and unanswered questions. *Management Science, 27,* 459-478.

Gist, M. E. (1987). Self-efficacy: Implications for organizational behavioral and human resource management. *Academy of Management Review, 12*(4), 472-485.

Glaser, M. (1996). Client/server hits growing pains. *InfoWorld, 17/18*(52/1), 48.

Green, G. I. (1989). Perceived importance of system analysts' job skills, roles and non-salary incentives. *MIS Quarterly, 13*(2), 115-133.

Guimaraes, T., Igbaria, M., & Lu, M. (1992). Determinants of DSS success: An integrated model. *Decision Sciences, 23*(2), 409-430.

Hackman, J. R., & Oldham, G. R. (1980). *Work redesign.* Reading, MA: Addison-Wesley.

Hamilton, S., & Chervany, N. L. (1981). Evaluating information system effectiveness: Comparing evaluation approaches. *MIS Quarterly, 5*(1), 55-69.

Hubona, G. S., & Cheney, P. H. (1994). System effectiveness of knowledge-based technology: The relationship of user performance and attitudinal measures. In *Proceedings of the 27th Annual International Conference on Systems Sciences* (Vol. 3, pp. 532-541). Honolulu, HI.

Hufnagel, E. (1994). The hidden costs of client/server. *Network Computing Client Server,* (Suppl.), 22-27.

Igbaria, M. (1990). End-user computing effectiveness: A structural equation model. *OMEGA, 18*(6), 637-652.

Igbaria, M., & Chakrabarti, A. (1990). Computer anxiety and attitudes towards microcomputer use. *Behavior and Information Technology, 9*(3), 229-241.

Igbaria, M., & Guimaraes, T. (1994). Empirically testing the impact of user involvement on DSS success. *OMEGA, 22*(2), 157-172.

Igbaria, M., Guimaraes, T., & Davis, G. (1995). Testing the determinants of microcomputer usage via a structural equation model. *Journal of Management Information Systems, 11*(4), 87-114.

Igbaria, M., Pavri, F., & Huff, S. (1989). Microcomputer application: An empirical look at usage. *Information & Management, 16*(4), 187-196.

Ives, B., Olson, M. H., & Baroudi, J. J. (1983). The measurement of user information satisfaction. *Communications of the ACM, 26*(10), 785-793.

Kaiser, K. M., & Bostrom, R. P. (1982). Personality characteristics of MIS project teams: An empirical study and action-research design. *MIS Quarterly, 6*(4), 43-60.

Kendall, K. E., Buffington, J. R., & Kendall, J. E. (1987). The relationship of organizational subcultures to DSS user satisfaction. *Human Systems Management, 7,* 31-39.

Keyes, J. (1989). Why expert systems fail. *AI Expert, 4*(11), 50-53.

Kraemer, L., Danziger, J. N., Dunkle, D. E., & King, J. L. (1993). The usefulness of computer-based information to public managers. *MIS Quarterly, 17*(2), 129-148.

Kraut, R., Dumais, S., & Kock, S. (1989). Computerization, productivity, and quality of worklife. *Communications of the ACM, 32*(2), 220-238.

Lee, D. S. (1986). Usage patterns and sources of assistance to personal computer users. *MIS Quarterly, 10*(4), 313-325.

Leitheiser, R. L., & Wetherbe, J. C. (1986). Service support levels: An organized approach to end-user computing. *MIS Quarterly, 10*(4), 337-349.

Liang, P. L. (1986). Critical success factors of decision support systems: An experimental study. *Data Base, 17*(2), 3-16.

Lohmoller, J. B. (1981). *LVPLS 1.6: Latent variables path analysis with partial least squares estimation.* Munich: University of Federal Armed Forces.

Lohmoller, J. B. (1989). *Latent variable path modeling with partial least squares.* Heidelberg, Germany: Physica-Verlag.

Lucas, H. C. (1978). Empirical evidence for a descriptive model of implementation. *MIS Quarterly, 2*(2), 27-41.

Mahmood, M. A., & Sniezek, J. A. (1989). Defining decision support systems: An empirical assessment of end-user satisfaction. *Information Systems & Operational Research (INFOR), 27*(3), 253-271.

Maish, A. M. (1979). A user's behavior toward his MIS. *MIS Quarterly, 3*(1), 39-52.

Markus, M. L. (1983). Power, politics, and MIS implementation. *Communications of the ACM, 26*(6), 430-444.

Mathieson, K. (1991). Predicting user intentions: Comparing the technology acceptance model with the theory of planned behavior. *Information Systems Research, 2*(3), 173-191.

McKeen, J. D., Guimaraes, T., & Wetherbe, J. C. (1994). The relationship between user participation and user satisfaction: An investigation of four contingency factors. *MIS Quarterly, 18*(4), 427-451.

Millman, Z., & Hartwick, J. (1987). The impact of automated office systems on middle managers and their work. *MIS Quarterly, 11*(4), 479-491.

Mykytyn, P. P. (1988). End-user perceptions of DSS training and DSS usage. *Journal of System Management, 39*(6), 32-35.

Nelson, R. R. (1990). Individual adjustment to information-driven technologies: A critical review. *MIS Quarterly, 14*(1), 87-98.

Nelson, R., & Cheney, P. (1987). Training end users: An exploratory study. *MIS Quarterly, 11*(4), 547-559.

Nielsen, C. (1994). Improved service pays for C/S migration. *Application Development Trends, 1*(7), 32-33.

Nunamaker, J., Couger, J. D., & Davis, G. B. (1982). Information systems curriculum recommendations for the 80s: Undergraduate and graduate programs. *Communications of the ACM, 25*(11), 781-794.

Nunnally, J. C. (1978). *Psychometric theory.* New York: McGraw-Hill.

Plewa, J., & Pliskin, S. (1995). Client/server everything. *CIO, 8*(18), 30-34.

Radosevich, L. (1995). Beat the clock. *CIO, 9*(4), 64-70.

Raymond, L. (1985). Organizational characteristics and MIS success in the context of small business. *MIS Quarterly, 9*(1), 37-52.

Rivard, S., & Huff, S. (1988). Factors of success for end-user computing. *Communications of the ACM, 31*(5), 552-561.

Robey, D. (1979). User attitudes and MIS use. *Academy of Management Journal, 22*(3), 527-538.

Ross, D. R. (1975). Direct, indirect, and spurious effects: Comments on causal analysis of interorganizational relations. *Administrative Science Quarterly, 20,* 295-297.

Sanders, G. I., & Courtney, J. F. (1985). A field study of organizational factors influencing DSS success. *MIS Quarterly, 9*(1), 77-93.

Saraph, J. V., & Sebastian, R. J. (1992). Human resource strategies for effective introduction of advanced manufacturing technologies (AMT). *Production and Inventory Management Journal, 12*(1), 64-70.

Schewe, C. D. (1976). The MIS user: An exploratory behavioral analysis. *Academy of Management Journal, 19*(4), 577-590.

Seymour, P. (1994). Redeveloping legacy systems to client/server. *Application Development Trends, 1*(6), 54-59.

Sinha, A. (1992). Client/server computing. *Communications of the ACM, 35*(7), 77-79.

Sloane, S. B. (1991). The use of artificial intelligence by the United States Navy: Case study of a failure. *AI Magazine, 12*(1), 80-92.

Smith, D. L. (1988). Implementing real-world expert systems. *AI Expert, 3*(2), 51-57.

SMR. (1995). Report by Sentry Market Research.

Spector, P. (1987). Method variance as an artifact in self-reported affect and perceptions at work: Myth or significant problem. *Journal of Applied Psychology, 72*(5), 438-443.

Srinivasan, A. (1985). Alternative measures of system effectiveness: Associations and implications. *MIS Quarterly, 9*(3), 243-253.

Sviokla, J. (1990). The examination of the impact of expert systems on the firm: The case of XCON. *MIS Quarterly, 14*(2), 126-140.

Swanson, E. B. (1988). *Information system implementation: Bridging the gap between design and utilization*. Homewood, IL: Irwin.

Thompson, R. L., Higgins, C. A., & Howell, J. M. (1991). Personal computing: Toward a conceptual model of utilization. *MIS Quarterly, 15*(1), 125-143.

Triandis, H. C. (1980). Values, attitudes, and interpersonal behavior. In *Nebraska Symposium on Motivation, Beliefs, Attitudes, and Values* (pp. 195-259). Lincoln: University of Nebraska Press.

Tukey, J. W. (1958). Bias and confidence in not-quite large samples. *Annals of Mathematical Statistics, 29*(2), 614.

White, K. B., & Leifer, R. (1986). Information systems development success: Perspectives from project team participants. *MIS Quarterly, 10*(3), 215-223.

Wildt, A. R., Lambert, Z. V., & Durand, R. M. (1982). Applying the jackknife statistics in testing and interpreting canonical weights, loadings and cross-loadings. *Journal of Marketing Research, 19*(3), 99-107.

Willet, S. (1994). Strong IS support found for move to client/server platform. *InfoWorld, 16*(31), 53.

Wold, H. (1982). Soft modeling-The basic design and some extensions. In K. G. Jöreskog & H. Wold (Eds.), *Systems under indirect observation–II* (pp. 1-54). Amsterdam: North-Holland.

Yoon, Y., & Guimaraes, T. (1995). Assessing expert systems impact on users' jobs. *Journal of Management Information Systems, 12*(1), 225-249.

Yoon, Y., Guimaraes, T., & Clevenson, A. (1996). Assessing determinants of desirable ES impact on end-users' jobs (Dupont). *European Journal of Information Systems, 5*, 273-285.

Yoon, Y., Guimaraes, T., & O'Neal, Q. (1995). Exploring the factors associated with expert systems success. *MIS Quarterly, 19*(1), 83-106.

Zmud, R. W. (1979). Individual differences and MIS success: A review of the empirical literature. *Management Sciences, 25*(10), 966-979.

第十四章

知識工作生產力

資訊科技的特色與功能

GORDON B. DAVIS
J. DAVID NAUMANN

部份資訊科技是爲了因應現存或日漸浮現的個人、群體或組織的需求而產生的，其他科技則是因爲預期的實用性而創造出來的。前者的例子之一如許多具有知識工作生產力特色與功能的資訊軟體的出現，這些軟體之所以問世是因爲知識工作變得日益重要，且生產力方面的相關問題也愈益清楚。爲知識工作的組織活動開發新科技的需求已被充份了解，但如何將此科技對應到細部需求則還沒有清楚的定義，本章將解釋知識工作生產力需求的本質，並說明如何運用資訊科技的功能與特色滿足這些需求以闡述這些對應關係。

本章共分六小節與一段總結，第一小節定義知識工作及知識工作者，第二小節彙整知識工作生產力的問題，第三小節說明改善知識工作效率及效果的策略，第四小節檢視支援知識工作活動的相關資訊科技與軟體，第五及第六小節則介紹這些科技的功能與特徵，並將其與改善知識工作效率及效果的策略做一對應。前三個小節協助讀者了解後續章節將介紹的資訊科技的功能與特徵及其重要性與價值所在，這些功能與特色象徵著改善知識工作者生產力的新契機。

知識工作及知識工作者的定義

知識工作是產生有用資訊的智力活動，執行這類工作時，知識工作者存取資料、使用知識、運用智力模式且需要相當的集中力及注意力。

知識工作可產生有益的資訊，它涉及取得知識、設計分析及解答、制訂決策、溝通等活動，個體活動的例子如掃描及監控資訊來源、尋找資訊、為問題與程序套用模型、規劃、組織、排程、記錄輸出、闡釋問題的定義、執行分析、選擇可行方案、擬訂行動計劃、報告分析結果、說服及激勵其他人接受分析的結果與計劃，資訊工作者則例如經理、分析師、作家、開發者、計劃者等。本章所指的知識工作任務包含一個預期產出及一連串達成此預期結果的活動，諸如資訊搜尋、分析、編寫、報告等活動即用以完成一項任務。

沒有人可以單只從事知識工作，必須同步執行書記工作才能完成知識工作，因此當書記工作幕僚支援一個知識工作者時，即涉及鍵盤輸入、文件及輸出格式化、輸入查詢等個人書記工作，幾乎所有工作者都或多或少從事知識工作，只是歸類為知識工作者的工作內容以知識工作活動為主。被分類為知識工作者的人當中，書記工作的分量並不相同，有些人只有少量的書記工作，其他人則較多，資訊科技都有助於提升這兩種人的生產力。

知識工作生產力問題

知識工作者生產力的議題一直存在著，由於愈來愈多人從事知識工作，這個議題也變得日益重要。假若只有百分之5的工作是由知識工作者完成而其餘百分之95是由手工工作者、生產工作者、書記工作者及其他非知識工作者完成的，那麼知識工作者的生產力就不如其他群體顯著，然而當百分之30至50的工作者被歸類為知識工作者時，生產力議題就非常重要了。

雖然知識工作生產力的衡量相當困難，但眾所皆知的是生產力不只因從事類似工作的工作者不同而不同，對同一工作者也會因時段不同而有所差異，此外知識工作者生產力可被接受的範圍也要比從事實體勞動或書記工作者要來的大，舉例來說，在一個電腦程式師的群體中，最優秀者的表現（使用如正確程式碼行數及函數等多種衡量標準）可能比最差者好上五倍以上，這個比例要比實體勞動或書記工作者的小於兩倍要高出許多。知識工作者生產力的差異部份導因於個人能力及技術，但大部份是由於個人在知識工作技能的投入、知識工作管理原則的應用及知識工作資訊及通訊科技的妥善運用所造成的。

知識工作的特徵之一是對個人組織與工作管理的高度依賴，一個知識工作者有責任擴充並節省知識工作的資源，例如積極從事知識工作的幹勁能擴大運用於工作的心智能力，而有效溝通則是節省知識工作資源的一個例子，盡可能使作業自動化也能節省稀少的智力資源。任務設計、組織、排程與使用資訊與通訊科技均有助於知識工作管理上的資源擴充及節約。

解決生產力差異可說是個人議題也是組織和管理議題（Drucker, Dyson, Handy, Saffo, & Senge, 1997）。從個人層次來說，知識工作者有責任應用生產力原則，培養使用資訊及通訊科技的知識工作功能以提升自身的生產力；在組織層次，需要管理階層提供具有知識工作功能與特色的科技基礎建設、建立組織模式、提供提高生產力的訓練機會、採用能激勵生產的合理績效衡量方式，Drucker （1978）就指出這是管理上的一項重要工作—「讓知識工作更具生產力是本世紀最重要的管理任務，就如同使人力工作有生產力是上個世紀最重要的管理

任務一樣」(p. 290)

改善知識工作生產力的策略

以效果及效率對知識工作生產力的改善做分類是很有用的(圖14.1),效果和知識工作產出的品質及有益程度相關,效率則和知識工作資源的管理與運用有關,下一個小節將介紹兩種改善效果的方法,後續一個小節則介紹七個提升效率的策略,本章的其餘章節將概述知識工作軟體並說明這些資訊科技如何協助改善知識工作生產力。

改善資訊工作效果的策略

知識工作效果可以增進工作結果的價值,藉由更多專業與創造力執行知識工作以及達成更多完整與及時的工作結果能夠改善效果,這些改善的成果在以資訊科技(a)擴展活動的範圍、深度及完整性,或(b)應用過去被視爲不可行的新方法 這兩方面更爲明顯。

效果策略一:延伸傳統知識工作活動的範圍、深度及完整

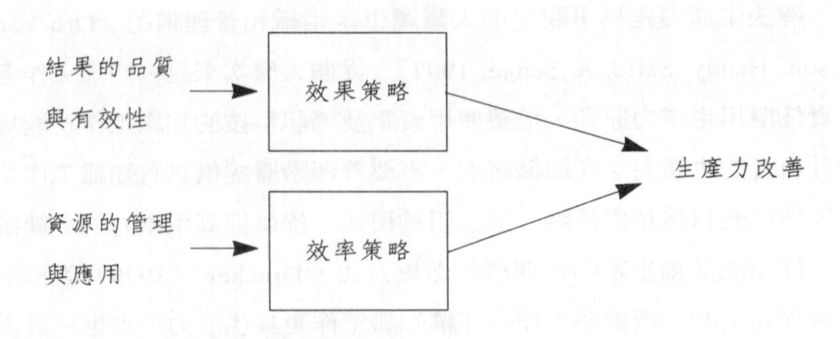

圖14.1 效果與效率策略的關係

性。知識工作有多項限制：可用時間、人的認知與努力的極限、專案溝通上的困難、以相同努力所能獲得有限的工作與知識相關資訊等，這些制限與傳統知識工作活動的範圍、深度及完整性的限制彼此互動，可以用組織與群體結構、工作結構及技術上的改變來表示這些制限（Avison, Kendall, & DeGross, 1993; Orlikowski, Walsham, Jones, & DeGross, 1996）。本章將把重點放在使用科技來克服人的認知與努力、人的溝通、及可獲得資訊上的限制。

效果策略二：運用過去沒有資訊科技時被視爲不可行的新方法。探索更有效果的知識工作不應該受限於延伸既有方法與技術，新方法及新興科技都可能改變工作的本質，我們可以發現許多類比，例如一架飛機不只是一部飛行機具，它更改變了運輸的本質，也引進了新性能與新觀念。

本章所指新方法的應用著重在新科技，在某些案例中科技改變了工作的本質，例如一種過去運用經驗與專業預測問題的傳統方法被用來建立標準作業程序，目前、使用電腦可將預測工作交由專家系統或類神經網路執行。

七種改善知識工作效率的策略

知識工作效率的改進可藉由改善流程、改進程序、及使用更多具生產力資訊科技的組合來達成。運用七項策略可以改進效率，這些策略提供了一個架構討論資訊科技在以效率爲基礎的生產力改進上的角色。這七個策略分別是：

1. 減低界面時間及錯誤
2. 減低流程學習時間與雙重（Dual）處理損失
3. 減低組織任務與編排輸出的時間及精力
4. 減低不具生產力的延伸性工作

5. 減低資料與知識的搜尋與儲存時間及成本
6. 減低溝通及協調的時間與成本
7. 減低因資訊負載過重所造成的損失

雖然可以從流程或程序改變促成上述每個策略（無論在組織或任務結構層次），本章後續內容將把重點放在如何使用資訊科技以實施這些策略（圖14.2）。

效率策略一：減低界面時間及錯誤。許多活動涉及人爲操作系統與資訊系統間的界面，當一件工作起始時，有一段很長的時間用於找出物料、統整原始文件、找出指令等活動，用於輸入及取用資料的指令及格式必須經過檢查及了解，輸入或取用資料時很有可能發生嚴重的錯誤，界面成本及錯誤率可藉由一致的組織標準與爲個別使用者量身訂做的界面（在組織標準範圍內）來降低，使用規格、標準來命名、儲存及搜尋資料則可減低因使用界面輸入及取用資料所引發的錯誤。

效率策略二：減低流程學習時間與雙重處理損失。諸如新流

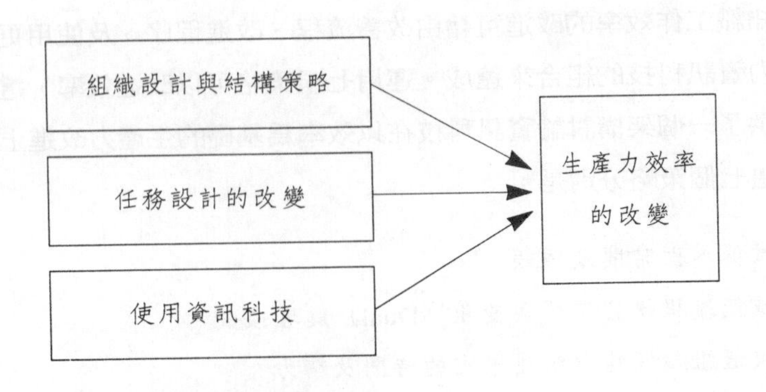

圖14.2. 實施效率策略的三種方法

程或新套裝軟體的每一項改變都有一段相對的學習時間，當一個知識工作者必須付出很多心力學習一個新流程或軟體操作的同時，也必須投注心力完成工作，即讓工作者需要同時處理兩樣工作：學習新流程或軟體以及完成任務。兩項並存的工作會降低生產力，一但新流程或軟體上手後，最常用到的功能常是自動化以達成淨生產力。因此一般的策略就是管理流程與技術改變的頻率以降低雙重處理的損失及學習所需耗費的努力。

效率策略三：減低組織任務與編排輸出的時間及精力。一件知識工作任務包括組織活動、設計分析模式及設計輸出，組織任務可能會耗費整個任務的好一部份工作時間，表單、格式、流程的再利用有助於減少組織任務及規劃輸出所需花費的時間與精力，再利用可以靠組織標準或個別表單與樣板達成，也可以藉著使用組織內已從事過類似任務同仁發展出的表單或流程收到相同效果。

效率策略四：減低不具生產力的延伸性工作。知識工作的特徵之一是除了截止期限之外沒有明確停止繼續工作的規則，若沒有截止期限，知識工作將無限擴展下去。人工作業很自然的有一個顯著的終結點，例如當所有發票都登錄後，將發票登錄到會計系統的作業就算完成，又如當泥土被清除掉後，挖水溝的工作就算結束，然而一項資訊搜尋可被擴展、分析可在無限多個假設下不斷重覆、輸出也可以無限修改及編排格式，若沒有確切的截止期限，知識工作者可以依據模糊的規則停止活動，當知識工作有擴展的傾向時，可訂定明確的終止規則以改善知識工作活動的效率。

效率策略五：減低資料與知識的搜尋與儲存時間及成本。資料搜尋和資料儲存是多數知識工作的一部份，搜尋與儲存活動有電腦檔案與紙張存檔兩種，在一個專案裡，由於需要搜尋的資料量通常遠比眞正使用到的來的多，有效率的搜尋格外重要。同樣的，當工作完成後，取用過的資料、報告草稿、電子郵件等也需要儲存，運用有效的儲存結構與命名方法可以使儲存時間減到最少，有效率的儲存能支援更有效率的讀取，也會影響目前的任務進行，是一種影響日後讀取資料效率的投資。

除了傳統的資料儲存方法外，藉由儲存及取用組織的知識也有助於改善效率，這種知識涵蓋其他知識工作者的技術及經驗、類似工作的經驗（包括流程與格式）以及組織成員學習到的點子與教訓，有效率的知識工作者會發展一個提供這類知識的網路，組織也可以建立一個知識系統（例如Lotus Notes），為有意學習此系統的人供應更多完整的組織知識。

效率策略六：減低溝通及協調的時間與成本。溝通和協調需要花時間，在傳送或接收溝通訊息以及協調工作相關人員的過程中，時間就會受到耽擱，花費在溝通和協調的時間與精力往往跟相關人員的數目成正比，除非有好的方法，否則每當新成員加入專案時，溝通和協調就會佔用更多可利用的時間，這些方法包括重新劃分任務或工作群組、使用標準和規格降低溝通的必要性、使用溝通與協調的組織科技等機制。

效率策略七：減低因為人的資訊負荷過重所造成的損失。若資料量太多或與專案其他成員溝通所增生的資訊過多，知識工作者可能會因而負荷過重，處理負荷過重的機制有好多種，有些是組織性的，有些則利用資料科技，這兩種機制的目的都在於應用過濾與壓縮技術減少需要人為處理的資料量，以降低由於人的資訊負荷過重所招致的損失。

為知識工作而設計的套裝軟體

目前已開發出許多種功能經過延伸以改善知識工作者生產力的套裝軟體，這些軟體亦可由書記工作者使用，但主要的使用者還是以知識工作者爲主。這些套裝軟體的功用在於支援知識工作者所從事的一系列活動，一般常見的軟體及其與知識工作者間的關聯性整理於表14.1，主要有三類：

1. 增進個別知識工作者生產力的工具（文書處理器、試算表、電子郵件系統、網站瀏覽器、簡報開發工具、資料庫管理系統、個人資訊管理軟體）。
2. 增進作業系統功能的系統管理工具軟體（防毒軟體、壓縮與備份工具等）。
3. 提供工作團隊內與團隊間協調、溝通、知識管理用途的群組軟體，具備排程及專案管理功能。

延伸基本套裝軟體功能的其他軟體元件如搜尋多維資料庫的線上分析軟體、延伸文書處理軟體功能的桌上型電腦排版系統、以及強化試算表的統計與模型化功能的進階軟體。

使用資訊科技以促成知識工作之有效性

資訊科技的特色與功能往往具有提供效率及效果的雙重目的，由於使用資訊科技的原因各異，本節將從效果方面的兩種策略來描述資訊科技，後述章節則將從效率的角度來看。

延伸知識工作活動廣度、深度及完整性的科技

諸如資訊監控與搜尋、設計分析模型、績效分析等知識工作活動都會受限於所採用的資訊科技，舉例來說，一個使用手寫試算表與計算機的知識工作者就會受限於人工輸入、修改、及計算上所需花費的時間，手寫輸入及計算上的錯誤也會影響工作成果，一套試算表程式就可以在某種程度上減少試算表輸入及分析編排上所需耗費的時間，

表14.1 知識工作之套裝軟體以及知識工作活動上的使用

套裝軟體	知識工作活動上的使用
具有拼字檢查、文法檢查、摘要功能的文書處理器，可延伸出取代鍵盤輸入的語音輸入功能及掃描輸入功能	編輯報告、備忘錄、簡報、溝通；搜尋文件；格式設計、資料輸入、取用文字資料、名冊管理等書記工作
具圖表與模型化、統計功能的試算表處理器	分析、模型化、溝通、簡報
具備電子郵件及傳真功能的通訊套裝軟體	溝通與協調；監控與搜尋資訊
可用於網際網路或企業網路的瀏覽器，包含網站搜尋、存取與搜尋外部資料庫的功能	瀏覽資訊；監控資訊；搜尋資訊；協調
例行事務及投影片放映用的簡報軟體	呈報知識活動、說服讀者及聽眾、激勵等溝通性活動
建立及存取內部資料庫的資料庫軟體	掃描、搜尋、監控各種活動；存檔及讀取資料、報告排版等書記工作
個人資訊管理軟體，如通訊錄與個人行程表	規劃、組織、時間管理、排程等知識工作活動
可畫圖表、繪圖及圖形處理的繪圖軟體	繪製流程圖或草圖描述工作流程；簡報、說服等溝通性工作
可延伸作業系統功能的系統管理工具，如防毒軟體、軟體移除程式、更新程式、壓縮及備份程式等	維護知識工作執行的知識工作管理活動
工作團隊溝通與協調用的群組軟體，如專案排程、資料存取共享、群組溝通、協力編輯、視訊會議等軟體	群體內的掃描、監控、搜尋、模型化、規劃、組織、排程、編輯、決策及溝通等活動
可共享專案報告、分析、問題與解答評註的知識管理軟體	掃描、監控；搜尋、模型化、規劃活動；知識管理軟體使得上述活動可以找到組織或團體內的經驗及知識
進階軟體：排程與專案管理軟體	規劃、組織及排程

表14.1 知識工作之套裝軟體以及知識工作活動上的使用（繼續）

套裝軟體	知識工作活動上的使用
進階軟體：搜尋多維資料庫的線上分析處理（OLAP）軟體	掃描、監控、搜尋、及分析等活動
進階軟體：具有設計報告格式及輸出簡報等進階功能的桌上排版軟體	溝通性活動及輸出排版之類的書記工作
進階軟體：擴充試算表功能的統計軟體	模型化與分析
進階軟體：擴充試算表功能的模型化軟體	公式設定、模型化、分析、決策活動

同時也大幅降低由於資料修改、公式變更、檢驗可行方案所導致的出錯比率，這些科技突破了傳統試算表分析上的限制，因而能夠擴大分析範圍以進行更多延伸性的分析，同時也可使用更多不同方法從事更深入而透徹的分析。

在不太需要甚至不用花費更多時間的情況下就可以延伸分析的範圍及深度，過去的經驗顯示分析所得到的生產力提升（如使用試算表軟體），並不只是減少知識工作上所需的分析時間，更能擴展分析的範圍及深度。

由於所需資料、知識與資訊的完整性增加，知識工作的效果得以改善，網站技術可用以搜尋傳統檔案記錄及現今的網路資源，這類協調性資訊科技的好處之一就是使過去必須被分割的活動得以一併執行，以及讓從事類似工作或遭遇類似問題的人們可以共享資訊。知識管理軟體則強化了存取過往經驗的能力，並得以利用組織所累積的知識。

應用新方法的科技

到了某種程度，分析及活動範圍、深度、與完整性會變得受限於資訊科技，若沒有資訊科技的協助，更進一步的改善就變得不可行，例如使用試算表做「what-if」評估可行方案就不適用於各種複雜度不一的問題上，「what-if」分析本質上是一種運用科技的新方法，第二個例子是使用瀏覽器做線上資訊搜尋，第三個例子則是線上分析處理，這是一種以傳統工具無法達成的即時性分析。

增進效率的資訊科技功能與特色

七種透過增進效率來改善生產力的策略包含科技的變革（如任務設計與組織結構）以及非科技的變革，本節將介紹可用於增進效率的資訊科技功能與特色，這些資訊科技的應用將整理成七種策略。

減低界面時間與錯誤的科技

軟體是電腦與使用者間的界面，可降低界面時間與錯誤，桌上型電腦經過組織後可減少存取時間，常用的應用程式通常在電腦開機時一併啓動，應用程式間的切換時間可藉由特殊的顯示器設計及鍵盤指令來降低。

透過選擇可減低時間與錯誤率的選項可量身訂做應用程式，例如常用指令可改成快速鍵或按鈕，有些常用操作可改變成適合個人的使用方式，舉例來說，一個受歡迎的試算表軟體可依喜好在資料輸入一個方格後變換游標移動的方向，預設選項是將游標向下移動，一個時常要跨欄輸入資料的知識工作者可將預設值改成讓游標在同一列中向右移動，雖然每一筆輸入所節省的時間非常少，但同一動作每天重覆數百次，所節約的時間就相當可觀，此外發生錯誤的機率也可以降低，錯誤會由於訂正時間的發生而變得顯著，一般來說一個錯誤會在發現錯誤、刪除、重新輸入花費相當於數筆正確輸入的時間。

表單是一個可降低時間及錯誤率的重要軟體功能，套裝軟體可提供設計表單的工具，例如可設計一個表單將資料輸入試算表或資料庫，表單的好處在於將資料輸入編排在一個有良好定義及標示的格式中，讓使用者能夠以較自然的順序輸入資料（不論資料在資料庫或試算表是以什麼形式儲存）。

減低流程學習時間與雙重處理損失的科技

流程學習時間可藉由軟體版本的向前相容予以減低，使用先前版本做過的工作可以自動轉換成新版本，套裝軟體可以讓使用者使用競爭產品的按鍵及程式碼而且自動轉換競爭軟體所產生的檔案，線上說明可指引使用者學習新的或昇級軟體，回應操作錯誤或詢問的線上求助工具則可降低學習時間。

減低組織任務與編排輸出所需時間與精力的科技

儲存及讀取功能可支援任務結構與輸出格式的再利用，這些功能是利用軟體功能的樣板和巨集可來強化。樣板能夠節省文件、試算表或資料庫讀取報告的格式設計時間。並能夠很輕易的開發、儲存與取用。所以具備多種可用樣板的套裝軟體就十分有用，如文書處理樣板有回覆顧客、提供就業職務、回應抱怨等多種制式文件，試算表樣板則有費用報表、商業計劃、預算報告等。

巨集是一個套裝軟體所使用的程式，巨集最簡單的形式是一個錄製的巨集，使用者打開巨集錄製器後，執行一連串的指令，然後將錄製器關掉，這樣所產生的巨集在啓動時就會以相同的順序重覆執行執行指令，巨集可以從巨集列表、選單、按鍵、快速鍵來儲存或啓動，當使用者經常重覆一連串相同指令時，巨集就變得很有用，巨集也能減低指令的執行時間與錯誤，但缺點是它只記錄了固定順序的指令，沒有辦法做其他選擇。

錄製好的巨集也可以經過修改而提供執行選項，巨集也可以用套裝軟體的巨集語言來撰寫，當然該語言必須要是個程式語言，假如許多操作是可以被自動化的，的確值得投資在巨集學習上。若巨集可以讓很多人受益的話，資訊系統供應商也可以提供巨集的支援。

樣板和巨集所隱含的再利用概念也可以整合到套裝軟體的功能與特色中，例如一套資料庫軟體就能儲存讀取及報告的公式以便重覆使用。

用來減低不具生產力的延伸性工作的科技

科技的新功能會導致工作的擴張，規劃與排程軟體可用以協助限制活動執行時間及建議適用的停工規則，目前並不存在將停工規則自動化的科技，這是一個知識工作管理上的大問題。

減低資料與知識的搜尋時間及儲存時間與成本

軟體功能與特色可以支援儲存管理以及資料與知識搜尋的策略，由於儲存軟體可搭配多樣化的儲存策略，當儲存策略是設計來減少搜尋與讀取時間，這種技術最為有效，使用者可自行定義一個易於回想起的儲存結構以便於日後儲存及讀取某些資料，這涉及了需要將所有檔案或文件夾（如試算表、文件、讀取等）放在相同目錄下的任務導向及專案導向儲存，當儲存一個檔案或文件夾時，一筆說明也可以隨之儲存以便於辨別其中的內容，而目錄的命名則需要能讓人聯想到相關專案或任務。軟體工具有助於建立目錄結構，在有需要時也可隨時修改，當忘記一個檔案或文件夾的位置時，軟體內附的搜尋工具可依照名稱、說明文字、或內容加以找出。

搜尋軟體（通常指搜尋引擎）被廣泛使用於尋找資料與特殊文

件、試算表等的位置，搜尋引擎技術通常以單字、詞、特定文字順序的字串來搜尋，搜尋時可設定為尋找項目包含任一文字即可（OR條件）、尋找項目必須包含所有文字（AND條件）、或必須排除含有某些文字的項目（NOT）。軟體也可能包含其他邏輯功能，有些搜尋工具提供以分數指示相關性的功能，絕大多數的網站搜尋引擎都已經做得到，這個功能提供了對搜尋結果的檢驗，當一個項目被選中時，搜尋引擎可以列出其他類似文件。

許多資料庫都是多維的，它們包含時間及其他不同維度的資料，這類資料庫很難使用傳統資料庫工具予以分析，一套特殊的資料庫工具—通常命名為線上分析處理（或OLAP）—可協助對多維資料庫進行行銷及財務分析，移動平均、成長率、定期比較、及累積統計等皆可輕易獲得。

減低溝通與協調的時間及成本的科技

隨著群體人數的增加，用於溝通與協調的時間呈指數成長，軟體功能可用於降低溝通與協調的成本，電子通訊可讓訊息送到工作群組或其他需要協調的人，排程軟體可協調群體的工作時程，共用資料的存取讓群體成員可以找到正在被群體使用的資料或其他工作成果，知識管理軟體能夠儲存及產生可行構想及進度報告，以支援專案或專題合作。電子會議可以取代面對面的開會，不管在電子或面對面會議中，電子會議工具都可以協助記錄構想及群體對構想的評價。使用可顯示不同作者工作進度及版本管理的協力編輯軟體，文件及試算表也可以同步運作。

減低因人的資訊負荷過重而造成損失的科技

負荷過重在傳統上可以藉由只呈現給接收者含有摘要的高階資料來解決，階層式報告可用於支援高階資料，這樣使用只要順著報告的階層結構往下找就可以看到相關的細節部份，資料庫軟體與試算表處理軟體支援壓縮及摘要的功能，OLAP則以自動化複合搜尋及策略分析降低資訊負荷。

樞紐分析（也稱爲中樞表格或modeling desktop）是一個軟體提供的資料壓縮功能例子，這種方法把從資料庫或試算表取出的資料項目以小計及總和加以概述，以指定的小計與總和選取行與列，輸出結果經轉換（pivoted）或旋轉（rotated）後，行變成列而列變成行，這項功能運用有意義的方式壓縮大量細部資料，以減少搜尋資料的成本。

總結

知識工作者生產力上的顯著差異提示了以資訊科技加以改進的機會，有效果及有效率的策略有助於達成生產力的提升，資訊科技是這兩種策略的核心，這些科技包括可強化知識工作者生產力的工具、系統管理軟體，以及群體導向軟體等。

介紹提升知識工作生產力的資訊科技有個人及組織兩種含意，個別知識工作者有改善自身生產力的重責大任，他們必須運用生產力原則，並增進使用具有知識工作功能的資訊及通訊科技的能力。而在組織層次，管理階層有責任提供具有知識工作功能的妥善科技基礎建設、建立組織模式、提供訓練與求助設備，使得個別工作者及群組可以運用有效果及有效率的策略。

備註

1. 本段敘述以Davis及Naumann（1997），pp. 5-37為基礎。

參考書目

Avison, D., Kendall, J. E., & DeGross, J. I. (Eds.). (1993). *Human, organizational, and social dimensions of information systems development.* Amsterdam: North Holland.

Davis, G. B., & Naumann, J. D. (1997). *Personal productivity with information technology.* New York: McGraw-Hill.

Drucker, P. F. (1978). *The age of discontinuity: Guidelines to our changing society.* New York: Harper and Row.

Drucker, P. F., Dyson, E., Handy, C., Saffo, P., & Senge, P. M. (1997, September-October). Looking ahead: Implications of the present. *Harvard Business Review,* pp. 18-24.

Orlikowski, W. J., Walsham, G., Jones, M. R., & DeGross, J. I. (Eds.). (1996). *Information technology and changes in organizational work.* London: Chapman & Hall.

關於編者

Kenneth E. Kendall, 博士，為新澤西羅特傑爾州立大學（Rutgers, The State University of New Jersey）Camden商學院、資訊系統與運作科技系教授。最近的著作包括：System Analysis and Design-Forth Edition（共同執筆）、The Impact of Computer Supported Technologies on Information Systems Development（共同編著）。

在許多學術期刊上都可以見到Kendall所發表的研究論文，包括：MIS Quarterly，Management Science，以及Operation Research。

Kendall是International Conference on Information System（ICIS）的創辦人之一。他也是IFIP Working Group 8.2的前主席。目前則為決策科學協會（Decision Sciences Institute）的副主席。Kendall是Journal of Management Systems的MIS主題的編輯、及MIS主題中Interface議題的編輯、以及Decision Sciences、Information Systems Journal以及Information Resource Management Journal的編輯委員之一。

Kendall的研究主要集中於「新興資訊科技」，特別是Push與Pull技術；發展先進的系統分析與設計工具；以及發展決策支援系統的新應用領域。

關於撰稿者

Deepinder S. Bajwa 是西華盛頓大學FMDS（Finance, Marketing & Decision Science）系的助理教授，Bajwa在西依利諾大學Carbondale分校取得其MBA及DBA學位，他的研究興趣包含：高階主管資訊系統、新興資訊科技的散播、資訊系統的服務品質、資訊科技的管理、以及全面品質管理。他的文章曾發表於：Decision Sciences、Decision Support Systems、Information Resource Management Journal以及一些全國性及國際性的研討會論文集（Proceedings）中。他是決策科學協會的會員之一。

Gordob B. Davis 是明尼蘇達大學Carlson管理學院管理資訊系統系教授，並獲頒Honeywell Professor of Management Information System的榮譽稱號（譯者註），他是資訊系統學術領域主要的創立者及知識架構的建構者之一。他的著作：Management Information Systems: Conceptual Foundations, Structure, and Development （1974, 1985）被視爲是資訊管理界的經典作品。他已經出版了超過19本著作，並發表超過200篇期刊論文。他是MIS Quarterly的執行編輯並且列席於許多學術期刊的編輯委員會中。他在International Federation for Information Processing（IFIP）Technical Committee 8（Information Systems.）中擔任美國代表。他是1998年資訊系統協會（Association for Information Systems）的主席。他在史丹福大學取得其企管博士學

位。他為計算機機構協會（Association for Computing Machinery）的會員（fellow）。

〔譯者註〕Honeywell Professor of Management Information Systems：本榮譽頒與在MIS領域中有極大貢獻的先驅研究者。

Phillip Ein-Dor 以色列特拉維夫大學（Tel Aviv University）Faculty管理學院資訊系統系教授。自其博士論文起便對人工智慧有極大的興趣，他活躍在一些討論如何將人工智慧運用至經濟與管理的學術研討會中，他是AIEM4的主席並負責此研討會論文集的編輯工作。他目前的研究興趣主要在：

（a）網際網路上的發展－智慧代理人、將網際網路視為「固定式機器人」（immobot）。

（b）設計並實做一個可存取多個、非齊次式多媒體資料庫的自然語言查詢系統。

（c）將人工智慧運用到商業問題上。

（d）研究能表現出人們常識性知識的方法。

（e）政府資訊政策的制訂以及其對資訊科技以及網際網路發展的影響。

他最近被委派為Journal of Association for Information Systems創始編輯，並積極規劃一個全電子化程序的期刊，使該刊成為該領域的領導者。

Mark N. Frolick 為Memphis大學Fogelman經濟與商業學院管理資訊系統系副教授，以及Memphis大學FedEx Center for Cycle Time Research的專案經理，他的研究、教學及顧問諮詢服務主要集中在高階主管資訊系統、資料倉儲、週期時間（cycle time）的減少、以及系統分析與設計。他的論文可見於許多學術期刊中，包括：MIS Quarterly、 Journal of Management Information Systems、Decision

Support Systems、Information & Management以及Decision Sciences。他在資訊系統界有超過16年的經驗，並且也爲全球五百大企業（Fortune 500）提供獨立的顧問服務。

Cleotilde González 爲墨西哥 Universidad de las Am_ricas Puebla 大學資訊工程系副教授，她負責主持「互動與合作科技」實驗室。她在德州科技大學（Texas Tech University）取得其博士學位，目前正在卡內基_美濃（Carnegie Mellon）大學進行其博士後研究。她的研究興趣在於：動畫、資料的圖形及空間表示方法、可用性測試、以及決策支援系統使用者介面的設計。

Paul Gray 爲克萊蒙研究大學（Claremont Graduate University）資訊科學學院教授。他的專長在於決策支援系統及資料倉儲。他在研究及開發單位有18年的經驗，其中有九年在SRI International公司。在進入克萊蒙研究大學前（1983）Paul Gray爲史丹福（Standford）大學、喬治亞理工學院、南加州大學以及南方衛理公會大學（Southern Methodist University）的教授。他是Communications of AIS（The Communications of the Association for Information Systems）的首席編輯。曾任管理科學學會（Institute of Management Sciences）的主席（1992-1993），而且之前是該學會已當選而未就任的副主席及秘書長。他是數份學術期刊的編輯委員。他曾在學術期刊中發表超過一百篇論文並著作/編輯十二本書，最近的所出版的一本書爲與H. J. Watson所合著的Decision Support in the Data Warehouse。他在史丹福大學取得其作業研究博士學位。

Tor Guimaraes 曾獲田納西科技大學頒贈「Jesse E. Owen Chair of Excellence in Information Systems」卓越獎。他在加州州立大學洛杉磯校區取得其MBA學位，並於明尼蘇達大學取得其MIS博士學位。

Guimaraes 博士曾任St. Cloud州立大學教授及系主任，在這之前，他是凱斯西儲（case western reserve University）大學MIS認證學程的主任及副教授。他在許多由組織所贊助的全國性及全球性研討會擔任主講人，這些組織包括：Information Processing Society of Japan、Institute of Industrial Engineers、American Society for Quality Control、IEEE、ASM以及 Sales and Marketing Executives。他在許多領導性的公司中擔任顧問，包括：TRW、American Greetings、AT&T、IBM以及美國國防部。他與其全世界的研究夥伴合作、發表了130篇以上關於如何有效率的使用及管理資訊系統及其他科技的論文。

Ross Hightower 爲中佛羅里達大學（University of Central Florida）企業管理學院MIS系的助理教授。他的研究焦點在於：電腦媒體通訊、群體資訊分享以及適應/擴散（diffusion）技術。他的論文可見於下列幾本學術期刊，包括：Information System Research、Information and Management、Computers in Human Behavior以及Journal of Information Technology Management。他在喬治亞州立大學取得其企管博士學位。

Magid Igbaria 爲以色列特拉維夫大學（Tel Aviv University）Faculty管理學院資訊系統系副教授。他在Hebrew大學取得其統計與企業管理學士學位以及資訊系統與作業研究碩士學位。他在特拉維夫大學取得其管理資訊系統博士學位。他在Business in Applied Statistics、Communications of the ACM、Computer & Operation Research、Information & Management、Journal of Management及其他學術期刊發表關於：MIS功能、資訊經濟、電腦效能評估、電腦服務計價、MIS制度的制定方式（Compu-metrical approaches in MIS）等研究的論文。他目前的研究興趣在於資訊經濟、資訊系統的管理、

MIS專業工作者的生涯發展以及使用者自建系統（End-User Computing, EUC）。

George M. Kasper 爲Virginia Commonwealth 大學商學院資訊系統系教授及系主任。在這之前，他是德州科技大學資訊系統系教授。他的研究主要在決策支援系統以及使用者介面設計，論文則可見於各大學術期刊。他也在Special Interest Group on Management Information System（SIGMIS）of ACM中擔任主席。

Julie E. Kendall 博士，爲新澤西羅特傑爾州立大學（Rutgers, The State University of New Jersey）Camden商學院、管理資訊系統系副教授。她的著作可見於：MIS Quarterly、Decision Sciences、Information & Management、Organization Studies以及許多其他的學術期刊中。此外，她最近也與Kenneth E. Kendall合著一本大學教科書：System Analysis and Design（4th ed.）。她也與人合編一本書、名爲：Human, Orignizational, and Social Dimensions of Information Systems Development。最近，她爲ACM期刊：The DATA BASE for Advances in Information Stystems共同編輯一個「Computers and Playfulness」專題。她是MIS中Interface議題的編輯、也是MIS Quarterly的助理編輯。他是Journal of Management Systems 以及Journal of Database Management的編輯委員之一，而且她名列Information Resource Management Journal的編輯評論委員會中。他的研究興趣包含：「爲資訊系統研究者發展創新的質性研究方法」以及「系統分析與設計」。他目前正從事超媒體的相關理論及應用的研究。

Ruth C. King 是伊利諾大學香檳-厄班納（Champaigne-Urbana）分校資訊系統系助理教授。她在德州大學奧斯汀校區取得其資訊系統博士學位。她的研究興趣包括：資訊系統在組織中的策略性運用、電腦支援的團隊合作、新興科技在組織溝通方面的運用以及專業的資訊系統開發技術。她的論文可見於：Information System Research、Decision Sciences、Journal of Management Information Systems、European Journal of Information Systems、Journal of Information Technology Management、Journal of High Technology Research及其他學術期刊。他之前計畫到匹茲堡（Pittsburgh）大學Katz商業研究所擔任教授。

J. David Naumann 爲明尼蘇達大學雙子城分校Carlson管理學院管理資訊系統系副教授，他也在Carlson管理學院取得其博士學位。他的研究主要在：資訊系統開發流程。他的論文發表在許多頂尖的學術期刊中。並與Gordon B. Davis合著：Personal Productivity with Information Technology（1997）。他致力於全國性的MIS課程發展議題。他設計並建置一個網頁版的國際性資訊系統教授名錄，此網站包含超過3000筆記錄。他在大學部及MBA研究所開授：電信學（telecommunication）、應用系統開發以及系統分析與設計課程。

Arun Rai 爲喬治亞州立大學決策科學系副教授。在七年前（1997年秋）南伊利諾大學Carbondale分校尚未加入喬治亞州立大學時，他是該校管理系的教授。他在1990年於Ken州立大學取得其博士學位。他目前的研究興趣在於：擴散理論（diffusion）、聚合理論（infusion）以及資訊系統所帶來的衝擊、資訊與知識管理技術的設計、管理非結構化的流程：技術創新、產品開發、決策制訂以及系統開發。他也已經在學術期刊上發表了一些與上述領域有關的論文，包括：Communications pf the ACM、Decision Sciences、Decision Support Systems、European Journal of Information Systems、Journal of Management Information Systems、Omega以及其他學術期刊。他是Diffusion Interest Group on Information Technology（DIGIT）的總裁以及MIS Quarterly與Information Resources Management Journal的助理編輯。以及DATA BASE for Advances in Information Systems的部門編輯。他是決策科學協會（Decision Sciences Institute）、INFORMS、資訊系統協會（Association for Information Systems）、Beta Gamma Sigma以及Phi Kappa Phi的會員。

Narender K. Ramarapu 爲內華達大學里諾校區（University of Nevada-Reno）會計以及電腦資訊系統系助理教授。他在印度Osmania大學取得其電機學士學位。並在美國曼菲斯大學（Memphis university）取得其MBA學位及MIS博士學位。他目前的研究領域在於：資訊的表達方式、超文件/超媒體、全球資訊系統、以及新興科技。他的論文可見於：Information and Management、International Journal of Information Management、Journal of Information Technology、Journal of Marketing Theory and Practice、Journal of Systems Management、International Journal of Operations and Production Management及其他期刊。此外，他也在一些國際性的學術研討會中發表一些論文或演說，及爲一些學術期刊擔任專任審稿者。

Lutfus Sayeed 爲舊金山州立大學企業管理學院MIS系副教授。他的研究主要在：「使用電腦媒體通訊系統來協助群體資訊分享」、「資訊科技的適應與擴散」、以及「資訊科技的衝擊」。他的論文曾發表於：Information System Research、Information and Management、Computers in Human Behavior、Accounting、Management and Information Technologies以及Journal of Information Technology Management。他在喬治亞洲立大學取得其企業管理博士學位。

Edward A. Stohr 爲紐約大學Stern 商學院Center for Information Intensive Organizations主任。他在澳洲墨爾本大學（ Melbourne

University）取得其土木工程學士學位。在加州大學柏克萊分校（University of California, Berkeley）取得其MBA及資訊科學博士學位。在1984-1995年間，他在紐約大學Stern 商學院資訊系統系擔任系主任。1992年，擔任International Conference on Information Systems（ICIS）執行委員會會長。在在一些學術期刊中擔任編輯委員，包括：Journal of Information Systems Research、International Journal of Decision Support Systems以及Journal of Management Information Systems。他的研究重點在於「開發可用於支援組織決策制訂的資訊系統」。

Sivakumar Viswanathan 爲爲紐約大學Stern 商學院資訊系統系的博士班學生。他在印度班加羅爾市印度管理學院（Indian Institute of Management, Bangalore）取得其電機學士學位及MBA學位。他的研究興趣包含：資訊科技對組織的衝擊、財務資訊系統、以及電子商務的相關行銷議題。他曾在一些學術期刊發表其論文，包括：HICCS、ACM、AIS、IEEE、以及DSI學術研討會。

Merrill Warkentin 爲麻塞諸塞州波士頓的東北大學（Northeastern University）企業管理學院MIS系教授及Coordinator。他的研究主要主要涉及IT管理，知識工程、電腦安全以及電子商務。而其論文也發表於下列學術期刊：Decision Sciences、MIS Quarterly、Expert Systems、ACM Applied Computing Review、Journal of Computer Information Systems以及The Journal of Intelligent Technologies。他在許多學術期刊中擔任助理編輯及客座編輯，取爲許多公司及組織擔任顧問。他在至少100個工業聯合會議中擔任主講者，而目前則爲Association for Computing Machinery（ACM）的講師（lecturer）。他在內布拉斯加大學（University of Nebraska）林肯校區（Lincoln）取得其MIS博士學位。

James C. Wetherbe 爲Memphis大學FedEx Center for Cycle Time Research的執行主任、並曾獲得FedEx卓越教授獎（FedEx Professor of Excellence）。以及明尼蘇達大學MIS Research Center的MIS教授及主任。他是國際皆知的活躍及有趣的演說家、著作者以及在「使用資訊科技及電腦來提昇組織的效能及競爭力」的議題上居於權威的地位。他引以自豪的是他擁有可以使用直接而實際的措辭來解釋複雜技術的能力，並運用在高階及一般管理上。他撰寫了17本備受重視的書籍，包括：The Management of Information System、So, What's Your Point?、System Analysis and Design: Best Practices以及一本最新出版的書籍：The World on Time: Management Principles That Made FedEx an Overnight Sensation。此外，他是Cycle Time Research的發行人。他的言語常常在一些領導性的商業及資訊系統期刊中被引用。他發表過超過200篇文章，寫常態性專欄，且爲一些出版公司擔任顧問編輯。

Ronald B. Wilkes 爲Citicorp（公司）全球化運作及技術部門的技術總監（Chief Technology Advisor），Memphis大學Fogelman經濟與商業學院管理資訊系統系副教授。他在田納西大學Martin分校取得其BES（Bachelor of Science in Engineering）學位，在曼菲斯州立大學取得其MBA學位，在明尼蘇達大學取得其管理資訊系統博士學位。他的主要研究興趣在於：資訊科技資源管理。他的論文曾發表於：Information and Management、Information Systems Management、Journal of Strategic Information Systems、Journal of Computer Information Systems以及Information Strategy。此外，他的論文也發表於一些全國及國際性的學術研討會中。他也寫了兩本書。他爲一些私人組織或公家機關的資訊系統管理提供顧問服務。他是Data Communications公司（位於曼菲斯）的系統部副總裁。Cylix

Communications公司（位於曼菲斯）的開發部副總裁。他是Memphis Chapter of the Society of Information Management的總裁。

Susan Rebstock Williams 是南喬治亞大學（Georgia Southern University）管理資訊系統的助理教授。她在奧克拉荷馬州立大學（Oklahoma State University）取得其MIS博士學位。她目前的研究興趣在於：新興科技對組織的衝擊、群體支援系統以及管理科學整合性運用。她的研究曾發表於：International Journal of Computer Applications in Technology、International Journal of Information and Management Sciences以及Journal of Computer Information Systems。

Rick L. Wilson 是電信管理科學碩士學程的主任（Master of Science in Telecommunications Management Program）以及奧克拉荷馬州立大學科技管理系「費明教授」（Fleming Professor由Fleming公司贊助）。他在內布拉斯加大學（University of Nebraska）林肯校區（Lincoln）取得其MIS博士學位。她的研究興趣包括：類神經網路運用、多目標決策制定、新興科技以及管理科學運用。他的研究曾發表於：Communications of the ACM、Computers and Operations Research、Decision Support Systems、Information and Management、Interface、Strategic Management Journal以及其他學術期刊。

Weidong Xia 是匹茲堡（Pittsburgh）大學Katz商業研究所博士候選人。中國北京大學資訊系統與管理科學系教授及航空與太空學系代理系主任。他目前的研究興趣在於：管理資訊系統基礎建設、電信學以及使用者自建系統。他的論文曾發表於：MIS Quarterly、Journal of End-User Computing以及許多國際性的學術研討會論文集中。他曾出版過兩本關於電腦應用及資訊系統分析與設計教科書（合著）。

Vladimir Zwass 是美國費爾利迪金森大學（Fairleigh Dickinson

University）管理資訊系統及資訊科學系教授、並擔任哥倫比亞大學（Columbia University）的客座專題教授。他在哥倫比亞大學取得其資訊科學博士學位。也出版了六本書並著作了一些書上的個別章節，包括：Encyclopaedia Britannica以及一些學術期刊及研討會論文集上的文章。他目前的研究興趣在於：電子商務及組織記憶（知識管理相關領域）。他獲得一些重要公司的贊助並爲這些公司提供顧問服務、並經常爲全國性及全球性的聽衆發表演說。他最近出版的書爲：Foundations of Information Systems（1998）。他是Journal of Management Information System以及International Journal of Electronic Commerce（第一本專注於電子商務議題的學術期刊）的創辦者及主任編輯。

新興的資訊科技

編　　輯／Kenneth E. Kendall
譯　　者／黃雲龍博士、郭佳育
校　　訂／尚榮安博士
出 版 者／弘智文化事業有限公司
登 記 證／局版台業字第6263號
地　　址／台北市中正區丹陽街39號1樓
E-Mail／hurngchi@ms39.hinet.net
電　　話／（02）23959178・0936-252-817
郵政劃撥／19467647　戶名：馮玉蘭
傳　　眞／（02）23959913
發 行 人／邱一文
總 經 銷／旭昇圖書有限公司
地　　址／台北縣中和市中山路2段352號2樓
電　　話／（02）22451480
傳　　眞／（02）22451479
製　　版／信利印製有限公司
版　　次／2002年5月初版一刷
定　　價／450元

ISBN 957-0453-44-3

國家圖書館出版品預行編目資料

新興的資訊科技 / Kenneth E. Kendall編輯：黃雲龍, 郭佳育譯. -- 初版. --臺北市：弘智文化, 2001〔民90〕

面：　公分

譯自：Emerging information technologies：improving decisions , cooperation, and infrastructure

ISBN 957-0453-44-3（平裝）

1. 決策支援系統 2.管理資訊系統 3.資訊－技術

494.8　　　　90017380